U0234131

空间人工智能及在轨应用技术

李宗凌 ◎ 编著

SPACE ARTIFICIAL INTELLIGENCE AND ON-ORBIT APPLICATION TECHNOLOGY

北京理工大学出版社
BEIJING INSTITUTE OF TECHNOLOGY PRESS

内容简介

本书从空间人工智能及在轨应用技术在深空探测、载人航天、对地观测、通信导航、态势感知等空间典型应用领域出发，围绕发展状况、应用需求、基本原理、工程化现状、瓶颈问题及解决思路、未来挑战及发展方向等方面展开阐述，较为系统全面地介绍了空间人工智能技术在轨应用情况。成书过程中，摒弃传统人工智能书籍偏理论、轻应用的做法，实现应用牵引理论、理论指导应用的融合发展，力争做到深入浅出。

本书围绕空间智能信息处理、空间智能感知与控制、空间智能人机交互、空间智能组网与协同等方面的应用需求，重点介绍人工智能基础、共性、应用等几类关键技术，通过工程应用牵引理论创新的方式，结合具体工程实例，对人工智能技术应用于空间领域做了初步的尝试，并积累了部分经验，具有较强的技术性和可读性，对于有意从事人工智能技术研究及空间智能应用工作的一线科研工作者和工程师来讲，是一部很好的工程理论参考书。

太空是国家未来发展的战略制高点，智能航天时代逐渐拉开帷幕。本书面向天基系统体系化、网络化、智能化的发展需求以及人工智能技术在空间领域应用的广阔前景，通过航天器 + 人工智能的技术手段，广泛提升空间信息获取、数据传输保障、多域终端协同等航天应用的智能化水平，为构建国家空间信息基座提供参考技术途径。

图书在版编目(CIP)数据

空间人工智能及在轨应用技术 / 李宗凌编著. -- 北京：北京理工大学出版社，2023.5
ISBN 978-7-5763-2423-5

Ⅰ. ①空… Ⅱ. ①李… Ⅲ. ①空间探测器-人工智能-研究 Ⅳ. ①V476

中国国家版本馆 CIP 数据核字(2023)第 096700 号

出版发行 / 北京理工大学出版社有限责任公司
社　　址 / 北京市海淀区中关村南大街 5 号
邮　　编 / 100081
电　　话 / (010)68914775(总编室)
(010)82562903(教材售后服务热线)
(010)68944723(其他图书服务热线)
网　　址 / http://www.bitpress.com.cn
经　　销 / 全国各地新华书店
印　　刷 / 三河市华骏印务包装有限公司
开　　本 / 710 毫米×1000 毫米　1/16
印　　张 / 23.75
彩　　插 / 4
字　　数 / 372 千字
版　　次 / 2023 年 5 月第 1 版　2023 年 5 月第 1 次印刷
定　　价 / 148.00 元

责任编辑 / 李颖颖
文案编辑 / 李思雨
责任校对 / 周瑞红
责任印制 / 李志强

前　言

2022年11月新一代人工智能技术ChatGPT问世，引起了全球范围的强烈关注，将人工智能技术推向新的高峰。人工智能技术从20世纪50年代发展至今，经历了三次高潮，两次寒冬的洗礼，在各行各业逐步走向成熟应用。空间领域人工智能是指人工智能的相关理论、技术、方法与空间领域的物理规律、技术、知识各层面融合以及在航天器设计、研制、生产、应用、消亡全生命周期融合的“专用人工智能”。面向未来，空间技术与人工智能结合形成空间人工智能技术，通过模拟人脑自然智能“信息感知、记忆思维、学习适应、行动驱动”的架构模型，形成具有“自感知、自记忆、自思维、自学习、自适应、自行动、自进化”“七自”能力的空间智能航天器，承担重塑航天体系，开创全新应用场景的重任。未来十至二十年，人工智能技术将在空间领域广泛、快速应用，支撑天基系统体系化、网络化、智能化发展，对新一代弹性化空间体系建设、融合组网、自主运行、智能协同、安全可靠、实时感知与先进空间指挥控制技术等领域的发展，产生深远影响。

本书内容主要聚焦空间人工智能及在轨应用技术的发展状况、应用需求、基本原理、工程化现状、瓶颈问题及解决思路、未来挑战及发展方向等方面，在部分章节结合实际工程列举典型案例展开深入论证。围绕空间智能信息处理、空间智能感知与控制、空间智能人机交互、空间智能组网与协同等方面的发展现状和应用需求，重点介绍人工智能基础、共性、应用等几类关键技术，通过工程应用牵引理论创新的方式，对AI技术应用于遥感目标检测识别、空间目标监测、在轨自主联合任务规划、智能语义情报生成、在轨情报分发等典型空间任务场景做了初步尝试，并积累了部分经验，具有较强技术性和可读性。

本书共分为5部分，14章节。其中，第一部分为概论，包含第1章绪论；第二部分为空间人工智能及在轨应用技术发展状况，包含第 2 章空间智能信息处理发展状况、第 3 章空间智能感知与控制发展状况、第 4 章空间智能人机交互发展状况、第 5 章空间智能组网及协同发展状况；第三部分为空间人工智能及在轨应用技术需求，包含第 6 章对地观测领域需求、第 7 章深空探测领域需求、第 8 章载人航天领域需求、第 9 章通信与导航领域需求、第 10 章共性需求；第四部分为空间人工智能及在轨应用技术研究，包含第 11 章基础技术、第 12 章共性技术、第 13 章应用技术；第五部分为结束语，包含第 14 章空间人工智能及在轨应用的挑战和重点发展方向。

本书的第一部分、第三部分、第四部分、第五部分由中国空间技术研究院李宗凌编写；第二部分第 2 章由中国空间技术研究院刘红笛编写；第二部分第 3 章由中国空间技术研究院张文萱编写；第二部分第 4 章由中国空间技术研究院王丙昊编写；第二部分第 5 章由中国空间技术研究院栾申申编写。全书的统稿校对工作由中国空间技术研究院李宗凌负责完成。

本书在撰写过程中获得多位顶级专家、学者以及团队的指导。在此，感谢中国航天科技集团有限公司于登云院士，正因为有于院士对本书的架构设计和不遗余力的指导，才使得本书具有清晰的脉络和流畅的成文；感谢北京理工大学龙腾院士以及赵保军教授对作者在北京理工大学学习、研究工作的指导；感谢中国空间技术研究院周志成院士对作者的工作指导；感谢中国空间技术研究院汪路元研究员、宋桂萍研究员、禹霁阳研究员、程博文、郝梁、蒋帅等领导、同事在平时研究工作的帮助指导；感谢中国空间技术研究院科技委、中国空间技术研究院情报研究工作，本书的部分研究内容借鉴了其研究成果；本书的研究工作获得了自然科学重点基金项目（U22B2014）的支持；其他对本书撰写有帮助的同行专家，在此一并感谢。

由于编者水平有限，书中恐有不当之处，敬请读者批评指正。

李宗凌

2023 年元旦

目　录

第一部分　概论

第二部分　空间人工智能及在轨应用技术发展状况

第三部分 空间人工智能及在轨应用技术需求

第四部分 空间人工智能及在轨应用技术研究

第五部分 结束语

第一部分　概　论

人工智能这一概念源自1956年的达特茅斯会议（Dartmouth Conference）。本部分主要从人工智能概念、发展时期和趋势以及空间系统智能化需求等几个方面展开，引出空间人工智能及在轨应用技术。

第1章　绪　论

1.1　引言

如图1-1所示，人工智能（Artificial Intelligence）是一门由计算机科学、统计学、脑神经学、社会科学等学科融合发展起来的交叉学科，以知识表示、自然推理和搜索方法、机器学习等学科研究为代表，包含算法（Algorithm）、数据（Data）、计算（Compute）三要素。

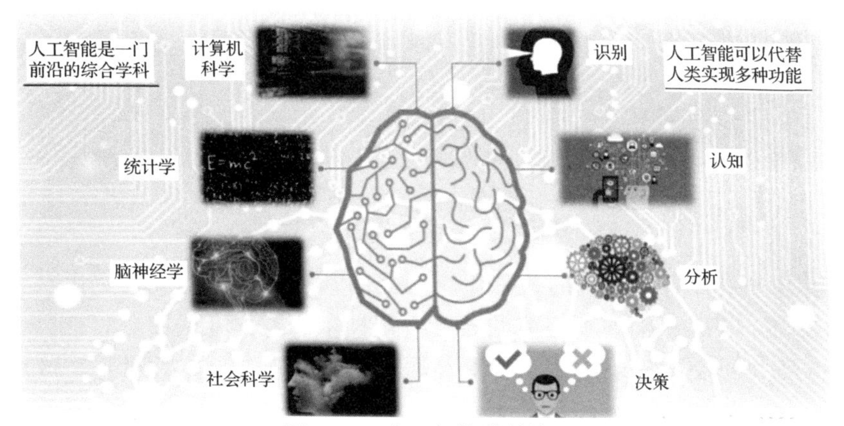

图1-1　人工智能学科关系

人工智能三要素关系如图1-2所示。

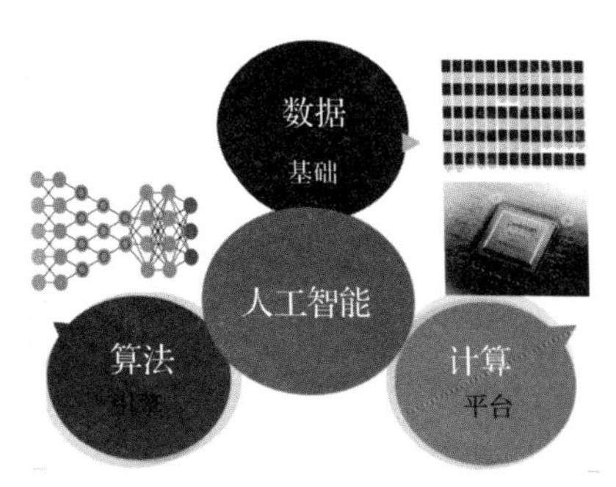

图1-2　人工智能三要素关系

通过人工智能技术，可以使机器胜任一些通常需要人类智能才能完成的复杂工作，从而极大简化人工操作，提高生产效率，改进生产关系，是极具颠覆性的前沿技术。

如图 1－3 所示，人工智能自 20 世纪 50 年代诞生至今，经历了三次高潮、两次寒冬的洗礼。21 世纪初开始至今，依托以深度学习为代表的人工智能技术，人工智能开始了第三次高潮。随着高性能计算技术快速发展以及互联网和大数据广泛应用，形成面向不同应用场景的海量数据。围绕语音识别、机器视觉、知识推理、自动驾驶等领域的人工智能技术大量涌现，已形成规模化应用。

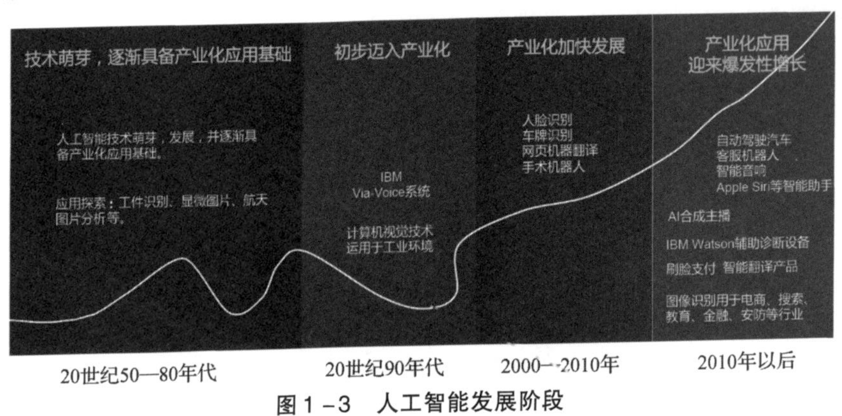

图 1－3 人工智能发展阶段

人工智能在各个领域的成功运用为空间系统设计及智能化发展奠定了良好基础，开展基于人工智能的在轨应用技术研究迫在眉睫。目前，世界各国的航天机构都在深入挖掘人工智能与航天技术的可结合性，持续推进人工智能在未来空间任务中的应用，以便大幅提升空间任务执行的自主性。

人工智能在轨应用面临的瓶颈问题主要包含资源强受限、数据样本少、无法接受黑盒子状态、可靠性高等。长期来看，彻底解决人工智能在轨计算、传输、存储、能耗等问题需要前沿技术革新。技术革新依赖于时间与人类科技发展，但是宇航领域对智能化的需求已迫在眉睫。

1.2 人工智能发展状况

1.2.1 人工智能简介

1955 年美国 Mc Carthy 等人在研究计划中提出了人工智能的概念，随后在1956年的达特茅斯学院暑期论坛上首次提出。经过60多年的发展和积淀，伴随着互联网、大数据、云计算和新型传感器等技术的发展，人工智能正引发可产生链式反应的科学突破，催生一批颠覆性技术、培育经济发展新动能、塑造新型产业体系，加速新一轮科技革命和产业变革。

人工智能的内涵包括脑认知基础、机器感知与模式识别、自然语言处理与理解、知识工程4个方面，外延即机器人与智能系统，作为第5个方面，其具体内容如下：

①脑认知基础是指认知活动的机理研究，即人脑如何从微观、介观、宏观、宇观等不同尺度上实现记忆、计算、交互、学习、推理等认知活动，以及如何模拟这些认知活动，实现类脑认知。

②机器感知与模式识别是指脑的视、听等知觉研究，即如何用机器完成图形和图像、语音等感知信息处理和识别任务。

③自然语言处理与理解是指研究人类自然语言的语境、语用、语义和语构，包括语音和文字的计算机输入，大型词库、语料和文本的智能检索，机器语音的生成、合成和识别，不同语言之间的机器翻译和同传等。

④知识工程是指研究知识的表示、获取、推理、决策和应用，包括机器定理证明、专家系统、机器博弈、数据挖掘和知识发现、不确定性推理、领域知识库、数字图书馆、知识图谱等大型知识工程。

⑤机器人与智能系统是指智能应用技术，涵盖各种各样工业、农业、医用、军用和服务机器人，还有智能驾驶、智能交通、智能制造、智能家居、智能环保、智能网络、智能管理、智慧医疗、智慧农业、智慧金融等。

空间人工智能，简单来说，就是指航天器自主实现智能感知、决策、协同并且具备学习的能力。在2005—2007年期间，美国航空航天学会下属的空间操作与支持技术委员会，对当时航天器自主性及智能性的工业水平进行了调研和分析，总结了来自全球12个不同的组织、102个不同的智能自主航天器系统/空间机器人的相关情况。其中，航天器智能自主等级划分如表1－1所示。

表1－1 航天器智能自主等级划分

级别	名称	级别标志描述性定义
1	人工操作	无需航天器进行自主反馈
2	自动通知	有限的自我检测等通知系统添加到人工操作系统中

续表

级别	名称	级别标志描述性定义
3	有人地面推理	应用专业领域知识应对外部事件，为人工操作系统提供建议
4	无人地面推理	具有计算指令序列的地面系统，并可将指令传输到航天器
5	在轨智能推理	具有在轨计算指令序列能力，能对外部事件进行反馈
6	自主思考航天器	星上任务系统能够根据任务目标进行自主任务规划与应用

针对上述6个等级划分可知，随着等级逐步提高，航天器的自主性和智能性也随之提高。在调查的全部102个空间系统中，有28个航天器没有采用人工智能技术，有74个采用了不同等级的人工智能技术。其中，34个处于第2等级，18个处于第3等级，12个处于第4等级，3个处于第5等级，7个处于第6等级。目前，我国空间飞行器所处等级基本在第2～4等级，个别在轨卫星已经具备自主任务规划能力。

1.2.2 人工智能发展时期

人工智能发展可以概括为萌芽期、启动期、消沉期、突破期、发展期、高速发展期6个时期。

1. *萌芽期*

1936年，英国数学家阿兰·图灵（Alan M. Turing）在论文“理想计算机”中提出的图灵机模型以及1950年在“计算机能思维吗”一文中提出机器能够思维的论述；1946年美国科学家莫奇利（J. W. Mauchly）和埃克特（P. Eckert）等人共同发明了世界上第一台电子数字计算机埃尼阿克（ENIAC），为AI研究奠定硬件基础；之后贡献最卓著的是冯·诺伊曼，目前世界上占统治地位的仍是冯·诺伊曼架构计算机；美国数学家维纳（N. Wiener）控制法的创立、美国数学家香农（C. E. Shannon）信息论的创立等，都为人工智能学科的诞生和发展做出巨大贡献。

2. *启动期*

1956年夏季，在美国达特茅斯学院举办的“人工智能夏季研讨会”上，第一次正式使用人工智能这一术语，从而开创了人工智能学科，并有了人工智能的第一个发展期。这段时期研究的主要方向是机器翻译、定理证明、博弈等。这一时期的代表性工作：1956年，Newell和Simon等人在定理证明工作中首先取得突破，开启了以计算机程序来模拟人类思维的道路；1960年，Mc Carthy 建立了人工智能程序设计语言 LISP。

一系列的成功使人工智能科学家们认为可以研究和总结人类思维的普遍规律并用计算机模拟它的实现，乐观地预计可以创造一个万能的逻辑推理体系。

3. 消沉期

当人们进行了比较深入的研究以后，发现人工智能研究碰到的困难比原来想象的要多得多。

例如，Samuel 的下棋程序当了州冠军之后没能进一步当上全国冠军，更不要说世界冠军；过去十年，计算机并未证明出人类还未证明出的定理；从神经生理学角度研究人工智能的人发现他们遇到了几乎是不可逾越的困难，以电子线路模拟神经元及人脑都没有成功。这一切都说明，由于 20 世纪 50 年代的盲目乐观和期望值过高，没有充分估计困难，没有抓住科学本质。因此，20 世纪 60 年代中期至 70 年代初期人工智能受到了各种责难，进入了消沉期。

4. 突破期

很多人工智能技术研究人员并没有灰心，而是扎扎实实地工作，不仅是加强基础理论研究，而且在专家系统、自然语言理解、计算机视觉等方面做出了很有成效的工作，进入了突破期。

这一时期的代表性成果：ELIEA——1968 年 J. Weizenbaum 在美国麻省理工学院设计的基于“模式匹配”的自然语言系统；DENDRAL——1970 年斯坦福大学计算机科学系 E. A. Feigenbaum 和化学家 C. Djerassi 以及 J. Leberberg 等人研制出的世界上第一个专家系统；MACSMA——麻省理工学院的 C. Engleman，W. Martin 和 J. Moses 研制成的基于知识的数学专家系统；MYCIN——E. H. Shortliffe 等人于 1972—1974 年研制、1976 年发表的医疗专家系统。另外还有，1973 年 R. C. Schamk 提出的概念从属理论；1974 年 Minsky 提出表示知识的另一种方法框架理论，又称画面理论等。

5. 发展期

1977 年第五届国际人工智能联合会会议上，Feigenbaum 教授在一篇题为“人工智能的艺术：知识工程课题及实例研究”的特约文章中系统地阐述了专家系统的思想并提出“知识工程”的概念。

至此，人工智能的研究又有了新的转折点，即从获取智能的基于能力的策略，变成了基于知识的方法研究。知识作为智能的基础开始受到重视，知识工程的方法很快渗透入人工智能各个领域，促使人工智能从实验室研究走向实际应用。由于理论研究和计算机软硬件的飞速发展，各种专家系统、自然语言处理系统等人工智能实用系统开始商业化并进入市场，而且取得了较好的经济效益和社会效益，展示了人工智能应用的广阔前景。

6. 高速发展期

2006 年，深度学习被提出，促使人工智能再次突破性发展。

2010 年，随着移动互联网快速发展，人工智能应用场景开始增多。

2012 年，深度学习在语音和视觉识别实现突破，人工智能商业化高速发展。

在移动互联网、大数据、超级计算、传感网、脑科学等新理论新技术以及经济社会发展强烈需求的共同驱动下，人工智能加速发展，呈现出深度学习、跨界融合、人机协同、群智开放、自主操控等新特征。

当前人工智能产业发展迅猛，但主要是基于计算机视觉/图像识别、自然语言处理/语音识别、自主规划/决策等的应用，包括智能金融、智慧医疗、智能机器人、自动驾驶、智能安防、智慧零售、智慧教育、智能家居、智慧城市、智能制造等。新一代人工智能以深度学习为典型代表，但深度学习不等于人工智能。

1.2.3 人工智能发展趋势

人工智能主要有符号主义、连接主义、行为主义三大学派，下面简要进行介绍。

初级阶段（20 世纪 50—80 年代）：以符号主义学派为主，主要为手工知识，启发式算法→专家系统→知识工程。

中级阶段（20 世纪 80 年代至今）：以连接主义学派为主，主要为统计学习，人工神经网络、深度学习等。

高级阶段（21 世纪初至未来）：以行为主义学派为主，主要为情境适应，自适应自学习控制、进化计算、分布式智能、大数据的产生与积累等。

当前人工智能的发展是基于连接学派理论，主要驱动要素是爆炸式增长的数据、持续提升的运算力、不断优化的算法模型以及资本与技术的深度耦合，主要特征是通过计算技术实现感知、认知、分析、决策、学习和行动等人类智慧，主要技术包括计算机视觉、机器学习、自然语言处理、机器人技术、语音识别等，目前在智能医疗、金融、教育、交通、安防、家居、制造等领域得到广泛应用，在无人驾驶、智能机器人等方面发展迅速。

其中，可以明确说明的是“深度学习”并不是人工智能的同义词，而是促进了人工智能领域脑科学、神经计算、量子计算、生物智能等前沿新技术的发展。当前，人工智能以连接主义学派为主导，下面主要以深度学习技术为代表的连接主义学派展开论述。

基于深度学习的人工智能知识图谱如图1－4所示。

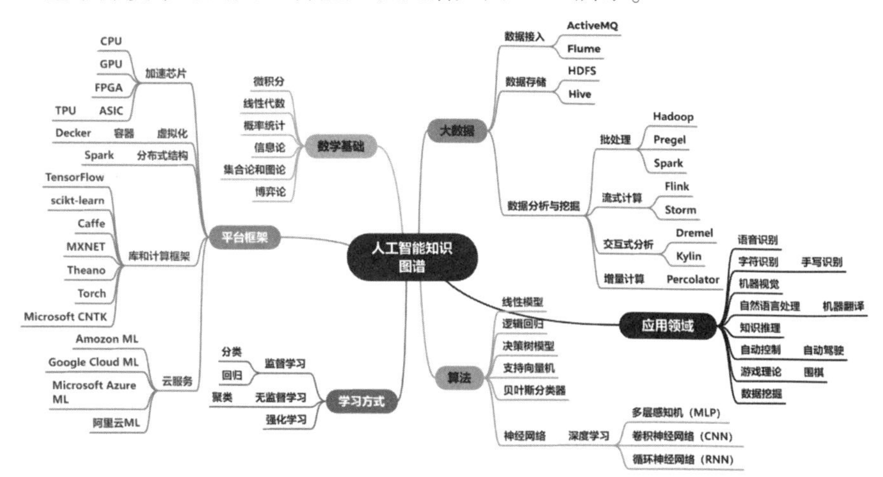

图1－4　基于深度学习的人工智能知识图谱

基于深度学习的人工智能算法模型发展趋势如图1－5所示。

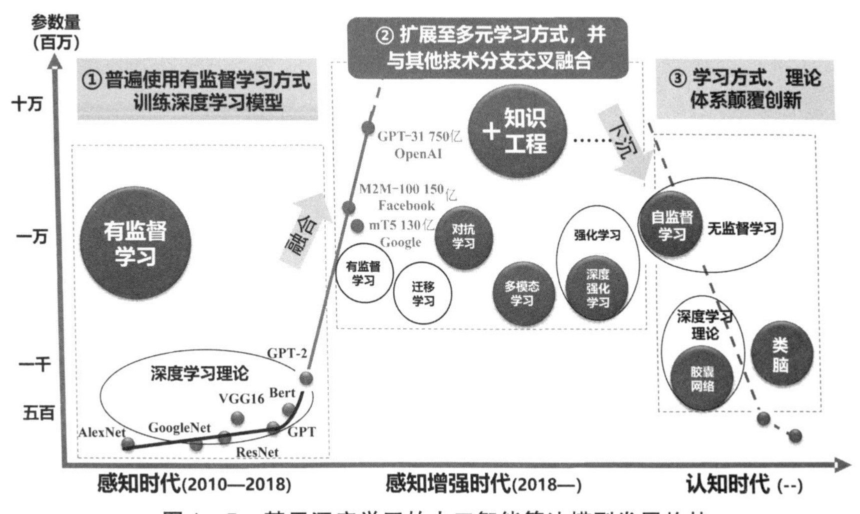

图1－5　基于深度学习的人工智能算法模型发展趋势

当前，各大科技公司均在人工智能领域投入大量人力、物力，使得人工智能得以蓬勃发展。

如图1-6所示，人工智能由学术驱动向应用驱动转化、弱人工智能向强人工智能转化，机器智能将从感知、记忆、存储向认知、自主学习、决策与执行进阶。

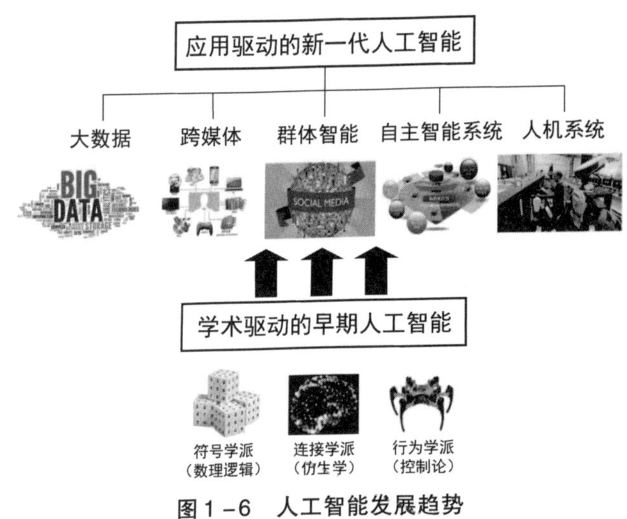

图1-6 人工智能发展趋势

人工智能发展趋势的具体表现：

①大数据成为人工智能持续快速发展的基石；

②文本、图像、语音等信息实现跨媒体交互；

③基于网络的群体智能技术开始萌芽；

④自主智能系统成为新兴发展方向；

⑤人机协同正在催生新型混合智能形态。

1.3 空间系统智能化需求

1.3.1 空间人工智能概念

空间领域人工智能是指人工智能的相关理论、技术与方法在空间领域的物理规律、技术、知识各层面融合以及与航天器设计、研制、生产、应用全周期融合的“专用人工智能”。

面向未来，智能航天器是指模拟人脑自然智能“信息感知、记忆思维、学习适应、行动驱动”的架构模型，形成具有“自感知、自记忆、自思维、自学习、自适应、自行动、自进化”的“七自”能力的空间智能航天器。

空间领域目前涉及的人工智能内容一般属于“+AI”，即由传统成熟的产业主动地引进人工智能技术，主要用于对当下固有流程的改造和优化，是正常的技术迭代和升级。未来智能航天器实现智能的核心是学习人类的弹性思维，以“AI+”技术为核心驱动，倾向于思考技术能做什么，重新设计产品、方案或工作模式，从而对行业产生颠覆性的影响。

未来空间智能航天器具有“七自”能力等特征，能够为用户提供智能自主服务，在功能层面、实现层面、表观层面具有以下典型特征：

①功能层面：将智能感知、智能决策、智能操作称作空间智能航天器的“三元素”。

②实现层面：需要以信息物理深度融合的智能化体系架构、智能软件和智能硬件作为支撑。

③表观层面：空间智能航天器具备的“类人技能”具有多样性，航天系统在结构、信息交互等方面具有多层性。

1.3.2 空间人工智能需求

目前，世界各国的航天机构都在持续推进人工智能在未来空间任务中的应用，以便大幅提升空间任务执行的自主性。

在人工智能领域的研究过程中，DARPA 将人工智能技术的发展分解为 3 个明确阶段：第一阶段是“描述”，目标是开发出使用基于规则的系统的人工智能平台。目前该阶段已经实现，这类人工智能平台已经成为诸如 Turbo Tax 等商业产品的核心基础。第二阶段是“识别”，以目前主流的机器学习系统为核心，能够对关注目标进行分类并将其海量数据转化为可执行信息，以此减少分析人员的工作量。尽管该阶段的技术从 20 世纪 70 年代就已经出现，但仍需大量工作来不断完善。第三阶段是“解释”，主要工作是增加人工智能平台的背景和可信度，这也是人工智能未来的发展方向。

目前，DARPA 尚未完成第二阶段的技术开发工作。尽管 DARPA 在多个人工智能项目中取得了一定成果，但技术缺乏鲁棒的支撑基础，导致无法在安全关键环境中独立应用第二阶段技术。为此，DARPA 为下一代人工智能项目设置了 3 个主要目标，分别是提高第二阶段人工智能技术的鲁棒性、积极将第二阶段人工智能系统应用到新程序中，以及进一步探索第三阶段的人工智能技术。

依据美国国防高级研究计划局对 AI 技术 3 个阶段的定义，当前我国国内研究状态处于第一阶段“描述”到第二阶段“识别”的过渡阶段。空间人工智能及在轨应用技术几乎包含了人工智能技术的方方面面，这不仅仅是航天系统的工作，也需要所有参与人工智能研究的企业、高校、科研院所共同努力，共同推进其发展。因此，需要深入研究空间人工智能及在轨应用技术现状、需求，以及基础、共性及应用等关键技术。

空间任务具有发射成本高、卫星价值高、维修困难、任务复杂、环境恶劣（高真空、高辐射、高温差）、距离遥远、无法身临其境、人工辅助、响应迟缓等显著特点，人工智能技术具有广阔的应用需求。借助人工智能技术推动空间技术实现从自动化－自主化－智能化的跨越，具备天地低质异构数据自感知、空间目标特征天地关联自学习、目标意图主动感知与自决策、群体智能等能力，达到降低操作运行成本、提升任务质量和安全性、增强效能扩大回报、提高可靠性和灵活性等。

围绕感知、认知、沟通、推理、决策等人类智能要素，设计可实现近似人类智能行为的空间智能系统，使飞行器具备“会看、会说、会听、会思考”的能力，可以随时随地接受用户定制任务，自主决策、自主协同完成任务，为用户提供灵活、连续、稳定服务，提升使用体验。

随着人工智能算法和应用技术的日益发展，开展人工智能在轨应用技术研究已提上日程。未来，利用新一代人工智能方法，实现空间智能系统数据实时获取与分析、情报生成与推送、任务评估与决策的自主智能。

空间人工智能及在轨应用技术的发展，必将引发链式突破，推动航天器向新一代智能化加速发展。

1.3.3 空间人工智能发展机遇

人工智能引领未来卫星平台颠覆性创新是必然趋势。人工智能支撑卫星系统技术为航天器智能自主能力的提升，提供了丰富的技术储备，是下一个十年智能卫星平台设计的首要发展方向之一。

人工智能技术将有力提升卫星系统的效能：一是有效提升卫星系统的智能感知与识别能力；二是有力提升卫星平台的智能规划与决策能力；三是全方位提升卫星平台智能群博弈对抗能力；四是多手段提升卫星平台智能空间探测能力。

卫星智能技术联合优势力量借力提升。十九大报告指出，“推动互联网、大数据、人工智能和实体经济深度融合”。我国人工智能相关研发产出的数量和质量有很大提升，技术成果和技术拓展等可成功应用于智能卫星平台。

人工智能技术将开拓空间领域天地一体的全新工作格局。在天地协同发展的过程中，一方面，在开展航天器智能化研究的同时，开展地面系统智能化研究，包括地面智能指挥控制决策、地面智能人机交互等，推动智能空间攻防系统天地一体化同域、跨域协同发展。另一方面，航天器和地面操控工作能够“智能自主”且实现“整合设计”，提高飞行和地面交互工作的可操作性，即“整合设计”，是一个可以提高到战略高度的问题，可以减少彼此的建设成本和风险。发展空间领域学习进化等智能手段，直面全新工作模式，即“星群 + 同域/跨域 + 协同 + 天地”。

人工智能技术发展将全面推动空间领域的生态产业结构升级换代。人工智能技术将成为新时期全面推动空间领域的生态产业结构升级换代的催化剂与核心支撑，从航天器系统预研、设计、研制生产、集成测试、试验验证、在轨运行与应用等各阶段，带动技术发展与创新。

空间技术与人工智能结合，将重塑航天体系，开创卫星全新应用场景。未来十至二十年，人工智能技术将在空间领域广泛、快速应用，对于新一代弹性化空间体系建设、自主感知、操控与智能协同技术、实时探测与先进空间指挥控制技术等领域的发展，产生深远的影响。

基于人工智能手段重构卫星平台功能与性能，直面未来弹性变化与需求。未来卫星平台的发展具有以下 4 个趋势：一是平台可执行空间任务的基本能力趋向成熟，智能自主的多方应变能力亟待开拓，要求航天器具有在轨自主生存能力；二是对卫星平台系统操控的时效性、安全性和稳定性要求更高；三是面向多载荷复杂探测、博弈对抗空间攻防、非合作目标在轨操控等的应用能力全方位提升；四是任务日益复杂多变，平台需具有学习泛化、聚散分布、集群协同、高效可靠等基本能力。

航天器平台能源、算力、数据等资源受限，需要发展适应航天环境的算法、算力。硬件层需要尖端硬件设备；软件层需要高效新型算法。

全新软硬件设计环境以及系统架构发展，需要引入人工智能及其相关技术。直接深入“前沿技术成果在航天首用”，形成智能航天工程理论，以及从顶层架构上合理规划技术应用方式，大力开拓空间智能软硬件与系统前沿技术。

航天事业对安全可靠性要求高，当前人工智能技术存在可解释性问题。以深度学习为代表的人工智能算法，还有很多为人们所诟病的问题，如它的收敛性、可解释性、可靠性。很多研究人员正在探索可代替深度学习的更高效的机器学习方法，深度学习之父 Hinton 也发表过颠覆性的言论，即“深度学习要另起炉灶，彻底抛弃反向传播”。

因此，亟须开展空间人工智能及在轨应用技术的发展状况、技术需求、核心技术及应用挑战等方面的研究，推动人工智能技术在空间领域的广泛应用。

第二部分　空间人工智能及在轨应用技术发展状况

空间人工智能及在轨应用技术主要集中在智能信息处理、智能感知与控制、智能人机交互、智能组网与协同等方面。通过阐述上述四大方面的人工智能及在轨应用技术内涵、发展现状及未来趋势，为空间人工智能技术需求奠定基础。

第2章　空间智能信息处理发展状况

空间智能信息处理是天基探测提高全链路时效性的核心环节，其主要任务是接收天基探测载荷数据，并利用人工智能技术进行数据处理以及在轨完成全探测场景海量数据下感兴趣目标的在线检测、精准识别与持续跟踪等工作，达到降低下传数据率、提升信息获取实时性、支持天基广域探测与全自主态势感知等目的。

2.1　技术内涵

近年来，随着航天技术的发展，对地观测卫星呈现出“数量多、质量升、要求高”的新特点：一是单星数量和星座数量大幅度增加，星上数据多源化、异构化；二是卫星空间分辨率、光谱分辨率和辐射分辨率大幅提高，造成星上数据量爆发式增长；三是自然灾害和军事应用等对卫星信息的快速响应需求与日俱增。这些特征为地面数据处理造成越来越大的压力，传统的卫星信息处理模式已经难以满足用户任务需求。

为应对上述问题，国内外积极发展卫星智能信息处理技术。与传统信息处理方式相比，智能信息处理的主要能力及应用优势体现在以下几个方面。

1. 高时效性

传统的卫星观测任务采取“星上数据获取－星地信息传输－地面信息处理”的运行模式，严重制约了具有高实时性要求任务的完成效率。在轨智能信息处理技术是缩短信息链路、提高任务时效性的有效途径。

由于我国国土、海洋面积辽阔，地形地貌复杂，自然灾害频发，因此针对气象监测、灾害预警等事件的快速响应是对地观测卫星发展中的一个重要需求。当地表某种灾害发生时，通过空天地一体化智能观测网可以实现协同观测、高速处理，化简了数据同化的难度，从而实现快速聚焦服务，支持应急响应。

面对紧张动荡的国际局势，军事领域的战术化应用也对星上信息处理提出了高时效性要求。以天基预警系统为例，预警卫星作为系统的核心，根据导弹发射时的目标特征实施监视、跟踪及定位，其预警时效性关乎整个反导作战的成败。预警卫星若具有在轨智能信息处理功能，那么通过星上关键信息筛选和压缩可以大幅减少数据传输量，提高传输速度，支持信息直传的应用模式可保证对目标信息获取的准确性和传输与处理应用的实时性，为预警任务提供有效支持。

2. 缓解星上数据存储压力

中国的遥感卫星地面站资源相对较少，接收的遥感卫星数据种类繁多。解压后平均大小为每天 20TB，一年近 7PB。遥感数据规模随着辐射校正、几何校正和反射率反演呈指数增长，此时非重复数据存储量将达到 20PB。这些海量遥感影像的存储、调用和制作，可以说是一个高耗能行业。然而，用户需要遥感卫星提供的有效信息，而不是大量的遥感数据。

卫星智能信息处理为遥感数据资源的高效精准利用提供了新途径，即将获取的大量遥感影像通过智能处理转化为在轨有效的目标信息（从数据到信息），以满足遥感应用的要求，同时缓解了遥感卫星数据存储压力，为全球可持续发展、节能减排和温室气体减排做出了贡献。

3. 支持星座多源数据融合处理

为满足对特定任务目标需求的快速响应、持续动态监测、大范围监测等数据获取需求，需要更短的重访周期、更大观测覆盖范围的卫星，传统的单星模式已不具备这种能力，继而卫星星座迅速发展。以 Ku、Ka 频段甚至更高频段的新兴互联网星座计划呈现爆发式增长。美国一网公司 One Web、美国太空探索技术公司 SpaceX、低轨卫星公司 LEO Sat，加拿大电信卫星公司 TeleSat 等纷纷提出新兴互联网星座计划，国外典型低轨通信卫星星座计划发射卫星数量总和超过 8 000 颗。

大规模卫星网络中，基于星上智能信息处理进行多源卫星数据融合，是提升遥感信息获取准确性和稳健性的有效手段。通过对多时相、多角度、多谱段、主被动等多类星载传感器数据进行融合，能够实现信息的有效互补，消除数据间的不确定性，得到比单一数据源更为准确可靠的情报信息。

4. 满足用户任务多样化需求

传统的遥感卫星数据服务依赖于大型数据中心。一旦在数据中心收集了所有类型的遥感数据，就可以进行不同层次的标准化图像制作，然后将这些标准化图像分发给行业部门进行特殊信息提取。这种遥感数据的分布和使用模式只适用于主要的政府行业部门。随着遥感技术的发展，对个性化遥感的需求越来越多，对个性化遥感信息服务的需求也越来越多，需要对获取的信息按用户要求进行针对性筛选和处理。

基于智能信息处理的智能遥感卫星直接面向终端用户，通过优化配置星地数据获取资源、计算资源、存储资源、传输资源、接收处理资源，充分利用星地协同的各类算法，如多源传感器高质量实时成像、高精度实时几何定位、数据智能压缩、典型目标智能检测和变化检测等处理算法，依据不同地面任务信息（地理位置、观测区域大小、目标类型）智能规划星地协同的数据处理模式与流程，实现自动化、智能化的星地协同处理，通过卫星的整体协调，从而减少了大量的中间交互环节，数据可以有序地提供给各级用户，使数据在遥感各个产业阶段得到充分利用。

2.2　空间智能信息处理发展现状

2.2.1　国外发展现状

1. 国外基于地面算力的智能信息处理

基于地面算力的遥感大数据智能处理是目前空间信息智能处理主要应用领域。因为不需要考虑空间环境对算力的约束，并且存在较大的应用需求，国外在这方面有大量的研究和应用案例。

1）Orbital Insight 公司

如图2－1所示，美国Orbital Insight公司利用人工智能技术对遥感影像进行自动化处理和深度分析，从而为国防、安全、环境等领域提供服务。Orbital Insight公司在2019年推出了GO地理空间分析平台，通过人工智能融合了卫星图像、合成孔径雷达（SAR）、自动识别系统（AIS）和物联网（IoT）设备的地理空间数据源，为分析人员提供支持，该平台为美国国防部和情报界带来了敏锐的洞察能力。Orbital Insight公司使用卷积神经网络来分析遥感图片并识别和量化原油储备容器的大小，使用阴影探测技术（Shadow Detection Technology）计算出油罐中的石油容量。

图 2－1　Orbital Insight 公司遥感图像油罐识别（书后附彩插）

2）天空完美日星公司（SKY Perfect JSAT）

日本天空完美日星公司（SKY Perfect JSAT）2019 年 10 月宣布与其子公司 Satellite Network（SNET 公司）将利用低轨道卫星图像提供“高频船舶检测服务”。该项服务通过 Planet Labs 公司的 Dove 星座拍摄的全球图像，采用人工智能技术和图像识别技术来检测船舶信息（位置、尺寸、时间、船型），通过将拍摄的图像与拍摄时间对应的 AIS 信息进行叠加，可掌握高频船舶动向，从而有效地提高了船舶运营和物流管理。SKY Perfect JSAT 集团不仅在海洋上利用 AI 技术开展高频检测服务，今后还将以相同的方式将业务扩大至陆地（建筑物、道路等），开展房地产、经济指标确认等更广泛的服务。

3）Descartes Labs 公司

美国的 Descartes Labs 公司收集了海量农业相关的卫星图像数据，通过人工智能分析图像信息，寻找其与农作物生长之间的关系，可以对农作物的产量做出精准预测，其预测的玉米产量比以往的预测准确率高出 99%。此外，Descartes Labs 公司还开发了一款软件，可以在几分钟内探测到山火。该项目利用人工智能每隔几分钟分析美国政府的气象卫星发回的图像，并在烟雾和红外线数据中找出细微的变化，进而能够预测火灾将在何处发生，以及火势将扩大到何种程度。

另外，Descartes Labs 公司还提出了一种基于视觉编码二值化以及基于哈希的大规模比特采样检索方法来实现有效的目标特征抽取和高速视觉检索，最终在包含近20亿的美国大陆图像数据库中实现了0.1 s的视觉目标检索速度。图2-2展示了一些检索结果，最左侧是查询图像，其他为图像检索结果。可以看到对于风力发电机、体育场等都得到了良好的检索结果。

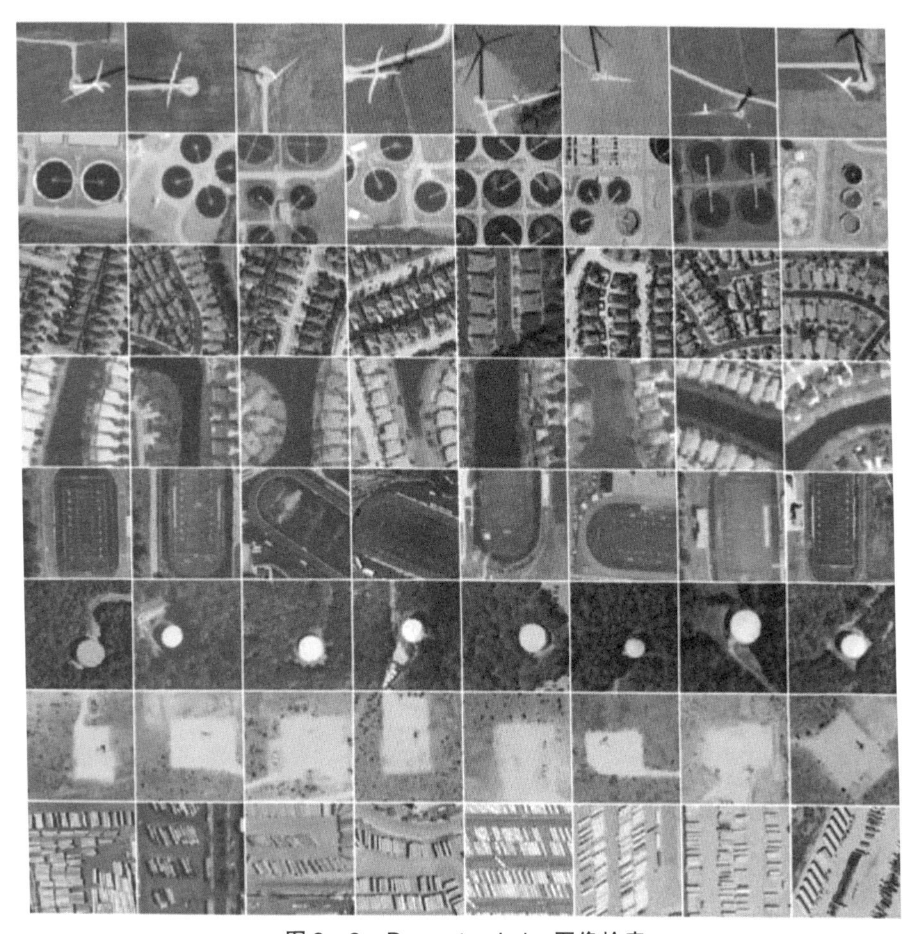

图2-2　Descartes Labs图像检索

4）SpaceKnow公司

SpaceKnow公司成立于2013年，是一家为消费市场和金融机构提供基于地理空间分析的智能数据公司，其主要手段就是遥感大数据智能分析。该公司可以通过卫星遥感监测路面汽车、火车、游轮、港口、机场、工厂、农作物以及居民住宅等情况，并形成相关分析报告，作为投资决策参考。

此外，美国的Terrapattern、Mavrx、DroneData、Precisionhawk等公司通过卫星遥感数据结合深度学习等技术进行企业盈亏预测、储油分析、农作物估产等，服务于各行业及政府部门和普通用户。

2. 国外在轨智能信息处理

总体来看，目前在轨信息处理方面还没有普遍应用人工智能技术，其发展主要体现在实时数据处理和软件定义卫星领域。

1）美国 EO－1 卫星

2000 年，NASA 发射的“地球观测一号”（EO－1）卫星展示了 21 世纪地球观测智能卫星的新水平。EO－1 搭载了自动科学实验设备（Autonomous Sciencecraft Experiment，ASE），可使航天器能够自主地进行科学探测并自主响应。ASE 系统包含以下功能：

①星上科学算法模块，可以进行对地观测和在轨的数据分析，探测感兴趣的科学事件，如云检测、变化检测；

②CASPER 模块，可以根据星上科学算法模块的结果制定或调整任务操作计划，包括向地面传输数据；

③执行系统，执行并监视 CASPER 产生的计划，且能够对指令做出一定的调整以改善计划的执行和响应。

通过这些星上数据处理技术，可实现在轨的科学数据分析、突发事件快速响应、计划的执行和监视。

2）美国 NEMO 卫星

2000 年，美国海军发射的海洋地球测绘观测卫星（NEMO），主要任务是论证超光谱成像对表征浅海战斗空间环境的重要性，其能够进行超光谱数据的实时星上处理和压缩，并实时地以战术下行链路将观测结果传送到战场。

NEMO 卫星上首次配备了实时自适应光学识别系统（Optical Real－Time Adaptive Signature Identification System，ORASIS），该系统具有自动自适应影像识别能力，提高了分析处理遥感数据的效率。ORASIS 的核心是由 32 个 SHARC 21060 型 DSP 数字信号处理器构成的星上高速影像并行处理器阵列（Imaging On－Board Processor，IOBP），其能够胜任数据接收、影像分析、影像压缩等高速影像处理任务。ORASIS 可以从实际物体影像中识别光谱响应，通过顺序地分析影像中的每一种光谱，丢弃重复的光谱，使用凸面几何学和正射投影技术分析每个观测到的影像，并利用一组矢量来表示，将其组合能重构观测到的光谱。ORASIS 在 NEMO 卫星上的处理减少了地面数据开发和影像特征识别处理的环节，并能在星上形成数据产品。

3）美国 TacSat－3 卫星

2009 年 5 月，美国空军实验室的“战术卫星” TacSat－3 发射升空。

TacSat-3是美国"作战快速响应航天"计划的第2颗卫星，主要利用海洋数据遥测微卫星链路验证星上实时数据处理能力，具有为战场指挥官和作战人员快速提供对目标区域进行侦察与监视图像的能力，能够在10 min内完成从发起观测任务到作战人员接受信息的全过程。

TacSat-3在星上加装了星上自主处理器（Application Independent Processor，AIP）、通用数据链卫星通信有效载荷；在地面配备了虚拟任务操作中心、多用途战术地面站和战术终端。AIP可实现目标区域小范围内的遥感数据高光谱影像处理，通用数据链可实现遥感数据对战术地面站和战术终端的直接下传。由于便携式战术终端支持的数据传输带宽有限，为了可以直接接收战区目标影像，下传的目标影像必须足够小。借助星上处理设备的实时影像处理功能，可以提取目标区域的小面积影像，然后依靠窄带数传系统实现目标区数据的接收。

4）欧洲"量子"卫星

2015年，欧洲通信卫星公司Quantum和欧洲空间局签订合同，开始研制新型欧洲通信量子卫星，迈出了基于软件定义重构卫星功能工程实践的关键一步。该卫星属于"完全软件定义卫星"，可通过软件驱动，实现多种性能的在轨调整：一是卫星覆盖范围的调整。利用电子调节、波束成形、跳变波束等技术，根据需要调节波束覆盖区域形状，单个波束既可以覆盖任意形状的一个区域，也可以覆盖多个独立的区域。二是工作频率的调整。利用可编程信道在上/下行链路频段（12.75~14.80 GHz和10.7~12.75 GHz）范围内动态调整工作频段，频谱使用率从86%提高到98%以上。三是信号功率可进行动态协调，减少覆盖区域内外界噪声对信号的干扰。

5）美国洛马公司"智能卫星"

洛马公司的"智能卫星"（SmartSat）项目于2019年正式宣布。该卫星采用软件定义卫星架构，可通过软件"推送"改变和增加卫星功能。用户可以通过推送添加功能并分配新任务，就像在智能手机上添加应用程序一样方便。另外，SmartSat在轨处理的主要特征能力还包括以下方面：

①实现自主检测和网络威胁防御技术，可定期更新星载网络防御软件以应对新威胁；

②具有自我诊断和快速重置能力，以更高的精度诊断问题，并在需要的时候相互支持，从而显著增强抗毁性；

③星载计算机采用虚拟机管理程序安全容纳虚拟机，可在同一台计算

机中同时运行多个服务器，最大限度地提高内存利用率、星上处理能力和网络带宽；

④首次利用星载多核处理器，其强大的在轨数据处理能力可减少带宽需求，为未来的天基数据中心奠定技术基础。

2.2.2 国内发展现状

1. 国内基于地面算力的智能信息处理

国内在基于地面算力的遥感大数据智能信息处理方面起步较晚，总体上与国外先进水平还有较大差距，但也有很多优秀的产品和突破性的进展。

1）ImageInfo 通用大型遥感测图业务平台

ImageInfo 通用大型遥感测图业务平台由中国测绘科学研究院研发，是集通用遥感图像处理、GIS 分析、GPS 定位等于一体的遥感数据处理环境，主要由遥感数据处理业务流程控制系统、遥感数据集群处理通用平台、高分辨率遥感影像集群式处理系统 Pixel Grid、Feature Station 遥感影像智能解译工作站等专业子系统组成。

其中，Feature Station 遥感影像智能解译工作站以航片、卫片、无人机影像、合成孔径雷达等遥感影像为主要数据源，通过网络化协同作业建立了立体量测和平面采编一体化测图模式。

2）SenseEarth 智能遥感影像解译平台

北京市商汤科技开发有限公司推出的 SenseRemote 智能遥感影像解译算法，通过深度学习技术，智能化地完成道路、建筑等信息提取、用地分类、飞机船舶等目标检测，地区变化监测等，为自然资源规划、生态保护、商业决策、应急减灾等提供可靠客观的数据支撑。

2019 年 7 月，北京市商汤科技开发有限公司发布了中国首个在线智能遥感解译平台 SenseEarth，通过运用 SenseRemote 人工智能技术对地表卫星影像进行识别和分析。SenseEarth 智能遥感影像解译平台是一款面向公众公开的遥感影像浏览及解译在线工具，用户只需登录网站，便可在线体验基于卫星影像的道路提取、舰船检测、土地利用分类等人工智能解译功能。不仅如此，用户还可以浏览历史影像，以月度为单位，对不同时段的影像进行变化检测，快速感知城市的变迁与发展。

3）“苍灵”遥感大数据智能分析系统

中国科学院空天信息创新研究院的研究人员开发了分布式软硬件一体

化的深度学习智能提取系统——“苍灵”遥感大数据智能分析系统。“苍灵”系统由后端分布式训练和管理平台、前端信息提取与综合分析平台组成。通过可视化的方式，降低了模型训练操作难度，简化了程序配置逻辑，综合展示训练与预测结果，有助于优化训练、结果分析、产品生产等业务。

基于“苍灵”系统，可以实现几十种灾害关键要素的快速高精度提取，服务于灾害事故监测、灾害风险评估、应急监测、损失评估、灾后恢复重建，为灾害损失快速与综合评估提供重要的信息数据，为应急救助和应急管理提供决策支持。

2. 国内在轨智能信息处理

国内在卫星在轨智能信息处理方面，典型应用案例有“天智一号”卫星、“珞珈三号”01 星、“吉林一号”卫星等。

1）“天智一号”卫星

“天智一号”卫星是由中科院软件所牵头，中科院微小卫星创新研究院、航天九院 771 所、中科院光电院、中科院西光所等单位参与研制，整星质量约 27 kg，运行在 500 km 高度的太阳同步轨道，是“天智”系列的首颗技术验证星。2018 年 11 月 20 日 7 时 40 分，“天智一号”卫星在酒泉卫星发射中心搭载发射升空，成功进入预定轨道。

“天智一号”卫星是中国首颗软件定义卫星。其核心是一个小型高性能星载云计算平台，支持有效载荷即插即用、应用软件按需加载，可以通过上注不同的应用软件，让卫星完成不同的任务。在轨运行的半年时间里，已经通过软件上注的方式成功开展了星箭分离成像、自主请求式测控、空间目标成像等 10 多项在轨试验，涉及智能测运控、智能信息处理等多个方面。

“天智一号”卫星的成功发射开启了我国用软件定义方法在航天领域开展理论研究和工程实践的先例。软件定义卫星的设计理念将有效推动硬件资源虚拟化、系统软件平台化、应用软件多样化的智能卫星发展。

2）“珞珈三号”01 星

“珞珈三号”01 星是武汉大学联合航天东方红卫星有限公司等单位联合研制的一颗光学智能遥感卫星。在轨实时智能处理功能是“珞珈三号”01 星的核心功能之一，通过在星上配置可扩展智能信息处理平台实现遥感数据的在轨按需、实时和智能处理。

“珞珈三号”01 星星上智能信息处理单元采用主备异构软硬件架构，主份硬件基于高性能 GPU 进行设计，配备开放软件平台（Linux）；备份硬件基于 FPGA 设计，支持在轨常规压缩；同时主备通道均配置大容量固存模块，支持原始图像及处理后图像的在轨存储，由接口部分、处理通道（主）和压缩通道（备）组成。两通道相互独立，采用冷备份方式，实现功能备份，确保数据可靠下传。

其中，开放软件平台包括基础操作系统环境、用户 API 函数接口、图像处理基础库、深度学习软件框架等，支持在轨扩展用户或第三方设计开发的智能处理 APP。卫星支持星上自主任务规划，用户只需要向卫星发送目标点经纬度、数传窗口等信息，卫星可自主完成成像任务规划、影像获取、在轨处理、图像下传等。卫星设计了专门用于 APP 在轨上注的高速上注通道，支持 APP 软件在轨快速上注，支持 APP 在轨安装、运行、卸载、更新等操作，通过丰富星载 APP 可以不断拓展卫星的影像信息服务能力。基于上述功能设计，卫星与地面系统配合可向个人用户手机终端提供端到端近实时的影像信息服务。

3）“吉林一号”卫星

“吉林一号”卫星星座是长光卫星技术股份有限公司在建的核心工程，规划由 138 颗涵盖高分辨、大幅宽、视频、多光谱等系列高性能光学遥感卫星组成。

“吉林一号”光谱 01/02 星在轨智能处理终端具有森林火点和海面船舶的自动识别、搜寻和定位功能，在智能处理功能开启的条件下，用户无须经历传统的“上注任务、卫星成像、接收图像、图像处理、信息分析”的漫长过程，即可直接通过移动终端准实时地接收快讯。例如，2019 年 3 月 21 日，项目组开展了森林火点自主识别试验，在星上每秒处理 500 km^2 的中波红外图像，对高温火点进行识别。星上在轨处理 13 s 后，地面终端接收到信息，结果显示湄公河流域区域发现多处高温火点，经卫星图像人工比对验证结果正确。2019 年 6 月 8 日，项目组又在某海域进行了船舶自主搜寻试验。星上在轨处理 3 min 后，地面终端接收到信息，显示获取一艘大型船舶信息，通过地面比对验证，证明系统工作符合预期。

星载在轨智能信息处理技术成果在“吉林一号”光谱 01/02 星上的成功试用，提高了系统存储和数据传输的利用率，大大提升了遥感应急信息获取的时效性，为未来卫星遥感应急响应提供了核心技术支撑。

2.3 空间智能信息处理关键技术

星上处理与地面处理相比，最大的难点在于在卫星体积、质量、能源及成本的约束下，星上计算能力、功耗及存储资源受限。这些限制对星上智能处理技术的推广实现提出了更加苛刻的要求。具体而言，目前卫星在轨智能信息处理面临的挑战主要体现在以下 3 个方面：

①智能算法仍存在挑战。成像卫星智能处理算法近些年取得了令人瞩目的进步，但目前在轨智能还有一些挑战需要克服，如遥感小目标识别、多源信息融合等。

②星上计算资源受限。受到卫星质量和功耗的限制，星上处理单元无法像地面一样使用大功率、高性能的处理器。有限的计算能力会限制星上图像分类、目标检测等智能处理算法的准确率和实时性。

③高效能在轨计算平台设计困难。设计在轨智能计算平台需要在小功率下获得大算力，还要应对高低温、热真空、强辐射等空间环境，因而高效能的在轨计算平台设计是一项艰巨的任务。

针对上述挑战，国内外积极开展空间智能信息处理技术研究，后文将从智能处理算法、算法加速技术、在轨计算平台三方面对其中的技术现状展开介绍。

2.3.1 智能处理算法

对于空间智能信息处理算法，本节内容将从空间数据预处理、空间数据压缩、空间信息提取和自主任务规划四方面展开介绍。

1. 空间数据预处理

由于遥感系统空间、波谱、时间以及辐射分辨率等限制，原始遥感数据（光学、合成孔径雷达、光谱等）的质量和精度往往无法满足要求，需首先对数据进行预处理。在利用智能手段开展数据预处理的相关工作中，国内外研究人员已将人工智能技术用于遥感图像匹配、重构、融合等方向。

1）遥感图像匹配

图像匹配就是将不同成像时间、不同成像设备或不同成像条件下获取的两幅图像，寻找最佳的空间变换关系使得图像中的同名点精确对准的过程。遥感图像匹配是遥感图像融合、拼接、变化检测、分类等技术的前提和基础，在地质调查、飞行器巡航制导、土地利用、卫星影像测量等诸多领域均有广泛应用。

得益于机器学习方法的引进，遥感图像匹配技术获得了系统性发展，匹配精度获得了显著进步。遥感图像匹配方法可大致分为基于灰度的方法和基于特征的方法两类。

（1）基于灰度的遥感图像匹配方法。

基于灰度的遥感图像匹配方法的相似性度量准则一般依据图像的灰度级信息建立，如熵值、互相关、互信息等。通常，遥感图像的信息量较大，且由于地貌形态复杂，存在一定程度的形状畸变和灰度差异。该类方法虽然实现简单，但计算量较大，易受光照、噪声、畸变等干扰的影响。

（2）基于特征的遥感图像匹配方法。

基于特征的遥感图像匹配方法能够在很大程度上避免上述问题，对灰度、形状等变化具有一定的鲁棒性。该类方法中，常用于匹配的遥感图像特征有点特征和区域特征。基于点特征的匹配方法中，已有文献利用 Harris、尺度不变特征变换（Scale Invariant Feature Transformation，SIFT）、加速鲁棒特征（Speed Up Robust Features，SURF）等算法提取两幅遥感图像的特征点，进行特征点匹配，再剔除错误点对，最终实现遥感图像的匹配。与局部特征点相比，区域特征对整体性表征更加完整，对区域形变、区域变化等的稳定性更好。在基于区域特征的匹配方法中，深度学习应用的核心思想是用分类技术解决匹配问题，如 Han 等人利用 MatchNet 提取图像区域特征，将 3 个全连接层得到特征的相似性作为输出，对输出采用 Softmax 进行分类匹配。Zagoruyko 和 Komodakis 重点解决了对光照变化、观测角度具有很好适应性的区域特征提取问题，提出了基于 DeepCompare 网络的区域特征提取方法，该方法的匹配性能对于不同时间、空间获取的遥感图像具有极佳的稳定性。

2）遥感图像重构

仅依赖遥感卫星载荷能力推动图像分辨率提升，使得高分辨率图像成本大幅提高，给遥感图像大规模应用带来困难。以超分辨重构为代表的图像级和信号级处理方法为遥感图像分辨率和质量提升提供了另一种可行的技术途径。超分辨率（Super Resolution，SR）重构是指在不改变观测系统的前提下，利用图像处理算法恢复图像获取过程当中丢失的成像系统截止频率之上的高频分量信息，从而获得具有更多高频细节信息的高分辨率图像的技术。

智能遥感图像重构方法可以分为基于神经网络和基于生成对抗网络两类。Wei 等人提出了基于 MC - ADM（Multicomponent Alternating Direction Method）和基于 PSRI - Net（Parametric Super - Resolution Imaging Network）的两种参数化超分辨率 SAR 图像重建方法，其根据预先设计的损耗，深度网络通过端到端训练来学习，可应用于得到高质量 SAR 超分辨率图像的参数估计。Luo 等人提出了一种基于卷积神经网络的 SAR 图像超分辨率重建的方法，其针对浮点图像数据采用深度学习对 SAR 图像进行重建，可以更好地重建 SAR 图像。

针对神经网络在光学遥感图像超分辨率重建以及噪声去除中出现的信息损失和对比度降低的问题，冯旭斌提出了利用生成对抗网络对小波变换域光学遥感图像进行超分辨率重建以及噪声去除的方法。熊鹰飞提出了一种适应于遥感图像超分辨的改进超分辨率生成对抗网络（Super - Resolution GAN，SR - GAN），增强了模型在跨区域和传感器的迁移能力。王梦瑶等人构建了 SAR 辅助下光学图像去云数据库，建立了基于条件生成对抗网络的 SAR 辅助下的光学遥感图像去云模型，实现了 SAR 辅助下光学图像薄云、雾和厚云等覆盖下地物信息的有效复原与重建。

3）遥感图像融合

遥感传感器种类繁多，且不同传感器对同一场景的成像各具特点，产生诸如多光谱图像、全色图像、红外图像、SAR 图像等多源遥感图像。各类成像传感器每天获取的图像数据是海量的，为了高效和综合地处理、运用这些数据，需将同一场景的多源遥感图像进行融合。多源遥感图像融合利用特定的技术，去除取自同一场景不同来源图像的冗余信息，同时结合其中的互补信息，以生成对此场景描述得更清晰、更准确、更全面的图像。

多源遥感图像融合方法主要可划分为两类：基于空间域的方法和基于变换域的方法。

（1）基于空间域的遥感图像融合。

基于空间域的遥感图像融合方法直接依据原始遥感图像的像素信息进行融合，主要有压缩感知、主成分分析、Brovey 变换、非负矩阵分解、亮度 - 色度 - 饱和度变换、神经网络、群智能优化算法等。

其中，随着人工智能技术的飞速发展，神经网络和群智能优化算法越来越多地被应用于遥感图像融合。当前较多用于多源图像融合的神经网络有 BP 神经网络、自组织特征映射网络和脉冲耦合神经网络（Pulse Coupled Neural Network，PCNN）等。王昊鹏等人将 PCNN 模型用于 Curvelet 变换域的图像融合中，将表征图像各分量局部特征的支撑值作为 PCNN 模型的外部激励输入，利用 PCNN 模型模拟人眼视觉神经系统的生物特性，并根据其全局耦合特性对源图像进行智能分析、判断和融合，从而提高融合图像的整体效果。

基于群智能优化的图像融合方法是通过蚁群算法、粒子群算法等群智能的方法寻找到使目标函数最优的参数，并利用该参数对源图像进行融合。该类方法可划分为单目标优化的和多目标优化的图像融合方法两大类。单目标优化的方法如赵学军等人发表的粒子群优化 Contourlet 变换的遥感图像融合方法。该方法使用粒子群优化算法对 Contourlet 域上的不同分量所需的不同加权系数进行优化，采用多元回归分析方法设定目标函数，实现了全色图像与多光谱图像的融合。多目标优化的方法如陈荣元等人提出的一种基于多目标粒子群优化算法的红外与可见光图像融合方法。该方法选取图像融合的客观评价指标作为优化目标函数，采用多目标粒子群优化算法对低频分量的融合参数进行优化，高频分量采用取绝对值最大的融合规则，融合图像具有较好的主观视觉效果。

（2）基于变换域的遥感图像融合。

基于变换域的图像融合方法首先采用特定变换工具将多源遥感图像变换到另一个域上，接着对变换域的不同分量设计不同的融合规则进行融合，得到变换域上的融合系数，最后进行逆变换获得融合后的图像。基于变换域的融合方法主要有基于独立成分分析、离散余弦变换、快速傅氏变换、多尺度分解等图像融合方法。

当前，基于多尺度分解的图像融合方法在图像融合领域中应用较为广泛。首先对多源遥感图像进行匹配，之后采用特定的多尺度分解工具将源图像分别分解得到低频分量和多个高频分量，接着设计一些不同的融合规则对所得低频分量及多个高频分量分别进行融合，获得图像各个尺度的融合分量，最后经多尺度逆变换重建出融合图像。

2. 空间数据压缩

随着中国卫星技术的快速发展，高分系列卫星包含了全色、多光谱、高光谱、雷达以及红外等多种类型卫星。当前，中国的高分辨率光学卫星影像可以达到0. 1 ~0. 5 m 的空间分辨率，在轨正常运行的高分辨率遥感卫星每天产生的数据达到 TB 级别，数据输出率高于 10 Gbit/s。遥感影像数据呈现出数据海量、高分辨率、多模式的特点，海量的遥感数据和有限的带宽下行速率已经很难满足数据的实时下传需求。

目前，很多国家都将在轨遥感影像压缩技术应用于星上图像压缩。随着高分辨率卫星影像的发展，低码率、高保真的图像质量使得基于自适应差分脉冲调制编码（Adaptive Differential Pulse Code Modulation，ADPCM）和离散余弦变换（Discrete Cosine Transform，DCT）技术的图像压缩算法不再适应于星上储存和星地传输。当前应用较为广泛的是基于离散小波变化（Discrete Wavelet Transform，DWT）的 JPEG2000 图像压缩方法。然而，这类压缩方法对遥感数据信息无差别编码，造成不必要的计算资源占用，数据压缩比低。通常要求压缩后的影像峰值信噪比（Peak of Signal and Noise Ratio，PSNR）越高越好，为了保证较好的视觉效果（如 PSNR > 36 dB），基于传统的 JPEG2000 在轨遥感影像压缩算法往往将压缩比控制在 10 倍以内。较低的压缩比意味着在有限带宽下，很难实现海量遥感数据信息的智能实时服务。

近年来，随着计算机和人工智能技术的蓬勃发展，深度学习被提出应用于解决空间数据压缩问题。深度学习算法可以构建更灵活多变的遥感数据压缩结构，从而有针对性地对复杂数据作出应变分类。利用大量数据训练具有编码和解码子网络的深度前馈网络，通过在编码子网络的末端定义很少的节点，网络可以将图像转换为具有少量元素的特征向量，从而实现大倍率压缩。

现有基于深度学习的压缩方法可以分为 3 类：基于 RNN 的方法、基于 CNN 的方法和基于生成对抗网络（GAN）的方法。

1）基于 RNN 的图像压缩

基于 RNN 的图像压缩方法首先将图像分块，然后利用叠加的递归层构造渐进编码模块和解码模块。Toderici 等人研究表明，训练循环卷积神经网络以实现不同的比特率压缩是可能的，但它仅在小缩略图图像上得到验证。随后，Toderici 等人又提出了一种基于门控递归单元（Gate Recurrent Unit，GRU）、残差 GRU、LSTM 和联想 LSTM 的全分辨率图像压缩方法。尽管渐进策略可以实现灵活的比特率，但由于纯基于 RNN 的压缩方法需要将图像分成很多快，它在大倍率压缩中经常会出现伪影、模糊等问题。针对这个问题，Johnston N 等人提出了以 RNN 的理念，结合 CNN 进行压缩的方法，将 CNN 的编解码器的每一层看作是 RNN 的神经元，并经过循环展开进行多层次的压缩解压缩。

2）基于 CNN 的图像压缩

基于 CNN 的图像压缩方法遵循编码器 – 解码器的方式，包含堆叠卷积层的编码器、包含堆叠反卷积层的解码器和量化器用来度量生成图像的准确性。在模型提出伊始，大多采用基于 MSE 的度量方式。基于 CNN 的图像压缩方法首先要解决的问题就是在训练过程中，由于量化操作的不可导，除了几个无限的阈值点，量化器的梯度几乎为零，这使得 CNN 无法执行端到端的反向传播。一些研究人员开发了一些变体来解决这个问题。例如，E. Agustsson 等人提出了一种软（连续）量化松弛方法用于解决可微问题。随后，Theis L 等人提出了端到端自动编码器中量化和熵速率估计的可微近似。端到端学习可以确保基于 CNN 的方法能够在有足够数据的情况下达到预期结果。

3）基于 GAN 的图像压缩

与 RNN 和 CNN 相比，GAN 是一种生成模型，由生成器和鉴别器组成。生成对抗网络的出现为深度学习带来全新的学习方式，它以博弈的思想为图像的分布建模，而不是仅仅学习训练图像的特征。深度学习模型需将图像解压缩所需的先验信息储存在网络参数当中，压缩倍率越大，图像解压缩需要的先验信息越多。当进行压缩模型的训练时，应用逐像素损失的模型学习到的参数会随着不同的图像有大幅度的波动，而生成对抗网络通过构造鉴别器将原图像与解压缩图像同时映射到特征层面进行损失计算，减少了参数的大幅度波动，有利于模型学习到更多的先验信息。因此，相比基于 CNN 和 RNN 的图像压缩方法，基于 GAN 的图像压缩方法具有压缩倍率大、重构质量好等优点，有望克服传统深度学习模型泛化性能差的缺陷。

3. 空间信息提取

空间信息提取是从空间数据中提取任务相关或感兴趣信息的过程，在遥感领域主要解决目标检测和场景分类两类问题。通过人工智能算法对遥感图像中各类地物的光谱信息和空间信息进行特征提取，获得遥感图像中与实际地物的对应信息，从而实现检测或分类。

1）遥感图像目标检测

目标检测是成像卫星应用的重要技术之一。它是指利用算法检测到兴趣目标并标记其类别，包括飞机、舰船、车辆、建筑物和桥梁等。目标检测在城市规划、灾害检测、丢失船只搜寻等领域有着广泛的应用。同时，近年来高分辨率成像技术迅猛发展，WorldView 系列、高分系列等成像卫星相继发射，海量的高分辨图像为遥感目标检测技术发展带来了新的机遇。

传统的目标检测大多基于经典的模式识别算法，如模板匹配方法，种子点特征、全局最小化活动轮廓模型和径向梯度角特征等，搜索图像中可能与该模板相似的区域，然后计算其相似度判别是否为目标。这些模板需人工设定且只能针对特定类别，效率低且泛化性差，难以应用到大规模、多类别的目标检测上。

随着深度学习算法在计算机视觉领域的大规模应用，高性能的目标检测成为可能并取得较大成果。特别是运用卷积神经网络技术的目标检测，以模拟人脑神经元的学习思维对图像多次抽象化，挖掘图像深度信息从而取得较高精度。目前流行的基于深度学习的目标检测方法有 Faster R－CNN、YOLO 和 SSD 等。

具体到遥感领域，对于遥感图像中水平目标框检测和倾斜目标框检测，研究人员在上述方法的基础上开展了大量的适应性改进工作。

（1）水平目标框检测。

水平目标框检测大多基于一般方法改进而来。例如，Ding 等人关注遥感图像中的小目标，认为传统 Faster R－CNN 不能有效识别这些微小目标。为此提出了一个基于 VGG－16 网络的、融入扩散卷积层的多尺度的组合策略模型，提高了精度，同时减少了测试时间和所需内存。Qiu 等人设计的自适应纵横比多尺度网络，注意保持物体的纵横比信息在训练过程中不被扭曲，缓解了训练过程中由于纵横比变化而导致物体过度变形的问题，该模型在一些水平目标框检测任务上表现良好。

（2）倾斜目标框检测。

倾斜目标框的光学遥感图像目标检测任务不仅检测目标的位置和长宽，也检测其倾斜角，难度较前一任务更大，但能获取更精准的目标定位。Ding 等人设计了 ROI transformer 模型，增加了角度参数，可以获取有方向目标框，更有实用意义。Qian 等人提出的 RSDet 考虑到倾斜框目标检测中回归不连续问题，将旋转目标的检测问题重定义为预测目标的角点，且提出了调制旋转损失，通过解决损失的不连续性，优化了损失函数的计算。Cheng 等人提出的新式网络 AOPG，提出了一个无需锚框的感兴趣区域生成器，并利用卷积层使生成的感兴趣区域向特征图对齐，在 3 个遥感数据集上的实验体现了该方法的有效性。

2）遥感图像场景分类

遥感图像分类算法主要用于场景分类。场景分类任务即判断遥感图像覆盖的场景类别，如机场、港口、河流、森林、建筑用地等。目前场景分类一般用于国土资源规划、农作物测收、环境监测、森林覆盖率统计等。

早期的遥感图像分类主要是依靠人工提取特征，这些方法一般情况下需要依靠具备大量专业领域知识和实践经验的专家，利用图像的颜色、形状、纹理或光谱等视觉信息，通过显式的人工设计进行特征提取和编码等操作，进而进行场景分类。但是，随着技术的发展尤其遥感技术的发展，遥感图像不仅从数量上急剧增加，而且从质量上来说遥感图像的复杂度以及图像的分辨率也都越来越高，这些因素限制了早期人工方法的继续使用。

在过去的几十年里，各方面学者对遥感图像提出了许多基于机器学习的分类方法。其中，按照训练模型时样本的标签信息是否参与，可分为监督分类、半监督分类和无监督分类。

（1）遥感图像监督分类。

自 2006 年深度特征学习取得了突破性进展之后，机器学习与深度学习便从此登上了历史舞台。自此，以支持向量机、决策树等为代表的机器学习方法，以 CNN、AlexNet、VGGNet 等卷积神经网络为代表的深度学习方法都被广泛应用于遥感场景分类研究中。基于深度学习网络能够提取遥感图像的高维特征，挖掘图像数据的深层次统计规律，进而实现场景的精确分类。

在通用深度学习网络的基础上，研究人员针对遥感图像的特性积极开展适应性改进。例如，Zhou 等人提出了 ResNet - TP 方法，通过使输入的图像经过特定的 ResNet 网络层后再分为两路进行特征提取并分类，得到了令人满意的分类精度；Shawky 等人提出基于 CNN - MLP 的方法对遥感图像进行场景分类，先使用无全连接层的卷积神经网络对遥感图像进行特征提取，然后用依赖于 Adagrad 优化器的增强型多层深度感知机进行遥感图像的分类，取得了较好的分类效果。

（2）遥感图像无监督分类。

由于遥感图像获取容易，但是进行标注并非易事，因此近年来衍生出大量基于无监督的分类方法，这类方法也在遥感图像分类领域大放异彩。在遥感图像分类领域中用到的典型无监督特征学习方法包括主成分分析法、k 均值聚类、稀疏编码、自编码器、生成对抗网络等。其中，GAN 作为近年来最具潜力的无监督学习算法，其目的是学习一个生成的数据分布。Lin D 等人首次将 GAN 应用到无监督特征提取的遥感图像分类中，在该方法中，作者将两种损失函数相结合进行图像的特征学习，利用此方法获得了良好的分类效果，分类精度达到 94% 左右。

（3）遥感图像半监督分类。

由于现实中无标签的图像数量要远多于有标签的图像数量，所以为了提高大量的无标签样本的利用率，同时结合有标签和无标签样本的半监督学习算法就受到越来越多研究者的关注。Bruzzone 等人提出使用基于时间依赖关系的 SVM 来获得未标注样本的权重，并且获得了较好的分类效果。Wei Han 等人提出一种具有深度学习功能的半监督生成框架，用自标签技术和判别式评估方法，完成了遥感图像和场景分类，并取得了较好的效果。Xu 等人提出了一种二型模糊 C 均值算法，作为一种新的半监督分类模型，有效地提高了遥感图像场景的分类精度。

4. 自主任务规划

随着航天技术蓬勃发展，星上任务规模及多样性逐渐增加，如何利用有限的星上资源执行复杂繁重的空间任务是长期以来备受关注的问题。随着卫星载荷能力不断提升、响应时间要求不断缩短，为提高卫星资源利用率、保证快速响应能力，我们希望赋予卫星自主规划能力，使其能够根据动态环境自主地进行决策与调度，实现星上资源的优化配置。

相比地面离线任务规划，星上任务规划的优势主要体现在：一是提升对突发事件的处理能力。以遥感卫星观测任务为例，对于失效图像（有云层覆盖的图像和火灾监控任务中没有发现起火点的图像），卫星自主任务调度可以立刻在星上删除以腾出存储空间，并直接触发针对同一目标点的二次成像。二是快速响应任务冲突。可用于其他低优先级任务和未被调度安排的任务。三是提升卫星运行效能。任务规划时考虑星上资源的精确状态，如仪器温度、电量、存储器剩余空间等，进一步提升任务执行效率与任务收益。四是减少对地面的依赖，使卫星不必保持与地面的频繁通信，增强卫星独立运行的鲁棒性。

从问题模型上的分类来看，卫星的任务规划问题属于 NP - Hard 问题，而遗传算法、蚁群优化算法等智能优化算法在求解此类问题上表现出了良好的性能。因此，很多相关研究致力于改善算法的寻优过程，提出新型的启发式算法。例如，Zheng 提出了一种改进的遗传算法，这种算法采用了一种新型的变异策略（Hybrid Dynamic Mutation），提升了遗传算法的求解速率和求解精度。算法在计算时间和任务成功率上都能满足要求，且在速度和可靠性方面都有突出的表现。Zhibo E 提出了一种新的基于个体重构的整数编码遗传算法（IRICGA）来降低计算量，提高区域目标观测的最优性。此个体重构方法提出的个体重构过程有助于在进化过程中产生可行的解决方案。基于该算法，提出了一种有效的多卫星区域目标观测成像调度框架，包括预处理和调度两个独立阶段。在预处理阶段，提出了一种计算区域目标和观测条带可见时间窗的半解析方法。

随着机器学习的快速发展，业内开始尝试使用机器学习算法来对卫星进行任务规划。例如，王海蛟提出一种基于马尔科夫决策过程（Markov Decision Process，MDP）的敏捷卫星在线调度模型，将卫星的任务规划问题视为一个求解 MDP 的最优决策策略的问题；同时也考虑了分布式条件下的多星协同任务规划问题，利用基于多智能体的强化学习算法来求解多星的协同行动问题。另外，聚类算法、博弈论等机器学习理论方法也被应用于在轨任务规划问题中。

2.3.2 算法加速技术

深度学习模型已经被广泛应用，但模型“臃肿”，所需算力大，成为制约星上在轨智能实现的重要因素。深度学习的加速技术就是以“多、快、好、省”为目标，尝试从计算优化、硬件适配优化等方面减缓星上处理器负担的同时，加速算法的推理速度，以便达到实时性要求。

1. 基于计算优化的算法加速方法

计算优化主要是寻求精度和速度之间的平衡，在保证模型效果的同时，尽可能减少模型的计算量。目前，业界计算优化方法大致可以分为 4 种，即轻量化模型设计、模型裁剪、知识蒸馏和模型量化。

轻量化模型设计主要是采用计算量更小的新型卷积来代替标准卷积。轻量化模型的计算量通常仅有几十兆到几百兆浮点运算数，与传统的 VGG、Inception、ResNet 等大型网络动辄上千兆浮点运算数的计算量相比有明显优势，同时在一些分类、检测等视觉任务上与大模型的准确率差距不大。

相比轻量化模型设计，模型裁剪通过对模型本身做“减法”，实现化大为小。核心思想是在保持剪裁前后模型精度差距不大的前提下，设计网络稀疏化机制，在某种粒度上筛选掉卷积中冗余的权重参数。其本质就是在各种粒度下寻找更为稀疏的模型表征，因此模型裁剪算法的关键在于权重筛选机制的设计以及筛选粒度的选择上。

模型蒸馏或者知识蒸馏的目标是利用大模型 Teacher Network 提供的监督特征指导帮助小模型 Student Network 训练学习，从而使得小模型既快又准。知识蒸馏的关键在于监督特征的设计，如采用 Soft Target 所提供的类间相似性，或使用大模型的中间层特征图或 Attention Map 作为桥梁，对小网络进行训练。

模型量化是将深度学习网络的权值、激活值等从高精度转化成低精度的操作过程。深度学习模型在运行时，需要进行大量的浮点数乘加运算，一般默认浮点数位宽是 32 bit，但是实际上完全可以用更低的位宽来量化模型的权重和特征图。目前，业界广泛采用的是 16 bit 和 8 bit 量化，在降低模型运行读写量的同时，提高模型的运算速度。量化技术的关键在于如何控制低位宽对模型带来的精度损失。

2. 基于硬件适配优化的在轨加速方法

硬件适配优化主要是利用推理引擎对模型进行优化加速，使智能算法能够部署到嵌入式平台上。目前主流的推理引擎有 TensorRT、ncnn、MNN、TVM 和 TensorFlow Lite 等。神经网络图优化和算子优化是推理引擎之所以能对网络进行加速的核心关键。TensorRT 通过对层间的横向或纵向合并，使得神经网络层数大幅减少。横向合并可以把卷积（Convolution）、偏置（Bias）和激活层（ReLU）合并成一个 CBR 结构，只占用一个 CUDA 核心。纵向合并可以把结构相同，但是权值不同的层合并成一个更宽的层，也只占用一个 CUDA 核心。合并之后网络的计算图层数减少，占用的 CUDA 核心数也会减少，内存访问次数和访问量也随之相应下降，因此整个模型结构会更小、更快、更高效。使用 TensorRT 后，一些检测算法能达到几倍的加速，效果十分可观。不过 TensorRT 只能用在英伟达的设备上，对于基于 ARM 芯片的设备可以使用国内 ncnn 或者 MNN 推理引擎。相比 TensorRT，国产的 ncnn 和 MNN 在性能优化和算子支持上都存在一定的差距。

计算优化和硬件优化仍存在适配问题。硬件优化主要是针对一些通用型的神经网络，而经过计算优化的网络，其结构会发生一定的变化，从而无法充分利用硬件加速库。例如，经过模型裁剪后，网络的卷积核通道数不再是 2 的指数次幂，会造成因编译器的内存对齐规则限制而导致的不必要的带宽损失和算力浪费。另外，轻量化网络中深度可分离卷积算子在推理引擎中的优化程度远远比不上普通卷积算子。因此，虽然深度可分离卷积算子相比普通卷积能节省 8 倍计算量，但最终的速度反而比不上普通卷积算子。

2.3.3 智能计算平台

受卫星功耗限制，在轨智能计算平台需要在小功率下获得大算力。目前，专门面向星上使用的人工智能硬件平台还未见报道，已发射入轨的智能卫星使用的也是面向地面通用的人工智能硬件平台，如 PhiSat - 1 搭载的是英特尔的 Movidius Myriad 2 模块。

国外一些嵌入式 AI 硬件平台中，英伟达的 AI 边缘计算产品最多，技术支持也最完善。英特尔神经计算棒在性能和功耗上的表现都很亮眼，占据一定的市场。此外，谷歌的 AIY Edge TPU 搭配专门设计的深度学习框架 TensorFlow Lite，达到了超高的能效比。国内也有一些公司设计了面向边缘计算的硬件产品，如瑞芯微和寒武纪等。值得注意的是，英特尔神经计算棒、谷歌的 AIY Edge TPU 和寒武纪的 MLU220 - M.2 都是外置加速设备，需要插在树莓派等开发平台上。

目前，常见的边缘智能计算平台的核心处理器主要使用 GPU、FPGA 和 ASIC，近年来还发展出基于神经形态计算的类脑芯片。面向深度学习网络的训练和应用需求，总结各类芯片计算特征如下。

1. GPU 计算特征

与传统 CPU 结构不同，GPU 的内部结构中包含了大量的逻辑计算单元，其规模远远超过结构中控制单元和寄存器等存储单元的规模。这意味着 GPU 拥有较多的计算核心，在对数据进行算术运算或者逻辑运算方面有着很大的优势。除了拥有较多的计算核心外，GPU 的另一个优势是它的内存结构。首先，在 GPU 的架构中有一些存储单元，如寄存器等是供一些算术逻辑单元共享的，即 GPU 线程之间的通信可以依赖这些共享的内存而不依赖全局内存，其中计算单元与共享内存之间的数据传输速度比与全局内存之间的要快。其次，GPU 拥有相对高速且内存带宽相对较大的全局内存，如 GDDR5。虽然传统的 CPU 架构中有高速缓冲存储器的存在，但是其容量较小，无法存储深度学习算法模型所需的数据，需要存储在内存中，然而由于架构的原因，CPU 的内存带宽并不如 GPU 的。因此，GPU 更适合数据吞吐量相对较大的算法，如深度神经网络模型的训练阶段。

目前，一些深度学习框架，如 Caffe、Theano 以及 TensorFlow 等能较好地应用于 GPU 上，并且 NVIDIA 公司也为 GPU 提供了较好的深度学习开发环境，如深度学习加速库 cuDNN 等，提高了 GPU 加速的性能。

2. FPGA 计算特征

FPGA 最大的特点在于具有可编程性，即开发者可以根据自己的需要通过可编程的链接将 FPGA 内部的逻辑块连接起来，实现相应的功能。

与 GPU 相比，FPGA 功耗通常更低。综合计算和功耗这两个方面，FPGA 有更加出色的能源效率，即在通常情况下，FPGA 能在单位功耗下获取更高的性能。例如，Griffin Lacey 等人在文献中指出，对于卷积神经网络的推理阶段，微软团队利用 FPGA（Stratix V D5）实现了高性能的加速，其加速性能为每秒处理 134 张图片，功耗仅为 25 W，并且如果使用更高端的 FPGA（Arrial10 GX1150），这个加速性能预计能达到每秒处理 233 张图片，而功耗基本不变；对于高性能的 GPU 实现（Caffe + cuDNN），其加速性能为每秒处理 500 ~ 824 张图片，功耗为 235W。这意味着 FPGA 的能源效率能达到 GPU 的 2 ~ 3 倍。这对于某些深度学习应用，如超大型数据中心，资源有限的嵌入式应用来说尤为重要。

3. ASIC 计算特征

专用集成电路（ASIC）是一类专用的电路，能够给设计者实现应用最大程度的自由。为了满足不同消费者的需求，ASIC 常常有更小的体积、更低的功耗、更高的性能、更强的安全性和量产之后更低的成本。目前，国内涌现出以中科寒武纪“MLU100”、地平线“旭日 1.0”以及比特大陆“BM1880”等为代表的 ASIC 智能芯片，其中 MLU100 芯片在平衡模式（主频 1GHz）和高性能模式（主频 1.3GHz）下，峰值速度分别达到 128 万亿次定点运算/166.4 万亿次定点运算，功耗分别为 80W/100W。

与通过调整深度学习算法来适应 CPU 或者 GPU 硬件结构进而实现加速的方式不同，利用 ASIC 加速深度学习算法的主要方式通过定制专用的硬件加速算法，如针对卷积神经网络算法的加速设计。由于 ASIC 是针对某一个或者某一类算法进行硬件定制，所以利用 ASIC 加速深度学习算法通常能取得较高的性能，并且功耗较低。但是这种加速方式也有一些要求和限制，如 ASIC 加速器的硬件设计与开发周期较长，成本较高，硬件生成后通常无法改变，灵活性不高。

4. 类脑芯片计算特征

类脑芯片在设计上推翻了经典的冯·诺依曼架构，而是基于仿人类脑神经系统的神经形态计算架构设计。清华大学类脑计算研究中心于2015年推出了首款类脑芯片——“天机芯”，将人工神经网络（ANNs）和脉冲神经网络（SNNs）进行了异构融合，可用于图像处理、语音识别、目标跟踪等多种应用开发。类脑芯片是在芯片基本结构甚至器件层面上进行优化设计，如采用忆阻器等新器件来提高存储密度。但是该类芯片相关技术还很不成熟，目前仅停留在实验室研究阶段，其算法模型的准确率仍有待提高。

面向在轨智能应用，除了对高效率、低能耗的要求，还应考虑到太空中高低温、热真空、强辐射等环境特性也超出了地面通用平台的设计工况，因此地面通用平台在卫星上大规模的采用还需经过长时间的考验。

2.4 未来趋势

未来，天基系统智能化需要强大的天地一体化信息网络支撑，即天基空间信息网络，其由星地协同智能对地观测系统与通信卫星、导航载荷的卫星和飞机等空间节点组成，通过动态链接组网，实时获取、传输和处理海量数据，实现天基信息的体系化应用。天基空间信息网络实现了对全球表面分米级空间分辨率、小时级时间分辨率的数据采集和米级精度的导航定位服务，在时空大数据、云计算和天基信息服务智能终端支持下，通过天地通信网络全球无缝的互联互通，实时地为国民经济各部门、各行业和广大手机用户提供定位（Positioning）、导航（Navigation）、授时（Timing）、遥感（Remote sensing）、通信（Communication）服务，即PNTRC服务。

传统以及新应用场景对载荷系统不断提出更高性能需求。当前，增长的军事、经济需求对卫星系统性能不断提出更高的要求。卫星系统获取的数据正在成几何数字倍增，如何快速挖掘有用信息成为卫星数据处理的主要痛点。

空间人工智能及在轨应用技术为处理这些巨量数据提供了很好的思路，但人工智能算法飞速发展，固定不变的算法和服务类型已经不能满足快速变化的需求。这要求载荷在灵活性、软件可升级方面提供支持。深空探测等一系列空间任务，最大的特点就是地面指令不能实时到达、任务持续时间长、未知因素多，需要空间飞行器自主感知、决策、执行，及时对任务规划做出调整。这就需要以软件化载荷作为基础，可调参量变多，有利于适应未知变化和动态任务调整。

未来智能应用形态下需要卫星系统满足智能化、自主化运行，网络化、体系化协同，环境高效感知和智能认知等应用需求。为了更好地适应日益复杂的空间任务，提升对探测区域的感知能力，星上信息处理不再单单是对目标的检测识别，更要基于相关场景的目标检测结果，构建高层次的语义表征。除此之外，还要具备对时间/空间变化状态的预测能力，并能够与高层语义融合生成高时效、准确的情报表述，从而可以为全域的态势感知、人机交互协同理解提供有效的支撑。

高效的目标特征提取和智能语义生成是实现高层认知的基础能力，智能分类是保障多星协同系统稳健运行的核心能力，轻量级优化则是具备星载部署运行的关键能力。开展基于深度学习的卫星数据目标特征提取、星上智能语义情报生成、面向主动推送的星上情报智能分类、面向星载应用的深度神经网络轻量级优化等空间智能信息处理技术的研究，完成核心算法设计及工程化，实现对空间数据内容的理解与描述，是实现卫星系统信息化、智能化以及提升卫星系统应用效能的基石。

第3章　空间智能感知与控制发展状况

空间智能感知与控制技术以近地轨道卫星、在轨维护与服务机器人、深空探测器、地外巡视器等多种航天器为对象，利用人工智能技术，解决航天器在运行环境复杂、不确定因素多、星上计算资源受限、星上能源受限、通信时延大等约束下实现理解任务、感知环境、自主决策和自主执行。

3.1　技术内涵

空间智能感知与控制技术主要分为空间智能感知和空间智能控制两部分。空间智能感知是通过视觉（雷达、光学、激光等传感器）、触觉（力传感器）等测量手段，采用人工智能对目标、环境及自身状态进行感知和综合判断。空间智能感知的目标是面向空间系统开展航天任务过程中的智能化、自主化以及实时性需求，围绕空间环境的特殊性，为空间系统开展地面态势感知、在轨服务、深空探测等任务提供充分、高精度及实时的信息；通过引入以深度学习为代表的机器学习方法，结合数据挖掘等智能化手段，实现空间系统对空间环境、空间目标和地面目标的态势感知和高精度测量。

诺伯特·维纳在1948年首次提出控制论的概念，指出控制论是研究动态系统在变化的环境条件下如何保持平衡状态或稳定状态的一门科学。七十多年来，控制的内涵不断丰富，在反馈原理的框架下，逐步涵盖感知、认知、推理、决策、交互等内容。自主控制是指系统在没有人或其他系统干预的条件下实现目标的控制过程，并能够对环境和对象的变化做出适应性反应。经典的PID控制、鲁棒控制、自适应控制等自动控制方法，基于解析模型进行设计，对突发事件、未知环境等变化的适应能力不强，任务能力受限，属于较低等级的自主控制。智能自主控制是指具备感知、学习、推理、认知、执行、演化等类人行为属性的自主控制，是自主控制的高级阶段，赋予航天器等无人系统主动探索、获取知识、灵活应用等智能，使其具备复杂未知变化环境下的感知、决策和操控能力，实现生长和演化，最终达到群体协同下的智能涌现。空间智能控制是指智能体通过主动感知环境，获得经验，并从中不断学习和进化得到适合任务需求、自身能力和环境特点的行为模式，最终具备对未知复杂环境的主动适应能力和执行指定任务的能力，并逐步获得最优性能。航天器智能自主控制以近地轨道航天器、在轨服务与维护机器人、深空探测器等航天器为对象，在星上资源的约束下，利用人工智能技术，实现透彻感知、最优决策和自主操控，从而使航天器具备在复杂环境下执行多变任务的能力。

空间智能感知与控制技术分为以下任务流程：

①感知。其包含了航天器对整个任务场景的认知，可以综合对不同模态跨时空信息优化处理，使数据更好地融合，进而形成环境的层次化透彻建模，更全面地了解场景变化，并依据这些信息预测场景的未来变化趋势。

②决策。航天器可直接针对任务与环境做出决策，数据的分析更为全面、精准，知识的推理失误也会大大减少，进而形成序列化决策、轨迹规划，使航天器可以依据运行环境自主完成任务的调整与规划。

③操控。可面向整个航天器进行操控，在姿态轨道控制基础上增加了对载荷、目标的操作与控制，目标跟瞄、接近停靠及姿态镇定都是对非合作目标的操作过程，同时还包含了组件的组装与维修等。

④健康管理。航天器在原有数据判断及故障诊断基础上，增加了健康评估、故障预警及进化修复这些内容，决策、感知与操控间可实现信息互通、互联，并且能够预测及分析系统性能退化，使航天器的健康状态得到有效评估，进一步提高执行任务的能力。

3.2　空间智能感知与控制发展现状

本节主要从空间交会与操控、对地遥感、深空探测等应用场景阐述空间智能感知与控制的国内外发展现状。

3.2.1　国外发展现状

1. 空间交会与操控

空间目标的相对位姿测量是航天器交会对接、导航、移动机器人定位等领域中研究的重要问题。随着机器视觉的不断发展，依靠物体自身的视觉传感器进行实时位姿估计是实现空间自主化定位的重要一步。在没有环境先验信息的情况下，视觉传感器可以供采集的视频图像用于分析，对环境进行建模并实时估计目标物体自身的位姿信息，即物体的位置和航向。

1987 年，美国国家航空航天局研制出视频制导敏感器（Video Guidance Sensor，VGS），可以测量空间中两个航天器的相对位置和姿态。之后美国国家航空航天局在此基础上对 VGS 进行改进，提升了 VGS 中成像器件的性能，并改善了整个位姿测量系统的结构，研制出高级视频制导敏感器（Advanced Video Guidance Sensor，AVGS）系列。AVGS 是一种基于合作目标的视觉测量系统，需要在目标物上安装合作标识，根据不同的测量环境制作相应的合作标识（如角反射器和 LED 灯），然后用摄像机拍摄合作目标，提取目标上的特征信息，并通过相关位姿测量算法计算出目标物相对于摄像机的位置和姿态。这种基于合作目标的位姿测量系统因为具有结构简单、测量精度高等优点得到了广泛应用。

美国 XSS－10/XSS－11 微小卫星演示验证项目对自主逼近与交会进行了在轨演示，验证了自寻的制导敏感器和自主制导算法。美国空军于 2014 年发射了“地球同步空间态势感知计划（Geosynchronous Space Situational Awareness Program，GSSAP）”系列空间监视卫星的前两颗，同时搭载了“局部空间自动导航与制导实验”微型技术试验卫星。GSSAP 卫星能够对地球静止轨道目标进行巡视探测和抵近侦察。

美国“前端机器人使能近期演示验证计划（Frontend Robotics Enabling Near－term Demonstration，FREND）”主要针对空间中的非合作目标进行自动交会对接、姿态测量或捕获等。该计划主要对七自由度的机械臂、视觉传感器导航、自主交会控制等技术进行验证。FREND 航天器包括推进模块与有效载荷模块。推进模块包括姿态控制火箭助推器、系统推进器、太阳帆板、星敏感器系统、惯性导航系统、GPS 接收器和平台处理器等。有效载荷模块包括捕获系统与交会系统，而捕获系统主要包括机械臂、基线可变的立体视觉系统、照明系统、计算机系统、工具箱等。FREND 计划采用的是基于多目视觉技术的位姿测量方案。当追踪航天器接近目标航天器至 100 m 处时，立体视觉测量系统从分布于航天器上的众多相机中选择最优角度的 3 个相机对目标成像并计算出相对位姿信息。当追踪航天器逼近至目标航天器 1.5 m 处时，追踪航天器利用搭载的七自由度机械臂末端的手眼相机识别可供目标抓捕的部位，然后对目标的抓捕部位进行位姿解算，并对其进行最终的抓捕。

美国在2011年针对废弃卫星维修又提出了著名的“凤凰计划（PHOENIX）”。PHOENIX计划主要是为了开发和演示报废卫星的回收技术，以期能回收那些报废卫星上有价值的部件，从而实现对太空领域的资源再利用。为了实现这些目标，首先得完成非合作目标航天器的捕获及抓取。在近距离接近阶段，为了获取目标的相对位姿等信息，PHOENIX计划同FREND一样，也采用了一种多目相机视觉系统，并且采取了三目视觉算法。通过从安装的20多个相机中选择角度最优的3个相机所获得的图片，可以比较方便地得到位置和姿态。

日本宇宙开发事业团开发的“试验卫星7号（Engineering Test Satellite - Ⅶ，ETS - Ⅶ）”科学试验卫星在1997年发射成功。该项目首次在无人情况下进行了自主交会对接试验。该试验中采用的视觉测量系统被称为接近敏感器（Proximity Sensors，PXS）。PXS通过追踪航天器上安装的摄像机拍摄目标航天器上的标识器，然后提取目标特征进而解算出两个航天器的相对位姿参数。

日本宇航探索局开展了“空间碎片清理者（Space Debris Micro Remover，SDMR）”项目。该项目采用双目立体视觉系统对空间非合作目标进行姿态的测量。另外，该项目还演示了通过观测空间非合作目标碎片的运动状态，完成对目标的绕飞、接近以及交会，最后通过绳系飞爪抓取目标。

日本的国家信息和通信技术研究所还开展了“在轨维修服务系统（Orbital Maintenance System，OMS）”项目。该项目主要对通信卫星进行在轨服务，同时也可以清理空间中的垃圾或碎片。同样，该项目采用了双目和手眼相机相结合的方式来对非合作目标进行测量。首先，在目标的近距离阶段，通过双目系统测量空间目标的位姿并对其进行观察和监视。其次，通过手眼相机对捕获阶段的状态进行观测。日本宇宙航空研究开发机构的研究人员针对光照条件急剧变化情况下自由漂浮目标的姿态估计问题开展了研究，提出了一种基于卷积神经网络的鲁棒姿态估计器，可以直接实时估计关键点的三维位置。

2. 对地遥感

传统对地观测卫星面临的问题包括：遥感数据量迅速膨胀，对数传、数据处理造成巨大压力；星上无效数据较多，浪费星上存储资源和下传通道资源；卫星系统的运行管理对地面运控造成了沉重的负担；传统卫星数据交付周期长，难以满足产品时效性需求；难以满足多样化观测需求。图像星上处理能力能够使对地观测卫星在轨处理图像数据，节省星上固存和数据下传资源，提高响应时间。目前，国外初步在一些技术试验和业务型对地探测卫星上应用了智能化处理技术。

BIRD（Bi－spectral and Infrared Remote Detection）卫星是印度空间研究组织于2001年在德国宇航中心发射的一颗微小型技术验证卫星。该卫星的任务目标是观测地表火源/热点信息（这些热点信息可能由闪电、火山爆发、油井火焰或森林大火带来），以便更好地观测环境事件影响。其有效载荷包括双光谱红外过热点识别系统、用于植被分析和灾害分类的宽角度光电子立体传感器等。BIRD卫星搭载的红外遥感探测器基于神经网络分类器实现了实时快速火灾监测和预警；星上处理机实现了对来自可见光、中波红外和热红外3个波段图像在星上的辐射校正、几何校正、纹理提取和神经网络分类等处理，实现对亚像元级热点的探测。BIRD卫星的在轨数据处理能力还包括图像分析和压缩、自主任务规划以及灾害预警和监测专题信息产生等。

TacSat－2（战术卫星－2）担负美国国防部的技术验证任务，由美国空军研究实验室于2006年研制。TacSat－2的任务目标是验证能够显著缩短小卫星研制时间的技术和方法，验证卫星在现场战术通信、指挥和控制方面的能力，对目标进行可见光成像，成像能力达到战术需求的优于1m的地面分辨率，验证多种先进技术等。TacSat－2进行了“奔跑者”在轨处理试验（ROPE）。ROPE载荷由FPGA阵列组成，设计用于处理增强型商业成像仪（ECI）生成的图像，可以自主地对图像进行几何校正、辐射校正、云判和地理坐标对准，并将其转化成标准军用图像格式。ROPE支持事件处理并可以对图像上的军事目标进行自主识别，同时还可以将图片处理成JPEG格式用于实时数据传输。

EO－1卫星（地球观察者－1）担负美国NASA新千年地球科学计划中的一个技术验证任务，任务的总目标是执行观测任务，同时探索新的遥感技术和新的自主导航技术。NASA将自主科学卫星试验（Autonomous Sciencecraft Experiment，ASE）软件包上注并安装在EO－1卫星上。ASE软件包包括3部分：“行为规划、调度、执行和重规划”系统、航天器指令语言和星上科学处理算法。ASE软件包能够基于数据观测以及用户上注的标准进行自主成像任务决策，可以实现自主飞行计划制定、执行和飞行路径校准等功能。在对地观测中，通过在星上对观测图像的分析和识别，ASE

能够自动发现地面环境的变化，定位感兴趣的观测点，自主地在下一个成像周期控制星上敏感器指向兴趣点进行进一步分析，最后将最具价值的观测信息传回地面，同时给出分析结论。这种卫星自主管控技术，将能够扩展现有的卫星观测能力，提高观测效率，对地面时敏目标具有较强的监测能力。星上自主分析和决策能够对观测信息进行优先级划分，将优先级高的信息快速传回地面。

3. 深空探测

深空探测是目前航天国家高度重视的、极具挑战性和创新性的航天活动，对激发科学探索精神、推动人类科技进步与社会可持续发展具有重大而深远的战略意义。但是采用传统遥感方法进行深空探测面临诸多问题，如有效数据获取能力低、深空通信延迟大、深空探测任务复杂度高等。各国为满足深空探测任务需求，提升深空探测有效数据获取能力，都在加强深空探测在轨图像处理技术方面的研究工作。

美国深空 1 号（DS－1）是最具代表性的自主深空探测器之一，其验证了自主导航、远程代理、自主软件测试和自动代码生成等相关技术。其中，远程代理模块利用规划引擎进行多约束任务规划的求解，实现指令生成、分发和执行，并借助自主故障诊断系统 Livingstone，进行模式识别与系统重构。

2014 年，科学家借助开普勒太空望远镜（Kepler Mission）收集到的数据，发现了围绕 Kepler－90 公转的 7 颗卫星。2017 年 12 月 14 日，NASA 和 Google 宣布，他们在这个行星系统中找到了第八颗行星 Kepler－90i，使 Kepler－90 系与太阳系并列成为拥有最多行星的已知恒星系统，被称为“第二个太阳系”。目前天体物理学家寻找系外行星的主要途径之一就是通过自动化的软件和人工分析，对开普勒太空望远镜收集的大量数据进行处理。开普勒在 4 年的时间内观测到了约 20 万颗恒星，每 30 min 拍摄一张照片，创造了约 140 亿个数据点。这 140 亿个数据点可被转化成约 2×10^{15} 个可能的行星轨道，对如此大量的数据进行处理，即使有最强大的计算机，也是一项极其艰难耗时的任务。为了加速这个过程，科学家转向了机器学习，利用 15 000 个标记的开普勒信号来训练机器学习模型以分辨行星信号。接着利用该模型在 670 个恒星系统中寻找新的行星，结果发现了先前未被发现的两颗新行星。通过使用超过 15 000 个开普勒信号的数据集，科学家创建了一个用来区分行星与非行星的模型。在能做到这点之前，它必须能识别由行星引起的信号，以及其他如恒星黑子或双星系统的天体引起的信号。在模型的测试阶段，其识别信号是来自行星或是非行星的准确率高达96%。因此，通过该模型就能在庞大的数据库中寻找凌日系外行星的微弱信号。

迄今为止，国外已成功实施了对月球和火星表面的巡视探测。成功着陆的月球/火星表面巡视探测器（也称月球车和火星车）共10台，分别是苏联由Luna17和Luna21号携带落月的2台无人遥控月球车Lunokhod1和Lunokhod2，美国由Apollo15、Apollo16和Apollo17号分别携带的3台载人月球车LRV（lunar rover vehicle），美国的三代火星车——由Pathfinder号携带的小型火星车“索杰纳”（Sojourner）、中型火星车“勇气号”和“机遇号”（Spirit和Opportunity）、大型火星车“好奇号”（Curiosity）和“毅力号”（Perseverance）。

“勇气号”和“机遇号”火星车是美国的第二代火星车，采用双目立体视觉感知技术。火星车上配备了1对导航相机、2对避障相机（前后各1对），通过双目立体视觉技术实现火星表面地形测量。相机同时用于视觉里程定位。“勇气号”和“机遇号”由地面进行任务规划和全局路径规划，将决策结果以指令序列方式注入火星车，火星车自主执行序列任务，任务过程中实施自主导航、自主感知和避障路径规划。移动控制采用以运动学控制为主的低速移动控制测量，对大滑移和滑转没有采取特殊的控制手段。2007年，两台火星车都通过上行注入升级了其运行软件，升级后火星车具有了一定的自主决策能力，可以自主决定图像发送回地球的时机和方式，以及自主决定是否可伸展机械臂进行探测。

移动控制“好奇号”火星车是美国的第三代火星车，与第二代中型火星车相比，质量和外形尺寸均有明显提升，但仍然采用双目立体视觉感知技术。为保证安全性，配备了1对导航相机和4对避障相机（前后各2对）用于火星表面地形测量。“好奇号”采用核能源作为探测动力，且越障能力增强到0.75 m，对火星表面的复杂地形适应能力和通过能力有所提升，但感知与操控技术基本继承“勇气号”和“机遇号”，因此实际平均移动速度与“勇气号”和“机遇号”相当。“好奇号”在发射时没有采用智能感知和操控方法，但2016年5月，地面对其软件进行了升级。升级后的AEGIS（Autonomous Exploration for Gathering Increased Science）软件采用了AI算法识别探测目标，使“好奇号”在自主选择感兴趣的岩石和土壤时，准确率由60%提升到93%，有效提高了探测效率。但软件升级后AI功能仅是“好奇号”的一小部分科学探测功能，升级软件占总软件的5‰左右（380万行中的2万行），且仍存在缺陷，如会将岩石阴影误识别为目标等，因此“好奇号”的大部分操控任务仍由地面决策。

“毅力号”火星车是美国第三代第二台火星车，共配备23台相机，其中7台科学相机用于科学观测，7台降落相机用于进入、下降和着陆阶段成像，9台工程相机用于火星表面导航和避障。用于感知的工程相机可以实现高分辨率彩色成像，较“勇气号”“机遇号”和“好奇号”上只能黑白成像的工程相机功能和性能均有提升。此外，“毅力号”火星车搭载了首个火星直升机“机智号”（Ingenuity），扩大感知范围，能够自主实现对火星建模、感知与测量。因此，“毅力号”火星车的平均移动速度明显提升（超过100 m/h）。“毅力号”火星车在继承“好奇号”的操控技术基础上，在发射时已具有了一定程度的智能规划和决策能力，如智能选择探测目标并自主决策对目标的采样方式、自主规划探测任务并自主决定通信时机等，在自主避障路径规划时也引入了人工智能方法。“毅力号”火星车在“好奇号”火星车基础上进行了改造升级，其底盘和移动机构基本继承“好奇号”。据公开可查文献，未有其采用自主智能移动控制方法的资料。

3.2.2　国内发展现状

1. 空间交会与操控

相对国外来说，我国在空间非合作目标交会与操控方面起步较晚，发展也比较缓慢，至今还未公布针对非合作目标的各种任务计划。但在合作目标交会与操控方面，我国已经有相当多的成功试验。我国的交会对接始于2011年11月3日，在历时44 h后，天宫一号和神舟八号成功实施首次交会对接。中国成为世界上第三个独立完全掌握空间自动交会对接技术的国家。2012年6月18日，神舟九号与天宫一号对接成功，中国首次载人交会对接取得成功。2021年5月30日，天舟二号货运飞船采用自主快速交会对接模式精准对接于天和核心舱后向端口，整个过程历时约8 h。2021年6月17日，神舟十二号载人飞船与天和核心舱完成自主快速交会对接，与此前已对接的天舟二号货运飞船一起构成三舱组合体，全程历时仅6.5 h。2022年11月12日，天舟五号成功对接于空间站天和核心舱后向端口，这次任务首次实现了2 h自主快速交会对接，创造了世界纪录。

2. 对地遥感

为了提升对地遥感卫星入轨后对时敏事件的快速响应能力，北京控制工程研究所着力发展自主感知与任务规划技术，已完成地面演示验证。通过色彩与纹理融合的特征识别，实现对目标上方可成像“云洞”的预先判断，采用多约束快速规划与决策方法，综合运用深度学习、启发式搜索等智能算法，得到规避遮挡的成像策略，提高成像数据可用性。

2017 年，我国首颗商业遥感卫星“吉林一号”发射入轨，具有一定的星上图像处理能力，可实现机动路径自主规划。

2019 年发射的软件定义卫星“天智一号”，可进行在轨数据处理，根据地面需求下传处理后的结果。

3. 深空探测

迄今为止，国内也已成功实施了对月球和火星表面的巡视探测。成功着陆的月球/火星表面巡视探测器共 3 台，即“玉兔号”（YuTu/jade rabbit）、“玉兔二号”月球车（YuTu2/jade rabbit2）和“祝融号”（Zhurong）火星车。

中国的“玉兔号 & 二号”月球车采用双目立体视觉为主、主动结构光为辅的感知技术，配备 1 对黑白导航相机、1 对黑白避障相机和 1 台 16 光路激光点阵器实现月球表面地形测量。1 台激光点阵器主要用于对月表阴影区、弱纹理区和移动过程中近距离障碍检测。“玉兔号”月球车实现了基于主动结构光的激光感知避障技术在月面的首次应用验证。“玉兔二号”实现了激光感知避障技术和双目立体视觉感知避障技术在月背的首次应用验证。上述感知技术结合天文惯导组合自主导航技术，支持中国月球车实现了自主月面巡视移动探测。“玉兔号 & 二号”月球车采用地面远距离静态规划和自主动态避障路径规划的方式，地面对由月球车传回的导航相机和避障相机图像进行处理，感知周围较大范围的地形信息，并进行任务规划、目标点和路径点选取，将路径点序列和移动指令上传给月球车，月球车按指令要求移动到指定目标位置，移动过程中进行自主导航、感知、避障路径规划和移动控制。为保证安全，月球车每次自主移动的距离不超过 10 m。月球车移动控制采用以运动学控制为主的协调控制方法，没有进行滑移测量。

中国首台火星车“祝融号”仍然采用双目立体视觉感知技术，配备 1 对彩色导航地形相机和 2 对黑白避障相机（前后各 1 对），对火星表面地形信息进行测量。同时，导航地形相机也用于视觉里程定位，进一步提高了自主导航和感知能力。“祝融号”火星车仍然采用地面远距离静态规划和自主动态避障路径规划的方式，但自主操控能力比“玉兔号 & 二号”月球车有较大提升，一次自主移动最大范围提高到 40 m。火星车采用以运动学控制为主的低速移动控制策略，但增加了滑移的在线估计，用于自主定位误差补偿和运动协调性判断。自主感知与操控能力的提升，使得“祝融号”火星车的自主感知与操控行驶里程达到总行驶里程的 40% 以上。

3.3 空间智能感知与控制关键技术

空间智能感知与控制关键技术主要包含空间智能感知、空间智能决策、空间智能操控以及自主健康管理，下面分别展开阐述。

3.3.1 空间智能感知

1. 视觉定位、跟踪与测量技术

在月面复杂的自然环境下，移动机器人的导航定位有很大难度，目前国外主要采用基于轨道图像、软着陆降落相机图像和车载视觉系统的图像进行匹配定位，以及基于里程计的航位推算法、路标特征匹配法等实现局部定位，但存在算法效率、求解稳定性和定位精度的不足。Johnson 等人利用惯性测量单元（Inertial Measurement Unit，IMU）获取初始外方位元素与视差图生成等方法，增强了视觉测程的处理效率与算法稳健性；Jones 等人利用 Kalman 滤波方法将 IMU 数据加入视觉测程定位结果中，修正了定位累积误差。王保丰等人通过站间图像的特征提取与匹配，实现了图像重叠区域的亚像素匹配，利用匹配的结果采用光束法平差实现了巡视器相邻导航位置间的定位，提高了“玉兔号”月球车的视觉定位精度。

由于光照变化、遮挡、目标形变、摄像机抖动等因素的影响，实现鲁棒的视觉跟踪是一件非常困难的事情。近年来深度学习受到了前所未有的关注，李寰宇等人针对视觉跟踪中运动目标的鲁棒性跟踪问题，将深度学习方法应用于视觉跟踪，提出一种基于多层卷积滤波特征的目标跟踪算法，结合粒子滤波算法实现了目标跟踪。该跟踪算法对光照变化、遮挡、异面旋转、摄像机抖动都具有很好的不变性。李卫针对小样本提出了一种改进的深度信念网络结构，改进的算法在预训练阶段对样本进行降采样，在参数微调阶段引入随机隐退（Dropout）。实验表明，深度信念网络在识别率和耗时方面都有不错的改善。

视觉测量技术以计算机视觉相关理论为指导，将相机采集的图像作为处理对象，并通过对图像进行分析运算，最后达到获得目标相对于相机的位置和姿态等参数的目的。视觉测量技术可根据相机的数量分为单目视觉测量技术、双目视觉测量技术和多目视觉测量技术。当然，基于双目和多目的视觉系统也可以由一台相机从不同角度拍摄图像或者相机不动而目标运动来实现。相较于单目视觉技术，双目视觉技术利用视差原理能够获得目标的深度信息，而单目视觉技术无法获得目标的深度信息，进而难以进行非合作目标的测量。此外，相较于多目视觉技术，双目视觉技术又具有系统结构配置简单、功耗及成本较低等优势，而且多目系统的配置往往比较复杂。基于上述原因，使得双目视觉测量技术常常用于非合作目标的视觉测量系统中。

双目立体视觉是计算机视觉中的一个分支。该测量系统一般由两台相机从不同的角度同时获取空间目标不同方位的两幅图像，或者由一台相机在不同时刻、不同位置方位拍摄两幅图像，然后利用视差原理获得目标物体的三维信息，恢复目标三维实景。一般情况下，典型的立体视觉系统由图像获取、相机标定、特征提取、立体匹配、深度确定及三维重建 6 个部分组成。双目视觉常常应用于机器人视觉、物体三维形貌恢复以及虚拟现实等。目前，国外对双目立体视觉的研究及应用相对较多，尤其是日本。例如，日本奈良先端科学技术大学院大学提出了一种基于双目立体视觉的增强现实系统注册方法，通过动态修正特征点的位置提高注册精度。日本大阪大学研究了一种对运动目标进行近乎实时自适应跟踪的系统，该系统也利用了双目视觉技术。同样，日本东京大学融合了其他传感器获得的姿态信息与双目视觉系统获得的信息，并提出了基于视觉的机器人动态行走仿真导航系统。此外，美国在立体视觉方面也不甘示弱。例如，麻省理工学院研究出了一种传感器融合方法，该方法能够用于智能交通工具中。这种技术先利用雷达系统提供目标的大致深度范围，然后利用双目视觉系统提供较准确的目标深度信息，最后加入一种图像分割算法，实现了高速环境下对视频图像中目标位置的分割。

在国内，浙江大学根据相机透视成像原理，采用双目视觉测量方法，对多自由度的机械装置实现了高精度且动态的位姿测量。陕西维视数字图像技术有限公司基于双目 CCD 相机，从相机内参数标定、畸变矫正、双目立体匹配、特征点提取等方面给出算法接口。该公司的双目标定软件 CCAS 采用张正友平面标定法，可以实现微操作系统的参数检测、机器人导航、虚拟现实和三维测量等应用。东南大学研究出一种新的灰度相关多峰值视差绝对值极小化立体匹配方法，能够较精确测量出不规则的三维物体空间坐标，该方法同样是基于双目视觉理论。哈尔滨工业大学对基于视觉的月球车导航系统进行了较深入的研究，提出了改进的立体匹配算法。该算法在精度以及计算速度等方面比传统立体匹配算法更好。此外，哈尔滨工业大学还利用异构双目（所谓异构，即是指固定一个相机，而另一个相机可水平旋转，然后分别安装于机器人的顶部和中下部，能够实现不同位置和角度的观测）活动视觉测量系统实现了足球机器人全自主导航，这种方式比人类视觉更加优越。

2. 智能遥感技术

空间光学遥感器能够以不同的时空尺度提供多种地表信息，可直接用于对感兴趣目标的成像探测，它是信息获取的重要手段。目前，对地遥感的工作模式主要有星下点推扫模式、敏捷成像模式和工程组网观测模式 3 种方式。这些工作模式主要有以下不足：需地面规划/引导成像，突发事件响应能力不足；目标针对性不强，下行数据量巨大而信息量有限；地面解译与信息提取、分发环节耗时较长，信息利用的时效性差。针对以上问题，国内已对智能化遥感载荷系统技术进行了研究。

吕红等人提出智能化卫星遥感载荷的总体方案及智能专家系统、智能执行系统的方案。卫星遥感载荷方案包括智能专家系统、智能执行系统和智能语义解译系统三大部分。其中，智能专家系统由智能识别模块、智能决策模块和智能进化模块 3 部分组成。智能执行系统主要指新型遥感器，包括全场感知仪、变焦中/高分辨率成像仪和变光谱分辨率成像仪。智能语义解译系统主要是面对用户的无障碍交流。智能专家系统是遥感器系统的大脑，其通过智能识别模块对全场感知仪预探测得到的数据进行在轨分析，将图像中的几何特征与特征数据库中的特征进行比对，提取出目标特征并进行识别，判断目标的属性。智能决策模块判定目标价值并给出遥感器的最佳成像参数，用于指挥智能执行系统；智能执行系统接收智能专家系统的指令，驱动变焦中/高分辨率成像仪以及变光谱分辨率成像仪，对指定目标进行跟踪探测。同时，智能专家系统的工作需要进行自评价与地面上行评价，通过对历史评价数据的分析，总结归纳出“数值化”的经验，用于指导下次专家系统工作，即智能进化模块。

尤政等人为了适应未来对地观测卫星的需求、突破相关技术瓶颈、提高遥感器的寿命和可靠性、降低整星质量和功耗、减少整星研制测试周期、获取更高品质的遥感观测图像，提出实时定姿定位高精度一体化智能载荷技术，实现星敏感器、微机械（Micro Electro Mechanical Systems，MEMS）陀螺仪、GPS与高精度遥感相机为一体的智能载荷系统。智能载荷系统采用姿态敏感器与空间相机一体化设计的理念，包括2个星敏感器、1个惯性测量单元以及相机系统。综合考虑力、热、光等多学科特点，对传统各学科分立式设计仿真流程进行整合，构建协同仿真的一体化平台，设计数据由协同仿真平台统一管理。以高性能成像为优化目标，分属于不同学科的设计需求，依照不同理论体系将众多需求转换为各学科相应的设计输入，每个学科应用各自的设计方法和工具进行设计，同时将结果反馈给协同仿真平台，此平台根据优化策略和目标完成智能载荷结构的自动迭代优化设计。智能载荷姿态敏感单元由微型高精度星敏感器、MEMS陀螺仪组合而成，并利用双频高精度GPS辅助。智能载荷定姿定位系统采用星敏感器图像与陀螺深耦合的方法对相机姿态进行主动测量。这一技术可提高卫星有效载荷比、空间分辨力、时间分辨率和图像定位精度，实现轻量化、低功耗、较短研制周期和获取高品质遥感图像的目标。智能载荷集高精度实时定姿定位技术、星上数据分析处理、目标识别与跟踪、成像控制、策略调整功能于一体，显著增强对地观测任务的灵活性和适用性，大幅提高在轨成像分辨率和像质。系统将在较少的人工干预下，独立完成并优化航天侦察、测绘等对地观测任务。

边缘计算对智能遥感载荷的应用有着重要的作用，能极大促进人工智能解决方案的部署。研究边缘计算与智能遥感载荷在多方向的深度融合技术，实现海量数据下复杂需求的实时响应，是全面推进天基物联网智能化建设的必要一环。李维等人在研讨天基边缘智能遥感应用模式的基础上，提出天基边缘智能遥感的总体构想。根据边缘计算与智能遥感技术的发展趋势，大致将天基边缘智能遥感应用分为两个阶段：第一阶段，将遥感图像对目标的自主检测、推理等初级智能算力下沉到边缘智能遥感载荷，满足天基光学遥感云边协同应用需求。云边协同是指云计算中心与边缘端遥感器的协同计算，通过两者协同，能够对众多遥感器获得的数据进行处理及推理，从而在遥感图像中挖掘出更多有用信息。第二阶段，学习算力下沉到边缘智能遥感载荷，使天基边缘智能遥感系统具备天基云计算能力。

传统的空间光学遥感技术已经难以适应快速、准确、灵活的遥感数据获取和信息产品生产的需求，需要发展工作成像模式优化、信息生产和发送能力快速的智能空间光学遥感技术，将遥感卫星系统设计和地面信息处理的发展统筹考虑。李维等人提出了基于深度学习的智能光学遥感载荷自主设计及智能决策方法。该方法将任务应用的实际过程用合理的数学模型进行描述，通过添加约束变量条件，对自变量进行运算求解，输出最优设计结果；整个智能光学遥感载荷自主设计与智能决策的匹配优化过程，按照数学模型表述分为目标函数、自变量与约束变量3个部分，通过智能决策方法将三者联系起来，实现对任务应用过程的计算和推演；其中探测效果对应目标函数，通过构建目标函数，体现任务对载荷效能的要求。在目标函数中，设置自变量与约束变量；自变量是函数求解的值，在任务应用中对应智能光学遥感载荷的指标，如载荷光学系统口径及焦距、探测谱段、探测器增益、积分时间等；约束变量主要包括卫星平台约束、载荷研制能力约束等，实现对载荷设计与决策的合理性的有效控制。智能遥感载荷总体设计方法从探测效果出发，综合考量探测目标和卫星平台资源，对光学遥感载荷的总体设计进行全面优化，可用于对载荷类型、数量等重要信息做出快速决策，为我国光学遥感器研制提供一种新的合理可行的技术途径。

3.3.2 空间智能决策

人工智能的核心是数据到决策的转化。由于卫星系统的远程操控特性，要求卫星系统具有一定的智能决策能力。智能决策侧重于利用智能手段支持任务级、策略级的选择和动作序列制定。在空间探测领域，增加自主能力预示着更多的自主决策用于规划和执行操控行为。进一步来说，是指把人的观察、决策、操控效果，转移到一个机构、过程或系统上，来提高机械装置、电气设备的控制和操作能力。空间系统对智能决策存在的需求方向包括深空探测器对探测目标的自主选择和排序探测、在轨构建系统对构建安装序列的组织、星表建设对建设过程的安排等。随着深空探测不断走向深远，通信时延越来越长，环境不确定性越来越大，对器载平台自主管理、智能自主决策与操作技术的需求愈发迫切。空间智能决策涉及的关键技术包括智能决策支持系统、策略树、知识表示、符号智能、强化学习、深度强化学习、蒙特卡洛搜索法、快速随机搜索树（Rapid - exploration

Random Tree，RRT）和自适应动态规划等。

当航天器任务发生变化、出现严重故障或环境存在较大未知扰动时，需要根据新的任务、自身状态和当前环境从飞行方案层面做出调整，以适应当前态势，即需要引入专家信息系统技术及人工智能方法使航天器具有智能决策及自主任务规划能力，可根据现有能力及需求重新规划飞行方案及飞行路径，使之在任务改变、发生故障或存在扰动的情况下仍然可以通过自主决策和规划完成任务。因此，需要研究航天器根据态势智能决策及自主规划技术，具体包括：

①专家信息系统的建立及决策算法研究。基于任务需求、自主健康状态评估结果和运行环境，自主选取适用于当前态势的模型、飞行方案及控制方法等，主要包括决策知识的机器学习与表示、航天器智能决策知识库构建技术、智能决策推理等关键技术。

②在线自主快速规划方法研究。卫星自主快速规划是在综合考虑卫星资源能力和观测任务要求的基础上，星上自主实现将资源分配给相互竞争的多个任务，并确定任务中各具体活动的起止时间，以排除不同任务之间的资源使用冲突，最大限度满足用户的需求。卫星使用约束与任务需求约束相互制约，因此该问题是个多任务、多约束的复杂组合优化问题，亟需解决兼容点目标和区域目标的任务规划方法、目标的合成观测调度方法、多星及星地一体化联合规划方法等关键技术。

3.3.3 空间智能操控

面向未来航天任务控制系统的实时、鲁棒和高精度需求，现有技术仍存在诸多缺陷和挑战：一方面，随着航天任务越来越复杂，空间环境与航天器动力学模型的强非线性以及参数的不确定性对精确控制的影响愈发严重。目前难以离线建立高精度的动力学模型，利用传统技术难以在不确定非线性环境中实现高精度的控制。另一方面，航天任务对星上姿轨控系统的可靠性存在较高要求。姿轨控系统的传感器和机构故障可能直接导致任务的失败。为提高航天器控制性能，国内外专家学者在传统控制架构下引入人工智能技术，提高航天器控制的精度和效率，保证系统可靠性。

1. 轨迹智能规划制导技术

轨迹智能规划制导技术可对任务轨迹进行离线或在线的智能规划，然后根据实时的控制误差对轨迹进行在线的智能重规划，对航天器未来一段时间内的运行轨迹进行预测并输出相应的控制指令。其中，人工智能技术根据任务需求以及航天器状态，直接生成或配合常用规划技术生成航天器的控制指令，这些指令包括航天器的发动机开关机以及姿态机动的指令。当前轨迹智能规划制导技术研究主要集中在3个方面，分别为航天器转移轨迹智能规划，航天器进入、下降和着陆（Entry、Descent and Landing，EDL）智能轨迹制导以及巡视器轨迹制导。

1）转移轨迹智能规划技术

对于转移轨迹的智能制导，最先开展离线智能规划技术的研究。Reiter等人针对空间对抗问题，基于强化学习技术建立脉冲机动优化策略，提高规避机动的可靠性，而随着小推力系统的发展，更多研究聚焦于小推力转移轨迹的智能规划。Zhu和Luo基于分类深度神经网络和回归深度神经网络提出小推力转移轨迹快速评估方法，用于判断轨迹的可行性以及燃耗最优性。Sullivan和Bosanac针对多体系统转移轨迹优化问题，基于深度强化学习技术完成时间最优小推力转移轨迹的优化，获得小推力控制策略。此外，针对太阳帆等姿轨耦合推进系统，Song和Gong利用深层神经网络建立轨道特征映射与转移时间之间的映射，实现太阳帆航天器时间最优转移轨迹的规划和优化。

对于深空探测任务，为提高深空探测器的自主性，目前已发展了多项在线智能规划技术，使其具备实时的星上轨迹规划能力。Witsberger和Longuski基于递归神经网络建立小推力引力辅助转移轨迹规划方法，利用进化算法辅助神经网络的训练，实现星上在线轨迹规划。Miller和Linares针对逆行轨道间的轨迹转移问题，基于强化学习技术设计近端策略优化算法求解最优小推力转移轨迹。相比于传统规划方法，这些智能技术更能满足实时性以及可用性的两方面需求。

2）进入、下降和着陆智能轨迹制导技术

由于航天器EDL过程中动力学模型存在极大不确定性，因此可根据测量信息对EDL轨迹进行在线智能制导，提高规划的精度和鲁棒性。Furfaro等人以及Cheng等人针对月面自主着陆问题，分别利用深度递归神经网络架构以及迭代深度强化学习算法对燃料最优轨迹进行规划，提高进入制导精度。Furfaro和Linares还基于强化学习技术对月面下降路径点进行规划，提高着陆精度。由于火星表面存在参数不完备的稀薄大气，对精确EDL轨迹制导带来更大的挑战。

针对 EDL 过程中的参数不确定性，多项研究通过在线识别的方式提高轨迹的鲁棒性。Gaudet 和 Furfaro 基于深度强化学习技术设计了智能制导控制算法，提高航天器对噪声及系统不确定性的鲁棒性。此外，Gaudet 等人还利用强化学习技术建立自适应在线制导算法，满足 EDL 任务实时性要求，实现燃耗最优的鲁棒轨迹精确制导。Jiang 等人通过整合火星再入与动力下降过程，利用自适应伪谱法同时进行最优再入与动力下降制导，并利用强化学习技术进行制导过程的切换，提高了轨迹制导的最优性、鲁棒性和精度。以上研究表明，强化学习技术也适用于考虑不确定性干扰的 EDL 轨迹制导规划任务。

3）巡视器轨迹智能制导技术

巡视探测作为深空探测的重要方式，其轨迹的智能制导技术也是当前研究热点之一。Leitner 等人通过设计全反应神经控制器，首次尝试在机器人任务中利用神经网络直接控制执行器和持续时间来优化位置和时间。针对选定的交会对接任务情形、给定的初始位置和边界条件，利用神经控制器重现最优控制。Lan 等人基于自适应动态规划方法，利用动态神经网络和批判神经网络研究机器人的自主制导控制方法，使其实现目标跟踪、同步和避障等多重功能。通过调整神经网络的权值，获得基于神经网络的最优智能制导律。

综上，目前基于人工智能技术的航天器轨迹规划制导研究主要利用深度神经网络对动力学环境中的强非线性进行识别和近似，并通过在线学习对参数不确定性进行在线识别。这些研究可归纳为两个主要的研究方向：一是强非线性和不确定性影响下鲁棒轨迹的快速规划研究；二是不确定性影响下轨迹自适应制导研究。

2. 姿态智能控制技术

智能控制技术通过对控制参数进行自适应调整，获得比传统控制技术更好的姿态跟踪效果。智能控制技术根据控制指令以及航天器状态，输出执行机构所需的控制信号。这些信号包括姿轨控的轨控发动机和反应控制器的开关机信号以及姿态机动的控制力矩陀螺的控制信号。人工智能技术的引入实现了对动力学模型不确定性的识别和逼近，提高了姿态跟踪控制的精度以及鲁棒性。

Murugesan 首先结合传统自适应控制技术以及专家系统得到实时智能姿控架构。专家系统在实时约束下进行推理和决策，自适应调整控制参数，提高航天器姿态稳定性。随着以机器学习为代表的人工智能技术的发展，Gates 等人针对存在不确定性的柔性卫星姿态控制问题，通过在线学习对前馈神经网络进行训练，构建稳定的控制序列使振动最小化，实现姿态自适应控制，最终达到完全稳定。在此基础上，Hu 和 Xiao 同时还考虑外部干扰以及输入饱和问题，结合 PD 控制及 RBF 神经网络建立智能姿态控制器，提高姿态控制过程中航天器的稳定性。Cheng 和 Shu 利用深度神经网络控制器代替传统 PID 控制器，实现对卫星姿态的自适应跟踪。同时，他们还利用遗传算法对深度神经网络的节点权值进行优化，以减少训练时间。以上研究表明，人工智能技术可通过结合或替代传统姿态控制技术的方式提高姿态控制精度和鲁棒性。

与轨迹智能规划类似，由于参数不确定性难以离线建模，因此多项研究基于强化学习技术对不确定性进行在线识别逼近，实现智能姿态控制，提高姿态跟踪控制精度。Berenji 等人利用神经网络及可微分的隶属度函数构造模糊逻辑控制架构，实现航天飞机的自适应姿态控制。该架构可通过调整隶属度函数自动适应新的控制要求，从而拓展该架构的适用范围，实现在模糊规则下航天飞机的姿态鲁棒控制。Schram 等人与 Van Buijtenen 等人分别基于强化学习技术发展自适应姿态控制架构。这些控制架构利用评估单元估计姿态控制的效果并预测未来的控制性能，对控制系统的参数进行调整和更新，实现姿态自适应跟踪控制。Huang 等人则利用深度神经网络对具有不确定性的参数进行估计，建立自适应鲁棒控制器进行姿态控制。该研究利用李雅普诺夫稳定性理论证明控制器的稳定性，保证航天器在不确定性和外部干扰下的姿态跟踪精度。针对多约束分布式航天器的轨道和姿态协同控制问题，Li 等人利用自适应神经网络逼近系统的不确定性，再利用积分李雅普诺夫函数建立反馈控制器，也基于李雅普诺夫稳定性理论证明了分布式航天器姿态协同跟踪的稳定性。Ma 等人则针对非合作目标抓捕时组合体姿态的稳定问题，利用强化学习技术对组合体的参数进行在线识别，实现卫星姿态的重新稳定。该方法可获得比传统 PD 控制更高的姿态稳定性。以上研究表明，强化学习技术对不确定性干扰下的航天器姿态自适应控制具有一定的普适性。

3.3.4　自主健康管理

“健康状态”描述了设备及其子系统、部件执行设计功能的能力。“健康状态评估”主要是对利用各种测量手段获取的监测数据、历史数据等进行综合分析，利用各种评估算法对设备的健康状态进行评估，为设备的操作、决策提供依据。目前，我国航天器在轨健康管理主要依靠地面测控站，并通过人工判读大量遥测信息的方式获取航天器运行状态以进行管理。这种健康管理方法只能在有限的测控弧段内采用上注遥控指令的方式对航天器进行状态调整和控制，鉴于航天器遥测量大、参数类型多、变化复杂的特点，无法满足复杂航天器监测处理的时效性要求。

自主健康管理涉及很多关键技术，包括传感器和数据检测技术、信息融合技术、数据传输与接口技术、数据预处理技术、故障诊断技术、故障预测技术、健康评估技术、决策支持技术等。下面选取几种关键技术进行详细介绍。

1. 数据采集和融合技术

健康管理系统实时检测各系统和部件的工作状态，数据采集包括以下步骤：

①确定可以直接表征或可间接推理判断系统故障、健康状态的参数指标；

②采集各种类型的数据信号（传感器是实现健康管理各项功能的基础，为保证可靠性，需注意传感器的安装位置和数量，关键部位可设置多个传感器）；

③对采集的可用数据进行综合分析和分类处理。

数据挖掘和信息融合技术作为新兴的数据处理技术，是进行故障诊断和预测、管理决策的依据。数据挖掘是通过仔细分析大量数据来揭示有意义的新的关系、趋势和模式的过程。数据挖掘出现于20世纪80年代后期，是数据库研究中一个很有应用价值的新领域，是一门交叉性学科，融合了人工智能、数据库技术、模式识别、机器学习、统计学和数据可视化等多个领域的理论和技术。数据挖掘一般流程包括数据准备、数据建模与数据挖掘、结果解释与评价。数据挖掘常用方法主要包括模糊方法、粗糙集理论、证据理论、人工神经网络、遗传算法和归纳学习等。信息融合技术考虑问题更全面，得到的结果更可靠，其是以最高效的融合方式把尽可能多的信息通过各种智能算法融合到一起，得到综合的评价结果。该方法主要包括人工神经网络、D－S证据理论、贝叶斯推理、模糊逻辑推论、神经网络融合等。

在航空航天领域中，通常采用多个传感器进行目标感知。与单一传感器相比，多传感器系统可以改善数据关联能力，减少模糊或不确定性；可以覆盖更大的空间，从不同的空间位置观察目标，提供不同的观察角度，改进探测质量；可以提高空间分辨率，增加维数，获取目标不同状况下的数据，信息融合之后，能够提供目标状态更全面的信息。目前，多传感器融合技术主要应用于无人机着陆引导。例如，对视觉引导、GPS 引导信息融合，利用惯性器件信息、自然景物图像特征、GPS 位置信息等多传感器信息的融合实现引导目的。同样，在交会对接、空间目标跟踪等领域也采取了相应方法。

2. 故障诊断技术

航天器系统的故障诊断技术能够快速检测并准确定位故障源，为后续的系统重构和容错控制决策实施提供依据。故障诊断技术是实现系统健康管理，确保航天器安全稳定运行的关键核心，其目的在于“准确定位故障、采取合理措施、辅助重构决策”。

根据实现机理的不同，故障诊断技术可以分为 3 类：一是基于解析模型的故障诊断技术；二是基于信号处理的故障诊断技术；三是基于人工智能的故障诊断技术。

1）基于解析模型的故障诊断技术

基于解析模型的故障诊断技术是最先发展起来的。该技术充分利用了航天器控制系统的动力学和运动学模型，能够从影响机理的层面给出准确的故障检测与隔离结果。建模误差、参数不确定性、未知扰动等不确定因素是困扰该技术的主要问题。航天器质量和惯量的时变特性和不确定性可能会影响该诊断方法的实用效果。与姿态动力学相比，姿态运动学模型是比较准确的。因此，在基于解析模型的故障诊断研究中，应尽量利用姿态运动学模型进行故障诊断。

按照实现原理的不同，基于解析模型的故障诊断技术可以细分为基于观测器的故障诊断技术、基于滤波器的故障诊断技术、基于等价空间的故障诊断技术和基于集员估计的故障诊断技术。

基于观测器和滤波器的故障诊断技术均是从状态估计角度出发，被控过程的状态直接反映系统运行的状态，通过估计系统状态，结合适当模型进行故障诊断。其基本思想是：重构被控过程状态，通过与可测变量比较，构成残差序列，再构造适当模型，并采用统计检验法，从残差序列中把故障检测出来，并做进一步分离、估计与决策。基于等价空间的故障诊断技术是通过系统的真实测量检查，分析冗余关系的等价性，一旦超出预先设定的误差界限，就说明系统中已经发生了故障。基于集员估计的故障诊断技术是近年来新兴的一类智能故障诊断技术，集员估计的目标是得到与系统模型、测量数据以及干扰和噪声相容的状态或参数的可行集。

2）基于信号处理的故障诊断技术

基于信号处理的故障诊断技术是利用系统输出与故障源之间存在的关联关系（主要包括幅值、相位、频率与相关性）来检测和隔离故障，其原理实现简单、动态实时性好，但对潜在故障的诊断准确性不高。按照实现原理的不同，该技术可以细分为基于小波分析的故障诊断技术和基于经验模态分解的故障诊断技术。

3）基于人工智能的故障诊断技术

基于人工智能的故障诊断技术是利用系统各变量之间存在的模糊逻辑、建立的因果模型、制定的专家规则以及确定的故障征兆案例等，来获得故障诊断模型；在此基础上，通过模仿人类在整个诊断过程中的思维方式和行为举措来自动实现故障诊断功能。

与其他类别的航天器故障诊断技术相比，基于人工智能的故障诊断技术的优点在于避免了对特定的统计模型的依赖，能够有效利用专家经验以及被诊断对象的相关信息，通过特征提取、模式分析以及聚类分析等方法来实现故障的识别与诊断。特别是，以深度学习为代表的新一代人工智能技术，其采用的多隐层人工神经网络、优异的特征学习能力能够更本质地刻画航天器环境数据，从而能够发现航天器环境数据的分布式特征表示并提取其中的隐含故障信息。

基于人工智能的故障诊断技术可以细分为基于知识和神经网络的智能故障诊断技术、基于定性模型的智能故障诊断技术和基于数据挖掘的智能故障诊断技术。基于知识和神经网络的智能故障诊断技术的基本思路是：汇总该领域长期的实践经验和大量的故障信息，模仿专家的推理方式并将其总结提炼成计算机能够识别的规则知识库；在此基础上，将需要诊断的实时数据与已生成的规则知识库进行分析和推理，从而推算出是否发生故障以及故障发生的可能位置；使用历史数据来训练分类器，通过对比实测值与分类器之间的差异特性，实现故障的检测与定位。基于定性模型的智能故障诊断技术的基本思路是：根据系统结构与组件之间的连接关系或各参数之间的依赖关系，建立诊断系统的结构、行为或功能模型；在此基础上，通过定性推理技术得到系统在正常情况下模型的预测行为，并通过其与系统的实际行为比对，获取系统的异常征兆；最后，在系统模型中搜索各种可能行为的状态假设，使得预测行为与实际行为一致，从而找到偏离正常行为的状态假设（系统的故障源）。基于数据挖掘的智能故障诊断技术分为两种基本任务，即预测型任务和描述型任务。预测型任务是根据已有数据，探寻这些数据当中蕴含的规律，来预测未知的数据。描述型任务是根据已有的历史数据，探索这些历史数据中存在的某种关系，利用这种关系来预测某种结果。

3. 健康状态评估技术

健康状态评估的基本思想是对收集到的各类健康数据信息、低层级故障诊断/预测结果等进行深层次的融合，从而得到健康状态评估结果。健康状态评估方法主要包括基于模型的健康状态评估方法、基于层次分析的健康状态评估方法和基于人工智能的健康状态评估方法。

1）基于模型的健康状态评估方法

基于模型的健康状态评估方法是通过建立被研究对象的物理或数学模型进行评估的一种方法。这种方法的优点是评估结果可信度高，但是建模过程比较复杂，模型的验证困难，需要随着评估对象的变化对模型随时进行修正。

2）基于层次分析的健康状态评估方法

层次分析法是一种多指标综合评估的定量决策方法。它可以将一个复杂问题表示为有序的阶梯层次结构，并通过确定同一层次中各评估指标的初始权重，将定性因素定量化，从而在一定程度上减少主观的影响，使评估更趋科学化。

3）基于人工智能的健康状态评估方法

基于人工智能的健康状态评估方法是基于数据进行学习、推理、决策以实现健康状态评估，主要包括贝叶斯网络、模糊逻辑和人工神经网络等。

（1）基于贝叶斯网络的健康状态评估方法。

贝叶斯网络又称为信度网络，是贝叶斯方法的扩展，也是一种不确定知识表达模型。贝叶斯网络良好的知识表达框架，是当今人工智能领域不确定知识表达和推理技术的主流方法，被认为是目前不确定知识表达和推理领域最有效的理论模型。贝叶斯网络能够非常方便地处理不完整数据问题，易于学习因果关系，易于实现领域知识与数据信息的融合，适用于表达和分析不确定和概率性事物，可从不完全或不确定的知识或信息中做出推理。

（2）基于模糊逻辑的健康状态评估方法。

当被评估对象呈现“亦次亦彼”的模糊特性时，传统的精确评估算法就难以适用，而模糊评判方法可以很好地解决这类问题。模糊评判方法的一般步骤：首先建立评估指标因素集和合理评判集，然后通过专家评定或其他方法获得模糊评语矩阵，之后再利用合适的模糊算子进行模糊变换运算，最后获得最终的综合评估结果。

（3）基于人工神经网络的健康状态评估方法。

人工神经网络通过模拟生物神经系统的结构和功能，具有非线性、自适应、容错、并行处理等特点，以及可充分逼近任意复杂非线性关系的能力。它不但具有处理数值数据的一般计算能力，而且具有处理知识的思维、学习、记忆能力。由于具有良好的非线性映射能力，神经网络已广泛应用于模式识别、图像处理等各个领域，为健康状态评估发展开辟了一条新的道路。

3.4 未来趋势

航天器智能感知与控制能力依靠智能技术而提升。多智能体系统的产生，需要使各个航天器更好地协作，进一步提升信息共享能力，找到适合在空间任务中应用的融合算法等，都是需要进一步研究的领域。

将智能决策知识库、算法库分别构建出来，从而更好地研究及运用轨道中相关数据，确保更多仿真推演数据的应用变得更为高效。对智能决策框架的构建多加关注，尤其是基于反应式学习的智能决策框架有着更高的智能水平，对其的研究步伐应加快。目前，航天器依据目标运动轨迹捕捉到更真实信息的能力仍达不到，需要对该领域深化研究，并对多任务分配进行深入研究。

进一步研究与环境接触时，在交互作用下如何操作学习，对学习环境与作业环境差异性算法可靠迁移问题要有更深入的探索。同时，为将算法相似场景中的学习效率提高，可采用加入合理噪声、对样本的分布进行设计训练等方法。

未来，航天器有着相对简单的结构，依靠星上敏感器确定轨道，可自主控制轨道位置，具备导航、制导功能，还能有效对星上闭环进行控制，机动控制航天器的姿态轨道，能够完成星间相对导航，对目标更快速识别，且识别更精准，简单的任务可以自主规划机动路径，在轨道中就可以操作特定目标；可机动控制较为复杂的组合体，并且控制方式为全柔性分布式，感知环境变化趋势，并能对星上异构数据融合分析，决策将更为优化，环境探索可自主完成，并能依据探索结果不断自我修复、自我提升，进而将自主执行能力增强（尤其是面对复杂任务时）；可以结合使用多个智能体，实现信息共享，预测与感知态势，群体决策在该等级中成为现实，并且任务分配更加自主化，可依据需求分配任务，实现协调操作，可群体协作完成复杂环境中的多项任务。

第4章　空间智能人机交互发展状况

人机交互，顾名思义是指人和机器之间的互动。在早期，针对人和各种各样的机械、设备之间交互模式的多学科研究领域，研究人员提出了人机交互（Human Machine Interaction，HML）的理念。在当今智能时代背景下，随着现代化信息技术的飞速发展，互联网+、云计算、商业智能等新一代应用被广泛普及，人机交互的概念逐渐向日常使用的个人计算机延伸，因此人机交互的概念也就由HML更多地向HCL（Human Computer Interaction）发展。随着载人航天、深空探测、卫星导航等空间任务逐步开展，为了把握智能时代人机交互的机遇，提高空间技术和在轨应用能力水平，人们开始将智能人工交互技术应用到空间技术领域，并对此展开了广泛的研究。

4.1　技术内涵

4.1.1　人机交互

人机交互，简称HCL或HML，是一门研究系统与用户间交互关系的交叉学科。其中，系统既可以是各种各样的机械、设备、计算机，也可以是计算机化的系统和软件。人机交互的发展历史，是从人适应计算机到计算机不断地适应人的发展史。传统的人机交互研究主要关注如何去改善人机互动界面的设计、实现和评估，包括接口稳健性、使用直观性等功能需求。

传统人机交互的发展经历了以下4个阶段：

①手工作业阶段。在早期的手工作业阶段，用户手工操作计算机，采用机器提供的方法（如计算机直接能够理解的二进制代码）去使用计算机。此阶段的方法在当今智能时代的人们看来，是一种效率十分低下且笨拙的方法。

②作业控制语言及交互命令语言阶段。在此阶段，用户可以使用批处理作业语言或交互命令语言与计算机打交道，这仍然需要计算机的使用者

记忆许多命令。此阶段方法的缺点是需要用户必须具备较高的专业能力，但是相比于手工作业阶段，已经可以使用较为方便的手段来调试程序，并了解计算机的执行情况。

③图形用户界面（Graphical User Interface，GUI）阶段。在此阶段，允许用户使用鼠标等输入设备操纵屏幕上的图标或菜单选项，以选择命令、调用文件、启动程序或执行其他一些日常任务，帮助用户把抽象的计算机程序具象化。此阶段的方法使得不懂计算机的普通用户也可以熟练地使用计算机，自此GUI开始步入非计算机技术背景用户的工作生活中，开拓了用户人群，GUI的出现使信息产业得到空前的发展。

④网络用户界面阶段。在此阶段，出现了如搜索引擎、多媒体动画、网络聊天工具等新的技术，其中以超文本标记语言HTML及超文本传输协议HTTP为基础的网络浏览器是此阶段的代表，由它形成的万维网已经成为当今互联网的支柱。

新时代、新技术、新应用对人机交互都提出了新的要求，人机交互的研究内容也逐渐从心理学层面转到社会学层面、从微观转向宏观、从交互转向实践、从虚拟转向现实、从单调转向智能。与此同时，随着人工智能技术日益广泛地融入人类生活的各个领域，人机交互技术和人工智能技术开始深度融合，人机交互也从原始的用户图形界面交互逐步向语音交互、手势识别、脑机接口等方向拓展，使得人机交互的智能化程度不断提升，智能人机交互技术变得无处不在、无时不在。

4.1.2 智能人机交互

随着计算机技术和人工智能技术的进步，人机交互技术的研究开始向智能人机交互转变。智能人机交互是利用智能方法进行信息识别与处理，实现人与计算机、机器人、智能体高效信息传递的技术。智能人机交互与认知学、人机工程学、心理学等学科领域有密切的联系，也指通过电极将神经信号与电子信号互相联系，达到人脑与探测器互相沟通的技术。

以虚拟现实（Virtual Reality，VR）为代表的计算机系统的拟人化和以手持电脑、智能手机为代表的计算机的微型化、随身化、嵌入化，是当前计算机的两个重要的发展趋势。智能人机交互技术利用人的多种感觉通道和动作通道（如语音、手写、姿势、视线、表情等输入），以并行、非精确的方式（可见或不可见的）与计算机环境进行交互。

常见的智能人机交互技术包括手势识别、智能语音交互、脑机接口、虚拟现实技术、增强现实技术、混合现实技术。下面分别进行详细介绍。

1. 手势识别

手势识别（Gesture Recognition）是一种融合先进感知技术与计算机模式识别技术的新型人机自然交互技术。计算机通过识别人的手势，让用户在无须直接接触设备的情况下，就可以使用简单的手势与计算机进行交互。手势识别作为智能人机交互的重要组成部分，其研究发展影响着人机交互的自然性和灵活性。

最初的手势识别人机交互技术利用数据手套等有线设备连接用户与计算机系统，以检测手和胳膊各关节的角度和空间位置，并将其手势信息完整地传输至手势识别系统。这种依靠外部设备进行交互的方法有着准确性高的优点，但所需的外部设备往往价格昂贵，并且在很大程度上阻碍人们手势的自然表达方式。其后，基于计算机视觉的手势识别人机交互技术应运而生，此类技术采用计算机视觉处理算法对视频采集设备拍摄到的手势图像序列进行处理，以达到手势识别和人机交互的目的。但在现实应用中，手势通常处于复杂的环境下，存在光线过亮或过暗、手势采集距离不同等各种复杂的背景因素，这导致手势识别的最终结果不准确，对人机交互的效果产生影响。此外，手势识别也可以认为是让计算机理解人体肢体语言的一种手段，因此识别人的姿势、步态、行为也是手势识别的分支。由此，人机交互的研究理念逐渐从“以系统为核心”转变为“以用户为核心”。

2. 智能语音交互

智能语音交互（Intelligent Speech Interaction）是人机交互发展中的又一革命性交互方式，是基于语音识别（Automatic Speech Recognition）、语音合成（Text to Speech）、自然语言处理等技术，赋予计算机“能听、会说、懂你”式的智能人机交互功能。

最早的语音交互是交互式语音应答（Interaction Voice Response）系统，包括拨号提示、传真提示、语音信箱等。这种语音交互方式应用范围较窄，很难解决生活中的许多实际问题。随着智能时代 AI 技术的进步，出现了 Siri、小度、小爱同学等移动端语音交互 APP，给人们的日常生活提供了很大的便利；语音交互形式也从一问一答的机械对话进阶至更为流畅的多轮对话，甚至还能识别多国语言和地区方言，这使得语音交互在体验感和灵活程度上有了质的提升。

除此之外，智能语音交互还可用于智能问答、智能质检、法庭庭审实时记录、实时演讲字幕、访谈录音转写等场景，在金融、司法、电商等多个领域均有应用。但是，智能语音交互中最大的问题在于语义理解，即需要准确地理解用户的对话目的，这无法避免歧义消解问题和未知语言现象的处理问题。

3. 脑机接口

脑机接口（Brain Computer Interface，BCI），也称为大脑端口，是指在人或动物脑（或脑细胞的培养物）与外部设备创建的实时通信系统。其中，“脑”指的是有机生命形式的脑或神经系统，而并非仅仅是抽象的“心智（Mind）”；“机”的含义同人机交互，形式可以从简单电路到复杂的系统。在单向脑机接口的情况下，允许大脑和计算机或接受脑之间单项传输信号，而双向脑机接口则允许大脑和外部设备之间进行双向信息交换。脑机接口技术可以准确、快速地采集和识别出人脑在各种思想活动下的脑信号，并利用这些信号来控制外部设备。

脑机接口研究工作中相当重要的部分就是调整人脑和系统之间的相互适应关系，也就是寻找合适的信号处理与转换算法，使得神经电信号能够实时、快速、准确地通过脑机接口系统转换成可以被计算机识别的命令或操作信号。作为一个综合多种学科的交叉技术，脑机接口技术的发展目前还存在着很多问题，如信号处理和信号转换的速度有待进一步提高，脑电检测技术与实用性的要求还有差距以及应用领域有待进一步开发。

4. 虚拟现实技术

虚拟现实（Virtual Reality，VR）又称灵境技术，是利用计算机模拟产生一个三维空间的虚拟世界，提供使用者关于视觉等感官的模拟，让使用者感觉仿佛身临其境，可以即时、没有限制地观察三维空间内的事物。VR是一项将动态环境建模技术、实时三维图形生成技术、立体显示和传感技术、应用系统开发技术、系统集成技术等综合集成的交叉学科。从不同角度出发，可以对VR系统做出不同的分类。根据沉浸式体验角度，可将VR分为非交互式体验、人－虚拟环境交互式体验和群体－虚拟环境交互式体验等；根据系统功能角度，可将VR分为规划设计、展示娱乐、训练演练等。

随着社会生产力和科学技术的不断发展，各行各业对VR技术的需求日益旺盛，主要在工程设计、计算机辅助设计、数据可视化、航空航天、建筑设计、多媒体远程教育、远程医疗、艺术创作、游戏等方面。VR 技术也取得了巨大进步，受到了越来越多人的认可，并逐步成为一个新的科学技术领域。

5. 增强现实技术

增强现实（Augmented Reality，AR）又称扩张现实，是指透过摄影机影像的位置及角度精算并加上图像分析技术，让屏幕上的虚拟世界能够与现实世界场景进行结合与交互的技术。

AR 技术不仅能够有效体现出真实世界的内容，也能够促使虚拟的信息内容显示出来。随着 AR 技术的成熟，AR 越来越多地应用于航空航天以及其他各个行业。从用户体验来讲，用户期望更大程度上从 2D 转移到沉浸感更强的 3D，从 3D 获得新的体验，包括商业、体验店、机器人、虚拟助理、区域规划、监控等，人们从只使用语言功能升级到包含视觉在内的全方位体验。在这个发展过程中，AR 将超越 VR，更能满足用户的需求。

6. 混合现实技术

混合现实（Mixed Reality，MR）是一项融合了虚拟现实（VR）和增强现实（AR）的新兴技术。该技术通过在现实场景呈现虚拟场景信息，在现实世界、虚拟世界和用户之间搭起一个交互反馈的信息回路，以增强用户体验的真实感。

MR 的实现需要在一个能与现实世界各事物相互交互的环境。如果一切事物都是虚拟的，那就是 VR 领域；如果展现出来的虚拟信息只能简单叠加在现实事物上，那就是 AR。MR 的关键点就是与现实世界进行交互和信息的及时获取。

4.1.3 空间智能人机交互

随着互联网技术和智能技术的发展，人机交互的模式不断增多，并且技术路线逐渐向智能化演进，从最初的文字界面交互、图形界面交互，到语音交互、手势识别、脑机接口以及各类数字现实技术等。不同的人机交互模式有着不同的优缺点，需要进一步的发展和优化。

随着航天领域执行空间任务的范围不断扩展，不仅限于近地轨道空间，甚至还要涉足月球、火星等深空环境，任务的复杂程度不断提升，地面支持能力随着距离的扩大不断缩减，仅依靠航天员在轨操作无法满足任务的需求，而智能人机交互技术使计算机模拟人类活动的脑机制，并拥有与人类进行高效信息交互的潜力。因此，智能人机交互技术在空天领域具有广阔的施展空间，发展空间智能人机交互技术势在必行。

4.2 空间智能人机交互发展现状

本节从空间智能机器人、空间 VR/AR/MR 以及脑机接口方面论述空间智能人机交互的发展现状。

4.2.1 空间智能机器人

空间站任务期间，航天员需要长期在轨驻留，完成飞行器的操控、在轨科学实验操作、健康保障、生活照料、科学演示等一系列工作。这些工作复杂、耗时、工作量大，对航天员身体素质和心理素质有更高的要求，对空间站的工作效能产生很大的影响。空间站智能机器人的出现，可以缓解并解决一些问题。

1. 美国空间站 SPHERES 机器人

2006 年，美国设计的同步位置保持、连通、再定位试验卫星（Synchronized Position Hold Engage and Reorient Experimental Satellites，SPHERES）机器人入住国际空间站。SPHERES 机器人由 NASA、DARPA 和 MIT 联合研制，该项目起源于 1999 年的 MIT 航空航天专业研究生课程，设计用于制导、导航、控制算法试验和验证的智能机器人，在 2000 年完成了样机研制，最终于 2006 年运抵国际空间站。SPHERES 机器人由国际空间站舱内 3 个自由飞行器组成。

2. 美国微重力 Astrobee 机器人

Astrobee 是在 SPHERES 项目基础上进行的，是 NASA 在空间站的第一个自由飞行器系统，由美国 NASA 艾姆斯研究中心（NASA Ames Research Center）研制。NASA 自 2014 年开始研究 Astrobee 机器人，2019 年 4 月首批 Astrobee 机器人奔赴国际空间。每个 Astrobee 是一个边长约为 32 cm 的立方体，质量约 10.5 kg（含机械臂和 4 块电池），每个角和大部分边框上都覆盖了一层柔性保险、缓冲材料，能有效保护空间站内部设备和航天员，并在其中嵌入了推进系统。机器人的中心部分包含 6 个相机、丰富的传感器、控制系统、触控屏幕，以及为后续增加硬件而预留的有效载荷托架（2 个位于正面，2 个位于背面，每个托架都有机械、数据和电源连接），其中包含

1 个机械臂用于抓取空间站的扶手。

3. 美国仿人形 Robonaut -2 机器人

2011 年 2 月 24 日，Robonaut -2 在 STS -133 任务中搭乘“发现号”航天飞机前往国际空间站，成为世界上第一个仿人形陪伴机器人。Robonaut -2 的应用标志着人类利用机器人和人机交互系统开展航天活动进入了一个新的阶段。Robonaut -2 能够充分利用双手去开展工作，其拇指和手臂的灵活程度近似于戴着手套工作的人类航天员，操作范围远超前辈机器人 Robonaut -1，速度能力是 Robonaut -1 的 4 倍。Robonaut -2 的灵活度很高，总共具备 42 个自由度，由 54 个伺服驱动电机实现，有 350 多个传感器。其中，该机器人的脖子具备 3 个自由度，手臂和手腕具备 7 个自由度，手部具备 12 个自由度，腰部可以自由旋转。它具有灵活的手指，拇指具备 4 个自由度，手能够实现宽范围地抓取物体，与人手的操作十分接近。

4. 日本语音人形 Kirobo 机器人

2013 年 8 月 3 日，日本将会说话的人形机器人 Kirobo 成功发射至国际空间站，成为世界上第一个能够与人进行语言交流的仿人形陪伴机器人。日本研究人员提出，避免宇航员在太空感受孤独的方法之一就是使用世界上首款会说话的机器人宇航员作为太空助手，陪伴日籍宇航员若田光一(Koichi Wakata)，Kirobo 机器人在日语中的意思是“希望”和“机器人”。Kirobo 具备语音识别、自然语言处理功能，能够通过合成语音（日语）与航天员进行简单语言交流。此外，Kirobo 还具备通信、面部识别、视频录制等功能。由于 Kirobo 并不需要行为能力，它的体型比其他太空机器人更小，身高约 34 cm，质量 1 kg。在太空中 Kirobo 机器人可以与地面上另一个机器人进行通话。Kirobo 机器人能够在零重力环境下行走。

5. 德国语音控制 CIMON 机器人

CIMON（Crew Interactive Mobile Companion）是世界上第一个以人工智能为特色的自主飞行辅助系统，是在德国宇航中心主持下由空客公司和 IBM 公司开发和建造的，以支持宇航员在国际空间站上的日常任务，完全由语音控制的能够通过看、说、听来实现与宇航员之间的交流。CIMON 能够看、听、说、理解以及自主飞行，其外形类似于球，直径约 32 cm，质量约 5 kg，机身正面安装多个视觉传感器，宇航员可利用显示器与它进行交互，它还懂得欣赏音乐，内置了 1 000 多个句子。此外，它还能够在国际空间站周围飘浮飞行，提供技术帮助、警示系统故障和危险，并为宇航员提供一系列娱乐。CIMON是一个具有嗓音、面容识别功能的个人助理。CIMON有一张爱笑的大饼脸，通过与宇航员相处，既能减轻宇航员在长期太空任务中的压力和工作量，又有助于研究长期太空任务对宇航员的心理影响。

6. 俄罗斯太空版Skybot F-850机器人

Skybot F-850是俄罗斯的首位机器人宇航员，由俄罗斯Androidnaya Technika公司和代表俄罗斯政府的先进研究项目基金会共同研发。2019年8月，Skybot F-850搭乘"联盟号"MS-14宇宙飞船发射升空并抵达国际空间站。尽管其在国际空间站停留的时间不长，却是俄罗斯第一款太空版机器人。Skybot F-850使用"人类+AI"双重控制，既可以自主移动和工作，也可以在身穿控制服的人类操作员控制下工作。在地面测试中，它会使用各种标准的"人类"工具来完成转动阀门、开锁、焊接等各项任务，同时也会使用各种交通工具，无论是摩托车还是越野车都能够驾驶，俄罗斯的最终目标是让它学会开航天飞机。Skybot F-850拥有一个正值壮年的成年人拥有的一些体能基础，如提重物、俯卧撑、匍匐前进等，充分体现了俄罗斯特色。此外，研究人员还为Skybot F-850开发了一套智能语音交互系统，可以进行各种场景的对话。

7. 空间智能机器人发展小结

随着AI、混合现实等技术的发展和相关应用的研究，智能人机交互在航天员辅助操作和独立获取信息等方面的巨大优势已经显现出来。面向国际空间站等有人值守空间设施建设以及正式运营过程中与航天员和谐共处及自然交流，对航天员任务执行情况、日常生活情况进行在线监控并实时提供提醒和指导以及缓解航天员压力和负荷的实际需求，与空间设施内外固定的各类监测设备/传感器、航天员配备的各类可穿戴设备/传感器相比，空间站智能机器人具备更强的移动、认知、交互、协作以及学习能力，预计在不远的将来，空间站智能机器人能够带来以下更加优质的服务：

①在航天员执行任务过程中，智能机器人能够实时监测、识别航天员的动作、行为并监测任务完成情况；当航天员遇到问题和困难时，及时提供相关专业知识及工作指导。

②持续观察航天员在空间设施内的饮食、锻炼、休息等日常生活情况，以及航天员的身体、心理健康状况；发生异常时能够及时提醒并提供建议，在必要时能够把异常情况及时通知地面人员，以提供救助服务。

③分担航天员在轨期间简单的手动操作工作，减少航天员工作量，提高航天员工作效率。例如，日常常规清洁和真空处理；工具和零部件库存盘点；工具校准；设备重新摆放；食物准备和清理；空气、水质量检测等。

④监控空间设施运行情况，辅助航天员或与航天员协同完成空间设施运行维护任务。

⑤与航天员进行自然交流；针对航天员具体情况提供个性化、定制化服务，并根据航天员需求，与家人、地面人员进行多种方式的沟通。

为此，航天员和智能机器人需要组成一个更复杂的、相辅相成的智能人机系统，二者需要通过自然、高效、频繁的交互（包括信息交流、物理空间中的行为互动，以及两者交互的集成）才能实现二者协同完成任务以提高任务完成的效率并降低风险。智能机器人需要具备更加强大的目标识别和状态估计能力、自由移动能力、多模态信息融合的灵巧操作能力和自适应人机融合能力。研究人员可能需要着重对智能机器人的本体小型及柔性技术、感测感知及认知技术、决策规划及控制技术和人机交互与写作技术展开研究。

4.2.2 空间 VR/AR/MR

VR/AR/MR 技术已经用于空间机械臂的操作、航天员的训练、国际空间站的日常工作等。航天员可以通过佩戴头盔式 AR 设备提供辅助信息的指导来完成在轨任务。此外，NASA 还使用 VR 技术实现了太空虚拟旅程等逼真、沉浸式的应用，使观众真正获得身临其境的满足感。随着 VR/AR/MR 技术在航天领域取得越来越多的成绩，人们也认识到面对地面无法开展的物理试验验证环节以及不可逆的操作环节，可以借助此类数字现实技术的虚拟可视化、虚实融合等特点，来完善产品设计方案，加强试验验证分析，培训航天员或操控人员，完成未知空间探测等任务。

1. 国际空间站 MSS 系统

国际空间站的机械臂操作是一个劳动密集的过程。空间机械臂操作耗时长、操作复杂，需要地面任务控制参与。国际空间站移动服务系统（Mobile Service System，MSS）由移动基座系统、空间站遥控机械臂、末端灵巧机械手和移动传输器 4 个部分组成，其主要任务是辅助空间站在轨组装、大型负载搬运、ORU 更换、航天员舱外活动辅助、空间站辅助维修等。MSS 基于 3D 模型的实用性和实际相机视图的准确性，采用 AR 技术开发基于视频的、实时多视点图像比较和重构工具EDGE，利用站载摄像机的实时视频反馈和编码器位置姿态数据合成图像进行操作以及训练。

2. 美国NASA用VR/AR/MR服务宇航员

NASA从20世纪80年代就已经开始使用VR技术，而且他们所使用的头显设备看起来也极像现在的头显设备。与以前不同的是，VR可以用在任何工作的过程中，从航天员的训练到国际空间站的日常工作都在应用此技术。通过佩戴头盔式AR设备，航天员可以透过透明的显示器看到包含技术辅助信息的全息影像，在移动过程中解放双手，并与全息影像实现语音、手势和凝视等形式的交互，航天员可以通过这些辅助信息的指导完成在轨任务。同样，在航天领域，MR技术也提供了一种极具潜力的航天任务支持手段。

2016年欧洲航天局完成了为期两年的Edc AR（Engineering data in Cross - platform AR）项目研发。Edc AR项目开发了一个新的AR系统，该系统运行在HoloLens平台上，通过给航天员提供操作演示步骤，在减少航天员错误操作的同时，提高任务执行效率。

3. 美国NASA用VR体验太空虚拟旅程

VR技术是NASA利用人工智能技术制造一种逼真、沉浸式氛围，并有效融入在轨运行的多种航天器获取的观测数据，使观众真正获得身临其境的满足感。美国国家航空航天局天文学家和人工智能专家将哈勃、斯皮策太空望远镜观测到的可见光和红外等多源传感器信息进行融合，创造出一段穿越猎户座大星云的三维旅程。

哈勃望远镜观测对象在可见光下发光，通常在几千度，而斯皮策望远镜则是对温度仅为几百度的较冷物体非常敏感。斯皮策的红外视觉穿透了模糊的尘埃，可以看到嵌入星云深处的恒星，以及更暗和更小质量的恒星，它们的红外线比可见光更亮。未来VR技术可以帮助人们更好地体验两个望远镜如何提供更复杂、更完整的星云图像。

4. 美国NASA用VR/AR/MR进行航天器虚拟配置与维修应用

马歇尔太空飞行中心从1986年起使用数字化企业互动制造应用软件（Digital Enterprise Lean Manufacturing Interactive Application，DELMIA），主要用于机器人技术、人机工效学、装配等方面。在阿瑞斯（战神）一型火箭的研制中，采用并行协同的可制造性分析，从可装配性、人机功效、装配环境模拟等方面开展了以下工作：

①装配仿真。验证操作序列和加工方法，优化装配过程，减少下游生产计划。

②人机工效学。识别危险操作，验证装配、测试、操作、维护过程中的可达性。

③工厂环境定义与分析。验证操作空间的大小，验证操作顺序和大尺寸加工方案，估算投资总额，识别装配过程中的难点。

美国空军阿姆斯特朗实验室与宾夕法尼亚大学联合开发的人员训练与人员要素的设计评估（Design Evaluation for Personnel Training and Human Factors，DEPTH）项目，采用可视化和VR技术进行维修与保障分析的计算机应用系统。该项目的研究主要采用数字样机与3D人体模型技术，用以提前确定维修过程内容与过程中的人力资源需求、生成训练辅助材料。通过将维修仿真结果输入交互式电子技术文档（Interactive Electronic Technical Manual，IETM），使其成为维修手册与维修训练资料的一部分，实现在一次仿真中完成多项与维修相关的任务，大大减少了重复性的开发工作。

5. 空间VR/AR/MR技术小结

未来VR/AR/MR相关技术在空天领域的应用发展趋势总结为以下几点：

①飞行过程虚拟仿真分析。大型复杂航天器在方案设计阶段，需要开展轨道与星座设计、动力学分析等工作；通过飞行过程虚拟仿真分析，可以在航天器研制早期发现总体设计中的问题，减少设计修改对详细设计等后续工作的影响。

②三维数字样机协同设计与校核。将传统的文字、图纸等平面构型描述转换为方案“立体”模型，在方案设计阶段提供一个“看得见、摸得着”的虚拟样机替代“功能不健全”的演示样机，减少不必要的设计余量、降低制造加工难度；在产品研制早期进行改进，避免在后期更改造成时间和资源成本的浪费。

③交互式虚拟展示、维修、训练。随着航天产品三维研制模式的不断推进，基于三维模型的虚拟现实仿真具有越来越重要的应用意义。此外，利用VR与仿真系统对操作人员进行培训、演练，给操作人员一种身临其境的感觉，以熟悉操作内容和过程，减少正式操作过程中的错误。

在未来的应用研究中必须着力提高设备的交互性，因为某些虚拟操作任务只有当操作者的触觉反馈逼真时，完成任务的准确性才会提高。此外，还需要进行虚拟模型的建模与优化方法研究，只有这样才能够确保 VR/AR/MR 系统的效果最好，并使所获取的实验数据具备可类比性，实现真正意义上的应用。

4.2.3　脑机接口

时值脑科学和人工智能两大领域在过去几十年各自都取得长足进展后，逐渐走向融合的关键节点——脑机接口（Brain – Machine Interface，BMI）技术。它不仅可以绕过感官和肌肉，为大脑与外界互动提供全新的高通量信道，甚至无须借助语言而实现人与人之间高效的交流协作。这不仅使得意识读写、记忆移植成为可能，甚至通过意识上传实现在数字世界中的永生等人类长久以来的梦想。

进入21世纪以来，特别是在过去10年间，历经两次寒冬的人工智能再度强势崛起。其中，以深度学习为代表的人工智能应用，在特征识别和知识存取等静态封闭的复杂场景下，取得了傲人的成就，机器取代人类工作似乎不再遥不可及。但与此同时，必须清醒地看到，目前人工智能在机器人控制和自动驾驶等动态开放场景下的表现，还远不尽人意，包括硅谷钢铁侠埃隆·马斯克（E. R. Musk）在内的很多有识之士，都认为人和机器各有所长，而通过脑机接口实现人机融合，才是未来人机关系的终极解决方案。

近年来，脑机接口相关技术如雨后春笋般涌现，并不断更新迭代，其商业化进程也在 Neuralink 和脸书（Facebook）等科技巨头的助推下不断提速，使得意念控制物体等以前还是科幻的场景，正在实验室中一步步变成现实。但是，脑机接口这一复杂的系统工程要真正落地得到广泛应用，还需要神经科学、数理科学、医学、心理学、材料科学、计算机科学、机器人学、自动控制等多学科的通力协作，以及多个相关领域对关键问题的突破。

近年来，美国、欧盟、日本等国家（地区）纷纷宣布启动脑科学研究，即“脑计划”，从战略层面对脑机接口进行了顶层设计。美国于2013年发布 BRAIN Initiative，欧盟于2013年启动 Human Brain Project，日本于2014年发布 Brain /Minds Project。中国“脑计划”于2016年提出，正式启动于2021年，“脑科学与类脑研究”成为“科技创新2030重大项目”最早运行的试点项目之一，提出了“新型无创脑机接口技术”“柔性脑机接口”等相关重点项目。《“十四五”医疗装备产业发展规划》明确提出，发展基于机器人、智能视觉与语音交互、脑机接口、人－机－电融合与智能控制技术的新型护理康复装备。

全球多国政府、科研机构和企业加速布局脑机接口，抢占全球科技竞争战略高地。美国 BRAIN Initiative 为期至少 10 年，预计投入 45 亿美元；美国国立卫生研究院（NIH）持续加大对“脑计划”研究项目的投资，2018 年支持总额超过 4 亿美元；美国国防高级研究计划局（DARPA）布局多项脑科学前沿研究。我国先后启动了“973”“863”计划和科技支撑计划，对脑科学研究总投入约 14 亿元人民币；国家自然科学基金资助脑研究的经费近 20 亿元人民币，2012 年起中科院启动的 B 类先导专项“脑功能联结图谱计划”，每年投入经费约 6 000 万元人民币。2021 年 9 月，中国科技部正式发布科技创新 2030“脑科学与类脑研究”重大项目，首批资金为 30 亿元人民币，后续资金规模可达数百亿元人民币。2022 年 2 月，装备发展部发布了脑机接口基础器件预研专项指南，共 13 项指南，项目金额 200 万~1 000 万元人民币不等。

脑机接口技术得到长足进步和飞速发展，战略意义不断被提高，应用场景不断扩大，产业繁荣发展，将广泛应用于载人航天、深空探测等领域，助力空间应用技术发展。

4.3 空间智能人机交互关键技术

本节分别从大数据可视化交互、基于声场感知交互、混合现实实物交互、可穿戴交互和人机对话交互方面介绍人机交互的关键技术。

4.3.1 大数据可视化交互技术

可视化是一种数据分析和探索的重要科学技术。该技术是将抽象数据转换成图形化表征，通过交互界面促进分析推理，在城市规划、医疗诊断和运动训练等领域起着关键作用。

1. 大数据可视化设计

如何可视化复杂结构的海量数据依旧是一个挑战，尤其是具有三维空间信息的数据。传统的平面式呈现将视觉通道和视觉反馈局限于二维空间中，同时也限制了设计空间。沉浸式设备的发展释放了用户的立体视觉，研究者们开始发掘三维交互空间在可视化中的潜力。人们对三维的视觉感知来自双目视差、遮挡和相对大小等深度提示。一方面，用户能够轻易识别三维物体的形态；另一方面，三维中的视角倾斜会使二维平面图形产生形变，使用户难以识别。因此，如何在三维环境中进行有效的可视化设计是大数据可视化交互领域的研究热点之一。

在三维环境中，Kraus 等人通过用户实验发现，相比于二维平面上的散点图，用户可以在虚拟现实环境下更加有效地识别三维散点图中的聚类。Alper 等人提出了一种在三维环境中对图数据结构进行可视化的方法。该技术利用立体深度，通过将用户感兴趣的区域投影到更靠近用户视线的平面上进行突出显示。然而，上述可视化方法占据了三维位置的视觉通道，因此不能编码点在三维环境中的位置。为了解决上述问题，Krüger 以及 Krekhov 等人提出了 Deadeye 技术，通过分裂呈现的方法对点进行突出显示。Ssin 等人提出了一种基于时空立方体对轨迹数据进行可视化的系统 Geo Gate。该系统扩展了时空立方体，并采用一个环形用户界面来探索多个位置数据集中实物之间的相关性。Filho 等人提出了一种虚拟现实环境下的时空数据可视化系统。该工作使用时空立方体构建虚拟现实环境下的原型系统，将多维数据集与用户桌面的虚拟表示相结合。

2. 非视觉感知的交互辅助

非视觉感知包括听觉、触觉、嗅觉与味觉。近年来，多模态硬件技术愈发成熟，用以产生或模拟非视觉感知的设备逐步地小型化与商业化，这促使大数据可视化交互领域开始研究非视觉的交互方式。这种数据交互方法将用户沉浸在数据中，并在视觉感知外提供听觉、触觉等感知通道，提升用户的参与感与沉浸感，让用户感知在单一视觉通道上难以被发现的细节和模式。Franklin 和 Roberts 将饼图中的类别信息、占比转化为各类型的声音；Xi 和 Kelley 则提出了利用声音分析时序数据的工具。触觉感知能够为用户提供物体纹理、温度和振动幅度等类别或连续的信息。利用振幅的大小，Prouzeau 等人将三维散点图中点云的密度映射为不同振幅的等级，提升了用户发现点云中心高或低密度区域的感知能力。嗅觉与味觉具有易于记忆和识别的优势。ViScent 提出了不同气味与数据类型的映射空间以将数据编码为不同的气味。非视觉感知作为视觉感知的补充，能够提升用户分析理解数据的效率。例如，在分析大量或高密度分布的数据可视化时，让用户感知视野之外或被遮挡的数据信息。

3. 多模态交互设计

在大数据可视化交互领域，除了可视化设计，现有的研究重点还集中在探索更加自然直观的交互方式，以提升人们在三维空间对大数据可视化的操作效率。多模态交互结合单一模态的优点，充分发挥了人们对各个感知通道传达信息的高度接收与处理能力，增强用户对交互行为的理解，提高对大数据可视化的探索与分析效率。

1）基于接触的交互

基于接触的交互支持用户直接通过手部或者手持传感器触碰可视化标记，传递对数据的交互表达。这类自然交互方式的操作精度较高，并且能够增强用户在探索大数据可视化时对信息的理解。Langner 等人通过平板触控的方式准确地选择可视化图表以更新 HoloLens 中所见的增强内容。除了增强现实环境中基于触屏的交互方式外，接触式交互在虚拟现实中也很常见。Usher 等人的 VR 系统可以通过跟踪用户手部动作来捕获用户勾勒出来的脑神经路径。

2）基于手势的交互

基于手势的交互使用可跟踪设备或捕捉用户手指的移动来捕捉手部动作，帮助用户完成对数据的操控。Ray Cursor 增加了沿投射光线方向的红色的控制光标来避免被遮挡散点的选择。此外，Fiber Clay 支持用户操控手柄射出的射线来完成对轨迹的筛选。除了光线投射技术的指向隐喻，其他诸如抓取、拖动等的隐喻也都有相关研究。Wagner 等人采用了虚拟手的隐喻，设计抓取和拉伸等动作完成对时空轨迹可视化的移动、缩放和选择等操作；Yang 等人利用双手合拢与展开的手势实现了散点图的缩放操作；Tilt Map 通过改变手柄的倾斜角度来实现对地图可视化的不同视图之间的切换。

3）基于注视的交互

基于注视的交互通过眼动追踪技术捕捉用户的视线焦点，从而理解用户视线中传递的信息。Sidenmark 等人使用该技术辅助用户在虚拟三维场景中选择一些被遮挡的物体：用户注视物体轮廓上的圆点，并使用视线控制圆点在物体未被遮挡的轮廓线上移动，从而精准地选中被部分遮挡的物体。Alghofaili 等人则使用长短时记忆网络模型对用户眼动数据进行异常检测，从而判断用户是否适应当前的虚拟环境，并在用户迷失时给予辅助反馈。

4）基于移动导航的交互

移动导航也是探索呈现在虚拟的广阔三维场景里的大数据可视化中一

个重要的交互模态。Abtahi 等人通过建立3个层级的真实速度到虚拟速度的映射，便于用户在狭小的真实空间内遍历数据可视化呈现空间。此外，虚拟移动技术更进一步地拓宽了遍历虚拟空间的可能性。此类技术包括指定位置进行直接传送、使用三维缩略图进行传送以及使用手柄控制飞行动作等。

4.3.2 基于声场感知交互技术

本小节从基于声场感知的动作识别、基于声源定位的交互技术、基于副语音信息的语音交互增强以及普适设备上的音频感知与识别4个方面综述国际上基于声场感知的交互技术。

1. 基于声场感知的动作识别

基于声场感知实现不同手势与动作的识别是人机交互的热点研究内容，基于手势或者姿态带来声场变化的基础，实现手势或动作的识别。例如，使用耳机上的麦克风识别摘戴耳机是最直观的手势识别，Röddiger 等人利用内耳麦克风识别出了中耳内鼓膜张肌的收缩等用于交互。Han 等人通过手表上特殊排布的麦克风阵列识别了手腕的转动、拍手臂、不同位置打响指等手势。Bem Band 利用腕带上超声波信号完成了对手掌姿态、竖拇指等手势的识别。随着近几年传感器精度和质量的逐步提升，更多相关研究提高了手势识别的准确度与精度，Finger Sound 与 Finger Ping 均识别拇指在其他手指上的点击与捏合动作，且 Finger Ping 利用了不同手势下的共振信息，减少了对陀螺仪的依赖，Tap Skin 识别出了手表附近皮肤上的点击等更精细的手势交互动作。

2. 基于声源定位的交互技术

声学测距的常用方法包括基于多普勒效应、基于相关和基于相位的测距方法。此外，在雷达系统中广泛应用的调频连续波也在近些年应用于声学测距。基于以上声学测距技术，可以实现手势识别、设备追踪等交互技术。AA Mouse 实现了中位数误差1.4 cm 的精确追踪，通过追踪手中移动设备的位置，实现鼠标的功能。BeepBeep 使用线性调频信号和两路感知技术实现了设备间厘米级精度的距离测量。Tracko 基于 BeepBeep 中提出的算法，融合 BLE（Bluetooth Low Energy）和 IMU（Inertial Measurement Unit），实现设备间的三维空间感知。基于手指、手掌运动导致回波相位的改变，LLAP 实现了4.6 mm 的二维追踪精度，实现了不需要佩戴额外设备的手势追踪。Finger IO 应用正交频分复用技术来追踪手指的回波，不需要在手指上佩戴其他的传感器，实现了平均精度为 8 mm 的二维手指追踪。

3. 基于副语音信息的语音交互增强

近年来有许多研究者研究了利用“言语中的非言语信息”来加强语音互动。Goto 等人提出利用语音过程中的用户在元音处的短暂停顿自动显示候选短语辅助用户记忆，并提出了利用用户有意控制的音高移位切换语音输入模式。Kitayama 等人提出了利用自然语音交互中的口语现象和停顿进行噪声鲁棒的端点检测和免唤醒。Kobayashi 和 Fujie 研究了人－机器人对话中的副语言协议。Harada 等人研究了利用元音质量、音量和音高等属性的光标控制。House 等人将这一思想延续到利用连续声音特征控制三维机械臂。Igarashi 和 Hughes 研究了利用非言语信息的连续语音控制和速率的参数。

4. 普适设备上的音频感知与识别

普适音频设备对于音频数据的实时性采集使得其在声音实时分类事件上具有优势。例如，Rossi 等人提出了利用智能手机麦克风实时进行环境声音识别的系统 Ambient Sense。Thomaz 等人提出利用腕部音频设备捕捉环境声音，进行识别后推断用户饮食活动的方法，帮助用户进行饮食自我监测。Amoh 和 Odame 提出利用可穿戴声学传感器结合卷积神经网络检测咳嗽的技术。与环境的声音检测类似，对于更广义上的用户行为，Lu 等人利用手机麦克风对人当前活动（开车、乘坐公交车等）的识别进行了探索。商业产品或应用也快速发展与成熟，其中最具有代表性的是苹果手机和手表上的环境声感知（咳嗽、报警等）。

4.3.3 混合现实实物交互技术

在实物交互系统中，用户通过使用在真实环境中存在的实物对象与虚拟环境进行交互。由于用户对实物本身的各种特性（如形状、重量）非常熟悉，可以使交互的过程更为精准和高效。近年来，将实物交互界面技术融入虚拟现实和增强现实已成为本领域的一个主流方向，并逐渐形成了“实物混合现实”的概念，这也正是被动力触觉的概念基础。Zhao 等人将实物交互的触觉分为 3 种方式，即静态的被动力触觉、相遇型被动力触觉和主动的力触觉。由于主动力触觉装置比较昂贵，目前的研究很少，主要研究方向仍是静态的被动力触觉和相遇型被动力触觉。

1. 静态的被动力触觉

在静态的被动力触觉方面，加拿大多伦多大学和美国芝加哥大学等团队曾提出过 Thors Hammer 以及 PHANTOM 两种比较具有代表性的研究。通过1：1制作的物理实物道具提供逼真的动觉和触觉反馈，提高用户的触摸感受以及操作能力，并且可以通过对实物的触摸来对虚拟对象进行操作。加拿大多伦多大学的 Araujo 等人提出了 Snake Charmer，可以动态地改变交互对象的纹理特征和材质信息，且在虚拟环境中渲染不同的对象时仍能够保持触觉和视觉的一致性。

2. 相遇型被动力触觉

1993 年，McNeely 就提出机器人图形的概念。他认为触觉输出具有极大的价值，并建议使用机械臂或者机器人作为形状载体，动态地提供物理反馈。美国斯坦福大学的 Choi 等人提出的 Wolverine 是一个典型的例子。Wolverine 通过低成本和轻量级的设备，可以直接在拇指和 3 根手指之间产生力，以模拟垫式握持式物体，如抓握茶杯和球。在低功耗的情况下能反馈超过 100 N 的反馈力。日本东京大学的 Transcalibur 以及 JetController，而 Transcalibur 是一个可以手持的二维移动 VR 控制器，可以在二维平面空间改变其质量特性的硬件原型，并应用数据驱动方法获取质量特性与感知形状之间的映射关系。Cheng 等人使用 TurkDeck 的方法，借助工作人员将一系列通用模块搬运和组装为用户即将触碰到的被动实物，使用户不仅能够看到、听到，还能触摸到整个虚拟环境。Suzuki 等人在此基础之上提出了 Roomshift方法，通过实时控制混合现实交互空间的小车来移动环境中的实物物体，提供多种交互方式。

3. 产业界进展

在产业界，Facebook 和 Microsoft 是研究混合现实被动力触觉交互的中坚力量。2019 年 Facebook 更新了交互装置 Tasbi，开发了一款具有震动和挤压两种反馈方式的触觉回馈腕带。2020 年，Microsoft 提出了 PIVOT，通过可变形的交互装置实现动态的相遇型触觉反馈。PIVOT 是一个戴在手腕上的触觉设备，可以根据需要将虚拟对象呈现在用户的手上。Dexmo 在 2020 年发布了新的触觉手套，Dexmo 外骨骼手套制作精良，该产品面向企业市场。Dexmo 触觉手套支持跟踪多达 11 个自由度的手势，可以灵巧地捕获用户完整的手部动作，从而使用户在虚拟环境中拥有逼真的手指感。

4.3.4 可穿戴交互技术

国际上可穿戴交互主要分为以手表、手环形式为主的手势交互和触控交互的研究以及电子皮肤技术与交互设计。

1. 手势交互与触控交互

手势输入被认为是构成“自然人机界面”的核心内容之一，同样适用于探索可穿戴设备的输入方式。美国华盛顿大学和微软研究院的联合项目推进了肌肉电信号（Electromyogram，EMG）在手势界面中的应用。EMG 通过测量电极对之间的电势来感知肌肉活动，这可以通过侵入式（在肌肉中使用针头）或从皮肤表面进行。2015 年，谷歌发布的 Soli 智能芯片运用微型雷达监测空中手势动作，可以追踪亚毫米精准度的手指高速运动。德国的 Patric Baudisch 团队尝试了通过腕带手表在皮肤上实现拖动的触感，可设计简单且容易被用户感知和记忆的字符和图标。韩国科学技术院的人机交互团队探索了使用针阵列的触觉方式在手指上提供经过编译的信息，以及通过气流在皮肤表皮实现非接触式的压力触感。加拿大多伦多大学利用记忆金属在手腕上实现挤压的触觉反馈，通过控制驱动的线宽、力和速度产生不同感受的反馈。美国斯坦福大学的 Sean Follmer 团队通过设计手持式触觉设备来模拟虚拟操作物体的重力反馈。

2. 电子皮肤交互

皮肤作为人们与外界接触的天然界面，已初步用于探索在信息交互中的作用并在若干方面的应用中体现了其优势。德国萨尔大学的 Jürgen Steimle 团队近些年通过导电墨水、电极制作纹身纸，作为电子皮肤实现在皮肤上的显示、触摸和手势识别。美国卡内基梅隆大学的 Chris Harrison 团队采取了在皮肤上投影的方式，通过肩戴投影或手表微投影，将手臂、手背变成显示屏，并通过深度相机或红外线等方式支持手指在皮肤表面的触控。这种方式可以更好地支持探索人们使用皮肤界面的体验，但缺点也显而易见，即需要较为复杂的投影等附属设备。同时，该团队系统地研究了把身体的各个部位当作触摸界面时的可行性和用户的喜好程度，对后续的研究具有参考价值。

4.3.5 人机对话交互技术

人机对话交互过程涉及语音识别、情感识别、对话系统和语音合成等多个模块。首先，用户输入的语音通过语音识别和情感识别模块转化为相应的文本和情感标签。其次，对话系统用其来理解用户所表达的内容，并生成对话回复。最后，语音合成模块将对话回复转换为语音，与用户进行交互。

1. 语音识别

总体概括来说，低延迟语音识别和低资源语音识别成为研究热点。目前，国际上针对低延迟语音识别主要从两方面进行研究：一方面是研究流式语音识别，实现边听边识别，以此来降低识别出每个标记的延迟；另一方面是研究非自回归语言识别，通过摆脱解码时的时序依赖从而加速整个系统的识别速度。针对流式语音识别的研究主要有两种思路：一种是针对 RNN - Transducer 模型进行改进，提出了表现更好的 Transformer - Transducer、Conformer - Transducer。双通解码方法的提出，进一步提升了基于 Transducer 的流式识别模型的准确率。另一种是对基于注意力机制的编码解码模型（Attention - based Encoder Decoder，AED）的改进，其实现思路主要是改进单调逐块注意力机制（Monotonic Chunk - wise Attention，MoChA），其解决的主要问题是 MoChA 模型在 Transformer 上的适配以及通过辅助手段对模型切分编码状态的位置以及数量进行约束。

2. 语音情感识别

语音情感识别研究的早期阶段遵循传统的模式识别流程，即先进行特征提取，然后进行分类器设计。特征提取阶段大多依赖于手工设计的、与情感相关的声学特征。大体上，这些声学特征可以分为 3 类，分别是韵律学特征、谱相关特征和音质特征。开源工具 Open SMILE 通常用于提取一些经典的情感声学特征集。受益于深度学习革命的到来，利用深度神经网络直接从原始数据中提取特征并进行分类的端到端学习范式逐渐占据主导地位。这些研究有的从时域的原始语音信号入手，有的则从频域的语谱图入手，也有一些研究同时结合两者进行端到端的语音情感识别。由于语音情感识别的数据库通常都比较小，人工设计的深度神经网络往往容易过拟合，因此学习到的声学情感表征可能会面临着泛化能力不足的问题。为此，一些研究采用在大规模音频数据库上预训练的深度神经网络（如基于卷积神经网络的 VGGish、Wavegram - Logmel - CNN）和 PLSA（Pretraining，Sampling，Labeling，and Aggregation），以及基于 Transformer 的 AST（Audio Spectrogram Transformer）等进行特征提取，当然也可以继续在语音情感识别数据库上进行微调。

1）语音合成

目前，语音合成研究主要集中在韵律建模、声学模型以及声码器等模型的建模之中，以提高合成语音的音质和稳定性，并提高在小样本数据集上的泛化性。具体地，谷歌 Deepmind 研究团队提出了基于深度学习的 WavetNet 语音生成模型。该模型可以直接对原始语音数据进行建模，避免了声码器对语音进行参数化时导致的音质损失，在语音合成和语音生成任务中效果非常好。2017 年 1 月，Sotelo 等人提出了一种端到端的用于语音合成的模型 Char2 Wav，其由两个组成部分，即读取器和神经声码器。读取器用于构建文本（音素）到声码器声学特征之间的映射；神经声码器则根据声码器声学特征生成原始的声波样本。本质上讲，Char2 Wav 是真正意义上的端到端语音合成系统。谷歌科学家提出了一种新的端到端语音合成系统 Tacotron，该模型可接收字符的输入，输出相应的原始频谱图，然后将其提供给 Griffin – Lim 重建算法直接生成语音。

2）对话系统

对话系统从应用角度划分，可以分为任务型对话系统和闲聊型对话系统；从方法上划分，可以分为基于管道的方法和基于端到端的方法。基于管道的方法需要分别实现自然语言理解、对话管理和自然语言生成 3 个模块，最终形成一个完整的系统。这种模块级联的方式会导致误差传递问题，因此基于端到端的方法目前成为主流的对话系统方案。为克服端到端对话系统中存在知识难以融入学习框架的问题，Eric 等人引入键值检索网络整合知识库信息。Madotto 等人提出 了 Mem2Seq（Memory to Sequence）模型，采用指针网络实现将知识库嵌入到对话系统中。Wu 等人改进了 Mem2Seq 模型，提出 GLMP（Global – to – Local Memory Pointer）模型，将外部知识融入对话系统之前进行过滤，并且加入了骨架循环神经网络机制生成对话模板。

4.3.6 多模态融合技术

如何将不同模态的信息在人机交互系统中有效融合，提升人机交互的质量，同样值得关注。多模态融合的方法分为 3 种，即特征层融合方法、决策层融合方法和混合融合方法。特征层融合方法将从多个模态中抽取的特征通过某种变换映射为一个特征向量，然后送入分类模型中，获得最终决策；决策层融合方法将不同模态信息获得的决策合并来获得最终决策；混合融合方法同时采用特征层融合方法和决策层融合方法，如可以将两种模态特征通过特征层融合获得的决策与第三种模态特征获得的决策进行决策层融合来得到最终决策。

4.4　未来趋势

人机交互是一个不断变化的领域，这种变化是为了响应技术革新以及满足随之而来的新用户需求。从应用场景来看，人机交互从图形用户界面过渡到自然用户界面，发展更人性化的交互界面成为人机交互进一步发展迫在眉睫的任务；从研究层面来看，人机交互从微观上升到宏观，使用计算机技术使个人参与到社会管理活动中的方法成为人机交互关注的重点；从研究重心来看，人机交互从交互导向转移到实践导向，其分析单元由个体交互行为上升到日常的社会实践活动；从研究范围来看，人机交互由人类、计算机的二元空间扩展到人类、计算机和环境组成的三元空间，人类自身所在环境也成为人机交互研究重点关注的一部分。

空间智能交互主要通过语音、表情、手势、脑电、VR/AR等交互手段，利用智能方法进行信息识别与处理，实现人与探测器、机器人等智能体的高效信息传递。目前，AI对实现人与机器之间更智能、更无缝的交互起着至关重要作用。

回首历史，人工智能历史发展中的两次低潮，却伴随着人机交互的高速发展。在这一时期出现了包括WIMP范式、图形用户界面（GUI）在内的很多人机交互的基础理论与实践成果。然而，人机交互与人工智能并非是此消彼长的。人机交互是人工智能的一个研究途径，在人工智能发展遇到瓶颈之时人机交互往往能够提供新的研究思路；人工智能则给人机交互带来突破，驱动人机交互的发展，并把人机交互提升到一个新的发展空间。从人工智能的角度来看，人机交互是人工智能的一个研究途径；从人机交互的角度来看，人工智能为人机交互带来突破；从人类的角度来看，人工智能的发展是计算机技术的发展，而计算机技术发展的最终目的是为人类服务。总之，航天智能发展和人机智能交互是相辅相成、相互促进的关系。

第5章　空间智能组网及协同发展状况

近年来，随着航天推进、通信和侦察等技术的成熟与发展，以低轨道巨型星座为代表的具有多种功能、轨道互补、高智能性、自主运行、便于扩展的智能化天基网络成为天基系统新发展方向。空间网络的动态性特征具备一定的自适应和抗损毁体系协同组网能力，保障作战条件下的信息联通，将各卫星星内传感器、处理器作为网络共享资源节点。未来智能空间网络系统可自主调动协同网络中的定位资源、侦查资源和传输资源等，各个网络资源按需接入，支持复杂场景应用，具备多节点、多链路的损毁容忍能力，能够保障复杂条件下的网络协同。

5.1　技术内涵

天基信息系统作为未来信息化作战重要的基础资源之一，对敏感事件的快速发现和定位过程需要用到遥感、通信、导航等各类航天器协同工作。因此，未来信息化作战对天基信息系统中航天器组网协同的能力提出了更高的要求。同时，随着人类对深空领域的探索和火星移民等美好畅想，空间组网的范围更是进一步扩大，网络的稳定性和实时性都需要进一步智能优化，以将理想变为现实。因此，针对未来空间网络智能化组网和协同发展，天基网络需具备高度自适应能力和抗损毁能力，保障信息联通。其应当具备以下特征能力：

①卫星本身的安全性变得更为重要，各卫星星内传感器、处理器将作为网络共享资源节点；

②网络作为一个整体，可自主调动、协同网络中的定位、侦查、传输等资源，各个网络资源按需接入，支持综合应用；

③系统具备多节点、多链路的损毁容忍能力，能够保障复杂条件下的网络协同。

从航天器自主完成复杂在轨任务分析来看，如航天器在轨维修、在轨加注、航天器在轨防御、在轨蜂群攻击等复杂任务，越来越多的航天任务需要通过多颗卫星组网协同的方式来完成。各卫星节点在复杂航天任务中各司其职，能够结合自身的功能定位与性能，实现基于卫星组网的任务规划、资源调度、故障处理等有序协同，从而形成合力，发挥最大效能。卫星之间数据与信息具备深度融合的能力，功能定位相同的卫星可以实现系统级的备份以提升卫星组网鲁棒性，卫星间实现数据可共享、计算资源可共享，计算任务可分发、可迁移，卫星间进行任务和功能的智能协同，优化天基网络资源的使用，减少重复和不必要的资源损耗，以提升网络性能。

5.2 空间智能组网与协同发展现状

国外卫星系统向多任务、多用途、成体系的超大规模巨型星座发展，并呈现多层级发展趋势。美国太空发展局（SDA）提出的“国防太空七层体系”中低轨星座涵盖了传输、导航、预警、感知等多种功能，通过多轨道多功能协同应对未来多维多域威胁；DARPA 的 Blackjack 等项目要求卫星平台模块化设计，用于支持数十种有效载荷，灵活适应多作战任务需求，颠覆了传统单一卫星单一功能的“高精尖”发展思路。低轨卫星星座系统正在向多任务多用途联合应用的体系化应用方向发展，实现太空 BMC3（Bill McBride Consulting Coaching Club Management）能力的提升。

5.2.1 国外发展现状

近年来，卫星技术蓬勃发展，呈现出多功能、网络化、巨型化发展态势。欧美以军事应用和经济建设需求为牵引，商业航天公司主导建设的方式，通过大规模星座节点自主管控、自适应组网通信、智能协同等技术，快速推动卫星星座化、智能化发展。

美国高度重视星云、星群技术发展及应用，持续加强体系布局和基础研究，先后安排了“Starlink”“Blackjack”等多个先进卫星技术研究项目，在弹性化体系架构、一体化可重构、组网协同等关键技术方面取得了大量成果，以此为基础实现规模化快速应用，加速推进星链系统建设，稳步构建融入联合作战的具备导航、通信、侦察、预警、监视、指控、攻防多能一体七层弹性太空体系，预计 2028 年形成作战能力。网络化巨型星座已成为太空领域竞争焦点，关乎太空优势争夺和大国博弈胜负，带来太空支援和空间安全的颠覆性变化，引领信息、经济、社会、军事广泛变革。本小节对国外典型的组网星座进行详细介绍。

国外典型星座发展状况如图 5－1 所示。主要包含铱星、“一网”（One-web）、“星链”（Starlink）、“光速”（Lightspeed）、“黑杰克”（Blackjack）等典型大规模星座。

图 5－1　国外典型星座发展状况

1. Starlink

星链计划是 SpaceX 提出的一个雄心勃勃计划，目的是将 4.2 万颗小型卫星发射到 340～550km 的近地轨道，通过星间的激光通信，实现覆盖全球的卫星网络，对全球特别是那些光缆和地面基站无法到达的偏远区域，提供低成本、高性能的互联网服务，形成天基 5G/6G 的 WIFI 能力。

1）构型设计

Starlink 是 SpaceX 公司正在进行的卫星星座开发项目，旨在开发低成本、高性能的基于空间的互联网通信系统。Starlink 计划第一期由 4 408 颗分布在 540～570 km 的低地球轨道（Low Earth Orbit，LEO）卫星（表 5－1）和 7 518 颗分布在 340 km 左右的极低地球轨道（Very Low Earth Orbit，VLEO）星座构成，组网卫星总数达到 11 926 颗。星链计划第一期的搭建分两个阶段：第一阶段首先用 1 584 颗卫星完成初步覆盖，用于满足美国、加拿大和波多黎各等天基高速互联网的需求，然后再用 2 824 颗卫星完成全球组网；第二阶段用 7 518 颗卫星组成更为激进的低轨星座。

表 5－1　Starlink 一期星座

轨道高度/km	轨道倾角/(°)	轨道平面数/个	每轨道上卫星数/个	卫星总数/个
550	53	72	22	1 584
540	53.2	72	22	1 584

续表

轨道高度/km	轨道倾角/(°)	轨道平面数/个	每轨道上卫星数/个	卫星总数/个
570	70	36	20	720
560	97.6	6	58	348
560	97.6	4	43	172

如表5-2所示，SpaceX第二期星链计划卫星总数为30 000颗。第二期星座的卫星主要分布于中低纬度地区，这些地区的人口密度和流量需求都更大。星座建设完成后每个用户都将获得更优的服务质量和更大的容量。

表5-2　Starlink二期星座

轨道高度/km	轨道倾角/(°)	轨道平面数/个	每轨道上卫星数/个	卫星总数/个
328	30	1	7 178	7 178
334	40	1	7 178	7 178
345	53	1	7 178	7 178
360	96.9	40	50	2 000
373	75	1	1 998	1 998
499	53	1	4 000	4 000
604	148	12	12	144
614	115.7	18	18	324

SpaceX利用猎鹰9号可回收火箭，将12 000颗卫星送到轨道平面，然后组成卫星通信群。最初马斯克采用的是铱星9523的UART串口数据传输终端进行卫星间的数据链路通信，但是在初期测试期间发现用户线路数据和SBD数据的收发在用户数量增长后会有严重的衰减。最终进行了链路组网升级，采取了基于区块链技术的SGL网络结构，采用SGL底层协议基础结构进行卫星组网，SGL协议令牌进行加密传输。解决了星链冗余与可扩展问题，同时也保护了网络核心层在SGL Chain上的应用。该方案还提供GISP接口为各国ISP接入互联，只要各国愿意将本国的ISP接入太空WIFI，全球在没有通信信号的地方均可实时接收到来自太空WIFI互联网接入信号。

2）网络架构指标

“星链”计划与蜂窝移动互联网的比较，在无线接入的速率方面，LTE

下行带宽为100M～1G，5G下行带宽为1～10G，“星链”计划带宽为50～150M，最终目标为1G；空口信号传输时延，LTE的10 km时的传输延时为66 us，5G的1 km时的传输延时为6.6 us，“星链”计划的550 km的时延接近4 ms，1 200 km的时延大概为8 ms。

3）发展趋势

2021年，“星链”星座实施了19次大规模部署，部署989星。自首发试验星以来，累计发射1 944颗卫星。2022年上半年发射频次密集，在2022年3月创下20天4发的纪录，推测其卫星工厂实现月均150星的生产速度。2022年5月完成第一期第一阶段卫星发射任务。2022年下半年9月起恢复部署任务，开始发射搭载星间激光通信终端的新一代v1.5版本卫星。美国太空探索技术公司（SpaceX）使用猎鹰-9（Falcon-9）部署“星链”卫星，一次最多可发射60星，一级火箭可重复使用，卫星部署成本不断降低。

2. Blackjack

Blackjack项目由美国国防高级研究计划局（DARPA）于2017年发布，旨在开发低地球轨道（LEO）星座，为军事行动提供全球持久覆盖。通过Blackjack项目，DARPA将建立一个扩散的LEO星座，LEO星座将把传感器连在一起，为全世界选定的用户提供持续的全球覆盖能力。2021年6月，DARPA成功部署了两颗Mandrake2卫星，该卫星用于验证Blackjack项目中先进激光通信技术的可行性。

美国国防部卫星一直是定制设计，设计和升级周期漫长且昂贵，而低地球轨道宽带互联网通信卫星的出现可以提供很有吸引力的规模经济。Blackjack计划寻求开发低成本空间有效载荷和商品化卫星平台，平台尺寸要小，质量、功率和成本（SWAP-C）要低，卫星能力要与当今地球同步轨道（GEO）军事通信能力近似，但成本要低得多。DARPA表示，商业化卫星平台将采用基于开放架构的电气、软件和网状网接口控制，将为在低轨运行数十种或数百种不同类型的军用卫星有效载荷创造条件。Blackjack计划的关键方面是利用商业元素，这对美国来说是一个巨大优势。由于使用商业卫星平台来降低每个轨道平台的成本，并且使用商业提供商大幅降低发射服务成本，美国将拥有比对手更大的竞争优势。使用数百颗更小、更便宜的卫星来提供与现有资产相似或更好的性能，将极大提高太空项目的鲁棒性。新系统的模块化特性可以快速适应未来需求。

1）构型设计

由于与传统的GEO卫星相比，LEO卫星在延迟、经济效益方面具有许多优势，Blackjack项目将采用LEO星座。如图5－2所示，每颗Blackjack卫星由一个商业化卫星平台、一个PitBoss控制单元以及一个或多个能够自主运行超过24 h的军用有效载荷组成。

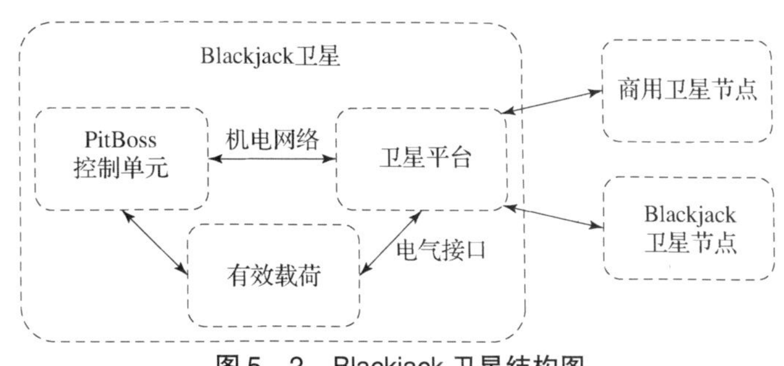

图5－2　Blackjack卫星结构图

PitBoss是Blackjack项目开发的天基自主网络任务管理系统，是Blackjack的“大脑”。PitBoss控制单元内含高速处理器和加密装置，可用作通用的网络和电气接口，并提供任务层面的自主功能、在轨计算、卫星与地面用户之间的通信管理、指挥与遥测链路以及数据加密等能力。根据DARPA于2019年4月发布的一份广泛机构公告，PitBoss应能够“利用全球LEO星座获取目标定位、特征描述和持续跟踪信息”。此外，PitBoss应该能够增强导航、授时与定位（PNT）能力、太空到地面通信以及关键数据在全球范围内的快速分发。PitBoss将促进关键信息的收集和处理并分发给战术用户。该系统将包括架构和软件/硬件元素，以支持星座级的自主功能，并采用先进的体系结构和加密技术，自动收集和处理整个星座的数据。其主要的创新点在于能够在轨道上处理数据。不仅每个Blackjack传感器能够执行机载处理，PitBoss还能够从每个单独的Blackjack传感器获取数据，将其融合并将其提供给需要的用户，而不需要来自卫星操作员的命令。

2）性能指标

Blackjack项目旨在利用商业公司研发小体积、小质量、低功率、低成本的低地球轨道（LEO）卫星星座。Blackjack项目通用平台关键指标如表5－3所示。Blackjack项目将研发并验证支撑LEO卫星组网的关键技术，重点是商业化卫星平台和低成本、可互换、设计周期短、技术更新频繁的军用有效载荷，并对有效载荷进行优化，使其适用于多个卫星平台。Blackjack有效载荷关键参数如表5－4所示。最终目标是实现军方有效载荷的高度网络化并且兼具弹性和持久性，能够持续在全球范围内为军方提供最大的超视距遥感、信号和通信功能。

表 5－3　Blackjack 项目通用平台关键指标

参数	标称值
最大尺寸（收拢状态）	>50 cm×50 cm×50 cm
载荷质量	>45 kg
载荷功率	>150 W（在轨平均值） >500 W（峰值）
载荷散热能力	>100 W（在轨平均值） >300 W（峰值持续 5 min）
单位平台成本（批产 AI&T）	<300 万美元批产
单位发射成本	<400 万美元
载荷数据传输速率	>1 Mbps
设计寿命	2 年（95% 置信度）
自主能力（无人为干预操作）	>1 天，目标 30 天

表 5－4　Blackjack 有效载荷关键参数

参数	标称值
尺寸（收拢状态）	>50 cm×50 cm×50 cm
质量	<50 kg
功率	<100 W（在轨平均值） >500 W（峰值）
载荷散热能力	>100 W（在轨平均值） >300 W（峰值持续 5 min）
成本（批产 AI&T）	<150 万美元批产
单位发射成本	<400 万美元
平台数据速率	<1 Mbps
设计寿命	2 年（95% 置信度）
自主能力（无人为干预操作）	>1 天

3）发展趋势

PitBoss 系统的研制与开发主要由 SEAKR 公司负责，目前该公司已经研制发射了曼德拉 1 号与两颗曼德拉 2 号试验卫星。曼德拉 1 号是一个立方体卫星，携带超级计算机处理芯片，主要用于辐射缓解和处理器性能验证。曼德拉 2 号是一对小型卫星，携带宽带数据的卫星间激光链路，构成未来 LEO 光学网状网的基础。

曼德拉 1 号于 2020 年秋季发射，其搭载的有效载荷包括高性能多核高级 RISC 机器（ARM）处理器和多个图形处理单元（GPU）。目前已成功实施了一项战术海上实验，展示任务自主、OTA 更新、无质量有效载荷部署以及传感器边缘处理和利用。其中，部署及利用的关键技术包括模数转换器（ADC）和数模转换器（DAC）技术、基于现场可编程门阵列（FPGA）的处理技术以及基于专用独立电路（ASIC）的处理技术。

曼德拉 2 号卫星有两颗，于 2021 年 6 月 30 日成功发射，并于 POET 搭载有效载荷原型，在与运载火箭分离后，两颗曼德拉 2 号卫星逐渐分离，最终能够支持在 2 400 km 的范围内进行试验。曼德拉 2 号的任务是为包括 DARPA、美国太空发展局、美国空军研究实验室在内的政府或军队证明先进激光通信技术的可行性，具体实验任务主要为收集低轨卫星上的光通信终端（OCT）性能数据，与 POET 有效载荷一起演示在轨数据融合，证明未来发展所需的核心能力。在进入轨道后，POET 将演示第三方多智能（multi - INT）数据融合软件应用程序在卫星模块化和可升级任务软件套件中的集成应用。同时，美军将在曼德拉 2 号上评估验证 OCT 建立和维护高速通信链路的瞄准、捕获和跟踪算法。

5.2.2　国内发展现状

我国卫星星座化发展与国外几乎同步，提出了卫星互联网等多个星座系统。采用智能组网与协同技术，实现星座高效管理与智能重构，提升体系应用效能。我国高度关注低轨卫星互联网发展，国外系统提出伊始即开始跟踪研究，系统建设的主要特点是在企业多头分散发展基础上，政府主导统筹推进。

如图 5 - 3 所示，国家卫星互联网工程 2019 年年底启动试验试用系统研制工作，目前正在开展组网系统优化设计，将建设由空间组网的约 576 颗卫星构成的星座，星地协同为全球用户提供宽带互联网接入服务，兼顾满足部分特殊应用需求。国家“科技创新2030重大项目”天地一体化信息网络重大工程包括不少于120个低轨卫星，2019年发射首批两颗“天象”试验卫星，其试验试用系统第一阶段正在开展研制。

图5-3　国内星座发展状况

1. 天地一体化信息网络重大工程

天地一体化信息网络按照“天基组网、地网跨代、天地互联”的思路，以地面网络为基础，以空间网络为延伸，覆盖太空、空中、陆地、海洋等自然空间，为天基、陆基、海基等各类用户活动提供信息保障，将人类的网络空间提升到一个新的维度。

1）构型设计

在网络建设方面，构建高轨、低轨、临近空间、地面网络互联融合、覆盖全球的一张天地一体化信息网络。在应用服务方面，实现全球商业化运营，提供全时全域信息服务能力，形成“天地一体化信息网络+”产业新形态。

地面信息港是重大项目应用服务的重要载体，是空间信息服务的枢纽，汇聚多源异构时空数据，有机融合“网络+遥感/地理信息/定位导航”等信息，衔接信息资源与用户需求，提供数据处理与加工环境，基于安全可靠、自主可控的软硬件设施，提供工厂、托管、仓储等多种信息服务模式，聚集行业专业力量，集中行业信息应用产品。地面信息港更像是一个舞台、一个窗口，借天地一体化信息网络通联天地、通达四方，将成为信息产品、人才和相关产业的聚集地。

2）功能设计

天地一体化信息网络地面信息港，重点建设“1+1+N”工程，包括建设1套安全可靠的公共基础设施，打造1个兼容共享的服务开放平台，形成N个智能高效的行业典型应用。

建设安全可靠的公共基础设施。打造自主可控的云计算存储环境（分布式超算中心＋数据中心），为政府各委办局、企事业单位及个人提供个性化、定制化的时空数据处理的计算和存储服务。政府单位和企业个人将可以像日常生活中用水用电一样，按需使用地面信息港的计算、存储服务。同时，这套基础设施将提供比行业更高级别的安全保密等级，平台自主可控，基本上免去国家信息泄露、个人隐私曝光的困扰。

打造兼容共享的开放服务平台。服务平台将在基础设施的基础上，搭建一个集时空信息的原始数据、处理算法、通用产品、专业产品、开发环境于一身的平台，致力于打通空间信息服务从数据源头到应用产品的全链条。除提供广泛的专业数据、齐全信息产品服务，更为广大时空信息业内人士提供一个开放的研发环境，打造一个集贤汇智的社区，共同推进平台进步乃至时空信息服务产业发展。

形成多个智能高效的典型应用。以地面信息港为载体，整合在专业通信、卫星导航、遥感测绘等领域各优势单位的技术研发能力与权威部门提供的核心数据资源，面向交通、旅游、环保、民生、农业、应急等需求，为各类用户提供基于天地一体化信息网络的时空大数据信息服务。

2. “鸿雁”项目

“鸿雁”系统是中国航天科技集团公司提出的一个通信星座，可为用户提供全球实时数据通信和综合信息服务。

1）构型设计

“鸿雁”全球导航增强系统由空间段、地面段及用户段组成。空间段主要包括GNSS系统和“鸿雁”卫星星座；地面系统主要由监测站、中心处理站、信息传输与分发网络组成；用户段为联合接收导航卫星及“鸿雁”卫星进行定位的用户接收机。采用四大GNSS系统双频监测，全球稀疏地面监测站，播发GPPP增强信息和双频增强信号实现精度、完好性、可用性和定位实时性增强。

系统工作原理与流程：“鸿雁”卫星通过配置高精度GNSS监测接收机，生成驯服到GNSS系统的时频基准信号（10MHz和1pps），卫星通信载荷基于该时频信号产生测量通信一体化信号向用户播发。同时，监测接收机观测数据通过星间链路下传到境内中心处理站，中心处理站利用地面监测站联合“鸿雁”卫星移动监测站观测数据生成精密星历，通过馈电链路和星间链路上传至卫星，然后通过用户通信链路广播。用户通过接收卫星通信链路播发的测量通信一体化信号实现精密星历的获取，实现全球精密单点定位。

2）功能设计

低轨导航增强系统相比当前的 SBAS（Satellite - Based Augmentation System）系统是一种全新的技术体制，是在低轨通信星座蓬勃发展的历史机遇背景下提出的。因此，除了导航增强技术相关的关键技术，如何与低轨通信星座融合将是系统成功运行的关键所在。

①区域监测站条件下的低轨卫星与中高轨导航卫星联合定轨。考虑到我国地基监测站无法全球均匀布设的现实条件，需要在低轨卫星上配置监测接收机，并联合地面区域监测站实现天地一体联合监测，用于 GNSS 卫星和低轨卫星的精密轨道与钟差确定。需要设计并选择合理分布的区域地面跟踪站网，综合考虑计算负荷、低轨星座的构型等要求，优化参与联合定轨的低轨卫星。融合区域地面跟踪网和星基跟踪站等多源观测数据，弥补地面跟踪站的不足，改善整个跟踪网的图形结构，实现不同轨道高度卫星群精密轨道的快速确定以满足实时应用的需求，从而丰富并发展导航卫星与低轨卫星精密联合定轨的理论与方法，生成厘米级实时精密轨道与钟差改正数。

②低轨星座增强北斗/GNSS 实时精密单点定位。由于低轨卫星观测弧段短、运行速度快、大气阻力影响大，地面站所接收到的低轨卫星观测数据中周跳较多、粗差影响大。因此，探究适用于低轨卫星数据预处理与质量控制方法是实现稳健可靠的精密定位服务的关键和首要环节，旨在为后续高精度数据处理提供“干净”的观测资料。多源异构星座的融合，既带来了成倍增长的观测值，也产生了各种各样的偏差，如码间、频间、系统间等偏差。在确定了低轨增强北斗/GNSS 精密定位数学模型后，就需要对观测模型中各偏差参数的可估条件进行分析。在多种星座融合的条件下，进一步分析低轨卫星和导航卫星观测值中的各类偏差的时域与空域特性，帮助确定精密定位中这些偏差的随机模型，如是采用常数估计，还是采用白噪声、随机游走等估计，以及这些偏差估计时约束的松紧程度，这些均影响精密定位的估计结果。联合低轨卫星增强 GNSS 精密定位时，处理高维及低轨卫星高动态、短弧段条件下的模糊度快速解算问题是待突破的难点。最终，需论证和评估低轨星座增强北斗/GNSS 实时精密单点定位性能。

③卫星导航与卫星移动通信深度融合。频率资源是低轨通信星座最核心的资源，移动通信下行采用L频段播发，导航增强应充分与移动通信频段兼容以降低成本及风险，因此卫星导航与卫星移动通信深度融合成为系统建设的关键。移动通信卫星一般采用多波束天线对地形成多个蜂窝小区，并采用频率多色复用技术提升用户容量，因此需突破基于多波束天线的通导信号一体化设计，充分利用通信频率资源和功率资源，在L频段上实现通信和导航信号一体播发。

④小型化、轻量化、低功耗和低成本导航增强载荷。低轨通信卫星平台小，质量、功耗和成本均需要精细控制，因此在进行载荷设计时要面向低体积质量功耗（SWAP）进行设计，“鸿雁”卫星在进行导航增强载荷设计时，采用高精度载荷硬件架构技术＋片上系统芯片技术＋可重构软件系统技术，实现高精度时空基准、载荷小型化低功耗，降低成本，采用软件定义载荷技术，实现在轨维护和升级扩展。

3）特性指标

实时高精度PNT、安全PNT。用户接收GNSS/LEO信号实现全球动态分米级、静态厘米级的GPPP，收敛时间小于1 min；独立接收LEO星座信号实现导航备份，增强复杂地形环境和复杂电磁环境下的导航服务能力；充分利用通信频率资源和功率资源，在L频段上实现通信和导航信号一体播发。

5.3 空间智能组网与协同关键技术

国内外卫星星座建设逐步发展。目前已经公布的国外星座计划有14项：美国9项，俄罗斯、加拿大、印度、韩国、荷兰各1项。2020年5月26日美国FCC新一轮准入申报的NGSO星座卫星总数达到81 195颗。2006年沈荣骏院士首先提出了我国天地一体化网络的概念和总体架构。2016年，中国已在“十三五”规划中将“天地一体化信息网络”纳入国家“科技创新2030重大项目”。中国航天科技和中国航天科工两大集团都启动了各自的低轨通信项目“鸿雁星座”和“虹云工程”，两大工程的首颗试验卫星均在2018年12月发射升空。2020年4月20日，国家发改委首次将卫星互联网列入“新基建”。目前正依托卫星互联网项目构建更大规模的自主低轨卫星网络。随着巨星座发展和空间智能组网技术的爆发式发展，近年来相关领域和专业的研究日新月异。

5.3.1 空间网络架构设计

1. 星座设计与部署

得益于3GPP和各卫星公司的共同推动，密集低轨卫星星座在无线通信中发挥着越来越重要的作用。密集低轨卫星星座可以提供高回程容量、全球无缝通信以及更加灵活的网络接入服务。在此背景下，Deng R等人研究了超密集低地球轨道星座的设计问题，即考虑低轨卫星部署开销及卫星高移动性，在满足用户终端回程需求的前提下，部署多少颗卫星能够满足全球通信需求？给定覆盖率，如何以最小卫星数量部署星座？针对以上问题，首先计算每个用户终端的平均回程容量、每个用户终端需要被覆盖的最小卫星数，并根据以上数据计算出保证全球最少卫星数覆盖的初始星座部署方案。在完成初始星座部署的基础上，通过三维星座优化算法，以实现全球无缝覆盖和用户终端的总回程要求为优化指标，实现对于任何给定的覆盖率要求，得到相应的优化低地轨道卫星星座。

2. 基于SDN/NFV的卫星网络架构

超大型卫星星座需要高效的网络控制来协调大规模的网络节点，确保未来空间无线通信网络运行和服务的有效性和可靠性。针对天地一体化网络（STIN）的资源利用率、灵活可配置性、高效网络管理、星地高效合作等问题，Tang F.提出了一种具有高效网络管理能力的基于SDN的星地综合网络体系结构。将控制器和被管理交换机部署在同一个星座中，从而显著降低了控制开销，控制域拓扑保持相对稳定。在此架构下，研究了一种自适应星地协同传输方法，优化目标为最大化系统吞吐量，并提出了DEEPER算法求解上述问题，在多个卫星地面路径之间动态分配流量，适应动态网络环境和工作负载，显著提高星地网络的传输能力和资源利用率。仿真结果表明，DEEPER在网络吞吐量、端到端延迟、传输质量和负载平衡方面优于基线算法。

基于SDN的低轨卫星网络具有灵活的功能配置和高效的资源管理能力。然而，现有的控制器布置方案并不适用于具有高度动态拓扑结构和随机波动负载的低轨卫星网络。Chen L等人研究了在卫星网络拓扑及网络负载动态变化下，低开销、自适应的控制器布置及负载分配问题。

现有的卫星通信系统受到传统设计的影响，如配置缓慢、流量工程不灵活、无法实现细粒度QoS保障等。针对以上问题，Li T等人提出了一个基于SDN和NFV的天地融合卫星通信框架SERvICE。此框架部署在GEO－MEO－LEO三层卫星网络及地面骨干网和数据中心中，包含管理、控制和转发3个功能平面，采用SDN分离每个卫星的数据面和控制面，利用集中控制简化卫星的任务处理；采用NFV来创建基于虚拟机的卫星NSF。同时，Li T等人提出了两种启发式算法，即面向服务质量的卫星路由（QSR）算法和面向服务质量的带宽分配（QBA）算法，以保证多个用户的服务质量要求。

Zhang Z等人提出了一种新颖的卫星网络控制架构Poster，以支持卫星网络的SDN/NFV功能。架构包括实体部分和覆盖部分，实体部分依托实体的单层LEO卫星网络，交替部署控制节点和数据节点在同一轨道上，实现控制转发及数据交换；覆盖部分由实体部分抽象而成，将控制节点和数据节点抽象为两个平面，构成虚拟控制覆盖网络和虚拟数据覆盖网络。由于实体部分控制节点和相应的数据节点在同一轨道面，屏蔽了拓扑变化的动态性，使得控制节点和数据节点间的关系相对稳定。

3. 与5G融合的卫星网络架构

为了支持无线设备和应用的爆炸性增长，需要为未来的有线系统开发各种接入技术，以便在广大地区提供可靠的数据服务。为应对上述挑战，当前卫星网络与5G融合已成为一种趋势，然而卫星网络的高移动性、高故障率、在外国容易受到攻击等特性，对卫星网络与5G融合提出了挑战。在此背景下，是否要将5G核心网功能放在低轨卫星上、将哪些核心网功能放在低轨卫星上，需要仔细衡量。Li Y等人首先在不同星座配置下，采用多种核心网功能放置方案，通过大量仿真比较了不同放置方案的优缺点；其次，设计了卫星无状态移动核心网架构SpaceCore，将状态与核心网功能解耦，通过地理空间寻址来简化位置状态，通过用地理标签标识空间服务区来消除卫星移动中不必要的状态迁移，通过设备即储存器来本地化状态检索。最后开发了SpaceCore原型，从信令时延、切换转接、用户层性能、面向攻击或故障的可靠性方面验证了SpaceCore方案的优势。

4. 基于CDN的卫星网络架构

虽然当前互联网内容提供商能够利用基于云的内容交付/分发网络（CDN）提供具有高可用性和低延迟的广域数据访问服务，但由于地面云基础设施的部署不足，大量用户仍然面临较高的内容访问延迟。Lai Z 提出了一个基于低轨卫星网络的内容分发架构 StarFront，以实现全球任意地方的低内容访问延迟。具体而言，作者首先设计了基于低轨卫星的 CDN 架构，给出了 3 种内容获取方案；其次，作者建立了联合内容放置及分配问题，输入条件为动态网络拓扑结构、负载情况、卫星/云运营商的定价政策，以内容分发的访问延迟为优化目标，在低轨卫星或地面云上动态放置缓存副本，动态地将用户请求分配给适当的缓存服务器。仿真结果表明，能够有效地降低全球内容访问延迟，并且在典型 CDN 流量下实现可接受的运营开销。

5.3.2 空间节点路由设计

1. 基本路由算法

1）面向提高计算效率的路由算法

随着卫星数量的增加，卫星网络的拓扑结构变化越来越快，路由计算变得越来越困难。如果计算所需路径的时间过长，卫星网络的拓扑结构会发生变化，传输的数据包可能无法找到正确的路径。如果路由更新时间过长，需要重传报文，会导致端到端延迟和丢包率增高。因此，在路由发现过程中，路由算法的效率要尽可能高，才能更好地适应 LEO 卫星通信系统拓扑结构快速变化的要求。Jia M 等人设计了一种基于虚拟拓扑思想的路由算法，在对每个时间片内的静态拓扑进行路由时，链路开销可以是时延或跳数引入深度优先搜索（Deep - First - Search，DFS）算法和 Dijkstra 算法，并将它们结合在一起，提高计算效率和计算结果的可靠性。

随着巨型星座的发展，路由转发表的大小越来越大，这将导致大的存储空间需求、Dijkstra 算法的执行时间长以及表查找速度慢等问题。为了解决以上问题，Zhang S 等人基于两层路由结构，提出了两种新的稳定路由算法。第一种是延迟有界路由（DBR）。其关键思想是，如果找到了新的最短路径，但当前路径仍然可以到达目的地，则将抑制即将发生的路由更改，除非网络延迟将大于预定义的延迟界限。与基于目的地的最短路径路由不同，DBR 是基于流的，因此转发表必须为每个源 - 目的地对包含一个条目。为了减少转发表的大小，还设计了一种基于目的地的稳定路由算法，称为延迟感知路由（DAR）。例如，利用中断频率来测量链路稳定性，然后将路径稳定性/成本定义为所有链路成本之和。仿真结果表明，DBR 和 DAR 都能够实现更小的延迟抖动和更少的路由变化。

2）面向卫星拓扑动态性的路由算法

传统的低轨卫星网络最短路径算法基于快照下的链路时延来计算最佳路由，然而实际的链路传播时延是时刻变化的，传统路由算法无法基于这种真实情况做最佳的路由决策，且传统算法需要进行大量计算，占用大量资源。因此，Geng S 等人提出了一种称为延迟排队图评估和审查技术最小路径集（DQ－GERT－MPS）的最优延迟路由算法。具体而言，首先构建延迟排队图（DQ－GERT），由有向边和弧来表示时延的变化和时延大小；其次初始化 DQ－GERT，得知所有链路的处理延迟、排队延迟和传播延迟；最后取得满足约束条件的全部路径作为候选路径集，并对每条候选路径模拟服务过程 1 000 次，取时延平均值和标准差指标最优的路径，作为最终的最佳路由。

低轨卫星的运动速度较快，且星地链路切换频繁，单颗卫星只能为用户提供几分钟的通信窗口。因此，有必要基于低轨卫星轨道制定合适的路由策略，以确保通信目标通过及时的链路切换始终保持良好的通信质量。Wang F 等人提出了一种自适应的路由方法。首先，设计了基于 SDN 的卫星网络架构。GEO 为顶级控制卫星，负责计算最佳通信链路和资源调度；MEO 被设计为辅助路径查找卫星，帮助 GEO 收集关于地面目标和目标附近的低轨卫星的信息；LEO 被设计为底层转发卫星，仅负责接收来自 GEO 的命令并承载数据转发功能。其次，改进 Dijkstra 算法来计算最短路径，由于低轨卫星星座的复杂拓扑结构，在寻找路径时，不需要对附近所有节点执行遍历距离计算，所以添加一些约束，将搜索范围限制为当前卫星的同一轨道和附近两个轨道上的卫星，并将当前卫星和同一轨道内的卫星之间的距离设置为最大搜索距离。搜索最佳通信路径时，控制器计算最佳的 k 条路径。当通信链路需要切换时，控制器可以直接从替代路径中选择当前最佳通信链路，大大减小了控制器的计算时间，并进一步减小了终端之间的通信延迟。

低轨卫星网络具有卫星数量多、轨道周期短、拓扑动态性强、链路切换频繁等特点。如何设计可靠、高效和稳健的路由策略是保证可靠数据传输的首要任务。基于软件定义网络的空地一体网络（STIN）将所有数据收集到地面中心处理，浪费了大量的网络资源，因此 Li X 等人以传输成本最小为目标，研究了动态异构 STIN 中如何传输多源数据以及在何处联合处理各子任务。为了获得全局最优的结果，联合讨论了路由和任务布置问题。

一方面，数据处理的收益与向计算节点传输数据的开销之间存在权衡；另一方面，由于数据依赖，不同数据传输路径的交叉会对可选任务的布置产生较大影响。同时，随着卫星的移动，需要同时考虑拓扑和资源的变化。

由于 LEO 高度动态的星座拓扑，必须调整地面上的路由协议，以有效适应规则的拓扑变化。然而，对于异常链路故障/恢复导致的不规则拓扑变化，网络范围的路由泛洪对于路由收敛仍然是必要的。但是，由于星座拓扑的高密度，这将导致显著的流量泛洪冗余。对于更大规模的星座，冗余问题将加剧。为解决上述在 LEO 卫星中泛洪冗余问题，Ruan G 等人提出了一种轻量级路由泛洪机制，即通过生成稀疏泛洪拓扑来修剪原始全网格拓扑，并仅泛洪稀疏拓扑上的路由信息。通过考虑最大泛洪跳数以及泛洪拓扑的鲁棒性，基于搜索算法设计了一种算法来计算最优拓扑，而不是仅仅应用最小生成树。

3）面向流量动态到达的路由算法

小卫星网络（Small Satellite Network，SSN）有高度动态的拓扑变化和随机分组到达的特点，传统卫星网络中的路由不能直接用于大规模 SSN。具体表现为，由于随机业务传输模式，无论是预先计算的拓扑描述还是调度路由方案中预先设计的联系表，预先计算好的路由都无法适应随机到达的流量。另外，SSN 的高度动态特性使得分布式路由中的状态收集开销非常巨大。因此，Li J 等人提出了一种时态网格模型（TNM）来描述大规模 SSN 的时变拓扑。在 TNM 中，使用静态立方体（即网络网格）来替换卫星的坐标。这样，TNM 可以记录时间连续的拓扑信息，每个卫星只需要存储固定数量的网络网格，拓扑描述的精度将由网格划分的方式决定。基于状态感知的网络网格路由算法，首先提出了信标协议，通过定期收集相邻卫星的状态，卫星可以动态调整路由决策。然后提出一种基于网络网格的最短路径路由（NSR）算法来解决最优路径查找问题。仿真结果表明，在随机星间链路中断的情况下，随着中断概率的增加，与基准算法相比，NSR 的丢包率更稳定；相较于基于 TGM 的 Dijkstra 算法，NSR 具有更低的复杂度。

LEO 网络中波束和卫星的切换需要改变卫星的路由信息。当卫星移动到人口密集的服务区域时，瞬时高速率变化对路由协议提出了独特的挑战，路由协议需要支持频繁变化而不会丢包。因此，路由算法应支持终端做出的动态负载平衡决策。Markovitz O 等人提出了一种需求分割路由（DSR）算法，解决了将业务从源终端路由到目的终端（连接到多个卫星）的问题，同时保证并实现服务度量/QoS（带宽和延迟）的规划。仿真结果表明，与基线算法相比，在出现故障的极端情况下，DSR 仍能实现较高的用户满意率。

2. 多路径路由算法

多路径路由可以显著提高网络吞吐量，降低端到端延迟。基于网络编码的多路径路由消除了多路径之间复杂的协调，进一步提高了数据传输效率。然而，传统基于网络编码的多路径路由协议对于链路时延长、网络拓扑规则的近地轨道卫星网络效率低下。因此，Tang F 等人提出了基于源和目的地址的多路径协同路由算法，将基于网络编码的多径协作路由问题定义为寻找数据流的最佳路径集，目标是最大化系统吞吐量；提出了基于网络编码的 LEO 卫星网络多路径协同路由（NCMCR）协议，以提高卫星网络的吞吐量。

3. 负载均衡路由算法

卫星网络中，随机流量的到达和热点地区分布导致流量分布不均匀，破坏了负载平衡，甚至导致部分节点拥塞。因此，Li X 等人提出了一种低轨卫星网络的状态感知和负载平衡（SALB）路由模型，考虑了高流量负载场景下链路状态的频繁变化，目标是在负载均衡的前提下减小端到端时延。具体来说，首先提出了一种定量估计链路状态并动态调整排队延迟权重的机制；其次提出了一种状态感知和负载均衡路由（SALB）模型，该模型考虑了各种情况，包括负载变化、链路和节点故障和恢复；最终路由表在每次切换开始时重置，并通过两个连续切换之间的有效最短路径树算法动态更新，通过高效的最短路径树算法动态更新，显著降低路由开销。

4. 节能路由算法

卫星互联网中，卫星的质量和体积受到限制，卫星的电池容量有限。现有的卫星网络节能路由方案主要关注流量分配和端到端延迟，且使用实时网络信息进行优化，可行性较低。因此，需要一种同时考虑能源效率、时延、流量分配，且不需要实时网络信息的路由策略。Liu J 等人提出了一种基于深度强化学习的高效路由协议 DRL－ER，以实现在给定端到端延迟限制的情况下以最小的能量消耗进行路由，避免了星座的电池能量不平衡，并能保证所需的有界端到端延迟。具体而言，首先采用经验回放方法对不同卫星能源环境下的路由策略学习进行了研究，此模型对各种卫星电池条件和端到端延迟边界具有更好的适应能力；其次建立能量收集和消耗的模型，并将路由问题建模为一个马尔可夫决策过程，通过 DRL 算法使代理在每个 epoch 都采取最佳的行动，并针对传统 DQN 利用率低、训练慢、难收敛的特性，提出了一种智能路由算法 DRL - ER。仿真结果表明，与基线算法相比，DRL - ER 协议平均降低了超过 55% 的卫星能源消耗，并显著延长了星座的寿命。

5. 安全路由算法

安全路由算法对低轨道卫星网络生存性能起着至关重要的作用。然而，由于星间链路的不稳定性、开放性和暴露性，LEO 卫星网络内部路由容易受到恶意攻击。针对 LEO 卫星网络生存能力中传统的基于密码学的安全技术无法解决的内部网络攻击，为提高 LEO 卫星网络解决内部攻击的能力，Li H 等人提出了一种基于节点信任的 LEO 卫星网络安全路由算法，称为 SLT。SLT 基于分布式信任评估模型，通过 D - S 证据理论计算卫星节点之间的直接信任、间接信任和综合信任值。然后，将低代价 OPSPF 路由协议与信任评估相结合，设计了 SLT 算法。STL 算法通过对卫星网络中恶意节点的及时检测和隔离，可以减少内部攻击造成的恶意丢包的影响。仿真结果表明，与 OPSPF 算法相比，SLT 算法的投递率平均提高了 27%，丢包率平均降低了 70%。

5.3.3 空间资源管理和协同

1. 资源分配与调度

天地一体化网络是未来通信网络的一个重要方向，然而卫星网络和地面网络的融合会带来更复杂的干扰，因此有效的资源分配对于实现更好的性能非常重要。Zhu X 等人提出了一种基于两层博弈的卫星 - 地面云一体化网络资源分配问题。运营商提供不同服务质量（QoS）和价格的两个层次的服务，制定基于两层博弈的资源分配问题，以最大化运营商的效用；基于用户的服务选择，解决能量最小化问题，在满足 QoS 约束的同时在用户之间分配功率和计算资源；分析效用与定价策略的演化关系，最终找到系统的 Stackelberg 平衡点，得到最优定价以及运营商的资源配置策略；提供数值结果分析用户在博弈模型中的行为，评估最优定价和资源配置策略的性能。仿真结果表明，所提出的算法能够得到最优的资源分配策略，能耗随着可用虚拟机数量的增加而快速下降，然后在有足够虚拟机可用时趋于稳定值。

利用天地一体化网络为远程物联网应用提供服务，已经成为工业界和学术界的一种趋势。为了管理天地一体化网络中的多维资源，采用软件定义的网络架构，利用虚拟化将地面和卫星网络资源融合。然而，现有的研究主要是对一种或两种资源的管理，没有考虑多维资源。因此，Chen D 等人提出了一种基于 MCPR 算法的资源立方体（MCRC）算法来降低系统总时延。文章设计了一个效用函数，可以在预定义的时间延迟内最大限度地利用资源。由于 STN 中存在异构网络，选择匹配博弈来确定为 IIoT 应用提供服务的网络节点。随着 IIoT 节点数量的增加，网络规模也变得非常大。同时，有效的资源分配方案通常需要来自网络的全局信息，随着网络规模的增加，这些信息难以获得。因此，采用马尔可夫近似和马尔可夫链的均值匹配。仿真结果表明，所提出的算法虽然资源利用率略有降低，但系统总时延的表现却大大提高。

2. 虚拟网络功能协同

在基于 SDN/NFV 的低轨卫星网络中，如何实现服务提供的资源协同是一个关键问题。然而，卫星相对运动导致动态网络拓扑和动态资源可用性，难以准确地表示异构资源以及资源之间相互关系；卫星有效载荷有限，应高效共享和调度相应资源；虚拟网络功能（VNF）编排和路由之间的这种耦合使 SDLSN 资源分配变得复杂。间歇性卫星到卫星（S2S）链路使 SDLSN 中的路由比地面网络更难处理。因此，Jia Z 等人通过时间演化图上的虚拟网络功能（VNF）编排研究服务提供问题。针对卫星到卫星链路稀缺、间歇性和不稳定问题，设计了一种基于 Dantzig - Wolfe 分解、列生成和分支定界耦合的分支定价算法，以有效获得最优解。为了获得更快的实际使用解决方案，进一步为子问题设计一种近似算法，并利用波束搜索来加速搜索树的修剪。仿真结果表明，所提出的算法在分支时采用波束搜索，有效地获得具有保证间隙的满意解，具有较高效率。

对于一些没有地面网络覆盖的偏远地区，LEO 卫星网络可以帮助收集来自远程物联网用户的数据，并将其传输到地面的云数据中心进一步进行处理。由于 LEO 卫星网络的性质，远程物联网用户与云数据中心之间的传输延迟将难以满足物联网用户的实时性要求。此外，随着物联网用户数量的增加，可用的网络带宽将减小，从而导致网络拥塞。考虑到实时处理的服务需求以及最小的网络带宽利用率，同时考虑 LEO 卫星在计算、存储、带宽和能源方面的资源能力有限，为了提高 LEO 卫星网络的运行效率，多颗 LEO 卫星可以通过网络功能虚拟化（NFV）技术以协作的方式为物联网用户提供计算服务。Gao X 等人提出了基于潜在博弈（PGRA）的去中心化资源分配算法，通过找到纳什均衡来解决 VNF 放置问题。为每个用户对卫星的请求部署 VNF 时，共同最小化服务器能量、网络带宽和服务延迟的总体部署成本，在保证最低总体部署成本的情况下，为卫星网络中尽可能多的用户请求提供计算服务。仿真结果表明，与基线算法相比，PGRA 能够提高网络收益和用户请求成功率。

卫星边缘云可以通过结合边缘计算和云计算的优势，为众多物联网用户提供灵活的服务供应。Gao X 等人研究了卫星边缘云中虚拟网络功能（VNF）放置的动态资源分配问题。首先，将 VNF 放置问题表述为一个整数非线性规划问题，目标是最小化服务端到端延迟和网络带宽成本。其次，提出了一种分布式虚拟网络功能放置（D－VNFP）算法来解决该问题。根据网络资源的可用性更新当前卫星网络状态，其中前一个时隙完成的用户请求所使用的网络资源可以被释放为下一个时隙新用户请求的可用资源。然后收集新的用户请求以出现在下一个时隙，并通过提出的 D－VNFP 算法按需分配可用资源。仿真结果表明，与基线算法相比，D－VNFP 算法能够降低 5.85% 的网络带宽消耗和 2.38% 的平均服务端到端延迟，增加 5.93% 的用户请求成功率。

3. 服务功能链资源协同

为满足日益增长的空天地一体化网络中时延敏感业务的需求，应正确配置网络资源，并根据时延和抖动来规划业务功能链的部署。Zhang P 等人提出了一种基于延迟感知的服务功能链映射算法，输入为 SFC 请求和物理网络，输出为部署链路延迟和部署路径；根据请求的大小、带宽要求和延迟要求对 SFC 请求进行分类，每个请求都属于一种业务类型；在每项服务中，采用 KSP 算法选择 k 条时延最短、资源开销较小的路径，计算每条路径的资源开销和延迟，选择延迟最小的路径作为 SFC 的部署路径。如果部署路径的延迟小于用户指定的延迟，则形成 SFC，否则 SFC 部署失败。仿真结果表明，使用其所提出的算法，CPU 资源利用率提高 27.8%，链路资源利用率提高 22.7%，服务接受率提升 21.5%，时延性能提升 38.2%，总资源消耗降低 25.2%。

定制化的空间信息网络（SIN）用于执行特定的太空任务。然而，定制化的卫星网络之间缺乏互动和协作，导致资源利用不足。此外，现有 SIN 无法更新软硬件设施，为先进的传输技术和策略的应用带来了巨大挑战。为了应对这些挑战，Yang H 等人研究了空间信息网络中具有服务功能链（SFC）约束的最大流量路由策略，其中 SFC 由特定有序的服务功能序列组成，任务流必须经过这些以预定义的顺序运行。首先，对时变 SIN 由时间扩展图（TEG）建模，基于 TEG 将问题表述为线性规划问题。其次，为了降低解决大规模 SIN 的线性规划问题的复杂性，提出了一种基于 SFC 约束图论（SFC－GT）的低复杂度近似最优算法。该算法将问题表述为受 SFC 约束的单一商品最大流量问题。此外，提出了 SFC 约束增广路径选择（SFC－APS）算法搜索 SFC 约束增广路径。通过迭代搜索 SFC 约束的增广路径和更新 SFC 约束的残差网络，SFC－GT 算法可以提供接近最优的最大流量路由策略，且复杂度大大降低。仿真结果证明，与基线算法相比，其所提出的算法性能接近最优性能。

4. 虚拟网络映射

天地一体化网络（SAGIN）具有异构型、时变性和自组织等特性，受到流量分布、路由调度、功率控制、频谱分配和负载平衡等许多因素的限制。其中，异构物理网络资源的分配和调度是一个关键问题。Zhang P 等人基于虚拟网络架构和深度强化学习（DRL），将天地一体化网络的异构资源编排建模为多域虚拟网络映射（VNE）问题，并提出了天地一体化网络跨域 VNE 算法，算法的本质是异构网络资源的分配。首先对 SAGIN 的不同网段进行建模，根据 SAGIN 的实际情况和用户需求设置网络属性。在 DRL 中，代理由 5 层策略网络充当。基于从 SAGIN 中提取的网络属性建立特征矩阵，并将其用作代理训练环境。通过训练，得出每个底层节点被嵌入的概率。在测试阶段，根据概率依次完成虚拟节点和链接的嵌入过程。深度强化学习（DRL）本质上是一个端到端的感知和控制系统，具有很强的通用性，通常用于解决高维空间中的决策问题。仿真结果表明，与基线算法相比，其所提出的算法能够取得更好的网络性能，并能够提高异构网络资源分配的效率和合理性。

在 SAGIN 中，如何实现网络资源的高效调度正是需要解决的问题。针对不同网段的特点和差异化用户需求，Zhang P 等人提出了强化学习辅助宽带感知虚拟网络资源分配算法（RL－BAVNA），代理在节点嵌入阶段从底层网络中提取一个特征矩阵，并将其作为策略网络的输入，输出为节点嵌入到底层网络的概率。仿真结果表明，其所提出的算法在长期平均收益、接受率和长期收益成本比 3 个方面都优于传统的虚拟网络资源分配算法。

5.4 未来趋势

多层次太空体系架构要求天基星座系统具有规模巨大、动态组网协同、体系复杂、多任务多用途、智能自治、敏捷重构、弹性健壮等显著技术特征。多功能可重构网络化技术是支撑未来多层太空体系发展的核心技术。

首先，面向巨星座的智能多功能技术是发展多层太空体系的先决条件。未来多层太空系统形态巨量复杂，系统构建高度不确定。星座系统的研制与运行受技术、市场等多种不确定性的影响，存在巨大不确定性、投资高风险性，需要巨星座系统具有面向不确定性的灵活设计。同时，星座体系个体需要具备强自主与高度自治能力。随着组网星座中卫星数量的增多，传统针对单星的地面测运控模式已经不能满足巨星座组网需求，组网星座卫星将向自主自治方向发展。通过自主调配星座/星内资源完成感知、通信等不同类型任务，满足用户应用需求；能够自行实施星座轨道调整与轨道维持等操作，大幅降低对地面测运控支持等需求。

其次，可重构技术支撑多层次太空系统弹性及灵活能力重组。多层太空系统呈现群体涌现行为，任何卫星节点的受损能够快速重组空间资源，不因外部环境导致整体集群能力空缺。美国 DARPA 的 Blackjack 项目，旨在构建功能可扩展、规模可适变、软硬件自适应的空间体系结构；美国太空发展局下一代太空体系架构，其基本思路是利用大规模和分布式，快速生成作战能力，其核心都是通过将低成本传感器（通信、导航、侦察、预警等载荷）与相互协作的巨型空间系统灵活组合，提升体系抗摧毁和快速响应能力。

再次，网络化技术支撑多层次太空系统互联互通、天地一体化建设。组网星座将逐步实现弱中心化甚至去中心化，安全鲁棒性不断提升。传统集中式网络架构已不能满足巨星座网络接入、交换、控制等需求，去中心化成为未来超大规模空间网络典型特征，网络架构的转变，将大幅提升星座整体安全性和鲁棒性，即使在组网星座内部部分卫星失能失效情况下也能够保证业务连续可用。同时，系统具有高度动态群体智能演化特性。对于由成千上万颗卫星组成的空间巨复杂系统，部署周期长、服役周期长，系统建设和运控模式需要考虑未来较长时期的不断演化需求。传统单个卫星提前设定的任务模式和单个卫星的管控模式已无法满足巨星座需求，巨星座系统对其自身的在体系、系统、节点各层面的学习进化能力提出了要求，并可按照任务需求将能力扩展至所有任务节点，具备在更高维且动态的真实场景中通过自主交互和决策完成更错综复杂的空间任务。

以低轨道巨型星座和混合网络架构为特征的卫星网络呈现快速发展趋势，正在实现从“天星地网”向“天基组网”的演进。传统天基网络技术已基本成熟，包括国际空间数据系统咨询委员会（CCSDS）、时延容忍网络（Delay Tolerant Network，DTN）在内的传统空间网络体制协议均已完成标准化。同时，地面网络技术向太空网络的辐射和带动作用日益凸显。学术界正在探索软件定义网络（Software Defined Network，SDN）、信息中心网络（Information Centric Networking，ICN）等新兴网络技术在巨型星座组网中的应用，以提供更为便捷的复杂网络管理和多业务承载。智能所带来的赋能效果，源于卫星宽带通信网络的复杂化与泛在性，也在于从网络到信息再到智能的结合。智能、信息和网络结合的优势巨大，是未来发展方向。

第三部分　空间人工智能及在轨应用技术需求

智能航天时代逐渐拉开帷幕，人工智能作为天基系统网络化、信息化、智能化的核心基础技术，将广泛应用于对地观测、深空探测、通信导航、载人航天等各领域。通过人工智能 + 航天器的技术手段，提升遥感信息获取、通信信息保障、多域协同等航天应用的智能化水平，将在未来竞争中占领先机。

第6章　对地观测领域需求

针对未来智能化应用对高技术强实时条件下的网络化空间信息保障需求，面向网络化协同的高分对地观测系统，需具备3个方面的能力，即网络协同能力、知识进化能力和智能服务能力。这3项能力需涵盖任务接收、智能解析、智能执行、智能信息提取与精准推送的系统信息服务过程。对地观测领域对空间人工智能及在轨应用技术需求迫切，主要体现在以下5个方面：一是观测效率提升需求；二是应急突发事件快速响应需求；三是复杂应用需求推动下多星协同需求；四是航天遥感信息高效实时分发需求；五是用户使用体验提升需求。

6.1　观测效率提升需求

现阶段卫星由于使用模式、星上处理等方面的欠缺，导致卫星观测效率较低，主要表现在以下两个方面：

①卫星每轨完成的任务数量少，潜力难以发挥。现有卫星的使用主要依靠地面，由地面提前规划未来一天或几天的预定任务，星上按照地面规划结果执行。这种规划模式对卫星的约束条件都是静态的（如每圈只能侧摆两次，每圈只能工作5 min等），由于卫星自主管理能力较弱，地面用户在进行任务规划时，为安全起见，一般对卫星资源（如能源、存储等资源）的分配都留有较大余量，导致卫星支持完成任务的数量受限，潜力难以发挥。

②无效数据量大，资源浪费严重。一方面，观测目标周围的环境导致无效数据量大，如大量的光学观测数据存在云层遮蔽情况。据统计，当前民用遥感卫星的有效数据只占到下行数据的30%～40%，军用遥感卫星的有效数据只占到20%～30%。这些无效数据占用了大量的数据传输和处理资源，同时造成观测成功率很低，尤其是在灾害、应急任务需求面前，矛盾显得更为突出。另一方面，考虑到卫星轨道预报和姿控误差，地面任务管

控为保证目标点能够被完全覆盖，往往会以目标点为中心前后扩展成像，产生较多无效观测数据。

通过星上自主任务规划和智能化信息处理一方面能够根据实时的轨道、姿态和载荷状态信息，精确缩减控制成像时间，而另一方面能够综合利用“云判”、大气环境等信息，灵活自主地规划观测时机和观测角度，调整或放弃云层遮蔽的目标任务，重新选择成像条件更好的目标进行观测，提升观测效率。

6.2 应急突发事件快速响应需求

目前，遥感卫星地面系统主要包括运控部门、测控部门和地面数据接收部门等，而每个部门在业务流程中担任不同的角色，完成从任务提出、任务规划、指令生成、指令上注、运行监视、数据接收存储、图像生成、情报产生、态势融合评估的全过程，接口复杂，条块分割现象明显。从时效性上来说，计划提出为分钟级，计划制定需要小时级，而从任务执行到最终产生信息更是需要 3 h 以上，无法满足应急突发事件的快速响应需求。

通过星上自主任务规划和智能化信息处理一方面能够实时检测、识别地面突发事件，同时判读云层遮挡等气象环境影响因素，灵活自主地规划选择观测时机和观测角度，提高应急任务的观测成功率，而另一方面能够对观测数据进行快速处理和下传分发，实现对应急突发事件的快速响应。

6.3 复杂应用需求推动下多星协同需求

经过三十多年发展，我国已成功研制出一系列天基传感器，组成了风云、海洋、资源和环境减灾以及军事侦察等系列卫星对地观测系统。随着我国高分辨率对地观测系统重大专项的深入推进，以及人工智能技术、数据融合技术的迅速发展，将多类型、多分辨率的图像数据进行比对、融合，可以获得更准确和丰富的信息，扩展系统的时间、空间覆盖范围，提高信息的精度和可信度，增强对目标物的检测和识别能力。

因此，多星协同观测成为对地观测未来的发展趋势。面对日益复杂和高时效性的遥感应用需求，使用不同类型的卫星相互协同进行观测，将大幅度提升观测资源使用效率，准确有效、快速及时地获取多种空间分辨率、时间分辨率和光谱分辨率的对地观测数据。

未来随着高分辨率对地观测系统的进一步发展完善，传统以地面为主的卫星应用模式已经无法满足日益复杂和高时效性的观测应用需求。因此，利用大规模星座组网，采用网络化群体自主协同和在轨智能化信息处理技术，能够将重要目标重访时间缩短至分钟级，并极大拓展目标及区域的目标发现、识别能力，实现对感兴趣区域及目标的高频次、高分辨率、全方位、多手段综合侦察。

6.4 航天遥感信息高效实时分发需求

从信息提取方式上来看，现有的遥感信息提取方法往往采用人工识别、手动标绘，耗费大量的时间，效率非常低。在海湾战争中，美军的各种侦察卫星每天都能获取大量的遥感图像。这些图像通过通信卫星实时地传送到美国本土的“华盛顿国家图像判读中心”进行分析。但在这里，一帧原始图像经过各个环节的处理形成有价值的军事情报却需要1.5 h，有60%的遥感图像因为无法及时分析而丧失了情报价值，白白浪费掉了。遥感图像判读和情报整编方面的工作方式主要集中在目视、定性、经验判读等，这在很大程度上阻碍了对各类事件的及时发现、识别和确认，导致海量图像数据无法快速转化为有价值的情报信息，大大降低了遥感图像的利用率和卫星侦察情报的时效性，直接导致卫星的使用价值大打折扣。

从卫星能力上来看，卫星资源配置越来越高，星地数据传输速率已优于4×1.5 Gbit/s，星载存储容量将大于32 TB；但据公开资料统计，美国Worldview和Quick bird卫星每日采集的10 000 GB的数据中，真正有重要价值的图像数据量仅占34.2%，由此造成高价值投资的星上存储和传输资源被无效数据大量浪费，难以充分、合理地发挥作用，同时也间接推高了卫星研制成本，增加了研制复杂度。

通过在轨智能压缩、感兴趣目标提取处理能有效降低数据率。例如，基于云判处理的可变压缩比处理后，数据率可降低50%，在轨目标检测结果下传，只传输目标图像和位置，可将数据量减少为1/1 000，大大降低数据传输系统压力。另外，传统方式的星上数据获取，地面处理、分发过程，从卫星拍摄图像需要延迟小时级，用户才能得到有用信息。但是，在轨实时处理后，结果可以直接分发到最终用户，用户获取到有用图像延迟是分钟级，完全可以满足直接支持应用（分钟级）等高时效要求。

6.5 用户使用体验提升需求

现有卫星管控完全依靠地面，采用基于时间标记的控制指令模式进行任务规划，根据用户需求预先计算好一系列与卫星执行任务相关的参数，并编制成指令序列，上注卫星执行。

这种指令控制模式的缺点：

①需要地面操作人员了解不同卫星的操作细节及载荷使用方法，在实际应用过程中，还经常需要与卫星研制方对指令及参数进行校对确认，过程烦琐。同时，操控的复杂性对卫星的可靠性和安全性构成隐患。随着我国在轨卫星数量的增加，这一弊端尤为突出。

②这种指令控制模式产生的指令数据量较大。由于我国测控网能力限制，多数航天器测控弧段资源有限（10 min 左右），这种管控模式将大大制约航天器效能的发挥。

③现有卫星的使用都是由专业的地面支持部门来执行的，其本身不是直接用户（如各军兵种），只是代理直接用户来使用卫星，后续随着卫星数量的增加、应用范围的扩展，卫星需要提供面向直接用户的支持，具备随时随地接受用户定制任务的能力。

因此，现有的卫星管控方式亟待改进，这就需要大幅减轻地面的工作量、复杂度和成本，需要在星上处理、星上自主任务规划等方面开展大量工作，最终要做到在星上具备自主任务管理能力后，卫星可以随时随地接受用户定制任务，由卫星自主决策、自主协同完成任务，并将结果传至地面，为用户提供灵活、连续稳定服务的同时减少地面用户的负担，提升卫星使用体验。

综合上述需求，开展遥感卫星空间人工智能及在轨应用技术的研究对于发挥未来天基信息系统的任务效能、提升面向直接用户的服务质量具有重要意义。

第7章　深空探测领域需求

深空探测是人类了解地球、太阳系和宇宙，进而考察、勘探和定居太阳系其他天体的第一步。深空探测主要包括月球探测、行星探测、行星际探测和星际探测等。通过深空探测，可以帮助人类研究太阳系及宇宙的起源、演变和现状，进一步认识地球环境的形成和演变，认识空间现象和地球自然系统之间的关系。从现实和长远来看，深空探测和开发具有十分重要的科学和经济意义。

但在深空探测中，探测器与地球的距离带来许多智能自主需求，主要体现在以下方面：一是远距离、长时延通信，需实现自主健康管理、自主路径规划和操作及自主决策；二是飞行、使用环境未知，需实现智能目标感知及识别；三是能源、算力有限，需通过软硬件定制和任务适应性设计实现人工智能应用。对于深空探测来说，空间人工智能及在轨应用技术是必需的。

下面分别从操作费用、任务可靠性、通信网络和实时性的需求方面分析采用空间人工智能及在轨应用技术实现探测器自主能力的必要性。

7.1　操作费用需求

从操作费用方面来考虑，在传统的探测器操作过程中，地面工作人员承担着大量的工作，其中包括活动规划、产生探测器的执行序列、跟踪探测器内部硬件状态、保证序列正确地工作、故障时的恢复等。同时，深空探测任务周期通常是2~5年，这么长的时间内需要大量的人力和财力投入到这一工作中。

智能自主技术在深空探测领域中的应用可以在很大程度上减少探测器任务的操作费用。这是因为探测器具有其自身的智能，可以自主地产生目标、自动地决策，然后再自动地去执行，并不需要地面工作人员长时间的干预，这大大减少了地面操作人员的劳动量。同时，地面与探测器的通信采用抽象的指令，这使地面工作人员可以很方便地改变和修改任务。即使在探测器故障的情况下，探测器自己也能够完成故障的诊断、分离和修复工作，并不需要像传统方式一样进入安全模式，等待地面工作人员规划一个详细的挽救序列。

7.2 任务可靠性需求

从任务可靠性方面来考虑，深空探测任务的费用都非常高，因而要求深空探测器在整个探测过程中应具有高度的可靠性。虽然高的可靠性可以通过使用高性能和高可靠性的硬件来达到，但是在深空复杂的环境中，许多情况是不确定和不可预知的，硬件的故障也是不可避免的。

智能探测器应能实时对探测器中各个部件出现的故障进行监测，并能迅速地做出反应，对其进行判断，产生修复策略，这比传统的探测器操作具有更大的鲁棒性，从而提高了探测器的可靠性。

7.3 通信网络需求

从对深空通信网络的需求方面来考虑，深空探测中通信是一个非常关键的部分，它不仅要将地面工作人员的命令传送给探测器，还负责将探测器所得到的科学数据传送给地面。随着距离的增大，需要越来越大的地面通信站来完成此功能。在传统的方法中，地面工作人员将制定好的非常详细的命令发送到深空探测器上，这需要占用很多资源和带宽。因此，弱通信条件下，需提升深空探测器自主管理能力。

在采用自主控制的深空探测器中，地面发送给探测器的只是非常抽象的命令，仅告诉了探测器做什么，而不是怎么做，这大大地减少了通信量。同时，智能探测器还对需要下传的科学数据做初步的处理（抛弃一些坏数据，对数据进行合理的压缩等），然后再传送到地面，这也减少了对通信网络的需求。

7.4 实时性需求

从探测器的实时性方面来考虑，在传统探测器操作中，当遇到环境的变化或遇到故障时，都需要等待地面工作人员参与决策，做出决定并产生详细的操作序列，受时间延迟的影响，这往往造成了探测器实时性比较差的缺点，从而浪费了许多有利的机会。

在智能探测器中，自主管理系统可以根据周围的环境和探测器内部状态的变化，自主做出相应的决定，而不需等待地面的干预。这使探测器可以非常实时地进行工作，抓住那些有利的稍纵即逝的机会（特别是在与小行星或彗星交会或绕飞的时候）。另外，自主管理系统中的智能执行模块采用多线程并行的执行方法，很好地适应了探测器各个子系统的并发性，提高了探测器系统的实时性。因此，在环境未知的情况下，需提升深空探测器的智能感知能力。

7.5　面临的挑战

人工智能技术在近十年来取得了突飞猛进的发展，主要包括以下两个原因：

①储存多结构数据的效率得到了极大提升，如文件数据、图像数据、视频数据、音频数据等。

②数据处理速度得到了极大提高。训练一个成熟的人工智能网络需要极大的运算量，而随着更快的计算单元（GPU、FPGA 等）、更快的储存技术（SSDs/NVMe，NVMe - over - Fabric 等）以及更快的网络传输速度等技术的发展，极大减少了人工智能模型的训练时间。

目前，人工智能技术已部分应用于深空探测中，并取得了一定成效，包括从火星表面地势探测，到处理分析巨型射电望远镜获取的深空探测数据用以寻找适合人类居住的第二个星球等。但和地面人工智能技术应用相比，仍存在较大差距，主要包括以下几个方面：

①星上计算、存储资源受限问题。外太空环境复杂，具有温度变化大、强辐射等特性，其对星上处理器、存储器的要求高。目前，宇航级芯片普遍存在存储容量小、计算速度低等问题，因此将需要大数据量、高速计算支撑的人工智能技术应用到深空探测中，首先要解决星上计算、存储资源受限问题。

②恶劣空间环境影响问题。外太空环境复杂，如单粒子会影响处理器性能，从而影响数据的正确性或算法的有效性，而人工智能技术对数据和

算法的依赖较大。因此，要解决恶劣空间环境下，人工智能技术应用的可靠性问题。

③数据样本少和不均衡问题。人工智能技术在应用过程中需要基于获取的数据样本进行模型训练，从而可以对未知事件进行推理预测。对于深空探测，目前发射的深空探测器数目少，获取的数据样本少且不均衡。例如，在自主健康管理方面，多数样本是无故障样本，极个别样本是有故障样本，样本严重不均衡。因此，将人工智能技术应用于深空探测中需要解决数据样本少且不均衡问题。

④人工智能技术与空间其他技术结合问题。地面人工智能技术快速发展，相关技术已逐步落地，但在人工智能技术与空间技术相结合方面的研究仍较少。因此，需要针对目前深空探测中面临的问题，基于相关空间技术的发展状况，找到人工智能技术与其的结合点。

第8章　载人航天领域需求

在载人航天的人－人工智能系统中，航天员与人工智能构成一个相辅相成的智能体系，共同执行航天任务。其中，航天员处于主导地位，负责对系统中各种人工智能的监视、控制和管理，同时完成人工智能所不能胜任的机动性或随机性强的航天和科学实验任务，充分发挥人的能动性和创造性。人工智能则执行程序性的、危险性较大的以及高成本的任务。

这种分工模式的主要特点是取长补短、相辅相成，因而有利于组成一个更为安全、经济的高效智能系统。

8.1　顶层需求

载人航天的终极目标是拓展人类生存空间，使人类可以在宇宙空间中永久自由生活。为了实现上述目标，载人航天需要分阶段逐步推进：

①进入宇宙。解决人类在宇宙空间中长期驻留问题。建立空间站、外星球基地，在依托地球支援的条件下，使人类获得长时间在宇宙空间工作生活的条件。

②开发宇宙。获得开发利用宇宙空间资源的能力。探明可到达的宇宙空间存在的物质、能量资源，依托地球支援，为空间站、外星球基地的运行和人类生存条件提供支持，以及向地球提供资源。

③驾驭宇宙。使人类具备在宇宙空间永久生存的条件。充分利用各种宇宙空间的物质、能量资源，在不依赖地球支援的条件下，维持人类社会的存在，达到使人类可以在宇宙空间中永久自由生活的终极目标，将人类的生存空间扩展到宇宙。

由于人类是一种适应地球生存条件的生物，在宇宙空间构建人类生存条件需要耗费巨大资源，因此在宇宙空间活动的人员数量受到可获得资源制约。减少操作人员需求及减轻人员工作负担压力，是载人航天活动中一项重要因素，而充分使用人工智能技术，构建无人化的智能设施，是提高载人航天活动效率及可行性的有效措施。

在载人航天活动中，智能化无人系统与载人航天并不矛盾，两者的关系类似无人自动驾驶汽车与乘客之间的关系：借助智能化无人系统技术，乘客无须再为驾驶花费精力，可以将精力集中在更重要的自身事务上。人类进入宇宙的目的，不是去充当平台操作员，从事本可以由自动化技术完成的工作，而是指挥监控智能化无人系统正确高效完成任务，实现其工作生活等生存目标。

8.2 应用需求

在载人航天系统中，空间人工智能及在轨应用技术具有广泛的用武之地，如舱内环境的检测和控制，导航与控制，以及航天员作息制度、工作程序的控制和调节、航天员健康数据管理和医学对策等。利用空间人工智能及在轨应用技术可以将工程专家和航天医学专家的知识和经验经过系统化、条理化后带到天上去，从而增强各种自控系统的智能性，提高航天员管理的科学性和灵活性。

在航天人工智能系统中，技术复杂性和难度最大的是具有多种感知能力、分析判断能力、灵活运动能力和与航天员信息交换能力的机器人系统，它将是替代航天员执行出舱活动的主要工具。同时，这个系统必须具有低能耗的特点，或具有自我补充能量的能力，以满足远程探测的需求。此外，还需要具有分析判断、自我学习和随机解决问题能力的高级智能管理系统。

在载人航天中机器人主要执行出舱活动，不管是在近地轨道还是在月球或火星地面站，都需要机器人代替航天员完成出舱探索、维修或样品收集任务。航天机器人可以仿效具有人类认知功能的机器人系统，但应当根据特定任务的需要突出其特定功能。例如，在月球或火星表面进行探索和样品收集的机器人就应当具有很强的视觉感知、空间记忆、物体辨别和运动功能，而且最好具有对化学物质敏感的嗅觉功能。因此，它应当具有复杂的模式识别、分析判断能力，并能够与基地中航天员进行信息交流。机器人在航天中的采用，将会大大减小由航天员亲自出舱带来的风险和保障成本，因而在未来载人航天中具有非常广阔的应用前景。

当然，航天中人工智能系统不仅要考虑其功能的完善性，更要注重其运行可靠性。因此，发展的方略应当是在可靠的基础上由简单到复杂地逐步进化，最终发展为以航天员为核心的智能性很强的、能完成各种航天任务的人工智能系统。这种技术的发展不仅使载人航天出现一个崭新的局面，还必然会促进地面人工智能理论和技术以及人类智能研究的发展。

下面分别从近期、中期及远期 3 个阶段分析空间人工智能及在轨应用技术在载人航天领域的应用需求。

1. 近期需求分析

2017 年 4 月 22 日，天宫二号与天舟一号对接形成组合体，顺利完成我国首次载人航天器推进剂在轨补加，使我国成为继俄罗斯之后第二个掌握并应用推进剂在轨补加技术的国家，标志着中国载人航天工程第二步工程目标全部完成，验证了空间站建造关键技术，载人航天工程顺利转入第三步空间站阶段。

2022 年 11 月 3 日，随着中国空间站梦天实验舱顺利完成转位，天和核心舱、问天实验舱与其相拥形成 T 字基本构型，标志着中国空间站全面建成。后续将依托空间机械臂等基础设施开展空间应用和在轨服务，并进一步扩大空间应用试验规模、开展空间站运营和维护，并考虑延寿。

2. 中期需求分析

载人登月是我国未来载人深空探测的第一步，是我国开展更远深空探测活动前不可或缺的重要一环。通过该任务，我国可以演练进入更远的深空，并且停留更长时间，直至真正掌握在地球以外的太阳系空间内生存所需要的各项技术。

载人登月是中国人首次载人登陆地外天体，是一项建设创新型国家的重大战略性、标志性科技工程，是我国航天事业和科学技术发展的新里程碑。空间人工智能及在轨应用技术将成为载人登月目标实现的核心关键。

3. 远景需求分析

1）地外行星基地建设的需求

随着我国经济的快速发展，煤炭、石油、土地等不可再生资源日益枯竭，为了支持资源节约型、环境友好型社会的建设，需要加强能源开发和资源合理利用。与此同时，从长远来看，地球资源终将枯竭，人类必须拓展生存与发展空间，发挥空间技术的优势，通过建立深空基地，深度开发利用外太空资源。

2）实施载人登火星的需求

火星是太阳系中距离地球最近的大行星之一，大小与地球相近，具有稀薄的大气存在，演化历史与地球非常相似，是太阳系中除地球以外最可能存在生命的地方，对于探索宇宙和生命起源而言，具有极其重要的科学意义。与此同时，火星是人类建设地外文明的首选目的地。在太阳系中，火星的气候环境与地球最为接近，同时存在生产能源和建筑材料的原位资源，并存在生命维持不可缺少的水资源，完全有可能实现人类在火星的生存与工作生活。

8.3 空间站典型需求

1. 空间站智能任务规划需求

飞行任务规划是影响空间站使用效能的主要因素之一。在传统的任务规划和测控方式中，地面规划人员通过不断编写和修改发送给航天器的指令序列，使其执行相应的任务。空间站系统组成复杂，任务众多，提高飞行任务规划智能化水平，不仅可以有效提高空间站的使用效率，而且可以进一步保障空间站运行安全，具有重要应用意义。

空间站飞行任务规划是一个典型的知识处理过程，其中涉及较为复杂的逻辑推理和众多的约束条件。这种问题适合采用人工智能的理论加以解释，应用人工智能方法，综合考虑串行以及并行活动，时间约束以及资源约束，提出适用于任务规划问题的推理模型，实现空间站正常飞行情况下以及有预案故障情况下各类飞行控制计划的自动生成，最终支持无故障预案情况下，快速生成满足需求的飞行控制计划。

空间站任务规划系统应该具备以下功能：

①空间站舱段众多、协同控制复杂，存在多种组合体飞行模式，同时空间站后续扩展任务需要对接合作飞行器，需要能够对空间站不同飞行模式以及后续扩展舱段实施多目标整体任务规划。

②飞控资源有限、需求多样，需要能够优化配置资源、合理安排约束，在满足飞控需求的基础上，充分发挥空间站应用效率。

③天地往返和货物补给常态化后，任务准备周期缩短、规划任务繁重，需要能够提高任务规划准备和验证效率。

④针对空间站应急响应需求及各类测控网和平台故障等突发情况，需

要能够快速重规划，保障空间站安全稳定运行。

⑤空间站在轨试验任务的控制需求多样、方式灵活，需要能够拓展传统计划遥控方式，实现基于闭环实时控制的遥控作业。

2. 空间站智能在轨管理

空间站在轨运行时间超过10年，长期的在轨飞行不仅需要执行大量任务，而且还会面临各种复杂的情况，应用人工智能技术，实现空间站热控、能源、信息、姿态轨道控制等分系统智能管理，提高空间站自主运行能力，不仅可以有效降低空间站的运营成本，而且可以提高空间站的可靠性和安全性。

①能源智能管理。通过实时获取供配电设备和用电负载的状态信息，利用计算机对各种状态信息进行分析，获取供配电分系统的运行状态。根据飞行任务和供配电分系统的状态，决策能源分配和负载管理；预测供配电分系统的健康状况，进行能源预计，为空间站的管理和任务调度提供依据。

②热控智能管理。通过实时采集空间站舱内外温度分布数据信息，自动预警超限情况，预测分析舱内外温度变化情况，辅助制定空间站系统热控方案。

③姿态轨道控制智能管理。通过实时获取敏感器的数据信息，依据飞行任务规划，自动调整空间站控制策略，同时支持姿态发生异常偏转时，自动实施飞行控制。

④信息智能管理。支持高速海量数据的高效存储、分类以及回放，能够进行数据挖掘分析，支持信息自主管理，可以对空间站系统信息资源进行统一分配调度，支持地面、空间站以及航天员协同控制管理。

3. 空间站智能健康管理需求

空间站是一个由姿态控制、轨道控制、电源、热控制、站务管理、结构等多个子系统有机组合而成的复杂系统，各分系统间紧密耦合，其结构和功能是分布式和多层次的。空间站由上万个机、电、光元器件组成，并且工作在具有不确定干扰的空间环境中，很难保证在轨运行过程中不出现任何问题。因此，快速检测故障、准确定位故障、全面分析故障以及及时处理故障对于保证空间站在轨运行安全至关重要。

通过配置多种敏感器实时检测空间站的各种状态信息并自动进行归类分层处理，采用神经网络等人工智能方法分析故障出现的位置、程度以及对空间站飞行安全的影响，应用多种冗余策略及时处理故障，同时支持空间站、航天员以及地面工作人员之间快速交换故障信息，提高故障处理的有效性。

4. 空间站智能家居管理需求

空间站的核心是航天员，为航天员长期在轨驻留提供安全性、便利性、舒适性、节能的工作和生活环境，对航天员的身心健康以及工作效率具有重要影响。利用人工智能技术，可以实现影音监控、医监医保、显示报警、照明系统、物资信息、舷窗控制等功能的智能化管理。

空间站智能家居管理需求包括以下功能：

①个人环境调节功能。需要为在轨航天员提供智能化的个人环境调节功能，包括照明、温湿度等，如照度、色温、显色指数、照明情景模式的智能控制及调节功能。

②个人娱乐支持功能。需要为在轨航天员提供智能化的个人娱乐支持功能，包括观影、音乐、游戏等智能显示播放功能。

③个人通信支持功能。需要为在轨航天员提供智能化的个人通信支持功能，包括在轨航天员间、天地间通信，如音频通信、音视频通信、电子邮件通信，甚至是目前地面流行的即时通信手段等。

④支持在轨物资管理功能。需要帮助航天员进行智能化的物资识别、盘点、查找、定位、物资信息管理等及在物资管理方面耗费的精力，支持地面人员和航天员跟踪和掌握在轨存货、使用状态，辅助制定订货、存货及规划货物补给方案。

⑤支持在轨平台监控功能。需要支持航天器状态智能显示、异常状态智能报警提示等；支持在轨航天员在轨期间可随时随地获取航天器运行状态等，减轻航天员在常规平台监控方面的工作量。

5. 空间站智能机器人需求

空间站的核心在于航天员，保证航天员在飞行期间的安全是空间站任务最重要的内容。及时监控和判断空间站的飞行状态以及准确了解分析航天员的生理指标变化是保证航天员安全的必要前提。NASA 已经开发了航天员辅助工作机器人，用于支持航天员舱内以及舱外维修操作。

1）航天员健康保障机器人

航天员健康保障机器人通过布置于航天员身上的传感器，全天候采集航天员的生理指标情况，利用神经网络等人工智能方法，结合航天员历史生理数据，基于医学健康数据库，实时分析诊断航天员身体状态，及时给出医学建议。此外，通过定时主动询问或者应答方式与航天员开展交流，利用自然语言理解以及分析方法，结合心理健康数据库，分析诊断问答结果，评估航天员的心理状态，可以及时避免航天员执行任务期间出现心理问题。

2）航天员辅助工作机器人

航天员辅助工作机器人通过语音或者触键等多种方式，响应航天员的操作要求，实时给出工作操作提示，支持工作过程与航天员的实时问答，提供操作手册等信息查询显示。此外，还可以配置高精度图像识别装置，获取操作目标特性，通过人工智能处理算法，具备维修设备拆装能力，减少航天员重复性以及长耗时的维修工作；在航天员休息和空间站无人值守期间，智能辅助工作机器人应能够自主地飞行于空间站舱内，辅助航天员对舱内状态进行巡查监视。

8.4　短期载人深空探测典型需求

短期载人深空探测任务目标相对简单，配备机动月球车等月面机动设备，提升航天员的月面探测能力；航天员在月面进行一定范围内的月面地质环境探测、资源采集以及相对简单的科学实验。

1. 环境探测与采样需求

对于不同年代、不同成分、不同形貌的火山穹窿和火山锥进行形貌学、岩石学观察、测量、采样。由于火山坡度较大，其内壁很陡，需要智能攀爬机器人在火山口周围进行测量采样，并进入火山内部进行样品采集及拍照。另外，对于火山形貌的观察、特殊样品的采集及分类等采用人机协同的方式完成。

对熔岩管道进行深入的观察、测量，最好能进入熔岩管道进行观测、采样。由于岩管内部光线较差，地势有可能崎岖不平，且可能发生坍塌，因此航天员进入较不安全，需要带有拍照、采样及测量功能的攀爬机器人进入岩管中进行地质调查，通过影像数据回传或者机器人自带专家系统进行即时分析。

寻找地质结构稳定的熔岩管道。由于该构造是天然的辐射防护机构，是后期月球基地建设及天体生物学研究的重要场所。采用具有力学测量功能的攀爬机器人，对岩管内壁进行力学测量，观测其内壁是否稳固，是否适合月球基地的建立，机器人智能处理系统根据月球基地建设条件判据，给出分析评判结果。

2. 科学实验活动需求

科学实验活动的目标主要如下：

①研究月球的内部构造，尤其是浅部构造，以及月球的演化。

②进一步分析月球质量瘤的问题，弄清质量瘤的成因、分布及物质成分。

③在短期探测活动中，主要进行操作简单，耗时较短，且需要与后期探测任务联合进行的科学实验活动，如被动月震实验、月面重力实验、月面磁场实验及热流实验等。

在以上的科学实验中，由于仪器设备较多，布置位置不同，需要用月球车运送仪器，且月球车需具有安放仪器的功能，能将仪器安放在指定位置，然后由人机配合进行布置。月球车需具备自主路径规划能力，选择适当的布置位置。

科学实验的数据量大，有些需要长期数据积累、分析，所有的原始数据传回地球带来系统规模不可实现，通过必要的数据即时处理，仅将必要的数据传回地球是必然选择。

3. 资源探测活动需求

资源探测的主要目标是探索和证实月球上水的存在，以及探测月球上矿产资源的分布规律，主要包括氦－3、钛铁矿、稀土元素等矿产资源，为月球资源开发做准备，也为将来月球基地的建立及维护做保障。由于探测活动种类较多，且探测路线较长，因此需要月球车机器人进行仪器的运载，并配合航天员进行仪器的布置及测量。

航天员无法且不能亲自进入月面永久阴影区进行取样和科学实验，该任务必须通过特种机器人及科学试验设备实现。对永久阴影区开展探测，其主要目的是寻找水冰存在的证据，同时对水冰所在区域进行取样，并在月面就位开展对水冰成分的分析，开展水的提取试验。

对永久阴影区的探测和取样前期应通过无人探测器开展，在阴影区内巡视并确定重点试验和取样区域，并开展验证水冰存在的试验。当航天员到达月面后，航天员取得样品并进行水冰的成分研究和水的提取试验。

8.5　长期载人深空探测典型需求

长期任务阶段，载人月球探测已具备一定发展规模，形成可持续发展的月球基地，已具备进行全月面地势探测和资源探测的能力，可以进行系统的、连续的科学实验，可实现月球原位资源的开发与利用，实现消耗品与能源的供给，同时具备月球基地基础设施建设与维护维修能力，支持航天员月面长期生活与工作。

1. 载人月球基地任务规划需求

月球基地任务规划的内容覆盖月球基地的全寿命周期，具有持续时间长、层次复杂、涉及内容广泛等特点。因此，月球基地的任务规划体系应分阶段、分层次互相配合进行，先长周期再短周期，由宏观到微观。可分为4个层次，即战略层、战术层、任务层和执行层，且以上一层规划结果作为下一层规划的输入，逐层进行规划，其中执行层规划直接指导任务实施。

战略级规划的根本目的是对月球基地系统和用户分配月球基地的资源规划；战术级规划是系统运行模式转换、载荷运行、设备运行、乘组操作以及训练、后勤和运输需求计划的总和；任务级规划主要包括制定用户调配计划以及确定任务期间关键的系统运行和维持项目、运输系统的综合需求、数据系统的需求和能力、对后勤保障的特殊需求（包括射前和返回后）、特殊的地面工作人员和乘组的训练需求。任务级规划由相关的部门分别制定，如系统资源使用计划由月球基地支持部门制定，而用户活动支持计划由载荷管理部门制定。

综合这些需求和计划后制定任务级规划；执行级规划将对飞行前的研制、流程、计划和数据制定详细的计划，它包括飞行程序、飞行数据文件、危险控制（故障对策）、飞行准则、系统重构和其他实时的执行计划，形成周操作序列、日操作序列。由于多任务、多资源、多约束，最终的规划可以有若干多个解，通过构建多种优先级的任务模型和月球基地的动态数据，生成最终的操作序列，而操作序列可根据地球上传的指令进行适当的调整。

2. 长期载人月球站智能维护需求

月球基地运营管理是对空间操作、空间运营支持和空间后勤支持等运营活动进行全过程任务管理，以保证月球基地长期稳定安全运行。这包括任务规划和任务实施两个层面：一是对月球基地全寿命周期的任务进行规划，明确任务过程和任务目标，包括建造规划、应用规划、服务规划、退役规划、补给规划、维护维修规划、载荷规划、航天员驻留规划、载荷试验安排规划、月面活动规划、航天员每天的详细活动规划等内容；二是根据任务规划所明确的具体任务内容、任务时间，任务实施所要解决的主要问题包括进行月球基地部段发射和组装、各种飞行器发射和交会对接、月面起飞着陆、基地乘员工作生活、基地内载荷试验安排等运营活动实施计划和实施方案的制定及执行。

3. 载人月球基地后勤保障需求

月球基地后勤是月球基地运营管理中相对独立又非常重要的组成部分。月球基地后勤任务的核心是保障月球基地正常高效地运营。最基本的任务是以月球作为目的地或出发地的空间运输任务，主要包括以下内容：安全可靠地把人员、推进剂、货物、仪器设备或其他补给物资运送到月球；在月球表面完成人员运送或货物的运输和存储；把月球基地的人员或科学样品送回地球。在更高级的月球基地中，后勤系统还要承担起月球产品的运输任务，如在月球基地生产的液氧推进剂、氦－3 核原料等。月球基地后勤系统要确保在全寿命周期内及时、有效、经济地保证月球基地充足的资源供给以及其他问题的及时处理，同时需要很好地协调基本任务单元和相关支持系统的关系。该系统的运作很大程度上决定了月球基地的规模与相应的月面活动范围，其经济性和可靠性将直接影响月球基地的发展速度。

在月球基地建设初期，往月面运送的物资以用于保障航天员生命的消耗品、物资和设备等为主。之后，逐步运送较大型的月球基地组件，实施月球基地建设。随着月球基地建设的持续，月球基地建设用货物运输量的要求会逐渐提高，最终超出生命保障品的运输量。除上述两种货物外，还会有专门的特殊货物运输需求，因此运输任务的复杂性会逐步提高，对后勤系统也提出了更高的要求。

4. 智能资源探测与原位建造需求

由于很多月球资源是有限的，如除太阳辐射能以外的所有环境资源，以及大部分的月表资源（如水、氢、氧、金属矿物等），再加上运输技术和运输成本的限制。因此，一般首先考虑就地取用的方式进行利用。

在月表建立太阳能发电站，产生的电能主要用于基地照明、保温以及机器运转。高温差环境可进行能量转换研究以及新型耐温材料研究；熔岩管中搭建月球基地，用来屏蔽宇宙线、陨石、微流星体和撞击事件产生的喷发物。

月壤含有丰富的矿产资源，可以分离和提炼出各种原料，包括氧和氧化物、硅酸盐、金属。其中，氧化物用来生产金属，提取太阳风化物中的氢和氦；硅酸盐产生的二氧化硅、氧化铝、氧化钙等矿物可以制作建筑材料，建立月球基地。

月球基地供给人类生存的食物和水是依靠自己生产获得的，这也是月球基地长期运营必要的技术途径。

在月球资源与利用中，人机联合中的“机”是必不可少的，矿物的开采、运输、资源提取、加工等每一步都需要人机协同。未来月球基地建设必然是一个智能规划、智能制造与运营维护。

5. 载人登火星需求

火星是太阳系中距离地球最近的大行星之一，大小与地球相近，具有稀薄的大气存在，演化历史与地球非常相似，是太阳系中除地球以外最可能存在生命的地方，对于探索宇宙和生命起源而言，具有极其重要的科学意义。与此同时，火星是人类建设地外文明的首选目的地。在太阳系中，火星的气候环境与地球最为接近，同时存在生产能源和建筑材料的原位资源，并存在生命维持不可缺少的水资源，完全有可能实现人类在火星的生存与工作生活。

第9章　通信与导航领域需求

随着微小卫星技术及卫星互联网技术的快速发展，低成本、大批量的低轨通信/互联网巨型星座成为国内外产业界和学术界共同关注的焦点。星座化是通信与导航卫星发展的主要趋势。

随着新一轮人工智能浪潮的来袭，借力星载计算平台的性能提升，空间人工智能及在轨应用技术将对通信与导航卫星的服务性能提高、卫星功能演进、星座业务拓展提升等方面提供有价值的贡献，最终实现智能化、自主化、灵活稳定兼具的星座系统。面向通信与导航卫星人工智能系统技术进行构成分析，将相关技术按照导航业务特点及导航卫星特征可划分为网络智能管理需求、自主运管需求和智能协同需求。

9.1　网络智能管理需求

具有多种功能、轨道互补、自主运行、便于扩展的智能化天基网络成为新发展方向。随着空间技术的发展，天地一体化网络应能为不同的空间网络节点共享资源提供条件，又可为各种航天器接入到空间网络提供条件。网络智能管理主要涉及网络架构、星间链路通信、网络拓扑结构、网络路由等关键技术。

网络智能管理的关键技术是智能组网以及与地面或通信卫星网络一体化通信接入技术。通过星间、星地、星空以及地面站间的链路，将地面、海上、空中和深空中的用户、飞行器以及各种通信平台密集联合，采用智能高速处理、交换和路由技术，按照信息资源的最大有效综合利用原则，进行信息准确获取、快速处理和高效传输的一体化信息网络，即天基、空基和陆基一体化综合网络。

1. 网络架构

当前各种空间网络组网形式多样，一般是基于各自的服务需求来开展和部署自己的专用网络。构建天地一体化网络，融合天基卫星通信网络、空基飞行器通信网络、地基通信网络，实现天、空、地三网协同，达到全球覆盖、随处接入、按需服务、安全可信、全球网络连通的目标。

天地一体化网络包含 3 张网：第一张网是由各类卫星组成的天基网络，将空间中的通信、导航、遥感等卫星组成一张协同网络作为空间基础设施；第二张网是由各类飞行器组成的空基通信网络，包括各类飞机、飞艇、热气球以及无人机等，空基网络多用于中继沟通天基和地基网络；第三张网是由陆地通信网构成的地基网络，包括陆地蜂窝网和无线局域网等。

在空、天、地 3 张网中，天基网络和地基网络分别构成天、地的骨干网络，是天地一体化网络中的重要组成部分。空基网络在天、地骨干网间起中继传输作用，是骨干网络的辅助部分。由于技术起步晚，我国天基网络设施建设还不够完善，通信容量缺口较大，覆盖范围仍需进一步加强。因此，推进天地一体化信息网络的重中之重是建设和完善天基网络。

天地一体化网络中的天基网络是一个混合异构的卫星网络，简要概括其特点就是高、中、低轨卫星结合，通、导、遥卫星协同。卫星按照距离地球高度分为中、低轨道卫星和高轨道卫星，不同卫星系统相互独立。天基信息网络则同时纳入各轨道卫星，形成一个高低轨道相配合的混合卫星网络，解决以往单纯某一轨道卫星系统各自存在的不足。

从天基通信角度来看，高轨通信卫星主流采用地球静止轨道，其时延大，无法覆盖两极地区，通信容量有限；中低轨通信卫星星座对地运动，其链路不够稳定，用户终端成本较高，网络组网成本高昂，且从实际运营来看，因低轨星座规模较大，而我国卫星频率、轨位等网络资源国际协调处于后发地位，卫星轨位和频率资源紧张。然而，高低轨卫星优劣势具有很强互补性。高轨卫星广覆盖的特点能有效解决中低轨卫星星座通信不稳定的问题，而数量繁多的中低轨通信卫星能够提供较大的通信容量。因此，打破两种通信卫星网络各自独立的体系，实现高、中、低轨卫星联合组网，是天基网络的趋势。

除了实现不同轨道高度上通信卫星的联合组网，还应将现有各类型卫星融合入天基网络中来，包括通信、导航和遥感等卫星。通信卫星完成语音和数据传输，导航卫星负责定位服务，遥感卫星提供对地观测信息。导航卫星和遥感卫星虽然不是为通信而设计，但却是天基信息网络的重要组成部分，能够感知和获取地面环境信息，从而为天基通信网络资源的重构和分配提供依据。

2. 星间链路通信

星间链路通信包括接入方式、测量通信体制、捕获跟踪等，具体实现与使用频段密切相关。按照星间链路的通信频率，星间链路可分为微波星间链路和激光星间链路两类。

微波星间链路的频率相对激光链路，其载波频率较低，天线尺寸要求较大，发射功率较大，通信链路带宽较窄。但是微波链路对于卫星姿态要求较低，目前的工艺水平也足以达到要求，是当前星间链路通信的主要形式。激光星间链路载波频率高，具有相干性、单色性、方向性好的特点，通信容量大、速度快、抗干扰强，但是激光星间链路的捕获跟踪技术难度较大，对卫星姿态要求较高。

随着导航卫星星间链路的实现，为长距离的远程卫星接力通信提供了可能。采用高速和精确指向的激光星间链路，卫星将提供更高速率的星间链路网络，实现大容量的星间信息传输，减轻地面跟踪、遥测和指令站的负担。激光通信系统尺寸、质量和功耗明显降低，抗电磁干扰能力、保密性强，其中核心技术是激光束的捕获 - 对准 - 跟踪技术。

未来相干激光通信的典型通信速率为每秒 10 Gb 量级，与传统微波通信终端相比，激光终端体积小、质量轻，光学天线口径较小，整体成本降低，且性能大幅提升，是构建天基导航信息传输的理想方式。

3. 网络拓扑结构

在卫星网络中，卫星节点通过星间链路连接起来，构成一个完整的卫星星座网络。一个完整的卫星星座可以由轨道平面间链路（Inter - Plane Links）和轨道平面内链路（Intra - Plane Links）构成一个具有规则网状网（Mesh）结构的卫星网络。卫星网络的拓扑结构定义为卫星网络中卫星节点与节点之间的相互连接关系。拓扑结构可以是如二维的网格规则的拓扑结构，也可以是如基于开关的不规则拓扑网络结构，目前正在使用的卫星网络大多数采用高度规则的拓扑结构。卫星网络的拓扑结构决定了每个卫星节点的所链接的星间链路数、消息或数据包所传输的路径。卫星网络设计的第一步是对卫星网络拓扑结构的研究。该研究对整个系统建成后的性能有着关键的影响，也是采用不同通信协议的基础。

导航卫星网络一般采用网状网络拓扑结构。网状拓扑（Mesh）定义为邻近节点按照规则的平面图形互相连接而成的一种网状结构。网状拓扑结构是一种分布式网络拓扑结构。在这种网络拓扑结构中，由于每个节点都可以与网中的其他节点相连接，所以到每个节点都有充裕的冗余路径。网状拓扑结构的特点是具有较高的可靠性与高容错能力。由于其严格正交，因此可以用节点在二维空间中的坐标作为节点编号，网络路由简单。网状拓扑的优点：

①星间链路的冗余备份充分，系统可靠度高，可扩展性强；

②星间链路的传输带宽可以很高，数据的传输速度快，时延小，可以实现全球覆盖。

网状拓扑的缺点主要是对卫星的数量要求较多，导致卫星网络的建造成本高。在网状卫星网络中，由于每个卫星节点都与其他节点直接相连，卫星网络中有充足的冗余路径，因此其是可靠性最高的网络拓扑结构，具有非常高的可靠性和高容错能力，是卫星网络的发展趋势。

多层卫星网络应由包括数据交换的骨干网和各种接入网组成。由于GEO和MEO卫星的轨道高，其传输时延和链路损耗都比较大，因此在多层卫星网络中通常都是作为空间信息交换的骨干网，并且负责与关口站和大型终端通信，而LEO卫星和HAP则可以为地面的移动小终端用户提供更好的服务。因此，在上述的多层卫星网络中，LEO和HAP是作为地面用户的接入节点，并能够通过ISL与骨干网进行数据交换。

4. 网络路由

卫星网络由于其所处环境特殊、通信节点高速移动等特点，路由技术是其体系架构研究中的重点。路由技术研究是针对卫星网络特点开发和设计的各种有效路由算法和路由协议，为网络内部的端、节点或地面段用户之间提供可行的数据传输路径，尤其是经历多星多跳的远端用户之间的数据传送路径。早期的卫星通信系统一般以GEO卫星为中继，采用弯管BP方式为地面两点之间的通信完成数据转发，数据传送形式固定，不存在路由问题。但是，在由多颗卫星组成的星座网络中，需要在源端卫星和目的端卫星之间的多条可达路径中，按照给定的链路代价度量选择最优路径。可将天地一体化路由分为以下3个部分：

①上/下行链路（Up/Down Link，UDL）路由，负责各种用户到卫星网络的接入控制，并为用户选择源端卫星和目的端卫星（后统称为端卫星）。

②边界路由，负责卫星网络与地面网络之间的互操作和无缝融合，使端用户通过地面网络和卫星网络进行透明通信。

③空间段路由，即ISL网络路由，负责在卫星星座内部源端卫星和目的

端卫星之间计算满足一定需求的最优路径。

在上述 3 类路由中，UDL 路由相对比较简单。例如，可以根据单星覆盖时间长短或信号强弱为用户选择服务卫星并进行星间切换控制。对于边界路由，可以把空间段卫星网络看作地面网络的一个特殊子网，在负责接入到卫星网络的地面关口站和卫星网络中指定的边界路由器上运行改进的边界路由协议以实现异构网络的互联。

在构建卫星网络的过程中，应集中解决 ISL 段路由问题。ISL 段路由实现端卫星之间的路由，属于点到点路由问题，也是天地一体化网络中最基本的路由问题，其技术是实现空间段中星与星互联的基础。卫星网络的特点使其既区别于传统地面固定网络，又区别于地面无线通信网络，从而使地面网络路由机制不能直接应用于卫星网络，而必须针对卫星网络特点研究和设计新的路由机制。卫星网络路由一般应具有以下特性：

①网络拓扑动态变化的适应性。路由算法应采取适当措施避免可能出现的路由环，或在出现路由环时能够及时有效地消除路由环带来的不利影响。

②抗毁性。当在两次路由更新间隔之间出现卫星节点失效或者链路故障时，路由算法应能够有效避免由此引起的数据丢失。

③高效性。路由算法或协议应尽量降低实施复杂性，以较小的开销获得较大的传输成功率或系统吞吐量。

④网络流量变化的适应性。路由算法应能采取措施支持流量负载均衡以避免网络出现链路拥塞或节点拥塞，或者在出现拥塞时能够及时有效地消除拥塞带来的不利影响。

按照不同分类方式，卫星网络路由技术可归纳为集中式路由与分布式路由、面向连接路由与无连接路由、静态路由与动态路由、先验式（Proactive）路由与反应式（Reactive）路由以及混合式路由、单层卫星网络路由与多层卫星网络路由等。

9.2 自主运管需求

1. 运管系统架构

作为卫星星座运行管理的重要支撑部分，运管系统架构设计至关重要，它对卫星星座的运行管理及维护升级产生根本性的影响。星座的卫星数目越来越多，依靠地面测控站进行卫星的定轨与跟踪将难以承受其高负荷的数据传输与处理压力。同时，卫星星座如果过分依赖地面站的测控，在地面站损毁的情况下，其正常运行将难以得到保证。因此，发展卫星星座系统的自主性成为星座运行管理的一个重要发展方向。运管系统逐渐向着自动化、智能化的方向发展。

利用适用于卫星在轨运营的测运控一体化无人值守地面管理系统，实现自动化监控管理、无人值守、任务自动下发、卫星自动跟踪，完成卫星状态监控、业务数据自动收发、自动处理、自动分发等功能，满足多颗低轨商业卫星同时跟踪服务。针对卫星独特的运营模式，提高卫星在轨运行管理效率，减少卫星在轨管理成本，实现仅用一套地面设备就可实现多颗低轨卫星的测控和运控管理工作，并实时完成卫星测控、数传数据解析处理。

低轨卫星的测控原理与高轨卫星相同，但由于其轨道周期短、速度快，对于地面测控站不是实时可见。因此，针对低轨卫星的测运控管理方式与地球同步轨道卫星有较大的区别。首先，由于其对于地面站不是一直可见，这就要求星上具有较高的自主能力，包括轨道测量、轨道确定、轨道调整、工作模式转换、卫星平台及载荷操作以及故障检测、隔离及恢复等；其次，由于低轨星座涉及多颗卫星及多个地面站协同工作，因此低轨星座测运控管理需要一套功能强大的任务调度软件，基于卫星的可见弧段及任务需求，实现资源的最优分配及调度。

当前国内外的卫星星座运管系统存在诸多缺点：一是兼容性差。例如，用于导航定位的北斗卫星，与用于气象观测的风云卫星，它们所用的运管系统与运维团队都是完全独立的，无法由同一套系统完成运管任务。二是容量小。每个系统所支持的卫星只有几颗，很少有支持超过 10 颗以上的系统。三是对于工作人员来说，存在操作复杂，界面不规范的问题，同时随着在轨卫星星座数量的逐年增多，卫星星座在轨测控长期管理面临诸多挑战，工作人员的业务量也会相应增多，需要智能化的系统来减轻工作人员的业务压力，减少不必要的工作。

以 Doves 星座为例，Planet Lab 公司的飞行任务管理团队将重点放在星座常规操作的自动化工作，从而替代手动/人工处理流程，自动化系统也将不断升级迭代，平均 24 h 至少收集一次所有卫星的健康数据；在轨及地面部分将通过基于“自制、灵活可扩展、微服务”的任务控制接口为上百颗卫星及广阔的地面天线接收站提供常规操作、调试操作、定制动作、实验及部署等操作。

2. 星座构型维持

星座的建设目标在于通过卫星的数量优势来提高向地面提供服务的覆盖范围与覆盖时长。星座在设计之初就已确定运行构型，星座内所有卫星均应按照所设计的运行构型进行工作，共同维持卫星星座的构型稳定及服务连续。

当发射数百颗卫星后，地面运维系统没有时间对每一颗卫星进行地面飞行控制，使其定位于星座的制定轨道位置；地面运维系统告知每一颗卫星在星座的位置，由卫星自主飞行控制至指定轨道位置；地面运维系统持续向星座中卫星更新通信量与卫星星座的变化情况，卫星自主做出相应动作调整。

当前星座构型维持方法大致分为站位维持方法和摄动补偿方法两类。

1）站位维持方法

维持星座构型通常采用站位维持的方法，即对卫星进行主动控制，将卫星的绝对或相对位置维持在设计位置。当卫星运行超出该允许漂移范围时，才对卫星进行控制。为了保持星座的长期稳定性和连续性，在星座设计时需要选择具有较好容错性和较大容许偏差量的星座构型，使得星座具有一定的降级运行能力，并且卫星偏离标称轨道一定范围时也不会影响星座的服务性能。星座构型保持是星座中所有卫星的整体控制，在控制时必须注意卫星之间完成任务的整体性和协同性，星座的轨道控制在控制参数、控制量和控制精度的要求上都发生了变化，因此必须从星座空间结构、任务需求、协同控制和性能影响等方面综合考虑。同时，星座构型保持控制时还应根据卫星的覆盖特性、过顶时间、最大不可视时间以及健康状况等信息确定具体的控制策略和控制方法。

2）摄动补偿方法

通常认为，编队飞行的各卫星之间有动力学联系和约束条件；星座则以单颗卫星轨道运动为基础，星与星之间的动力学联系并不紧密。事实上，由于星座的特殊结构，使得卫星之间也存在复杂的动力学耦合关系，而这种耦合关系决定了星座构型的整体变化趋势，同时也使得利用摄动补偿方法来提高星座的长期稳定性成为可能。摄动补偿方法通过对星座中卫星轨道的合理选择和参数调整来补偿某些可预测摄动引起的星座构型变化，从而达到保持星座整体构型的目的。当前，世界各国研究者在星座相对运动和受摄分析方面进行了大量的研究。研究表明，地球非球形摄动和卫星的初始位置偏差是导致星座构型破坏的主要原因。因此，选择具有较高稳定性的轨道，同时利用摄动力的补偿设计可以提高星座构型的稳定性。摄动补偿方法是对已经设计好的星座构型的卫星轨道参数的一种小量偏置手段，并不改变星座的基本结构。通过摄动补偿设计对轨道参数进行调整能够减缓摄动外力对构型的破坏作用，使星座构型在较长时间内保持在容许范围内，同时对星座入轨后偏离容许范围的卫星施加控制，维持星座的整体构型，从而降低星座构型控制代价，减少控制频率，提高星座构型的长期稳定性。

3. 星座备份与阶段部署

在星座在轨运行期间，为提高整个星座的可靠性，保证星座的长期稳定运行，通常采用卫星冗余备份手段来保证服务质量，即预备一定数目的备份卫星，在必要时备份卫星能够及时接替故障卫星所承担的任务，使得星座具备承受少数卫星故障而不会出现大幅度性能下降的能力。例如，导航星座通常要求具有在两颗卫星失效的情况下仍然能够提供满足最低需求服务的能力。卫星星座运维机制必须制定某颗或某几颗卫星出现故障时的应对策略，主要有以下几种策略。

1）内在冗余策略

在星座构型设计之初就将备份星配置在星座构型之内，使得星座正常运行时即存在卫星数量的冗余，这是目前星座项目中广泛采用的策略。

2）空间替补策略

在星座建立时将若干颗备份星配置在星座之外的某个空间位置，当某一轨道面内的某颗卫星出现故障时，备份星通过机动变轨运动到故障星位置接替故障星工作。执行空间替补策略需要一定的时间与燃料消耗。

3）地面替补策略

将备份星保存在地面，当星座中卫星发生在轨故障时再行发射。执行这一策略的一个重要前提是备份星应急发射运载工具具有实时可用性。当前小型固体运载火箭的出现为地面替补策略的实施提供了经济的解决方案。

4）软替换策略

与上述几种策略不同，软替换策略并非硬件上增补或冗余一颗或几颗卫星，而是通过软件功能升级来弥补硬件的缺陷，从软件角度实现星座重构。针对星座中仍能正常工作的卫星升级软件功能或激发预存的备份软件，改变原有星座的功能模式。

星座的部署不是一个短时期内能完成的任务，大多数星座都需要几年甚至十几年的时间才能够最终部署完成。因此，星座构型的分阶段部署，必须考虑星座每个阶段的系统性能，而不是以最终系统状态作为优化的唯一目标。星座的初始构型、中间构型和最终构型是相互牵连、相互制约的，在星座设计初期就应该予以充分考虑。应该在考虑工程实际约束的前提下最大化星座各阶段子星座的功能，使其在建设过程中实现台阶式的性能提升，使得在部署过程中，已经发射上天的卫星能够实现系统的部分功能，或者能够完全实现系统的功能只是未达到预期的水平要求。同时，卫星的分阶段部署，必须考虑卫星系统升级迭代的过程，每个阶段的卫星系统设计、资源配置、功能要求等很大可能性会发生变化。因此，在卫星系统设计之初就需要考虑硬件资源与软件功能的扩展性及可配置性。

针对分阶段部署情况下的卫星系统升级迭代过程，为了保证新技术应用的可靠性，卫星星座建造者需要针对新技术实施在轨验证，验证通过之后才在卫星星座中推广应用。以 Doves 卫星星座为例，每一批次的发射任务均考虑卫星的冗余备份，选取部分卫星（Staging Sats）验证具有高风险性的试验技术，为后续批次的技术升级奠定基础。以星链卫星为例，新技术的验证（软件在轨升级）类似于 Web Service 开发模式，首先在一小部分在轨卫星上进行试验。若试验验证结果满足预期，则在在轨其他卫星及后续发射批次卫星中推广应用；若不满足预期，支持系统重试、回卷、停止等操作。如此，使得卫星系统具备快速迭代升级能力。

4. 智能控制需求

由于卫星星座涉及卫星数量较多，少则几颗，多则上百颗甚至上千颗，针对这种情况仅依靠增加人力或提升地面运管系统能力是不够的。这存在两方面原因：一方面，卫星星座数量所带来的运管操作将呈现指数增长，人力增长无法满足需求；另一方面，虽然通过提升地面运管系统能力能够满足大批量卫星运管需求，但必须考虑紧急情况下，地面运管系统短期故障或失联可能导致卫星星座的工作异常、失控或失效。因此，提高卫星智能化、自主化水平，使卫星实现智能控制应为卫星星座设计的重要研究内容。卫星智能自主控制主要包括 3 个方面，即自主运行控制、自主碰撞规避、自主离轨。

1）自主运行控制

星座自主运行是指卫星在不依赖地面设施的情况下，自主确定星座状态和维持星座构型，在轨完成飞行任务所要求的功能或操作。自主运行能够大大降低星座成本、减小系统风险。星座要实现自主运行首先要解决成员星的自主控制问题，由于卫星姿态控制及星务管理通常已实现自主控制，自主运行控制相关技术主要为自主规划与调度、自主导航、自主轨道控制等。

（1）自主规划与调度。

自主规划与调度是卫星自主决策的关键，也最能体现卫星系统的自主能力。卫星自主规划与调度的任务是根据卫星当前的资源状况、外部环境以及其他约束条件，选择各种动作并分配资源，将任务级操作分解成指令程序。

（2）自主导航。

自主导航是卫星/星座实现姿态轨道自主控制的前提和基础，为星座构型控制提供测量数据。对于导航星座来说，自主导航还肩负着为星座系统提供高精度广播星历的重任。

（3）自主轨道控制。

要使星座的几何构型在一定精度内保持不变，必须对卫星的轨道进行控制。自主轨道控制是基于自主导航的轨道控制，星上计算机依据自主导航系统提供的卫星运动参数，控制器给出控制指令，推进系统完成轨道机动，这就是卫星自主轨道控制的基本运作方式。

以自主导航为例，目前应用较为广泛的星座自主导航方案包括天文导航、导航星导航以及星间相对观测导航等。由于星座中的卫星数目较多，单纯采用单颗卫星自主导航则会忽略星座中星间相对运动的信息。充分利用星间运动的相对运动规律，采用星间相对测量信息进行相对自主导航已逐渐成为研究的热点。

美国的第三代 GPS 卫星 Block Ⅱ R 就是利用星间相对测量进行自主导航的一个具体应用，它具有交联测距和在轨处理导航数据的能力。各颗卫星使用星载处理器，计算导航参数的修正值，从而提供导航精度，增强自主生存能力。Block Ⅱ R 能够在轨自主更新和精化 GPS 卫星的广播星历和星钟 A 系数，无需地面监控系统的干预。它能够自主运行 180 天做导航定位服务，且在第 180 天时，用户测距精度（URE）仍可达到 ±7.4 m。因此，即使地面监控系统暂时毁坏，仍能维持高精度的 GPS 卫星导航定位，增强了 GPS 系统的抗毁能力。

Galileo 导航系统也曾提出过采用星间观测的自主导航方案。该方案运用星间测量和星地测量相结合进行处理，用于日常星历的修正，提高卫星预报星历和时钟的精度。通过地面仿真实验，用户测距误差可达到分米级（低轨星历数据刷新率 15 min，高轨 2 h）。因此，对于利用星间测量的星座的相对定位方法不仅能够实现星座的自主生存，还能通过提高日常星历的精度来提高用户的定位精度，从而提升整个导航系统的性能。

2）自主碰撞规避

由于近地空间“交通状况”日趋严峻，卫星发生碰撞的概率将大大增加，完全依靠地面系统监测来预测碰撞并预警、进行碰撞规避机动的模式将变得捉襟见肘。针对大批量卫星星座，由于卫星数量众多，很难完全由地面系统来负责碰撞监测以及规避机动等工作，只能依靠地面支持 + 卫星自主方式，使其具备自主碰撞规避能力，从而避免类似铱星 33 号卫星与宇宙 2251 卫星碰撞事故的再次发生。

星链卫星配备自主碰撞规避系统，接收来自地面的空间碎片威胁信息数据，使用 4 个动量轮系统配合离子推进系统来实现自动规避空间碎片和其他航天器功能。这种自主规避防撞功能能够最大限度地降低人工出错的概率，让卫星在一个可靠的无碰撞的空间环境中稳定运行。

地面系统预报星座卫星轨道，并检索空间目标数据库（在轨大约 20 000 个目标），筛选潜在碰撞目标，计算碰撞概率，将高预警碰撞时刻和轨道控制上注卫星。卫星利用 4 个互相垂直的动量轮加速或减速运动改变卫星姿态，配合离子推进发动机抬高或降低卫星轨道，完成规避。规避完成后再次机动返回标称轨道。地面碰撞检测完全由计算机自动化完成，定时计算，自动上注，完成主动规避。

3）自主离轨

通常，卫星星座的成员星建造成本与可靠性设计指标相对较低，则卫星在轨寿命较短，如果不对发生故障的失效卫星或寿命到期卫星进行离轨等任务后处置，则会形成太空垃圾，产生空间碎片，可能影响卫星星座自身的使用效能，同时会影响其他航天器运行安全。因此，为卫星星座设计高效且低廉的自主离轨手段将十分必要。

对于星座中的每一颗卫星，由于星座整体功能的实现依赖于所有组网卫星的正常工作。因此，如果发现其中某颗卫星出现故障并已确定不能完全修复，应积极考虑予以替换。对于被替换下来的卫星，必须对其实施运行终止策略，使其脱离原来轨道直接下降进入大气层烧毁，或者转移到一条短寿命的轨道上去，以防止它与其他正常卫星碰撞和变成空中垃圾。

9.3　智能协同需求

随着低轨移动互联网星座的建设及用户不断增长的需求，未来通信卫星提供的服务将不只是由单颗卫星提供，而是由多个卫星组网并协同为用户提供通信服务。

为了更好地满足通信与导航卫星业务需求，未来通信与导航卫星的发展除了提升单颗卫星的技术水平和功能外，多颗通信卫星的组网通信、任务协作是必然的发展趋势。但是，通信与导航卫星网络面临星间链路拓扑、分布式管理、多任务规划、多星协同、资源分配等问题。如何基于人工智能技术解决这些问题、实现智能组网是要解决的关键问题。

广义的卫星网络（Satellite Network）由通信、侦察、导航、气象等多种功能的异构卫星/卫星星座、空间飞行器以及地面有线和无线网络设施组成，通过星间/星地链路将地面、海上、空中和深空中的用户、飞行器以及各种通信平台密集联合。地面和卫星间可以根据应用需求建立星间链路，进行数据交换。它既可以是现有卫星系统的按需集成，也可以是根据需求进行“一体化”设计的结果，具有多功能融合、组成结构动态可变、运行状态复杂、信息交换处理一体化等功能特点。

天地一体化信息网络包括天基信息网络与地基信息网络两大部分，不仅要求实现互联互通，更要实现一体化的融合，是对未来信息网络向综合化发展的统称。可以将其定义为：通过星间、星地、星空以及地面站间的链路，将地面、海上、空中和深空中的用户、飞行器以及各种通信平台密集联合，采用智能高速处理、交换和路由技术，按照信息资源的最大有效综合利用原则，进行信息准确获取、快速处理和高效传输的一体化高速宽带大容量信息网络，即天基、空基和陆基一体化综合网络。

在群智能卫星系统中，为了实现高度的自主性计划，基于社会结构的推理方法必须运用先进的人工智能技术，如神经网络、模糊逻辑和遗传算法等。为了辅助和维持高水平的自主性，更重要的任务还要考虑自主运行的修正能力，以便适应环境变化、远距离操控和低带宽通信等问题。

利用神经网络学习和进化的思想应用在卫星集群上，通过卫星控制器的协同进化，增强卫星的群体协作能力，如编队飞行、姿态同步等。

第 10 章　共性需求

航天器的网络化、信息化及智能化发展趋势是不可逆转的。本章主要从高性能计算、自主健康管理以及智能在轨维护方面阐述空间人工智能及在轨应用技术的共性需求。

10.1　高性能计算需求

随着用户对卫星要求越来越高，业务数据也越来越庞大，数据关系越来越复杂，同时目前天基系统也存在星上处理能力不足、技术体制落后、无法实现多源数据在轨实时处理/融合等难题。因此，围绕提升天基系统信息服务能力，按需配置网络、计算、存储和载荷等各类硬件资源，构建天基网络自主化、智能化以及快速响应能力。同时，采用模块化设计，实现资源拟态可重构、软件在轨可更新、功能灵活可扩展的新型处理平台，对节点能力在轨提升，支持装备演进升级具有重要的战略意义。

随着航天市场的逐步开放，卫星市场的“成本”与“效能”越来越受到世界各国科研人员的重视。现在的卫星设计更加强调能够快速处理多种空间业务，在降低开发时间和部署成本的同时，要保证卫星设备使用寿命和可靠性。最后，还要有良好的新技术适用性和可移植性。

1. 天基信息网络化服务能力需求

天基信息资源融合高效利用，需要提升网络化信息服务能力。目前，各类型航天器构成的子系统呈现相互闭塞的状态，即便信息落地后也呈现分割的状态，信息无法实现汇聚融合处理。多系统多类型信息综合能力的有限、多系统多任务协同能力的缺失，直接导致天基系统对联合业务的信息服务能力受到严重制约。因此，需要将各类型航天器获取的天基信息资源汇聚到一起，缩短反应链条，提高信息获取、传输、处理、分发和应用的效率，同时完成对各类型信息资源的存储和检索。不仅要求星上平台有极强的计算和存储能力，同时针对不同类型、不同速率的数据还要求它能够进行快速处理、融合与信息产品生成，从而提高天基处理平台通用化、自主化、高效化，满足天基信息快速服务用户需求。

2. 天基信息可重构服务能力需求

装备在轨重构要求天基信息服务基础设施具备软件可定义、在线可重构的能力，尤其是高轨卫星在轨寿命长、研制技术复杂、研制周期时间长，一旦卫星在轨更新服务缺失，对新的技术体制支持能力将严重受限。与此同时，随着微电子和高性能计算机等技术的迅猛发展，系统的演进升级需求不断增强，天基装备数量和功能多样化的发展非常迅速，未来对联合作战信息支援能力的需求不断扩展。因此，采用功能模块化、在轨资源可重构、灵活可拓展的新型信息服务平台，对实现节点能力在轨提升，支持装备演进升级具有重要的战略意义。

3. 天基信息云服务能力需求

鉴于传统卫星网络的数据传输能力有限，致使大量数据无法下传，需要天基信息具备较强的在轨数据处理能力，快速提取出有效信息，降低存储或传输的数据量，以减小数据存储或下传的压力，节省星上资源。整个工作基于分布式的天基存储/计算资源完成。因此，需要研究适应天基环境的分布式云服务机制。

随着我国高分辨率遥感卫星系统的发展，遥感信息的质量大幅提高，相应地需要存储或传输的数据量也急剧增加。例如，当遥感卫星图像的地面分辨率接近 1 m 时，实时数据传输量达每秒 Gb 数量级；最先进的遥感卫星图像的地面分辨率已经高达 0.1 m，其数据传输量是相当巨大的。由于我国国情的限制，卫星往往不可能全天候处于我国地面站接收范围之内，或者由于卫星的下行能力不能满足实时传输的要求，如此高速而大容量的珍贵数据往往需要首先经过本地存储，进而在适当的时候延时回放。因此，这对星载高速大容量存储和处理系统的能力提出了更高的要求。

4. 天基信息存储检索服务需求

信息快速存储与检索要求星上平台具备高效的数据部署及缓存管理机制。由于星载应用环境的特点，传统星载固存一般未采用文件系统，而是采用简单的文件号方式描述每次记录的数据，其可描述内容仅限于文件号、存储地址、记录星时及简单的特征信息等；文件个数一般仅为几十或上百个左右；文件信息一般存储于数据信息载体之外的存储芯片内，如 MRAM、

EEPROM 等。采用这种自定义文件记录方式，无法对大容量、多样化、高速率的星上数据进行有效的系统化管理，尤其是快速地进行数据查找和回放，不能快速定位有效数据会影响任务的正常执行，特别在作战时，可能会急需某种载荷、某个特定地域或者特定时间的数据，数据的正确性和时效性会影响任务的成败。同时，传统的数据管理方式导致经常需要修改文件信息，从而使得软件版本繁多，无法做到通用化、标准化。

目前，星上各种载荷设备所产生的原始数据呈现出数据量大、传输带宽高等特点，而且探测器连续工作时间越来越长，需记录的总数据量极大。此外，卫星往往需要同时执行多项探测任务，而存储设备需要记录多路超高速数据流，高速率、长时间的数据记录需要极高的存储带宽和极大的存储容量，以及对多路载荷数据在不同时间段产生的原始数据、预处理数据、压缩数据等各类型数据的存储管理。因此，需要研究适用于星载平台的超高速多源数据并行存储技术，以及多源数据检索方法。

5. 在轨智能计算芯片需求

随着人工智能算法和应用技术的日益发展，以及人工智能专用芯片 ASIC 产业环境的逐渐成熟，人工智能 ASIC 将成为人工智能计算芯片发展的必然趋势。目前，国内对于人工智能芯片的研究不断深入，后续可以选择与技术成熟的公司合作开发适合卫星上专用的智能芯片。

人工智能应用市场规模庞大，无论是遥感数据还是遥测遥控、通信、导航积累都已经形成海量规模，为星上人工智能芯片发展提供巨大空间。结合卫星平台需求，针对卫星平台亟待解决的问题，进行星上智能芯片设计，最终提升卫星平台智能化水平。

10.2 自主健康管理需求

“健康状态”描述了卫星设备及其子系统、部件执行设计功能的能力。“健康状态评估”主要是对利用各种测量手段获取的监测数据、历史数据等进行综合分析，利用各种评估算法对设备的健康状况进行评估，对不合格设备给出原因及操作建议。通过准确了解当前设备的健康状态，对设备的健康状态作出正确的评估，为设备的操作、决策提供依据。

1. 自主健康状态评估

卫星健康状态评估技术对保证卫星高可靠、自主稳定运行非常必要，具有重要意义。未来的天基系统单星功能将日趋复杂、多星组网星座系统陆续出现，卫星若发生影响系统服务的故障，不及时处理可能导致系统服务可用性变差，甚至无法使用，直接影响系统的应用效能。此外，在天基系统长时间无地面支持的情况下，卫星若具备星载健康状态评估能力，及时有效处理故障，为任务规划、维护等提供决策支持，将有效提高系统的生存能力，具有重要价值。

2. 卫星高可靠和高自主性

卫星是一个涉及多学科、多领域技术的复杂系统，又在恶劣复杂的空间环境中飞行，尽管在设计、研制过程中采取了一系列可靠性的措施，但卫星在轨飞行中仍不可避免地会发生各种故障，使卫星健康状态出现突然或逐渐恶化。统计表明，在1990—2009年成功发射的1 036个航天器中，就有156个发生了故障，占航天器总数的15%。同时，航天任务的特殊性，又使得航天器在轨期间一旦发生故障，如不采取措施，就可能导致整个飞行任务的失败。然而，单纯依靠地面采取补救措施，其有效性和实时性有限，可能会错过最佳处理时机而导致任务失败。如果在卫星上能够采取健康状态评估技术，及时发现健康状态异常状况，并在此基础上，实现故障有效及时处理，对整个卫星系统工作连续性、稳定性和安全性意义重大。

3. 智能故障诊断与预测

卫星健康状态评估最终目的是保证卫星高可靠稳定运行，需要及时对故障进行诊断、隔离、切换或者重构，对未来可能发生的故障做出预测，并据此做出有效的健康状态评估，以供决策支持。因此，故障诊断方法、故障预测方法是实现卫星健康状态评估的基础技术，也是能否实现健康状态评估的关键。健康状态评估并非仅限于整星系统级、分系统级、关键组部件的故障诊断，故障预测结果也是卫星健康状态评估的重要组成部分。

故障诊断是指通过一定的方法对被诊断设备中的各种状态信息进行综合处理，从而得出设备运行状态以及故障状况的评价过程。从本质上来说，故障诊断是一个模式分类和识别的过程。近四十年来，故障诊断技术迅速发展成为一门新的学科，也是为适应各种工程需要而建立的交叉性学科，涉及传感器、信号分析及数据处理、人工智能、自动控制、预测预报等领域。

故障预测方法是健康状态评估的重要组成部分。预测是对尚未发生、或者目前还不明确的事物进行预想估计与推测，是在现时对系统将要发生的结果进行探讨和研究，给出系统健康状态的发展趋势，在某种意义上是一种推理过程。故障预测是实现故障预防、提高故障诊断实时性的技术手段。故障预测技术主要是基于致命故障或者损耗性故障关键参数的变化趋势进行分析，以推断航天器未来的可能状态，从而采取预防措施避免航天器故障的发生或者降低航天器故障的危害程度。

目前，基于模型的方法大多应用于飞行器、旋转机构等机电系统中，而对于复杂系统，由于其故障模式和失效机理相对复杂，其故障预测的模型化研究相对滞后。卫星是一个动态系统，在轨运行时需要监测工作状态，当出现故障时还需要进行诊断。另外，卫星各个重要分系统都采取冗余备份措施，希望在出现故障时能通过重构恢复功能。状态检测、故障诊断和系统重构是卫星自主运行的重要组成部分，实现自主化与智能化，可以提高卫星在轨运行稳定性和生存能力。

10.3 智能在轨维护需求

1. 可重构计算

随着航天技术、信息技术的不断发展，航天器功能日趋复杂、多样化，除传统的高可靠、长寿命等特点外，灵活高效、快速响应等成为航天器的应用需求和发展方向。可重构计算技术能够实现在轨灵活可变的硬件系统，有效提升航天器的复杂功能适应性。

当前，学术界普遍接受的可重构计算（Reconfigurable Computing）概念在1999年由加利福尼亚大学伯克利分校的André Dehon、John Wawrzynek提出。该定义通过与传统计算模式的对比给出：一是区别于ASIC，即可重构计算能够在硬件生产制造后针对计算任务进行重新定制；二是区别于通用处理器，即可重构计算能够为算法向硬件的映射提供大量定制空间。2002年，Ketherine Compton、Scott Hauck给出了更加具体的定义：使用集成了可编程硬件的系统进行计算，并且该可编程硬件的功能可由一系列定时变化的物理可控点来定义。

可重构计算思想最早由加利福尼亚大学洛杉矶分校的Gerald Estrin在1962年提出，但由于缺乏可重构器件技术的支撑，其实现的可重构系统只是可重构计算设计理念的一个近似。20世纪80年代中期，随着Xilinx公司推出现场可编程门阵列技术（FPGA）、Altera公司推出复杂可编程逻辑器件（CPLD）之后，可重构计算技术逐渐获得了广泛应用。随着FPGA技术的进一步成熟，FPGA成为可重构计算的主流硬件平台。

可重构计算出现初期并未获得足够的重视，直到1992年，美国超级计算机中心基于Xilinx公司FPGA设计的Splash 2系统，在基因组分析计算和灰度图像中值滤波器应用中，它比当时的SPARC 10工作站的运算速度分别快了2 500倍和140倍。这一惊人的结果，引发了学术界和产业界对可重构计算的兴趣。随着信息技术的不断发展，可重构计算被广泛应用到基因组匹配、高能物理、图像处理、金融数据处理、云计算、机器学习等各种计算密集型算法的加速计算，其灵活高效的特点被众多领域关注。

利用支持部分重构的可重构硬件构建部分动态重构计算系统，除具备可重构计算系统普遍具备的灵活性和高效率的特点外，还能够在小规模器件上实现较大规模的应用，从而提高硬件利用率。同时，部分重构的特点，使部分动态重构系统可以支持实时多任务。鉴于部分动态重构系统在灵活性、计算效率、硬件利用率及实时多任务支持方面的优势，其已经成为可重构计算的主流发展方向，并且获得了商业FPGA器件及其开发工具的广泛支持。

2. 软件在轨维护技术

星载软件在轨维护设计与实施具有系统性，不仅仅局限于星载软件自身，而且与星载计算机硬件（处理器、SRAM、EEPROM等可编程存储器）、操作系统等诸多因素密切相关。

通常，星载软件在轨维护实施阶段主要在卫星发射入轨之后，通过遥控注入形式进行星载软件的升级，解决类似于卫星系统故障、升级系统功能以及消除星载软件原本设计缺陷等问题。据统计，每个卫星寿命周期内平均实施15次星载软件在轨维护，平均每年实施2次。

星载软件在轨可维护性、易维护性，很大程度上受到星载软件设计方法与实现方式等因素影响，与星载软件架构也具有密切相关性。良好的软件设计会考虑将来软件在轨维护的可靠性与便捷性，不好的设计使得软件不支持在轨维护或若要在轨维护需要很大工作量。

软件定义思路通过软件给硬件赋能，提供智能化、定制化的服务，使应用软件与硬件的深度耦合。因此，需求可定义、硬件可重组、软件可升级、功能可重构的软件定义卫星愈发引起各国卫星研制人员的关注。扩展卫星的业务和能力需要卫星体系架构具有一致的程序执行环境，具有丰富的应用软件，可以根据任务需求动态配置和执行不同的应用软件，完成不同的任务。

软件定义卫星能够灵活实现星载软件在轨升级的同时，由于其软件升级的便捷性，也需要考虑网络安全及预防黑客攻击。

为提高卫星系统可靠性，同时便于星载软件在轨维护操作，当前国内主要航天器研发单位（如中国空间技术研究院），各分系统设计时普遍增加在轨维护软件，专门用于实施针对星载软件的在轨维护操作，通常针对星载软件镜像进行整体覆盖替换。若需要针对星载软件实施在轨维护，则通过遥控指令将 CPU 切换至在轨维护软件运行，在轨维护软件负责遥控注入软件的接收以及可编程存储器的读写操作，直至可编程存储器更新完成，计算机重新上电或复位后，CPU 开始执行最新维护的星载软件。

通常，在轨维护软件启动实施在轨维护工作，会导致卫星/航天器飞行任务中止或业务不连续，只能在地面人员复核工况可接受前提下开展。由于在轨维护软件启动实施会使得任务中止，对于载人飞船等高可靠要求的航天器而言并非最佳选择。为此，以某载人飞船数管分系统为例，工程师结合三机冗余热备份星载计算机架构特点，针对在轨维护软件的工作模式进行改进，使得航天器实现在业务连续情况下的在轨维护操作，传统模式业务会出现中断；改进模式，利用三机通信管理功能实现在轨维护单机与当班单机之间的通信，交换遥控遥测数据的同时，实现正常业务与在轨维护操作。

第四部分　空间人工智能及在轨应用技术研究

为满足航天器智能应用需求，需协调发展空间人工智能及在轨应用技术涉及的基础技术、共性技术、应用技术等几类关键技术。

第 11 章　基础技术

本章将人工智能基础技术定义为操作系统、网络通信、大数据、云平台等。下面分别对操作系统、数据传输、大数据以及天基云计算技术展开阐述。

11.1　操作系统技术

操作系统作为信息产业的“灵魂”，尤其巨星座操作系统，是支撑巨星座高效管理及智能应用的核心关键。

太空既是物理域、信息域和认知域的天然结合点，也是世界航天大国竞相开发利用的领域。美国将国家安全战略重心转向太空，制定了“主宰太空 2030”规划，提出了“国防太空体系”七层架构，持续发展相关技术和应用概念，迭代演进，有望颠覆传统航天体系形态和发展模式。

国外以星链、一网为代表的大规模星座网络已展开大规模部署和应用。例如，截至 2023 年 1 月，SpaceX 公司已累计发射 3 717 颗星链卫星，在轨 3 425 颗，正常工作 3 389 颗，形成了覆盖全球的通信服务能力；其星上装载有基于 Linux 定制、面向卫星网络应用场景的分布式实时操作系统。

2022 年 12 月 3 日，SpaceX 公司发布“星盾”计划，主要提供遥感、通信和载荷托管 3 方面服务，并且“星盾”在星链数据加密服务基础上使用额外加密技术来保证托管载荷数据处理安全性。作为“星链”计划的军用版，其主要特点为：一是安全性和抗干扰能力；二是模块化设计；三是互操作性；四是快速开发和部署；五是弹性和扩展能力。

为更好满足我国发展经济、服务群众民生等需求，占据空间轨位和频率资源，我国卫星互联网等大规模星座建设已经上升为国家战略，并被纳入“新基建”。2020 年 9 月，我国向国际电信联盟（ITU）申请了卫星总量为 12 992 颗的频率和轨道资源。2021 年 4 月，组建了中国卫星网络集团有限公司作为中国卫星互联网星座的运营主体。综上，提升巨星座的高效管理和智能应用能力已成为巨星座体系效能跃升的关键。

操作系统作为巨星座的核心基础设施，承载着巨星座资源管理、互联互通、自主运控、协同应用、安全可信等核心基础功能，是巨星座高效管理和智能应用的信息基座。

11.1.1 巨星座操作系统需求分析

因为不同的应用场景需要不同的操作系统，所以要构建满足巨星座高效管理及智能应用场景的操作系统，就需要对巨星座系统功能需求进行分析。重点分析巨星座系统多功能可重构、协同一体、软件定义、全链路安全可信等典型应用功能，以支撑我国面向巨星座复杂应用场景的星云操作系统研制。

1. 巨星座多功能可重构需求

未来巨星座的运用将以“多功能可重构”为核心，由传统的“单星单功能的节点加入”改变为“多星协同和云服务的隐节点”，由“天地多次传输处理的长链路”改变为“信息层内优化处理的短链路”，由“新技术和装备研制的划代更新”转变为“新技术和装备功能的通用更新”，支持巨星座的网络化、云化、智能化以及用户无感的高效运行，促进巨星座体系效能的整体性跃升。传统“一星一用”和定制化开发的天基资源运用模式，已经难以满足当前“一星多用、多星组网、多网协同、数据集成服务”的体系化应用需求，需要开发满足支撑巨星座多功能可重构需求的星云操作系统。

2. 巨星座协同一体需求

面对未来高动态、多功能、可重构的任务需求，巨星座需具备高度自适应和抗损毁能力的天地体系协同组网和信息联通能力，将各卫星的星内传感器、处理器作为网络共享资源节点，可自主调动协同网络中的定位资源、侦查资源和传输资源等，各个网络资源按需接入，综合支持任务应用。与此同时，还需具备多节点、多链路的损毁容忍能力，能够保障复杂任务条件下的网络协同。当前天基资源管控和运用主要依赖地面系统，采用全静态管理模式，完全依赖地面指令上注，自主能力有限，不具备资源协同运用条件，维护工作量巨大。未来万颗规模巨星座系统，靠这种“一星一管”、基本依赖地面人工的管控方法，运行效率将极低或无法正常运行，难以满足高效“用天”的需求，需要开发满足支撑巨星座协同一体需求的巨星座操作系统。

3. 巨星座软件定义需求

发展软件定义卫星技术，将有效提高航天器产品的软件密集度和功能灵活度，而且可以极大地缩短研发周期，降低研发成本和风险。巨星座系统通过需求可定义、硬件可重组、软件可重配、功能可重构以及 APP（应用软件）动态加载等软件定义技术，按需重构完成不同任务，其重要性主要体现在以下 4 个方面：一是实现巨星座功能和性能的高效持续演进；二是实现高技术在巨星座中快速转化应用；三是实现卫星产品标准化，为卫星批量制造奠定技术基础；四是构建航天软件生态体系，助力软件成果共享和持续发展。当前卫星研制模式基本属于“一案一例”功能定制的开发形式，以程序化模式为特征，不能适应情报智能生成与信息即时支援需求，需要开发满足支撑巨星座软件定义需求的巨星座操作系统。

4. 巨星座全链路安全可信需求

空间安全是国家安全的基石，关乎国家整体安全。巨星座系统具有开放的通信链路、高动态变化的拓扑结构、复杂应用以及海量数据信息共享的特性，较单星系统更容易受到异常注入、仿冒篡改、漏洞扫描等网电攻击和干扰，要保障巨星座系统稳定运行，必须解决巨星座全链路的可信与安全问题。巨星座系统的组网方式决定了卫星节点在空间呈分布式特点，单个节点的硬件资源有限，在高效管控自身计算、存储和网络等资源的同时，节点间还需相互协作、安全、高效、可靠地完成指定任务。在确保时效性的前提下，构建“芯片 - 链路 - 数据 - 应用”的全链路安全可信体系，保障巨星座网络的路由、切换、传输、接入等方面的安全可信。当前，基于单星应用模式的空间安全机制不能满足未来巨星座系统基于“云 - 边 - 端”分布式协同架构的安全可信需求，需要开发满足支撑巨星座全链路安全可信的巨星座操作系统。

11.1.2 现有操作系统特点分析

为快速高效开发面向巨星座应用场景的操作系统，应借鉴现有操作系统的发展经验。现有操作系统包含桌面、物联网、车联网以及卫星等典型应用场景操作系统。通过分析现有操作系统发展历程，总结其发展规律，为面向巨星座复杂应用场景的巨星座操作系统研制提供借鉴。

1. 桌面操作系统

桌面操作系统是在计算机上借助硬件运行并完成相关应用的基础软件，

是当今应用最广泛和最成功的操作系统，几乎渗透所有人的生活、工作等各个场合。

在桌面操作系统诞生之前，最有名的操作系统是磁盘操作系统（Disk Operating System，DOS），但DOS的操作界面十分不友好，仅仅是字符界面而已，为此微软公司推出了第一个图形界面操作系统Windows1.0。如表11－1所示，经过多年的发展，桌面操作系统主要有Windows、Mac OS（Operating System）、Linux（全称GNU/Linux，是一种免费使用和自由传播的操作系统）3种。

表11－1　主要桌面操作系统对比

操作系统	Windows	Mac OS	Linux
应用对象	PC、服务器等	苹果系列PC	服务器、PC等
市场占有率	90%以上	6%以上	不到3%
开放性	闭源	闭源	开源
安全性	低	高	高
处理器架构	X86	X86	X86，Arm等
内核	混合内核	混合内核	宏内核
源头	DOS	类UNIX	类UNIX
优点	生态完整性好，应用最广泛，用户界面良好等	安装快速稳定，占用系统资源少，运行流畅、安全等	开放性，多任务多线程，网络功能丰富，设备独立性等
缺点	系统漏洞多，易受病毒和木马的攻击，所有软件和程序预装在C盘，系统负担重等	比较封闭，兼容性差，自定义程度不高，不能对系统进行深层次改造	针对普通用户的软件生态差，对专业软件的支持差，硬件集成/支持较差

三大桌面操作系统都经历了复杂的演变，各有特点，自成体系，在PC和服务器等领域各自拥有相对独立的用户群体。Windows系列用户群体大，市场占有率超过90%，软件生态完整性好；Mac OS适合于专业人员；Linux是全球最大的一个自由免费软件。

2. 物联网操作系统

继计算机和互联网之后，物联网掀起了信息产业发展的第三次高潮。物联网由海量异构设备组成，部署环境十分复杂。物联网操作系统作为连接物联网应用与物理设备的基础，可以屏蔽物联网的碎片化特征，为应用程序提供统一的编程接口，从而降低开发时间和成本，便于实现整个物联网统一管理。

随着物联网的兴起，作为实现人与物、物与物互联的基础软件，吸引包括谷歌、华为等各大公司投入大量人力、物力研发。如表11－2所示，比较典型的有谷歌公司下一代替代 Android（美国谷歌公司开发的移动操作系统）操作系统的 Fuchsia OS 以及嵌入式智能操作系统 Kata OS、华为的 Harmony OS 等。

表11－2　主流物联网操作系统对比

操作系统	Fuchsia OS	Kata OS	Harmony OS（鸿蒙）
应用对象	手机、平板、笔记本电脑等	嵌入式设备	手机、平板、手表、耳机等
开放性	开源	开源	开源
安全性	高	高	高
处理器架构	Arm 等	Arm 等	Arm 等
内核	Zircon 微内核	SeL4 微内核	微内核/混合内核
源头	兼容 Linux 和 Android	Sel4 内核和 Rust 框架	兼容 Linux 和 Android
优点	融合了 Windows、安卓和 iOS 后台管理的优点	逻辑安全的内核，软硬协同设计构建安全系统	流畅、开源、分布式能力，万物共用一个系统
缺点	新生系统，2021年发布第一款适用平板的产品	新生系统，2022年10月公开发布第一版	新生系统，处于增长期

Fuchsia OS 是一款面向多平台的物联网操作系统，运行载体不仅是智能手机，还有平板电脑、笔记本电脑甚至是可穿戴设备，预计2023年发布正式版。

Kata OS 是谷歌研发的开源嵌入式操作系统，设计充分考虑安全问题，建立在数学上被证明具有保密性、完整性和可用性的 seL4 微内核基础上，2022 年 10 月已发布第一版。

Harmony OS 是华为公司开发的一款基于微内核、面向 5G 物联网、面向全场景的物联网操作系统，能够支持手机、平板、智能穿戴、智慧屏、耳机等多种终端设备，2022 年 7 月已发布 Harmony 3.0 版本。

3. 车联网操作系统

随着移动互联网和工业智能化的快速发展，汽车产业不断向智能化和网联化快速转变，形成以智能网联汽车为中心的车联网。智能网联汽车通过搭载先进的车载传感器与智能控制系统，并与现代移动通信技术相结合，实现了车与人、车与车、车与路、车与云服务平台之间的信息交换与共享，在为人们交通出行带来便利的同时，有助于政府建立智能化的交通体系。

车联网操作系统作为智能网联汽车的核心功能底座，是实现软件定义汽车的关键。未来的智能汽车是信息域和能源域的天然结合点，作为计算中心，包含有高速的传输网络、强大的计算单元以及巨大容量的存储设备，需要运行各种通用和专用软件。其中，车载操作系统无疑是重中之重。国内外车企、集成供应商、互联网巨头纷纷入场，带来多种车载操作系统并存的局面。如表 11－3 所示，黑莓的 QNX、风河的 VxWorks 以及基于开源 Linux 设计的车载操作系统是其中典型代表。

表 11－3 主流车联网操作系统对比

操作系统	QNX	VxWorks	Linux
应用对象	包括福特、大众、宝马和奥迪等 40 家汽车制造商合租	宝马、福特、大众等汽车制造商	通用、丰田、雪佛兰、本田、奔驰、特斯拉、百度等
开放性	半封闭	源代码开放（需要授权费）	源代码开放
安全性	ASIL－D	ASIL－D	无
实时性	微秒级	微秒级	微秒级
内核	微内核	非典型微内核	宏内核

续表

操作系统	QNX	VxWorks	Linux
优点	安全性、稳定性和实时性好，QNX 在汽车嵌入式操作系统市场占有率第一	用户可获取所有源代码并根据需要对 OS 内核在源代码层面进行裁剪和配置	免费开源，有开源软件社区，软件生态丰富，扩展性高，分布式能力好
缺点	可扩展性低，软件授权、开发工具和使用费用高	产业影响较小，软件授权、开发工具和使用费用高	安全性欠缺，基础软件代码冗余，开发难

QNX 是第一个通过 ISO26262 ASIL－D 安全认证的实时操作系统。与 Linux 的免费不同，QNX 需要商业收费。由于优于业内其他系统的安全性、稳定性和实时性，其仍是车载操作系统市场占有率的第一位。

VxWorks 由 400 多个相对独立、短小精悍的目标模块组成，用户可获取所有源代码并根据需要对 OS 内核在源代码层面进行裁剪和配置，并已通过 ASIL－D 级安全认证，优异的实时性和安全性是其立身之本。

Linux 是宏内核，除了最基本的进程、线程管理、内存管理外，文件系统、驱动、网络协议等都在内核里面，运行效率高。与 QNX 和 VxWorks 相比，Linux 更大的优势在于开源和免费，且在各种 CPU 架构上都可以运行，可适配更多的应用场景，具有很强的定制开发灵活度。

4. 卫星操作系统

卫星的功能越来越复杂，对完成星务管理、姿态和载荷控制的星载计算机硬件和软件设计提出更高要求。通过操作系统实现任务管理调度、任务间通信、内存管理等系统功能，以 API（应用程序接口）方式提供给用户，使软件设计人员将主要精力放在应用程序开发上，有助于星载软件通用化和模块化设计，缩短软件产品的研制周期，提高软件产品的可靠性。表 11－4 为几种典型星载操作系统对比。

表 11－4 几种典型星载操作系统对比

操作系统	实时性	开发工具	源码是否公开	内核大小	开发费用	稳定性
VxWorks	很高	非常丰富	收费公开	较大	很高	极高

续表

操作系统	实时性	开发工具	源码是否公开	内核大小	开发费用	稳定性
Linux	一般	非常丰富	免费公开	大	很低	极高
RTEMS	很高	丰富	免费公开	小	很低	高
μC/OS－Ⅱ	很高	较少	免费公开	小	很低	高
eCOS	很高	丰富	免费公开	小	很低	高

VxWorks 源码需要收取一定的授权费用，是一款成熟的高实时商用操作系统，开发工具丰富，用户可对源码进行裁剪和定制开发，具有极高的安全性和稳定性，在卫星控制系统、导弹、国际空间站等重大航天项目中有多次成功应用经历。

Linux 是一种免费使用和自由传播的类 UNIX 操作系统。由于良好的可移植性、免费开源、用户可定制、高可靠性和系统安全性的特点，使得其在航天领域得到广泛应用。例如，2021 年美国发射的火星车采用了 Linux 操作系统。

RTEMS 是一个为嵌入式系统设计的开源实时操作系统，代码质量和可靠性都很高。最早用于美国国防系统，现在由 OAR 公司负责版本的升级与维护。无论是航空航天、军工，还是民用领域，RTEMS 都有着极为广泛的应用。

μC/OS－Ⅱ是一种基于优先级的抢占式多任务实时操作系统。它可以使各个任务独立工作，互不干涉，很容易实现准时而且无误执行，使实时应用程序的设计和扩展变得容易，使应用程序的设计过程大为简化。其已通过了美国国家航空航天局的认证，可用于飞行器、太空站等关键系统的开发。

eCos 是一种嵌入式可配置实时操作系统，开放源代码软件，无任何版权费用，具有很强的可配置能力，代码量很小，通常为几十到几百千字节，可以支持很大范围内许多不同的处理器和平台，主要应用对象包括车载设备、手持设备以及其他一些低成本和便携式应用，在国内星载计算机上已有初步应用。

综上分析，卫星操作系统能够广泛应用需具有如下特征：高稳定性与实时性、可移植性、开源并可裁剪、丰富的开发工具、代码可固化、弱交互性以及统一的接口。与此同时，传统卫星操作系统以单星应用为主，主要用于单颗卫星的星务管理、数据处理、姿态以及载荷控制等，是卫星长期稳定运行的基础，其发展以单星单 CPU 应用为主线。

5. 发展启示

通过上述不同应用场景操作系统的特点、发展历程以及分布进行对比分析，总结如下：

①精准匹配应用需求是操作系统发展的典型路线；新场景的出现和发展都会衍生出全新的操作系统；开发者对新场景的新认知牵引着操作系统的演化。

②操作系统作为复杂系统的信息基座，是满足复杂场景应用需求的必然选择。

③操作系统成功的关键在于形成良好产业生态，需要业内人士共同努力，才能达到事半功倍的效果。

④一款操作系统只有对应一类特定的硬件架构，才能实现性价比最优，形成互利共惠的软硬件生态。例如，个人计算机时代的 Windows 操作系统对应的 80×86 架构和移动互联网时代的 Android 操作系统对应的 ARM 架构。

⑤微内核架构由于其安全性、容错性、可移植性等独特优势，成为谷歌、华为等行业头部企业下一代万物智联操作系统的内核架构，微内核架构已成为操作系统发展主流。

⑥操作系统作为大型基础软件，需要付出大量的人力、物力和财力，开发失败率极高，最后能够开发成功的都是所属大国的行业头部企业，是国家意志的产物。

11.1.3 巨星座操作系统发展思路

基于上述分析，为开发满足支撑我国巨星座高效管理及智能应用需求的巨星座操作系统，需要从架构定义、硬件载体、内核设计、安全可信以及生态建设等方面开展研究。

1. 架构定义

操作系统架构定义涵盖需求、层次结构、功能结构、层间接口、内核架构、协议架构、安全架构等内容，是实现巨星座操作系统研制的核心基础和难点。研制巨星座操作系统，必须首先研究面向万颗规模巨星座节点海量硬件资源管理以及巨量智能应用快速部署需求的架构定义，实现巨星座资源网格化抽象和管理，支撑实现面向千颗规模巨星座场景的“即时聚优”和“多域联合”等应用功能。

以巨星座操作系统统筹管控巨星座系统资源，支持任务应用为主线，构建开放架构，开发应用框架，推动各层间采用标准接口，便于节点互联互通和互操作，便于硬件、软件的移植和重用，便于新技术产品应用转化实现增强与扩充。以此为基础，细化研究协议架构和安全架构，实现巨星座操作系统的体系架构设计。

面向巨星座应用场景和功能持续演化需求，采用层次化设计思想，精细定义巨星座操作系统每层的功能结构，选用“微内核+系统服务+应用框架+行为管控”架构。微内核主要完成线程/进程间通信、内存地址空间、中断等系统基础管理功能。系统服务（外核）主要完成路由控制、移动性管理、虚拟协同计算以及 APP 动态加载等功能。应用框架是便于操作系统服务通信、导航、遥感等多类型空间任务设定的，采用模块化、定制化设计，具备规模可伸缩、功能可裁剪等特点。行为管控是基于博伊德 OODA（观察－分析－决策－行动）循环行为认知模型设计，用于实现巨星座群体自主智能。

2. 硬件载体

星载计算机是巨星座功能实现的硬件基础。CPU 是星载计算机的中枢以及星载操作系统的运行载体，直接决定操作系统的应用能力。CPU 的选取主要从性能、功耗、对太空环境的适应能力、对外通信接口以及操作系统的支持情况等方面考虑。星载处理器主要分为 80×86、MIL－STD－1750A、PowerPC、SPARC、MIPS、ARM 等架构系列处理器。

80×86 处理器由于高安全和稳定性，在航天领域应用非常广泛。MIL－STD－1750A 采用十六位非精简指令集架构，我国风云系列卫星的星载计算机采用基于该架构的处理器。PowerPC 处理器具有高性能、低功耗特点，NASA 采用的处理器架构多为 PowerPC。SPARC 采用的是精简指令集架构，该系列处理器具有高质量等级、运算能力高、功耗适中等特点，我国已有 BM3803、BM3823、S698 等 SPARC 架构具备抗辐照能力的 CPU 实现量产。MIPS 是一种采取精简指令集的处理器架构，中科院研发的国产芯片——“龙芯”采用 MIPS 架构和指令集，有部分高质量等级芯片在我国卫星中应用。ARM 处理器外围接口丰富，可扩展性强，尤其是搭载操作系统后，在星务管理、数据处理等方面性能强大，星载计算机采用 ARM 处理器搭载操作系统的技术路线已成为国内外的研究热点。

星载计算机作为星载操作系统的硬件载体，受限于空间环境的特殊性和空间电子技术的发展水平，性能相比地面计算机相差几代，成为制约星载操作系统发展的关键因素，要求设计星载操作系统时，在轻量化、运行效率、可靠性、稳定性等方面重点考虑。操作系统性能是否达到最优与需要适配的 CPU 架构紧密相关。因此，需要根据国内星载 CPU 的发展状况，合理选择满足未来应用场景的 CPU 架构，并构建互惠共利的软硬件生态。

3. 内核设计

巨星座操作系统内核负责星上资源与任务的抽象管理。巨星座应用场景对操作系统内核提出了 3 方面的挑战：一是巨星座单星节点的硬件资源强受限且异构，要求操作系统内核具有轻量化和异构资源灵活管控的能力；二是巨星座中高效的多星任务协同，要求操作系统内核具有低时延能力，从而充分发挥硬件能力，降低软件开销；三是太空环境中的干扰会造成软件系统运行时发生错误的概率更高，要求操作系统内核提供高效的容错机制，从而以低成本开销增强系统的容错能力。

与地面设备不同，卫星运行在空间辐照环境中，易受宇宙射线辐射的影响。作为巨星座的核心基础设施，操作系统在应对单粒子翻转等问题时的稳定性和可靠性异常重要。在宏内核中，任何程序都有权访问所有内存和内核数据，导致程序中任何一个错误都有可能使整个系统崩溃。在微内核中，各模块间良好的独立性和隔离性可以保障操作系统即使在受到辐射而发生错误时依然能稳定工作。此外，微内核结构操作系统的模块化、可裁剪的特性，满足天基信息系统硬件资源受限需求。

针对巨星座应用场景星上硬件资源强受限且异构、多星任务即时协同以及空间辐照环境下高效容错等核心需求，采用微内核架构，研究内核轻量化、低时延及强容错等关键技术，突破异构墙、时延墙以及容错墙等瓶颈问题，设计完全自主可控、高效灵活管控星载海量异构资源的安全实时内核，从而充分发挥星载硬件能力，降低软件开销，以低代价增强系统容错能力和提升运行效能。

4. 安全可信

巨星座操作系统安全可信是巨星座稳定运行的基础。通过研究“云－边－端”分布式协同架构、多维资源管理、系统链路安全、空间数据防护、接入认证等关键技术，建立基于可信计算的双体系结构分布式安全可信机制，以此为基础，构建保障巨星座操作系统可靠运行的安全可信环境，形成自主创新的主动免疫三重防护框架，最终设计完成巨星座操作系统安全组件，保障巨星座操作系统的安全可信能力。

在确保时效性的前提下，基于操作系统、一体化融合网络、计算平台控制平面、高可靠共享数据存储、集成化软件加载控制器，建立支持巨星座操作系统在轨部署和升级、星载应用软件实时更新以及动态加载的体系架构，用以保障应用软件安全稳定运行以及功能更新。

巨星座操作系统作为巨星座系统的安全基座，基于“云－边－端”分布式安全可信机制，构建“芯片－链路－数据－应用”全链路安全可信体系，保障巨星座系统的可信与安全。

5. 生态建设

巨星座操作系统作为面向巨星座复杂应用场景的统一基础软件平台，将促成航天软件开发由专用、闭源、定制逐渐向标准、开源、通用转变。随着航天软件系统复杂性不断增长、软件开放程度日渐增大、用户和开发者群体规模逐渐增加，上述群体关联关系更丰富、共生于一个相互影响的生态环境，最终形成开放、开源、自主可控的航天软件生态体系。

围绕生态模式、社区规划、运行机制、管理机制等航天软件生态体系建设需求，构建研发资源数据库以及数据采集与分析工具。在此基础上，通过定义多维度评价指标，设计实现用户画像和项目画像系统，为基于巨星座操作系统的软件资源汇聚与共享提供有效支撑。

11.1.4 关键技术及解决思路

针对巨星座复杂应用场景，构建巨星座信息基座——巨星座操作系统，对巨星座操作系统研制时涉及的体系架构、内核、融合组网、安全可信、生态体系等关键技术进行梳理分析，并提供初步的解决思路。

1. 体系架构关键技术

架构定义涵盖需求、层次结构、功能结构、层间接口、内核架构、协议架构、安全架构等内容，是实现巨星座操作系统研制的核心基础和难点。

采用系统工程、多级分层软硬件抽象和接口标准化方法，对巨星座系统进行建模，模型如图 11－1 所示，主要包含海量硬件资源、操作系统内核、操作系统应用框架以及巨量应用软件等层次架构。

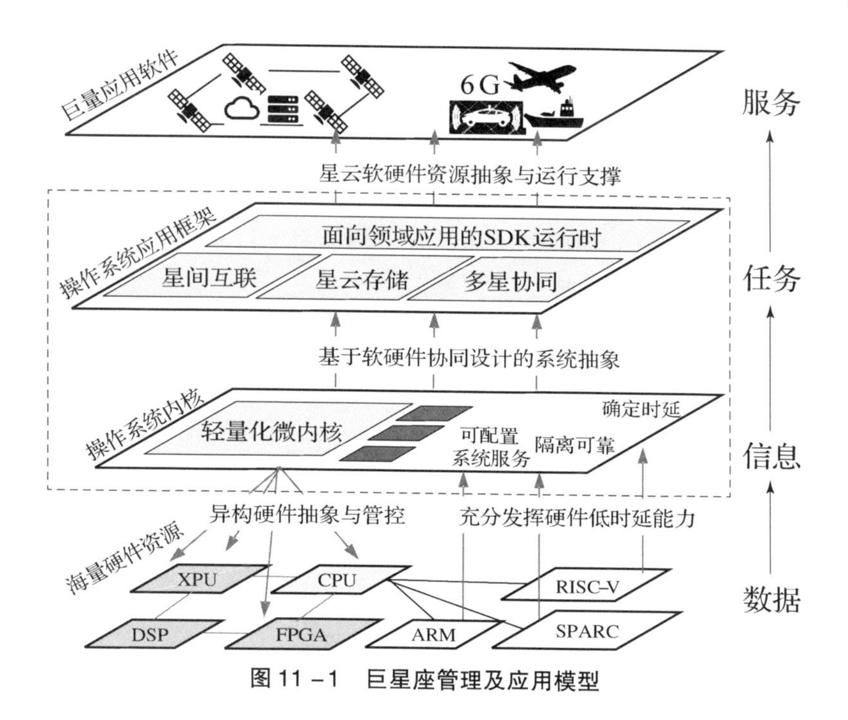

图 11－1　巨星座管理及应用模型

海量硬件资源主要由 CPU、ARM、FPGA、DSP、XPU 等处理器构成，各处理器间基于分布式软总线，利用消息模式进行信息交互和任务协同，主要完成巨星座系统中数据级处理。

内核主要完成海量硬件、软件资源抽象管理和高效调度，包含系统软件安全实时内核以及系统服务功能模块。采用功能最小化设计原则，为上层运行的操作系统服务提供基础抽象，但不实现具体提供给应用程序使用的功能，主要完成巨星座系统中信息级处理。

应用框架是便于操作系统服务通信、导航、遥感等多类型空间任务设定，采用模块化、定制化设计，具备规模可伸缩和功能可裁剪特点，包含用户分级服务、资源库管理、知识库管理、任务协同以及平台运控等功能模块，主要完成巨星座系统中任务级处理。

应用软件是操作系统通过软件定义卫星功能的核心，通过不断丰富、改进星载软件和算法，将卫星平台和有效载荷的功能尽可能地迁移到计算平台之上，改用软件实现。通过软件和算法的快速迭代和演化，实现卫星产品的持续演进，主要完成巨星座系统中服务级处理。

综上，根据巨星座核心共性基础功能和后续持续演化需求，精细定义每个层次的功能，在不影响其他层次的前提下，根据技术的进步或需求的变化，自由地替换某一层次的具体实现方式，实现快速高效的功能重构和升级。

2. 高效内核关键技术

内核是巨星座操作系统的基础，对下管控硬件，对上提供抽象，负责资源管理与任务调度。面向巨星座复杂应用场景，巨星座操作系统内核需要满足轻量化、低时延及强容错等需求。

面向不同的应用场景，操作系统种类很多、功能丰富各异，按内核结构主要分为宏内核结构操作系统、简要结构操作系统、外核结构操作系统和微内核结构操作系统。

操作系统内核典型结构频谱如图 11－2 所示，主要包含简要结构、外核结构、宏内核结构以及微内核结构等，内核结构详细介绍如下。

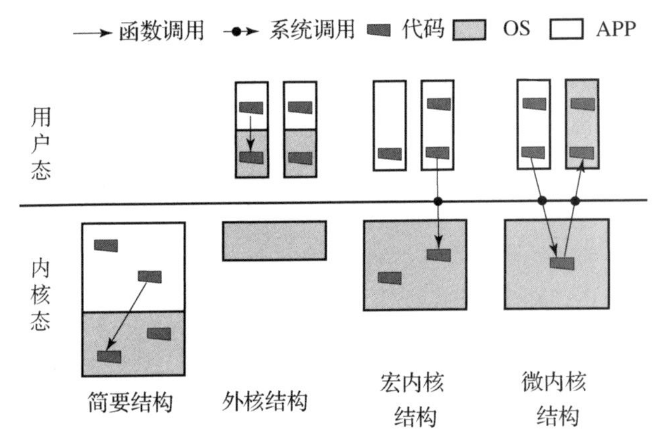

图 11－2 操作系统内核典型结构频谱

1）简要结构操作系统

该结构将应用程序与操作系统运行在相同的特权级别和同一个地址空间中，主要面向不支持地址空间隔离或特权隔离等功能的嵌入式设备以及仅需要运行单个程序的简单场景。这种结构的一个优势是应用程序和操作系统之间的交互简单且快速。但也正因如此，应用程序中的错误可能直接导致整个系统崩溃。该操作系统结构缺乏可持续演进能力，在面向异构星载硬件资源等方面扩展能力较差。

2）外核结构操作系统

外核结构通过将硬件抽象封装到与应用程序直接链接的库操作系统中，而库操作系统是应用程序开发人员自主配置或者自行开发的。在运行时，库操作系统和应用程序运行在同一个地址空间并运行在用户态，外核不提供具体抽象而仅负责保证多个应用程序能够安全且高效地共享硬件资源。但是，在面向复杂场景，库操作系统将会变得非常复杂，甚至相当于一个完整的宏内核，从而丧失外核架构本身的优势。

3）宏内核结构操作系统

整个操作系统都运行在内核态且属于同一地址空间。操作系统中所有的模块组件，如文件系统、网络栈、硬件驱动、进程管理等，都运行在具有特权的内核态。宏内核结构操作系统的一个显著优势为拥有良好的生态。但是，宏内核结构操作系统架构缺乏系统隔离，在安全和可靠方面存在不足，难以使用形式化方法进行验证。

4）微内核结构操作系统

微内核结构操作系统包括运行在内核态的微核和运行在用户态的若干操作系统功能模块，如文件系统、网络协议栈、硬件驱动等。微核本身代码量很少，主要包括支撑上层系统服务运行、提供不同系统服务之间通信能力等必要机制；不同系统服务运行在用户态及不同的地址空间中，彼此隔离。通过微核提供的通信能力进行交互协同，从而为应用程序提供服务。微内核结构操作系统的架构优势在于拥有更好的容错性和安全性，保证不同系统服务之间的隔离，即使某个系统服务出现故障或受到安全攻击，也不会直接导致整个操作系统崩溃或被攻破。此外，微内核结构操作系统比较方便为不同场景定制不同的系统服务，从而更好适应不同应用需求。

综上，围绕巨星座任务需求，选用全自主研发微内核结构操作系统的技术路线，在轻量化、可控时延、运行效率、可靠性、安全性、扩展性以及自主软件生态构建等方面优势明显，满足巨星座复杂应用场景需求。

3. 融合组网关键技术

节点间互联互通、灵活组网是实现巨星座高效管理及智能应用的基础。巨星座场景下，空间网络具有网络复杂、规模巨大、高动态拓扑、故障难以预测等特点，为网络的实时性和可靠性带来了挑战。因此，需要结合操作系统内核对整个网络进行优化设计。

采用SDN（软件定义网络）作为基本技术路线，采用分级管控与分域管控两大技术路线来实现。分级管控是提升网络对单个网络的可管控规模，而分域管控则是将大网划分为可相对独立管控的小网，两条路线结合，可以实现对万颗规模以上卫星实时、高效、优化、鲁棒的管控。

首先，分域管控是将万颗规模以上卫星划分为多个相对独立的、较小的网络域，对每个独立的网络域进行分而治之，不同网络域之间内部信息互不干扰，只提供抽象层面的路由与协作接口。这样可以以指数级的速度降低卫星节点规模对于网络整体管控的可扩展性压力。

面向万颗规模以上卫星节点的管控需求，卫星网络基于星座功能和轨道特征两种规则进行划分。先是将卫星网络按照功能划分为多个星座，如遥感星座、通信星座、气象星座、导航星座等；然后基于上述划分，针对规模比较大的星座进一步划分为规模更小的网域，按照相对稳定的组网结构进行划分，比如一个轨道面的卫星划分为一个网域。一般情况下，一个网域的规模不超过 200 个节点。

其次，针对海量节点导致的 SDN 控制平面扩展性不足的问题，采用分布式多控制器协同控制卫星网络。如图 11 – 3 所示，将地面控制器分为中心控制节点和分布式控制节点：中心控制节点由控制器集群构成，提供全网拓扑和路由转发策略的统一获取和管理，实现全局流量调度和网络优化；分布式控制节点采用分布式部署，负责部分天基网络节点的管控，处理不需要进行全局决策的网络控制请求，能够有效降低网络操作的响应时延，避免不必要的长距离传输。

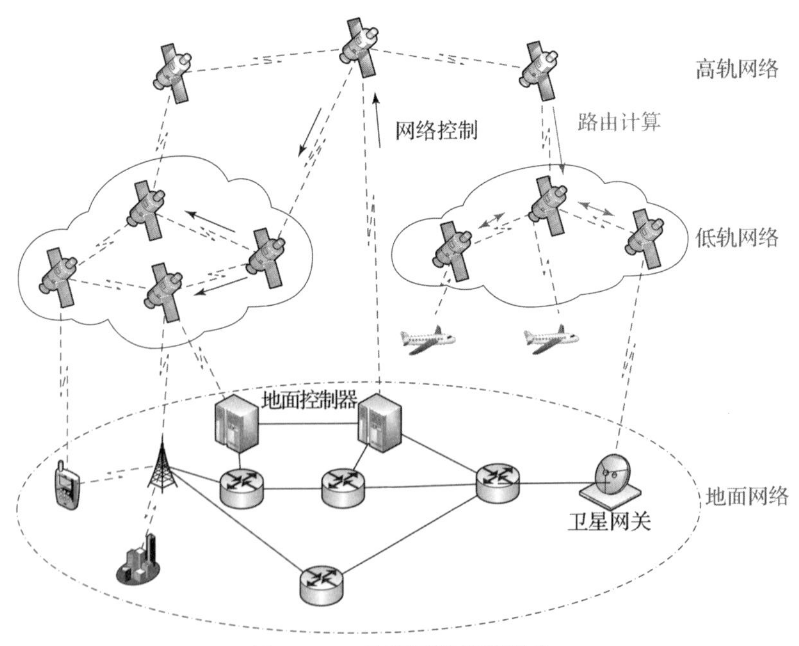

图 11 –3　高效网络管控架构

综上，构建巨星座操作系统作为天基网络组网、调度、控制及管理的核心，满足天基网络节点、路由转发策略的高效协同管控。

4. 安全可信关键技术

操作系统作为巨星座的核心基础设施，其可信与安全是空间数据资产安全的基础。巨星座的组网方式决定了其节点在空间领域呈现分布式的特点。因此，操作系统的技术架构亟需完成由集中式向分布式转变。同时，考虑星上的实际处理能力，卫星节点间需要相互合作，保证在有效控制和管理自身计算、存储及网络资源的同时完成指定任务。

如图11－4所示，操作系统采用一种基于分布式基础架构和计算方式的区块链技术，保证数据传输和访问全链路安全的“云－边－端”分布式协同可信与安全架构。

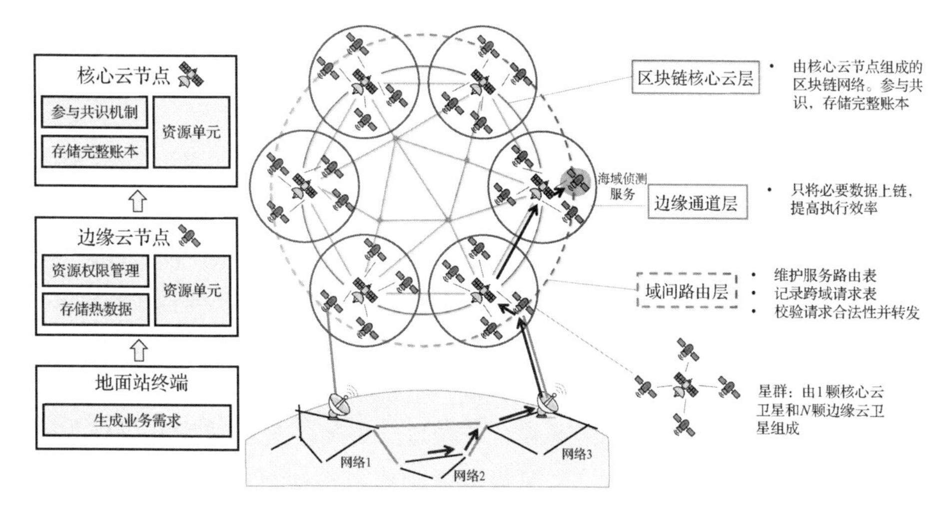

图11－4 “云－边－端”分布式安全可信体系

根据巨星座操作系统中不同节点所控制资源的不同和具体的功能需求，对“云－边－端”分布式协同可信与安全架构作出以下定义：

①核心云节点，即将控制关键存储、计算和网络资源的卫星作为核心云节点。核心云节点负责数据的全量存储，记录完整的区块链账本，提供核心共识机制和核心网络的接入，并结合“数据链＋日志链”的双链结构，保障操作系统数据可信。

②边缘云节点，即从核心云节点向边缘扩展资源的卫星。边缘云节点按需获取核心云节点资源，并且仅缓存核心云分配的部分数据，采用基于

区块链的多副本机制保证拜占庭容错下边缘缓存数据之间的数据一致性，同时为终端提供低延时的访问服务。

③终端节点，即单星节点、移动设备等终端设备。无须缓存完整数据，仅储存重要的区块头等信息，收集环境中的数据，可以向边缘云节点请求计算和网络通信服务。

④“云－边－端”分布式协同可信与安全架构，即根据卫星节点在外太空领域呈现分布式特点，结合区块链技术构建“核心云－边缘云－终端”的可信与安全架构，应用于操作系统中。核心云节点之间组网连通组成核心网络，边缘云节点可以和其他的边缘网络的节点进行跨边缘网络协作，二者通过横向和纵向的协同融合为终端提供多样计算和低延迟服务。

综上，围绕巨星座多星协同、动态管控、攻击防范等核心需求，基于区块链技术构建去中心化、“云－边－端”分布式协同可信与安全架构，形成巨星座操作系统安全可信基座，运行保障巨星座安全。

5. 生态体系关键技术

开源已成为一种软件科技创新的主流模式，包括人工智能、区块链等前沿 IT 技术几乎都通过开源模式得以快速发展，实现技术创新突破和产业生态发展。一方面，通过开源可以以更高的效率汇聚更多志同道合的“创客”，参与到新技术的革新和孕育之中，以寻求实现技术突破；另一方面，通过开源可以以更低的成本吸引更多的“新潮”用户，参与到新产品的成熟和传播之中，以寻求迅速从边缘低端产品变成主流高端产品。

巨星座操作系统是一个新场景、新领域，如何实现快速发展仅仅靠一家单位是难以实现快速突破，需要汲取大规模群体智慧的力量，将核心开发者、各类厂商、科研机构、志愿者等广泛连接起来，开展探索创新。

围绕巨星座操作系统的协同研发场景、测试和部署需求、应用构建特点等，构建一套面向通用领域的基础平台，需要突破适用于巨星座操作系统大规模分布式协同研发需求的代码协作、任务协作和文档协作等技术，研究针对巨星座操作系统持续演化需求的质量管理、持续集成、克隆检测技术等，并在基础平台之上做进一步的定制化开发，构造针对巨星座操作系统的开发与演化支撑环境。

综上，通过巨星座操作系统，促成星载硬件标准化、模块化，满足星载软硬件标准化设计和硬件资源虚拟化管理；促成软件构件化，提升软件复用度和继承性，减少二次开发，为形成软件生态奠定基础。

11.1.5 巨星座操作系统发展效益

围绕巨星座系统，构建庞大的软硬件生态，将带来“万星智联”的全场景生态。研究适用于巨星座操作系统等大型软件的分布式协同开发与持续演化技术，构建综合开发与演化服务支撑环境，实现面向开源的自主可控生态体系。

巨星座是未来天基系统的一个重要发展方向。巨星座操作系统是实现巨星座多功能可重构、协同一体、软件定义、全链路安全可信等共性需求的核心技术途径。结合巨星座任务需求和现有典型应用场景操作系统的发展启示，采用自研微内核架构进行全自主研发巨星座操作系统的技术路线，满足核心基础设施必须自主可控、安全可信的国家战略需求。同时，不需要背负 Linux 等成熟开源操作系统沉重的历史包袱，在轻量化、可控时延、高可靠等方面优势明显。

作为巨星座系统的核心基础设施和信息基座，面向巨星座场景的巨星座操作系统向下管理海量异构硬件，向上支持巨量航天应用软件，为软件赋能航天装备提供统一、标准、安全、可靠的运行环境，形成快速有弹性的软件能力。这将对航天软件的研制流程、政策、劳动力和技术产生三大变革：变革一，星载操作系统由功能专一向领域通用变革；变革二，应用开发由任务定制向平台通用变革；变革三，卫星应用由单星服务向“云－边－端”协同服务变革。

历史经验表明，高度依赖他国或开源操作系统，将面临从生态中被剔除的威胁。操作系统应用成功的关键在于建立完整的生态，自研操作系统将掌握构建生态的主动权，形成面向航天领域自主可控的开源软硬件生态体系，支撑我国卫星互联网等空间基础设施建设。

11.2 数据传输技术

信息系统为了达到高处理速度和好的实时性能，在运算同时 I/O 也在实时传输、交换和存储数据，且处理器的运算能力和 I/O 能力应该是匹配的。随着处理器内核速度迅速提高和 I/O 速度相对滞后，过去的一些运算密集型算法已经转变为 I/O 密集型算法。因此，提高数据的传输速率，对提高整个信息系统的实时性有着重要意义。

11.2.1 高速数据总线技术

如图 11-5 所示，VITA78 Space VPX 总线是 VITA 标准组织推出的适用于宇航领域的新一代高速总线。VITA78 采用了 Open VPX（VITA65）作为其基本架构框架，以便根据现有商业标准开发一套增强的模块和背板规格，并增加了太空社区及其应用所需的功能。它还致力于提高制造商和集成商之间的互操作性和兼容性，同时通过使用标准硬件组提高可负担性，满足宇航领域对强固型、高带宽、多核多 CPU 并行计算、多 FPGA、多 DSP 数据处理等技术需求。在不同层级、不同领域的用户之间建立共同规范，促进成品/现货交易，成本低、周期短。VITA78 Space VPX 标准总线支持每通道 10 Gbit/s 的高速串行总线 Rapid IO、PCIe 以及 1Gbe/10Gbe 以太网的互联和交互。

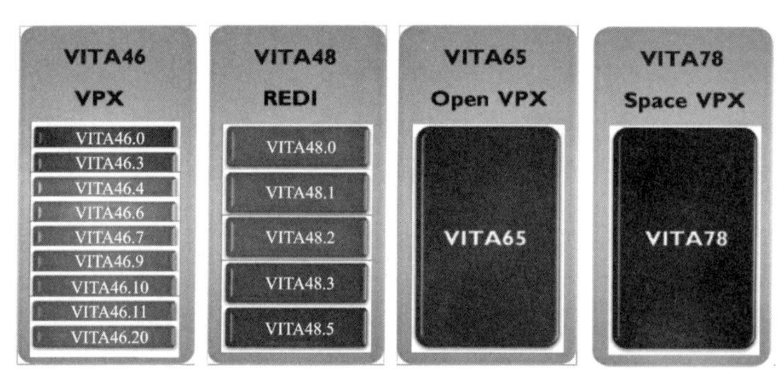

图 11-5 VITA 标准组织总线标准发展

采用 VITA78 Space VPX 标准总线，其中高速串行总线采用 Rapid IO、PCIe 以及千兆以太网进行互联互通。作为新一代总线，Rapid IO 的应用包括连接多处理器、存储器、网络设备中的存储器映射 I/O 器件、存储子系统和通用计算机平台。这一互联交换技术主要为系统内部互联，支持芯片级、板级和设备级的高速互联通信，可以实现每秒上百 Gb 数据传输的性能水平，其实现具有高性能、低延迟、低引脚数和低功耗等特点，是星载高性能处理平台海量数据传输和交互应用的理想选择；PCIe 的应用包括连接多处理器的数据共享和交互，便于多处理器间的协同处理；千兆以太网的应用包括板级控制数据的通信。

11.2.2 高速数据交换技术

高速信息流及计算节点互联总线采用 RapidIO、PCIe 和千兆以太网高速互联技术，提供每秒 Gb 级的处理数据、计算信息互联传输；通过冷备的双星型交换中心 A/B 完成各个计算节点之间的输入数据分发，计算中间数据互联，计算结果汇集和输出，可以支持串行、并行、串并结合的计算节点间拓扑重构。

交换控制网络同样采用双星型网络，采用低速的 UART 结构协议，实现每秒 Mb 级别的模块测控处理，监视模块工作情况，发送控制指令。另外，通过 UART 接口实现各个模块的处理器程序的在轨动态重配置，实现节点内部的算法和计算处理的重构。

在可靠性方面，这 2 个模块与 k 个并行计算节点板采用全互联的拓扑建立高速串行双向连接。k 个通用并行计算模块实际使用 n 个模块，其他（$k-n$）个模块为这 n 个模块提供备份，n 个当班机中有故障模块时，可以切断其电源，启用（$k-n$）个模块中的任意模块替换故障模块，修改交换模块中的交换表即可实现模块间的交叉互备。标准双星型数据交换网络示意图如图 11－6 所示，其中交换接口模块、主控管理模块采用双冗余备份，采用双星型互联网络。

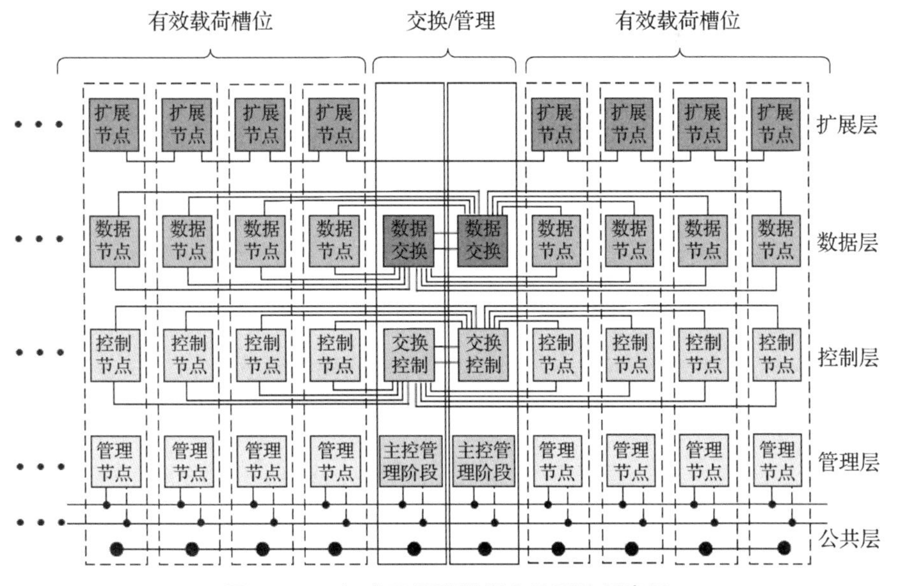

图 11－6　标准双星型数据交换网络示意图

11.2.3　高速数据存储技术

高速数据存储主要完成原始数据、压缩码流、处理结果等数据的快速记录和回放。星载大容量高速信息存储器提供 TB 级的存储容量以及每秒百 Gb 的存储速率，采用 NAND FLASH 半导体存储模块作为存储介质控制通道以高性能抗辐照 SoC 处理器为核心，数据通道以高速串行接口 SRIO 为对外接口，以数据识别分拣、数据分配、FLASH 控制器等专用 ASIC 为核心，协同配合工作。数据通道采用超大规模并行处理和多线程流水技术，数据通道内部总线最宽处达到上千 bit，使得即使在数据缓冲模式下工作的数据读写速率也可达到每秒数十 Gb 以上。

存储阵列与前端数据识别和分拣单元采用高速串行数据接口传输数据，该接口是目前高速数据传输领域的标准接口，便于扩展。当任务需求发生变化，需要固态存储器具有更大的容量或更高的存取速率时，可以通过增加存储单元（固态盘）的方式轻松便捷地实现系统的扩展。

如图 11－7 所示，当前典型星载数据存储阵列包含 4 个独立的数据存储单元。每个数据存储单元具有 32TB 存储空间和读写各 12.8 Gbit/s 带宽，以及相应的读写控制逻辑。各个存储单元在任务管理单元的统一调度下并行工作。整机具备 51.2 Gbit/s 的数据读写带宽。每个存储单元采用总线分时复用的策略解决同时记放时可能出现的总线冲突问题。每个单元均可以工作在记录模式或回放模式，也可在记录的同时进行回放和擦除。

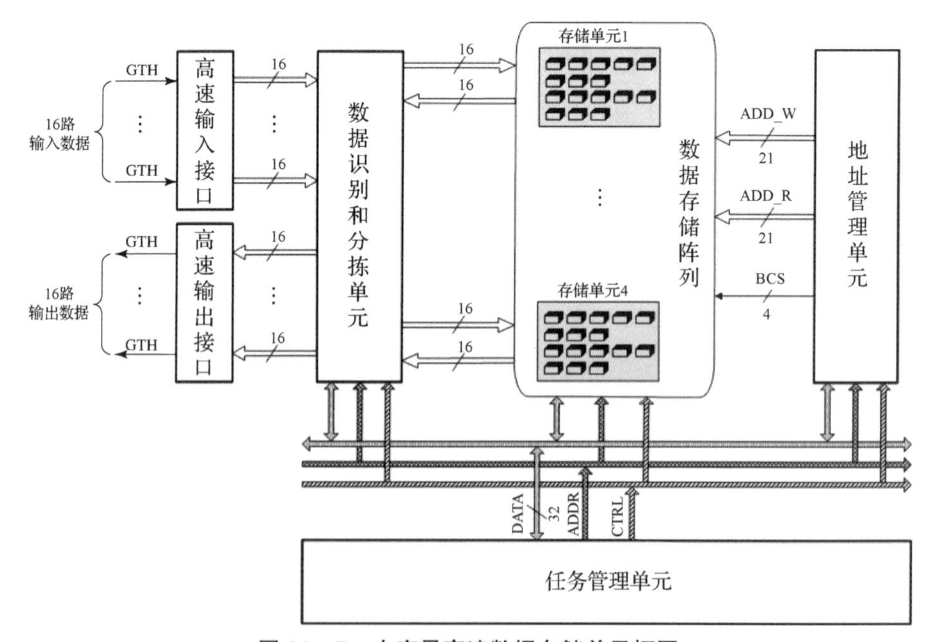

图 11－7　大容量高速数据存储单元框图

11.2.4 高性能计算技术

异构计算作为一种特殊形式的并行计算方式，能够根据每个计算子系统的结构特点为其分配不同的计算任务，在提高平台的计算性能、能效比和计算实时性方面体现出了传统架构所不具备的优势。因此，异构计算技术是解决人工智能计算平台能效问题的重要手段。

目前，将图形处理器（GPU）、现场可编程门阵列（FPGA）等协处理器与数字处理器 DSP 一起形成异构计算平台来实现计算性能的提升，已经成为学术界和工业界的研究热点。如图 11 -8 所示，通用异构计算单元主要包括主控模块、FPGA 模块、DSP 模块、AI 加速模块和电源模块，设计一种基于 FPGA + DSP + AI 加速芯片的专用异构处理架构，充分发挥各类型处理器的优势，实现优势互补，构建高效率、灵活的异构处理架构，完成基于深度学习的敏感目标检测识别功能。

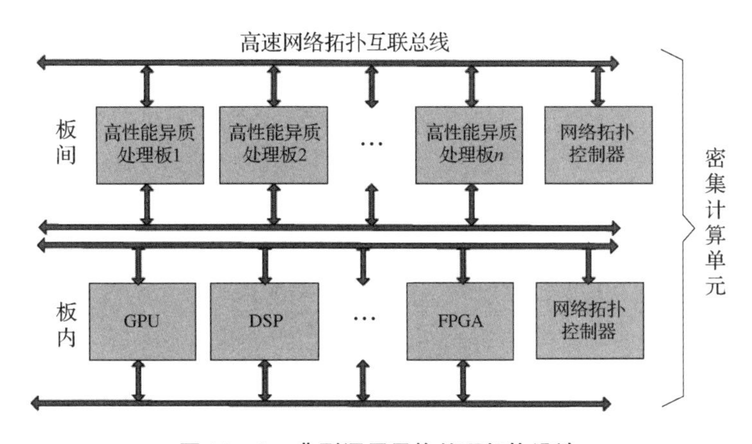

图 11 -8 典型通用异构处理架构设计

如图 11 -9 所示，专用异构处理单元包含主控模块、FPGA 模块、DSP 模块以及 AI 加速模块等。

主控模块选用在轨维护专用芯片实现程序上注和加载控制功能，选用 3 片 Nor Flash 芯片用于存储 DSP 及 Xilinx FPGA 的配置程序，采用 3 模冗余进行可靠性设计。

FPGA 模块选用高性能 FPGA 芯片，每片 FPGA 外扩 4 片 8GB 容量的 DDR3 SDRAM 芯片进行数据缓存。FPGA 具有全并行流水处理、IO 接口灵活、硬件资源丰富等优点，主要完成接收大幅宽图像数据进行数据预处理，感兴趣区域提取，目标切片生成，并将处理信息分发到处理模块（DSP 和 AI 加速模块），最后把处理结果发送到 IO 模块。

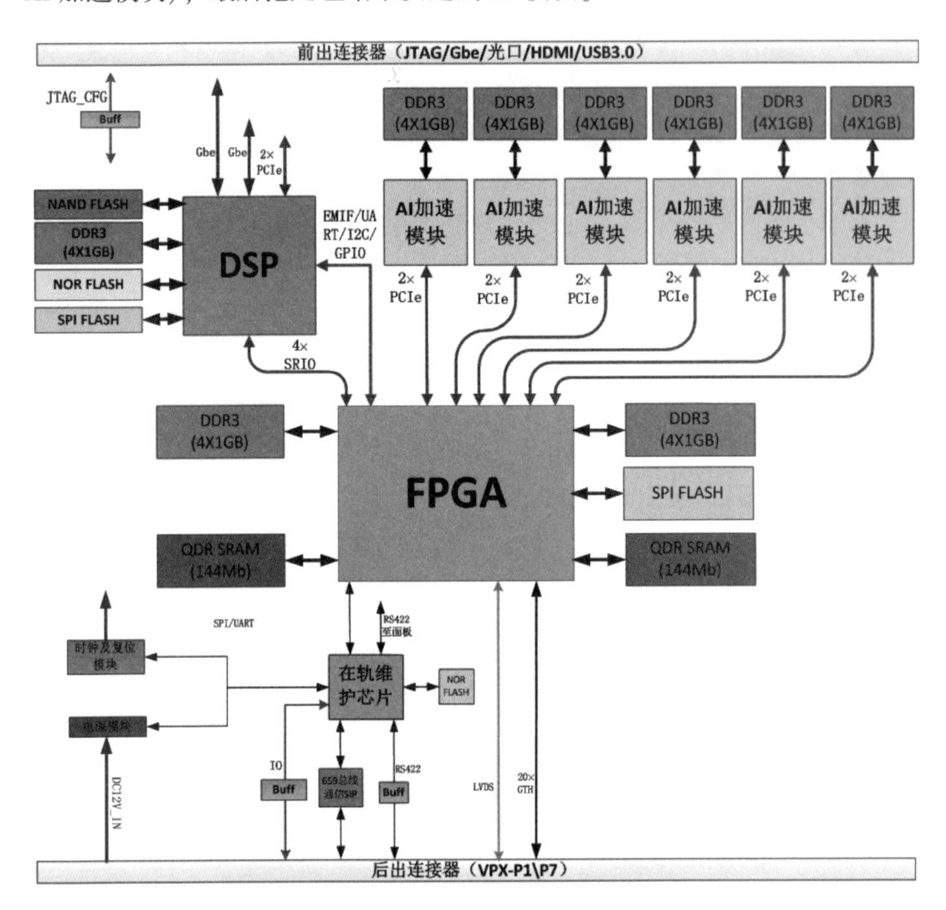

图 11-9　专用异构处理单元设计框图

DSP 模块选用高性能多核 DSP 芯片，每片 DSP 内部包含 8 个 DSP 处理核心，外扩 4 片 8GB 容量的 DDR3 SDRAM 芯片进行数据缓存。DSP 具有密集计算能力强、易于编程实现等优点，主要配合 AI 加速芯片完成感兴趣目标检测以及配合 FPGA 完成感兴趣区域提取功能。

AI 加速模块选用 AI 计算芯片，每片 AI 计算芯片外扩 4 片 8GB 容量 DDR3 SDRAM 芯片进行数据缓存以及 1 片 16GB 容量 Nand Flash 进行权重参数缓存和程序数据。AI 加速芯片具有适用于深度学习前向推理网络模型的计算架构、计算能力强、能效比高等优点，主要完成基于深度学习的目标检测和目标鉴别功能。

为了便于与前端载荷和后端发射通道的匹配，数据输入输出接口均通过实时处理单元进行连接，根据载荷输出数据率和接口形式，结合数据处理能力，灵活配置输入处理单元数量，同样可根据数据传输通道配置输出接口。处理单元数量配置不同决定系统输入输出能力。

11.3 大数据技术

近年来，随着卫星技术的发展，卫星数据以几何级数的速度快速增长。这些时效性强、覆盖范围广、多类型、高分辨率的海量数据被用于地表信息提取、资源与生态环境变化监测等诸多领域，发挥了巨大作用。但是，卫星数据量的快速增长和数据类型的不断丰富，也对数据快速精准解译方法与技术提出了更高要求，原始拍摄数据大量堆积与可用信息提取不足的矛盾日益突出。

11.3.1 样本库

建立多源图像样本库，首先收集可见光图像、多光谱图像、高光谱图像、红外图像和 SAR 图像等各种传感器图像，然后对图像进行筛选和分类，最后建立多源图像样本库。建立多源图像样本库，优势在于方便标定数据，有利于目标检测算法验证。拟建立的典型目标特性库包含以下几种：

①几何知识库，即各种军船、民船、飞机、车辆的几何参数、特征等。

②特征库，即对可见光图像、多光谱图像、高光谱图像、红外图像和 SAR 图像等各种图像进行筛选和分类，建立各种目标的特征库。

③光谱库，即基于多光谱图像、高光谱图像的数据库。

可采用生成式对抗网络 GAN 增加多源图像的数量和复杂度，便于系统神经网络的训练和后期整个检测识别系统的测试。

如图 11 - 10 所示，为提升基于深度学习的人工智能网络模型的性能，需利用大量样本切片对深度学习模型进行训练，以获取泛化外推能力优异的模型参数。因此，需要收集大量图像数据，建立数据量庞大的图像感兴趣目标的样本库。

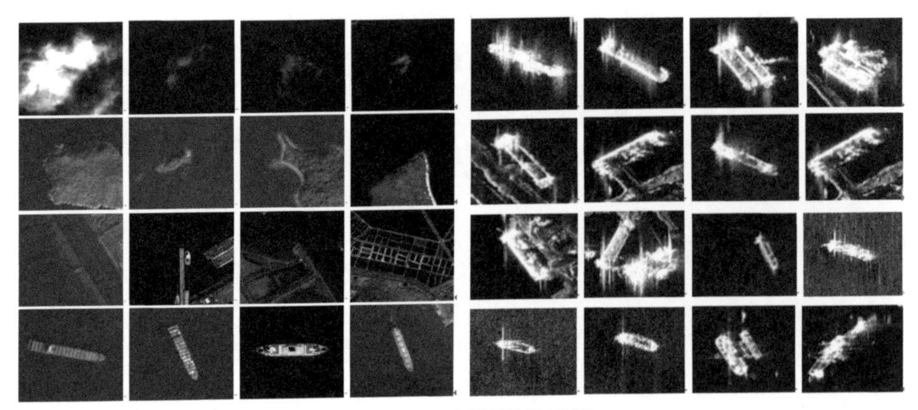

图 11-10 目标切片图像

国内典型星载样本库构建：可见光方面，基于 GF-1、GF-2、JL-1 等1 000余景国产遥感卫星图像，建立包含飞机、船只、车辆、海港、岛礁、云等目标的全色光深度学习样本库，完成10 000余个样本实例标注；采用迁移学习的训练方法，通过交叉验证与网格搜索策略，获得网络训练最优超参数集合；对云、岛屿、人工建筑和船4类目标查准率达到98%。SAR方面，基于GF-3、RadarSat-1、Sentinel-1等国内外SAR卫星图像数据，构建SAR舰船检测数据集，该数据集包含45 000舰船切片，可满足星载SAR图像的舰船目标检测、识别、训练和测试。

11.3.2 网络模型训练

基于深度学习的人工智能分为训练与预测两个过程。首先根据人工标定的目标图像切片作为CNN分类器的学习输入，经过训练后得到对应的分类器，然后根据得到的分类器对待分类目标切片进行预测，实现目标鉴别。

深度学习是典型的数据驱动的“表示学习”范式——由数据自提取特征，计算机自己从训练库中发现数据特征规则，进行自学习。因此，训练库中样本的代表性、对复杂情况的覆盖面、样本的丰富度直接决定了深度学习算法的优劣。船舶遥感影像质量除了受到复杂多样的成像因素（如天气状况、气候条件、太阳角度、成像视角、海面高光反射等），还受到复杂背景（如不同级别海浪）的影响。

研究在有限的人工识别样本以及舰船三维模型的基础上，训练样本合成与仿真模拟技术，实现对舰船图像原始样本的合理而有效的扩展，从而构建代表性强的遥感船舶图像样本库。

很多研究表明，与传统方法比较，CNN 可以学习到更高效的高层图像特征，但是训练一个识别率高、泛化能力强的 CNN 模型，往往需要大量有标签样本。目前，光学遥感图像数据集相对有限，而多数深度学习模型是面向自然场景图像识别任务，研究充分，数据量大，可通过采用迁移学习的方法，将大样本数据库上预训练好的模型应用在其他不同空间尺度不同传感器的少样本应用中，是提升舰船样本应用效率，提升系统扩展能力的关键技术。

训练深度学习模型计算量非常庞大，严重影响了深度学习模型的生产使用。确保深度学习模型能够快速的训练是深度学习模型有效性的必要条件。如图 11 - 11 所示，在已有的硬件条件下，采用当前先进的训练平台 Pytorch，使用大规模分布式计算集群的强大计算能力，利用模型可分布式存储、参数可异步通信的特点构建分布式深度学习模型训练技术，实现深度学习模型的快速训练。

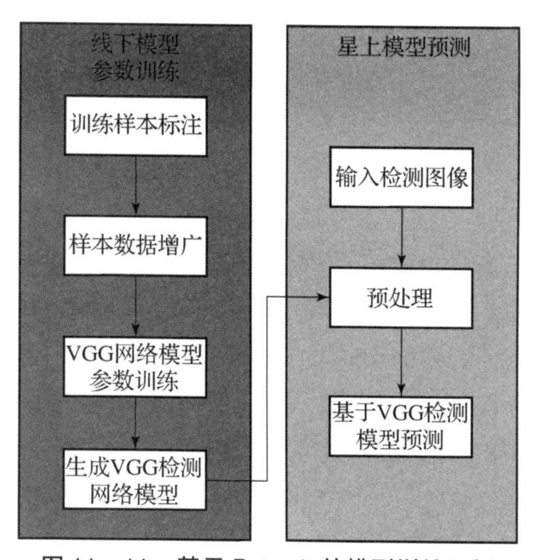

图 11 - 11　基于 Pytorch 的模型训练示例

11.3.3　样本共享服务平台

针对大规模样本共享服务问题，设立样本开源共享平台，支持多维语义查询、统计分析、数据共享服务。样本共享服务平台的总体框架如图 11 - 12 所示，包括基础设施层、数据存储层、数据服务层和应用层。其中，基础设施层包括分布式存储阵列、GPU 集群、文件系统、数据库系统及网络环境等。

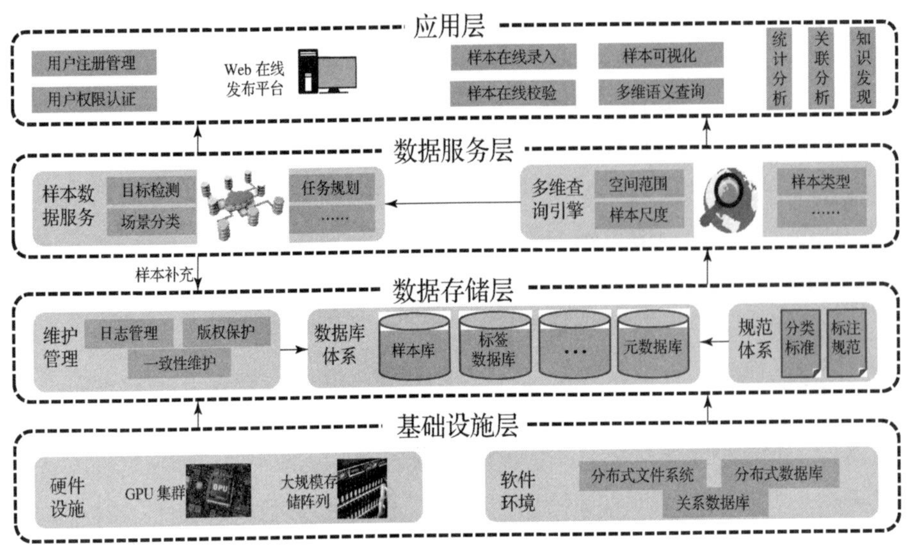

图 11－12　样本共享服务平台总体框架

以分布式弹性大规模存储阵列支撑全球范围海量遥感影像样本集的高吞吐和可扩展管理，以 GPU 集群支持深度学习模型计算和在线多并发访问快速响应需求。数据存储层支持多尺度多类型样本数据的存储、扩展、维护与版权保护。服务层支持遥感影像样本的多维语义查询和样本数据服务发布，对外提供具有互操作能力的数据访问服务接口。应用层允许用户进行开放注册并根据版权协议进行权限管理，在此基础上提供样本的录入、校验、多维语义查询、数据获取和可视化功能服务，并基于时空数据关联分析、样本综合统计分析、知识发现等数据挖掘模型为用户提供样本的在线分析与应用。

11.4　天基云计算技术

针对星上数据处理能力限制问题，研究天基分布式快速智能云处理体系架构技术，包括弹性可重构天基云处理网络拓扑结构、海量数据分布式协同处理技术、天基云处理资源智能管理与调度技术，解决空间威胁目标海量探测数据近实时处理需求与单颗卫星有限的计算能力之间的矛盾，满足天基快速智能云处理体系架构的高可靠性、高带宽、灵活可扩展性等需求。

11.4.1 天基快速智能云处理体系架构

针对星上数据处理能力限制，需要发展天基分布式快速智能云处理体系架构技术，提供可满足近实时海量数据智能计算处理要求的硬件资源，并通过任务规划要求和星上硬件资源状态、任务等级约束，形成自适应架构，建立多星联合的异构计算、通信、存储体系。

结合当前地面云处理的应用与研究，天基快速智能云处理的体系架构可以分为核心服务、服务管理和用户访问接口3层，如图11－13所示。核心服务层将硬件基础设施、软件运行环境、应用程序抽象成服务，这些服务具有可靠性强、可用性高、规模可伸缩等特点，满足多样性的应用需求。服务管理层为核心服务提供支持，进一步确保核心服务的可靠性、可用性与安全性。用户访问接口层实现端到云的访问。

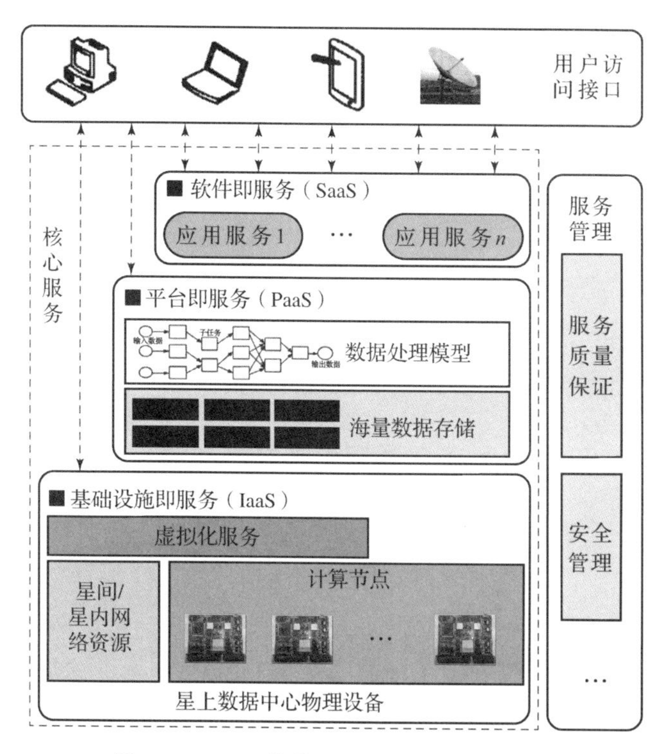

图11－13 天基快速智能云处理体系架构

天基快速智能云处理核心服务层分为3个子层：基础设施即服务（Infrastructure as a Service，IaaS）、平台即服务层（Platform as a Service，PaaS）、软件即服务层（Software as a Service，SaaS），各层服务特点如图 11－14 所示。

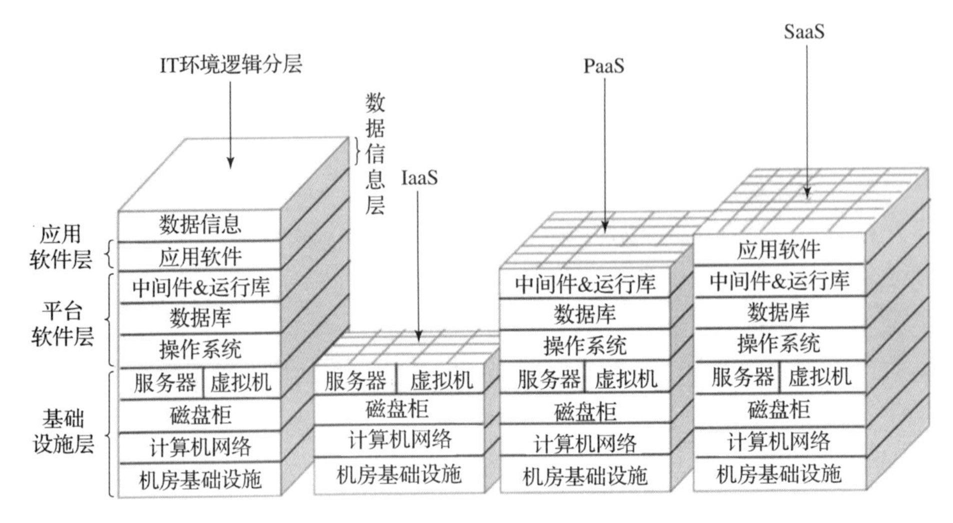

图 11－14　IaaS、PaaS、SaaS 服务特点比较

服务管理层对核心服务层的可用性、可靠性和安全性提供保障。服务管理包括服务质量（Quality of Service，QoS）保证、安全管理、计费管理、资源监控等管理措施，对天基快速智能云处理的稳定运行起到重要作用。

用户访问接口实现了云处理服务的泛在访问，通常包括命令行、网络服务、网络门户等形式。命令行和网络服务的访问模式既可为终端设备提供应用程序开发接口，又便于多种服务的组合。

11.4.2　弹性可重构天基云处理网络拓扑结构

针对天基快速智能云处理体系架构的高可靠性、高带宽、灵活可扩展性等需求，开展弹性可重构天基云处理网络拓扑结构技术研究。如图 11－15 所示，传统的树型结构网络拓扑存在以下缺陷：一是可靠性低。若汇聚层或核心层的网络设备发生异常，网络性能会大幅下降。二是可扩展性差。因为核心层网络设备的端口有限，难以支持大规模网络。三是网络带宽有限。在汇聚层，汇聚交换机连接边缘层的网络带宽远大于其连接核心层的网络带宽（带宽比例为 80∶1，甚至 240∶1），因此对于连接在不同汇聚交换机的计算节点来说，它们的网络通信容易受到阻塞。

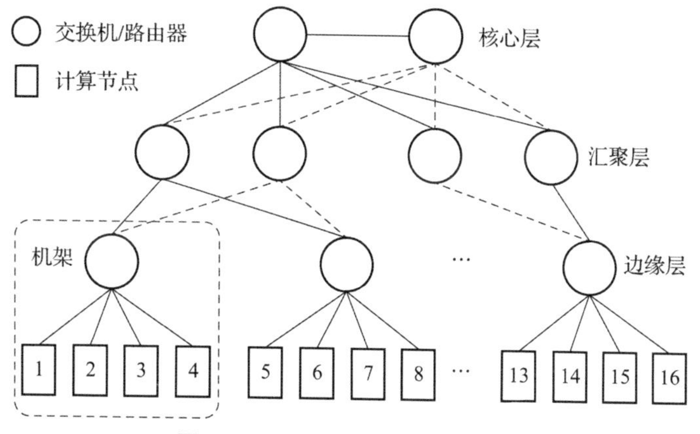

图 11-15 传统的树型网络拓扑

针对上述传统拓扑结构的缺陷，采用 VL2、PortLand、DCell、BCube 等新型网络拓扑结构，在传统树型结构中加入类似 mesh 的构造，使得节点之间的连通性与容错能力更高，易于负载均衡，节点更容易扩展。以 PortLand 结构为例，如图 11-16 所示，整个网络可以由 $5k2/4$ 个 k 口交换机连接 $k3/4$ 个计算节点。PortLand 由边缘层、汇聚层、核心层构成。其中，边缘层和汇聚层可分解为若干个 Pod，每一个 Pod 含 k 台交换机，分属边界层和汇聚层（每层 $k/2$ 台交换机）。Pod 内部以完全二分图的结构相连。边缘层交换机连接计算节点，每个 Pod 可连接 $k2/4$ 个计算节点。汇聚层交换机连接核心层交换机，每个 Pod 连接 $k2/4$ 台核心层交换机。基于 PortLand，可以保证任意两点之间有多条通路，计算节点在任何时刻两两之间可无阻塞通信，从而满足云计算数据中心高可靠性、高带宽、可扩展性等需求。

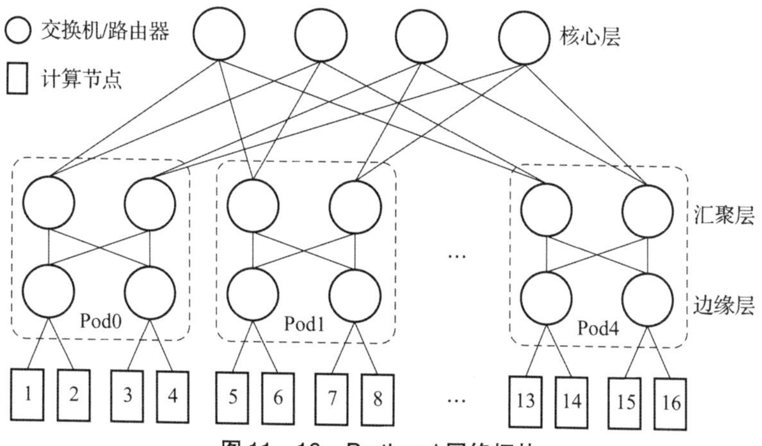

图 11-16 PortLand 网络拓扑

11.4.3 天基海量数据分布式快速协同处理

针对空间威胁目标海量探测数据近实时处理需求与单颗卫星有限的计算能力之间的矛盾，开展基于天基云处理架构的海量数据分布式协同处理技术研究，采用 MapReduce、Dryad 等分布式并行数据处理模型，能够支持规模扩展，屏蔽底层细节且简单有效。

MapReduce 模型由大量 Map 和 Reduce 任务组成，如图 11－17 所示。根据两类任务的特点，可以把数据处理过程分为 Map 和 Reduce 两个阶段：在 Map 阶段，Map 任务读取输入文件块，并行分析处理，处理后的中间结果保存在 Map 任务执行节点；在 Reduce 阶段，Reduce 任务读取并合并多个 Map 任务的中间结果。MapReduce 可以简化大规模数据处理的难度：首先，MapReduce 中的数据同步发生在 Reduce 读取 Map 中间结果的阶段，这个过程由编程框架自动控制，从而简化数据同步问题；其次，由于 MapReduce 会监测任务执行状态，重新执行异常状态任务，所以不需要考虑任务失败问题；再次，Map 任务和 Reduce 任务都可以并发执行，通过增加计算节点数量便可以加快处理速度；最后，在处理大规模数据时，MapReduce 任务的数目远多于计算节点的数目，有助于计算节点负载均衡。

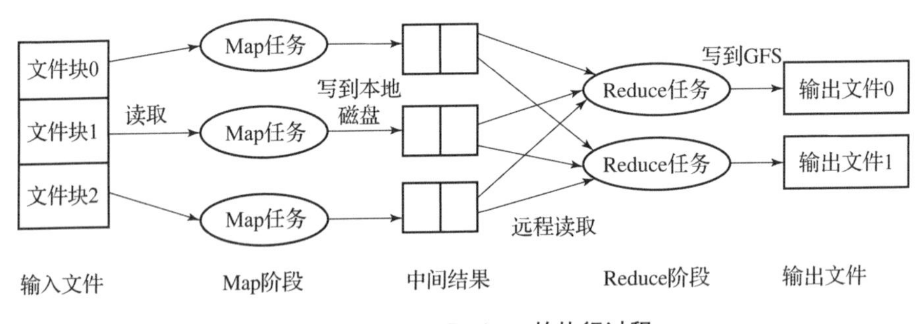

图 11－17 MapReduce 的执行过程

Dryad 采用了基于有向无环图（Directed Acyclic Graph，DAG）的并行模型，如图 11－18 所示。在 Dryad 中，每一个数据处理任务都由 DAG 表示，图中的每一个节点表示需要执行的子任务，节点之间的边表示两个子任务之间的通信。Dryad 可以直观地表示出作业内的数据流。基于 DAG 优化技术，Dryad 可以更加简单高效地处理复杂流程。同 MapReduce 相似，Dryad 屏蔽了底层的复杂性，并可以在计算节点规模扩展时提高处理能力。

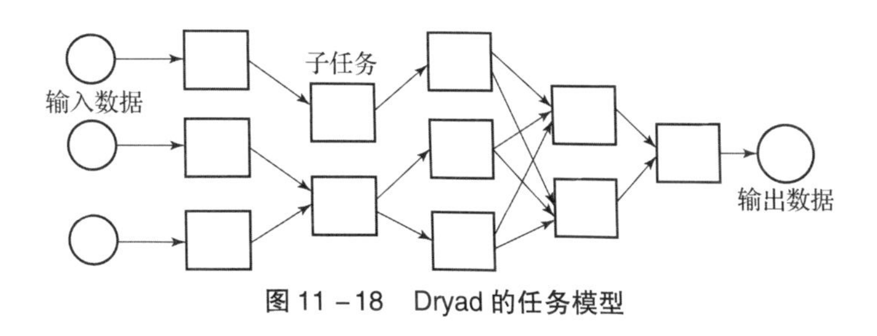

图 11－18 Dryad 的任务模型

11.4.4 天基云处理资源智能管理与调度

天基海量数据处理的执行性能受到网络带宽的影响，但是网络带宽是天基云计算节点集群的急缺资源，因此海量数据处理平台的任务调度需要考虑网络带宽因素。为了减少任务执行过程中的网络传输开销，可以将任务调度到输入数据所在的计算节点，因此需要研究面向数据本地性的任务调度算法，采用 HTA（Hadoop Task Assignment）问题模型，该模型为一个变形的二部图匹配，如图 11－19 所示。其目标是将任务分配到计算节点，并使各计算节点负载均衡。其中，s_i、t_j 分别表示计算节点和任务，实边表示 s_i 有 t_j 的输入数据，虚边表示 s_i 没有 t_j 的输入数据，w_l 和 w_r 分别表示调度开销。基于先均匀分配再均衡负载的思想，通过 BAR 算法快速求解大规模 HTA 问题。

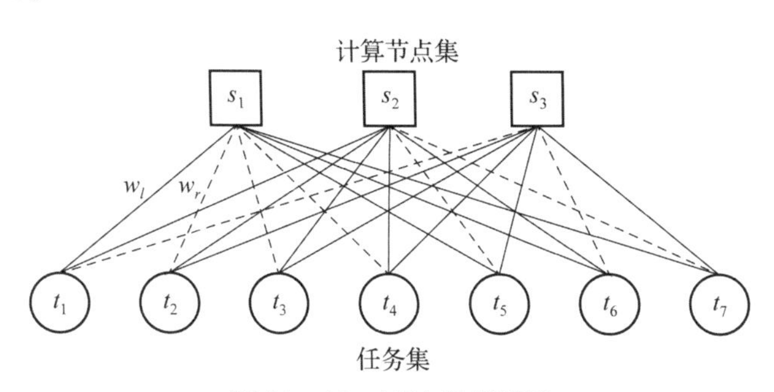

图 11－19 HTA 问题模型

除了保证数据的本地性，天基云处理网络的作业调度器还需要考虑作业之间的公平调度。工作负载中既包括子任务少、执行时间短、对响应时间敏感的即时作业（如数据查询作业），也包括子任务多、执行时间长的长期作业（如数据分析作业）。研究公平调度算法可以及时为即时作业分配资源，使其快速响应。为了折中数据本地性和作业公平性，采用基于最小代价流的调度模型。如图 11－20 所示，w_j^i 表示作业 i 的子任务 j，w_j^i 和 c、r、

x、u 的边分别表示任务被调度到计算节点、机架、数据中心和不被调度，每条边带有权值，并需要根据集群状态实时更新权值。当系统状态发生改变时（如有计算节点空闲、有新任务加入），调度器对调度图求解最小代价流，并做出调度决策。

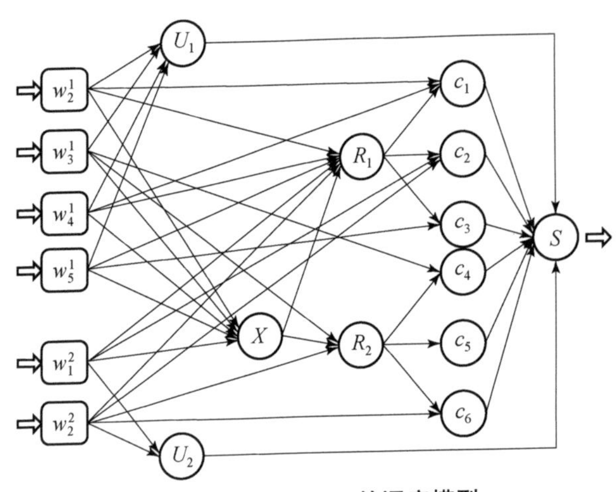

图 11 -20　Quincy 的调度模型

为了使天基云处理平台可以在任务发生异常时自动从异常状态恢复，需要研究任务容错机制。MapReduce 的容错机制在检测到异常任务时，会启动该任务的备份任务。备份任务与原任务同时进行，当其中一个任务顺利完成时，调度器立即结束另一个任务。针对异构环境下异常任务的发现机制，采用 LATE（Longest Approximate Time to End）调度器，通过估算 Map 任务的完成时间，LATE 为估计完成时间最晚的任务产生备份。

第 12 章　共性技术

本章将人工智能共性技术定义为算法模型、训练平台、计算平台、计算加速、样本库、AI 芯片等，涵盖人工智能算法、数据、算力及系统平台等基础要素。下面分别从算法模型、计算加速以及计算平台 3 个方面展开阐述。

12.1　算法模型

20 世纪 50 年代初期，人工智能追求研发出能够像人类一样具有智力的机器，研究界把这个称之为“强人工智能”，后续出现了专家系统。在特定领域运用人工智能技术，给人工智能发展注入新的活力，然而又带来了难以移植、成本昂贵等问题。1980 年之后，机器学习成为 AI 研究的主流，研究计算机怎样模拟或实现人类的学习行为，以获取新的知识或技能，重新组织已有的知识结构使之不断改善自身的性能。2000 年左右，计算机科学家在神经网络研究基础上加入多层感知器构建深度学习模型，成功解决了图像识别、语音识别以及自然语言处理等领域的众多问题。近年来，在 IBM 等科技巨头推动下认知计算（Cognitive Computing）蓬勃发展，通过学习理解语言、图像、视频等非结构化数据，更好地从海量复杂数据中获得知识，做出更为精准的决策。机器学习是人工智能领域研究的核心问题之一，理论成果已经应用到人工智能的各个领域。机器学习算法通过模式识别系统根据事物特征将其划分到不同类别，通过对识别算法的选择和优化，使其具有更强的分类能力。

探究人工智能领域内的相关概念，机器学习、深度学习、强化学习是驱动其快速发展的核心动力。人工智能最早出现，曾一度被极为看好；之后，人工智能的一些较小的子集即机器学习得到了快速发展；近十年来，机器学习领域内的另一分支——深度学习得到了广泛关注，造成了前所未有的巨大影响，成为驱动人工智能大爆炸的核心。

1. 人工智能（Artificial Intelligence），为机器赋予人的智能

早在1956年夏天的达特茅斯学院智能研讨会上，人工智能的先驱们就梦想着用当时刚刚出现的计算机来构造复杂的、拥有与人类智慧同样本质特性的机器。这就是我们现在所说的“强人工智能”（General AI）。这个无所不能的机器，它有着人类所有的感知（甚至比人更多），我们所有的理性，可以像我们一样思考。

人们在电影里也总是看到这样的机器：友好的，像星球大战中的C-3PO；邪恶的，如终结者。强人工智能现在还只存在于电影和科幻小说中，原因不难理解，人们还没法实现它们，至少目前还不行。

目前能实现的，一般被称为“弱人工智能”（Narrow AI）。弱人工智能是能够与人一样，甚至比人更好地执行特定任务的技术，如Pinterest上的图像分类或者Facebook的人脸识别。

2. 机器学习，一种实现人工智能的方法

如图12-1所示，与传统直接编写计算机程序完成某个确定的算法直接完成从输入到输出推导不同的是，机器学习方法是计算机利用已有的数据（经验），得出了某种模型（迟到的规律），并利用此模型预测未来（是否迟到）的一种方法。因此，从某种程度上来理解，机器学习与人类思考的经验过程是类似的，不过它能考虑更多的情况，执行更加复杂的计算。事实上，机器学习的一个主要目的就是把人类思考归纳经验的过程转化为计算机通过对数据的处理计算得出模型的过程。经过计算机得出的模型能够以近似于人的方式解决很多灵活复杂的问题。机器学习的过程与人类思考方式一致，遵循“透过数据，发现规律，进行预测”的基本过程。

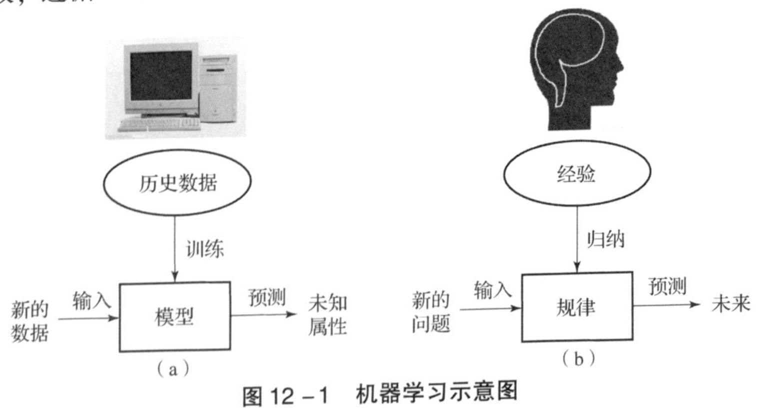

图12-1 机器学习示意图

(a) 机器；(b) 人

机器学习直接来源于早期的人工智能领域。传统算法包括决策树学习、推导逻辑规划、聚类、强化学习和贝叶斯网络等。从学习方法上进行分类，机器学习算法可以分为监督学习（如分类问题）、无监督学习（如聚类问题）、半监督学习、集成学习和强化学习等。早期机器学习方法受制于机器计算能力，甚至都无法实现弱人工智能。随着时间的推移，计算能力的发展改变了一切。

3. 深度学习，一种实现机器学习的技术

深度学习本来并不是一种独立的学习方法，其本身也会用到有监督和无监督的学习方法来训练神经网络。但由于近几年该领域发展迅猛，一些特有的学习手段相继被提出（如残差网络）。因此，越来越多的人将其单独看作一种学习的方法。

最初的深度学习是利用深度神经网络来解决特征表达的一种学习过程。深度神经网络本身并不是一个全新的概念，其源自人工神经网络。人工神经网络是早期机器学习中的一个重要的算法，历经数十年风风雨雨。神经网络的原理是受我们大脑的生理结构——互相交叉相连的神经元启发。但与大脑中一个神经元可以连接一定距离内的任意神经元不同，人工神经网络具有离散的层、连接和数据传播的方向。

深度神经网络可大致理解为包含多个隐含层的神经网络结构。为了提高深层神经网络的训练效果，人们对神经元的连接方法和激活函数等方面做出了相应的调整。其实有不少想法早年间也曾有过，但由于当时训练数据量不足、计算能力落后，因此最终的效果不尽如人意。

深度学习以摧枯拉朽般实现各种任务，使得似乎所有的机器辅助功能都变为可能。无人驾驶汽车、预防性医疗保健，甚至更好的电影推荐，都近在眼前或即将实现。其原因与以下因素息息相关：

①深度神经网络需要大量数据进行训练。网络深度太浅的话，识别能力往往不如一般的浅层模型，如 SVM 或 boosting；如果做得很深，就需要大量数据进行训练，否则学习过程中过拟合将不可避免。自 2006 年开始，随着互联网的迅速发展，产生了大量可供训练和学习的数据，即所谓的大数据时代。

②运算能力。深度网络对计算机的运算要求比较高，需要大量重复可并行化的计算，在当时 CPU 只有单核且运算能力比较低的情况下，不可能进行很深的深度网络训练。随着 GPU 计算能力的增长，深度网络结合大数

据的训练才成为可能。

③回顾神经网络的发展历程，从单层神经网络（感知器）开始，到包含一个隐藏层的两层神经网络，再到多层的深度神经网络，先后经历了“三起三落”，在这起落之间，有一大批如Lecun、Hinton等科学家的坚持，最终迎来了深度神经网络占据主流的曙光。

4. 强化学习，学习反馈的自我进化机制

强化学习是受到生物能够有效适应环境的启发，以试错的机制与环境进行交互，通过最大化累积奖赏的方式来学习到最优策略。

强化学习系统由4个基本部分组成，即状态 s、动作 a、状态转移概率 $P(s'/s,a)$ 和奖赏信号 r。策略 P_i：$S->A$ 被定义为从状态空间到动作空间的映射。智能体在当前状态 s 下根据策略 P_i 来选择动作 a，执行该动作并以概率 $P(s'/s,a)$ 转移到下一状态 s'，同时接收到环境反馈回来的奖赏 r。强化学习的目标是通过调整策略来最大化累积奖赏，通常使用值函数估计某个策略 P_i 的优劣程度。

在实际应用过程中，往往会结合深度学习、强化学习应用，通过深度学习进行有效信息的检测识别，再通过强化学习形成系统的反馈进化。早在2015年，谷歌公司的人工智能研究团队——深智（DeepMind）公布了两项令人瞩目的研究成果：基于Atari视频游戏的深度强化学习算法和计算机围棋初弈号1。这些工作打破了传统学术界设计类人智能学习算法的桎梏，将具有感知能力的深度学习（Deep Learning，DL）和具有决策能力的强化学习（Reinforcement Learning，RL）紧密结合在一起，构成深度强化学习（Deep Reinforcement Learning，DRL）算法，其原理框架如图12－2所示。这些算法的卓越性能远超出人们的想象，极大地震撼了学术界和产业界。

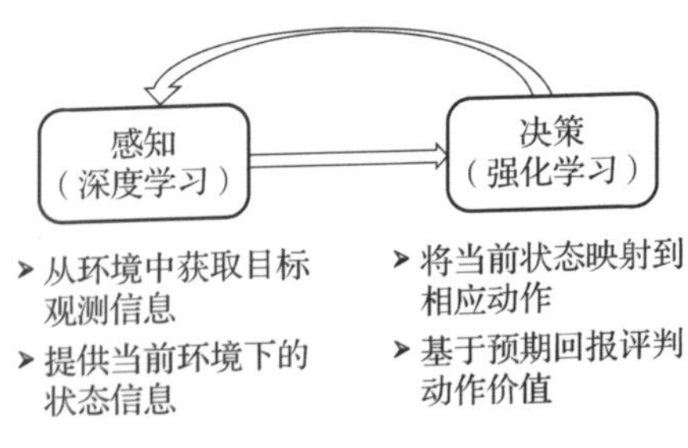

图12－2　深度强化学习框架

深智团队在《Nature》杂志上的两篇文章使深度强化学习成为高级人工智能的热点。2015年1月提出的深度Q网络（Deep Q-network，DQN），在Atari视频游戏上取得了突破性的成果。深度Q网络模拟人类玩家进行游戏的过程，直接将游戏画面作为信息输入，游戏得分作为学习的强化信号。研究人员对训练收敛后的算法进行测试，发现其在49个视频游戏中的得分均超过人类的高级玩家。在此基础上，深智团队在2016年1月进一步提出计算机围棋“初弈号”。该算法将深度强化学习方法和蒙特卡罗树搜索（Monte Carlo Tree Search，MCTS）结合，极大减少了搜索过程的计算量，提升了对棋局估计的准确度。“初弈号”在与欧洲围棋冠军樊麾的对弈中，取得了5：0完胜的结果。2016年3月。与当今世界顶级围棋棋手职业九段李世石（Lee Sedol）进行了举世瞩目的对弈，最终以4：1获得胜利。这也标志着深度强化学习作为一种全新的机器学习算法，已经能够在复杂的棋类博弈游戏中达到匹敌人类的水平。

5. 迁移学习，运用已存在的知识对不同但相关领域问题进行求解的一种新的机器学习方法

迁移学习放宽了传统机器学习中的两个基本假设：

①用于学习的训练样本与新的测试样本满足独立同分布的条件；

②必须有足够可利用的训练样本才能学习得到一个好的分类模型，目的是迁移已有知识来解决目标领域中仅有少量有标签样本数据甚至没有的学习问题。

首先，随着时间的推移，原先可利用的有标签的样本数据可能变得不可用，与新来的测试样本的分布产生语义、分布上的缺口。例如，股票数据就是很有时效性的数据，利用上月份的训练样本学习得到的模型并不能很好地预测本月份的新样本。其次，有标签的样本数据往往很匮乏，而且很难获得。在网页数据挖掘领域，新数据不断涌现，已有的训练样本已经不足以训练得到一个可靠的分类模型，而标注大量的样本又非常费时费力，而且由于人的主观因素容易出错，这就引出了机器学习中另外一个重要问题，即如何利用少量的有标签训练样本或者源领域数据，建立一个可靠的模型对目标领域数据进行预测（源领域数据和目标领域数据可以不具有相同的数据分布）。数据分类首先要解决训练集样本抽样问题，即如何抽到具有代表性的样本集作为训练集是一个值得研究的重要问题。

人工智能技术从传统简单的自适应反馈算法，到简单的机器学习方法，再到近几年日趋实用流行的深度强化学习以及迁移方法，在实际应用中日渐成熟，对传统行业、特别是大数据驱动行业造成了颠覆性影响。有鉴于此，日本、美国及西欧各国均制订了有关的研究规划。例如，美国国防部投资4亿美元，由国防部高级研究计划局（DAPRA）制订了一个8年研究计划，并成立了相应的组织和指导委员会。同时，海军研究办公室（ONR）、空军科研办公室（AFOSR）等也纷纷投入巨额资金进行神经网络的研究。DARPA认为神经网络“看来是解决机器智能的唯一希望”，并认为“这是一项比原子弹工程更重要的技术”。美国国家科学基金会（NSF）、美国国家航空航天局（NASA）等政府机构对神经网络的发展也都非常重视，它们以不同的形式支持了众多的研究课题。

机器学习的经典算法主要有6种类型：一是聚类算法。采用各种距离度量技术将一系列的数据点划分到K类中，划分后的聚类结构具有类内相似、类间差距最大的特点。二是分类算法。事先按照一定的标准给一组对象集合进行分类，并赋予类标签，训练出学习模型，利用该模型对未知对象进行分类。三是回归算法。综合考虑整个数据集中因变量和自变量之间的关系进行建模，进而利用模型对给定的自变量进行计算得到预测值。四是深度学习算法。五是强化学习算法。六是迁移学习算法。本节将针对这几类算法做出简要论述。

12.1.1 聚类算法

俗话说“物以类聚，人以群分”，聚类算法是将数据对象分组成为多个类或簇，在同一簇中的对象之间具有较高的相似度，而不同簇中的对象差别较大。通过聚类的划分，可以将一个簇中的数据对象作为一个整体对待。从机器学习的角度，聚类算法是一种“无监督学习”，训练样本的标记信息是未知的，根据数据的相似性和距离来划分，聚类的数目和结构没有事先给定。聚类的目的是寻找数据簇中潜在的分组结构和关联关系，通过聚类使得同一个簇内的数据对象的相似性尽可能大，同时不在同一个簇中的数据对象的差异性也尽可能地大。在人工智能中，聚类分析亦被称为“无先验学习”，是机器学习中的重要算法，目前被广泛应用于各种自然科学和工程领域，如心理学、生物学、医学等。

目前已经提出多种聚类算法，可分为划分方法、层次方法、基于密度的方法、基于网格的方法和基于模型的方法。

根据关注属性和方法的不同，可以将聚类算法划分为以下几类。

1. 基于划分的聚类算法

①K－means 算法。这是一种典型的聚类划分算法，用一个聚类的中心代表一个簇，即在迭代过程中选择的聚点不一定是聚类中的一个点。该算法智能处理数值型数据。先对数据原型进行初始化，然后对原型进行迭代更新求解，算法描述如表 12－1 所示。

表 12－1　K－means 算法描述

输入：样本集 $\boldsymbol{D}=\{x_1,x_2,\cdots,x_n\}$，聚类簇 k
过程：
1：从 $\boldsymbol{D}$ 中随机选择 k 个样本作为初始质心 $\{u_1,\ u_2,\ \cdots,\ u_n\}$
2：**重复**
3：计算样本 x_j 与质心 u_i 的距离 $d_{ji}=\Vert x_j-u_i\Vert_2$
4：将样本 x_j 划入距离最近的簇 C_i
5：计算每个聚类簇的新的质心 $u_i'=\frac{1}{\vert C_i\vert}\sum_{x\in C_i}x$
6：**直到**所有聚类簇质心不发生变化或者达到最大迭代次数

②K－modes 算法。该算法是 K－means 算法的扩展，采用简单匹配方法来度量分类型数据的相似度。

③CLARA 算法。该算法在 PAM 基础上采用了抽样技术，能够处理大规模数据。

④CLARANS 算法。该算法融合了 PAM 和 CLARA 两者的优点，是一个用于空间数据库的聚类算法。

⑤PCM 算法。这是一种基于模糊几何理论的聚类算法。

2. 基于层次的聚类算法

①CURE 算法。该算法采用抽样技术先对数据集进行随机抽取样本，再采用分区技术对样本进行分析，然后对每个分区局部聚类，最后对局部聚类进行全局聚类。

②CHEMALOEN 算法（变色龙算法）。该算法首先由数据集构造成一个k－近邻图，再通过一个图的划分算法将图划分成大量子图，每个子图代表一个初始子簇，最后用一个凝聚的层次聚类算法反复合并子簇，找到真正的结果簇。

③BRICH 算法。该算法利用树结构对数据集进行处理，叶节点存储一个聚类，用中心和半径表示，顺序处理每一个对象，并把它划分到聚类最近的节点。该算法也可以作为其他聚类算法的预处理过程。

3. 基于密度的聚类算法

①DBSCAN 算法。这是一种典型的基于密度的聚类算法，该算法采用空间索引技术来搜索对象的邻域，引入了“核心对象”和“密度可达”等概念，从核心对象出发，把所有密度可达的对象组成一个簇。

②OPTICS 算法。该算法先生成聚类的次序，可以对不同的聚类设置不同的参数，来得到用户满意的结果。

4. 基于网格的聚类算法

①STING 算法。该算法利用网格单元保存数据统计信息，从而实现多分辨率的聚类。

②WaveCluster 算法。该算法在聚类分析中引入了小波变换的原理，主要应用于信号处理领域。

5. 基于神经网络的聚类算法

该方法的基本思想是由外界输入不同的样本到人工的自组织映射网络中，开始时输入样本引起输出兴奋细胞的位置各不相同，但自组织后会形成一些细胞群，它们分别代表了输入样本，反映了输入样本的特征。

6. 基于统计学习的聚类算法

①COBWeb 算法。这是一种通用的概念聚类方法，它用分类树的形式表现层次聚类。

②AutoClass 算法。该算法以概率混合模型为基础，利用属性的概率分布来描述聚类。该方法能够处理混合型的数据，但要求各属性相互独立。

从算法的可伸缩性、适合的数据类型、维度特性、异常数据的抗干扰能力、聚类形状以及算法效率 6 个方面，对上述算法的比较分析，如表 12－2 所示。

表 12－2　聚类算法比较

序号	算法名称	可伸缩性	适合的数据类型	高维性	抗干扰性	聚类形状	算法效率
1	WaveCluster	很高	数值型	很高	较高	任意形状	很高
2	BIRCH	较高	数值型	较低	较低	球形	很高
3	CURE	较高	数值型	一般	很高	任意形状	较高
4	DENCLUE	较低	数值型	较高	一般	任意形状	较高
5	DBSCAN	一般	数值型	较低	较高	任意形状	一般
6	CLARANS	较低	数值型	较低	较高	球形	较低

12.1.2　分类算法

目前主流的分类算法既包括决策树、贝叶斯、人工神经网络、k－近邻、支持向量机和基于关联规则的分类等单一的分类方法，同时也包括多种方法组合的集成学习方法，如 Bagging 和 Boosting 等。

1. 决策树

决策树是用于分类和预测的主要技术之一。决策树学习是以实例为基础的归纳学习算法，它着眼于从一组无次序、无规则的实例中推理出以决策树表示的分类规则。构造决策树的目的是找出属性和类别间的关系，用它来预测将来未知类别的记录的类别。它采用自顶向下的递归方式，在决策树的内部节点进行属性的比较，并根据不同属性值判断从该节点向下的分支，在决策树的叶节点得到结论。

主要的决策树算法有 ID3、C4.5（C5.0）、CART、PUBLIC、SLIQ 和 SPRINT 算法等。它们在选择测试属性采用的技术、生成的决策树的结构、剪枝的方法以及时刻、能否处理大数据集等方面都有各自的不同之处。

决策树的目标是将数据按照对应的类属性进行分类，通过特征属性的选择将不同类别数据集合贴上对应的类别标签，使分类后的数据集纯度最高，而且能够通过选择合适的特征尽量使分类速度最快，减少决策树深度。决策树生成过程一般经过以下 3 个步骤：

①特征选择。该步骤是指从训练数据中众多的特征中选择一个特征作

为当前节点的分裂标准。如何选择特征有着很多不同量化评估标准，从而衍生出不同的决策树算法。

②决策树生成。该步骤根据选择的特征评估标准，从上至下递归地生成子节点，直到数据集不可分则停止决策树生长。

③剪枝。决策树容易过拟合，通常需要剪枝，缩小树结构规模、缓解过拟合。剪枝技术有预剪枝和后剪枝两种。

2. 贝叶斯

贝叶斯（Bayes）分类算法是一类利用概率统计知识进行分类的算法，如朴素贝叶斯（Naive Bayes）算法。这些算法主要利用 Bayes 定理来预测一个未知类别的样本属于各个类别的可能性，选择其中可能性最大的一个类别作为该样本的最终类别。由于贝叶斯定理成立的本身需要一个很强的条件独立性假设前提，而此假设在实际情况中经常是不成立的，因而其分类准确性就会下降。为此就出现了许多降低独立性假设的贝叶斯分类算法，如 TAN（Tree Augmented Naive Bayes）算法，它是在贝叶斯网络结构的基础上增加属性对之间的关联来实现的。

3. 人工神经网络

人工神经网络（Artificial Neural Networks，ANN）是一种应用类似于大脑神经突触连接的结构进行信息处理的数学模型。在这种模型中，大量的节点（或称“神经元”或“单元”）之间相互连接构成网络，即“神经网络”，以达到处理信息的目的。神经网络通常需要进行训练，训练的过程就是网络进行学习的过程。训练改变了网络节点的连接权的值使其具有分类的功能，经过训练的网络就可用于对象的识别。

当人工智能领域在 20 世纪 50 年代起步的时候，生物学家开始提出简单的数学理论，来解释智力和学习的能力如何产生于大脑神经元之间的信号传递。当时的核心思想一直保留到现在，如果这些细胞之间频繁通信，神经元之间的联系将得到加强。神经学研究表明，人类大脑在接收到外部信号时，不是直接对数据进行处理，而是通过一个多层的网络模型来获取数据的规律。这种层次结构的感知系统使视觉系统需要处理的数据量大大减少，并保留了物体有用的结构信息。由于这些信息的结构一般都很复杂，因此构造深度的机器学习算法去实现一些人类的认知活动是很有必要的。

美国计算机科学院罗森布拉特（F. Roseblatt）于 1957 年提出感知器，是神经网络第一个里程碑算法。所谓感知器，是一种用于二分类的线性分类模型，其输入为样本的特征向量，计算这些输入的线性组合，如果输出结果大于某个阈值就输出1，否则输出 -1。作为一个线性分类器，感知器有能力解决线性分类问题，也可用于基于模式分类的学习控制中。

单个神经元的输入输出关系：

$$y_i = f(s_j)$$

式中，f 为激活函数；$s_j = \sum_{i=1}^{n} \omega_i x_i - \theta = \sum_{i=1}^{n} \omega_i x_i$。

感知器结构如图12 -3所示。

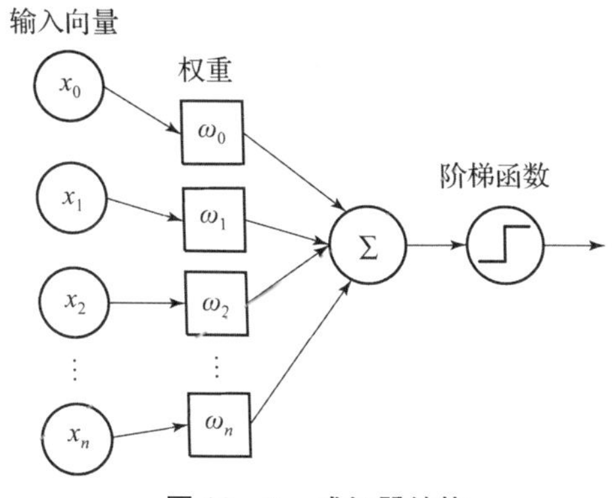

图12 -3 感知器结构

输入向量（Input），即为用来训练感知器的原始数据。

阶梯函数（Step Function），这可以通过生物上的神经元阈值来理解，当输入向量和权重相乘之后，如果结果大于阈值（如0），则神经元激活（返回1），反之则神经元未激活（返回0）。

权重（Weight），即感知器通过数据训练，学习到的权向量通过将它和输入向量点乘，把乘积带入阶梯函数后我们可以得到期待的结果。

由于感知器自身结构的限制，使其应用被限制在一定的范围内，所以在采用感知器解决具体问题时有以下局限性：

①由于感知器的激活函数采用阈值函数，输出矢量只能取0或1，所以只能用它来解决简单的分类问题；

②感知器是一种线性分类器，在迭代过程中，如果训练数据不是线性可分的，可能导致训练最终无法收敛，最终得不到一个稳定的权重向量。

感知器只能解决简单的线性分类问题，应用面很窄，但是在人工智能发展中起到了很大推动作用。由于它是第一个神经网络算法，吸引了大量学者对神经网络开展研究，同时感知器也为后期更复杂算法（如深度学习）

奠定了基础。

目前，神经网络已有上百种不同的模型，常见的有 BP 网络、径向基 RBF 网络、Hopfield 网络、随机神经网络（Boltzmann 机）、竞争神经网络（Hamming 网络，自组织映射网络）等。但是当前的神经网络仍普遍存在收敛速度慢、计算量大、训练时间长和不可解释等缺点。介绍一个经典的深度学习算法——卷积神经网络（CNN）。CNN 是近年发展起来，并引起广泛重视的一种高效识别方法，它是受生物自然视觉认知机制启发而来。1959 年，休博尔（Hubel）等人发现，动物视觉皮层细胞负责检测光学信号。受此启发，1980 年福岛邦彦（Kunihiko Fukushima）提出了 CNN 的前身——神经认知机（Neocognitron）。20 世纪 90 年代，Yann LeCun 等人发表论文，设计了一种多层的人工神经网络，取名叫做 LeNet - 5，可以对手写数字做分类。LeNet - 5 确立了 CNN 的现代结构，在每一个降采样层前加入卷积层。在图像识别领域，CNN 已经成为一种高效的识别方法。

4. k - 近邻

k - 近邻（k - Nearest Neighbors，kNN）算法是一种基于实例的分类方法。该方法就是找出与未知样本 x 距离最近的 k 个训练样本，看这 k 个样本中多数属于哪一类，就把 x 归为那一类。k - 近邻方法是一种懒惰学习方法，它存放样本，直到需要分类时才进行分类。如果样本集比较复杂，可能会导致很大的计算开销，因此无法应用到实时性很强的场合。

5. 支持向量机

支持向量机（Support Vector Machine，SVM）是由 Cortes 和 Vapnik 于 1995 年首先提出的，是一种基于统计学习的机器学习方法，在小样本分类上也能获得良好统计规律。同时，由于在文本分类中表现出特有的优势，成为当时机器学习领域研究的热点。SVM 的学习方法主要包括线性可分向量机、线性支持向量机和非线性支持向量机。SVM 主要思想是建立一个最优决策超平面，使得该平面两侧距平面最近的两类样本之间的距离最大化，从而对分类问题提供良好的泛化能力。将复杂的模式分类问题非线性投射到更高维空间变成线性可分的，因此支持向量机算法在特征空间建立分类平面，可解决非线性可分的问题。其学习策略是间隔最大化，将分类问题转化为一个凸二次规划问题的求解。SVM 采用核函数技巧将原始特征映射到更高维空间，解决原始低纬空间线性不可分的问题。

设样本集为（x_i，y_i），$x_i \in R^n$，$y_i \in 0$，1，$i = 1$，2，…，n。

在线性可分的情况下，最优超平面的构建转化成下面最优化问题：

$$\min \quad \boldsymbol{\omega}^{\mathrm{T}}\boldsymbol{\omega}$$

$$\text{s. t.} \quad y_i(\boldsymbol{\omega}^{\mathrm{T}}\phi(x_i)+b)-1 \geqslant 0$$

在线性不可分情况下，引入误差带宽和惩罚函数，构造并求解约束最优化问题：

$$\min \quad \frac{1}{2}\boldsymbol{\omega}^{\mathrm{T}}\boldsymbol{\omega}+C\sum_{i=1}^{n}\xi_i$$

$$\text{s. t.} \quad y_i(\boldsymbol{\omega}^{\mathrm{T}}\phi(x_i)+b)+\xi_i-1 \geqslant 0$$

$$\xi_i \geqslant 0$$

式中，$\boldsymbol{\omega}$ 是分类向量；b 是常数；ξ_i 是样本点的松弛变量；C 是对松弛变量的惩罚系数；$\phi(x_i)$是将原始特征值映射到高维空间的核函数。

SVM 的核心问题是选取合适的核函数，将低维空间的原始特征映射到高维空间。

12.1.3　回归算法

在大部分机器学习课程中，回归算法都是介绍的第一个算法。原因有两个：一是回归算法比较简单，介绍它可以让人平滑地从统计学迁移到机器学习中；二是回归算法是后面若干强大算法的基石，如果不理解回归算法，就无法学习那些强大的算法。

回归算法有两个重要的子类，即线性回归和逻辑回归。

线性回归就是如何拟合出一条直线最佳匹配所有的数据。一般使用“最小二乘法”来求解。“最小二乘法”的思想：假设我们拟合出的直线代表数据的真实值，而观测到的数据代表拥有误差的值；为了尽可能减小误差的影响，需要求解一条直线使所有误差的平方和最小；最小二乘法将最优问题转化为求函数极值问题。函数极值在数学上我们一般会采用求导数为 0 的方法。但这种做法并不适合计算机，可能求解不出来，也可能计算量太大。

计算机科学界专门有一个学科叫“数值计算”，专门用来提升计算机进行各类计算时的准确性和效率问题。例如，著名的“梯度下降法”以及“牛顿法”就是数值计算中的经典算法，也非常适合来处理求解函数极值的问题。梯度下降法是解决回归模型中最简单且有效的方法之一。从严格意义上来说，由于神经网络和推荐算法中都有线性回归的因子，因此梯度下降法在后面的算法实现中也有应用。

逻辑回归是一种与线性回归非常类似的算法。但是，从本质上来讲，线性回归处理的问题类型与逻辑回归不一致。线性回归处理的是数值问题，也就是最后预测出的结果是数字，如房价；逻辑回归属于分类算法，也就是说，逻辑回归预测结果是离散的分类，如判断这封邮件是否是垃圾邮件，以及用户是否会点击此广告等。

实现方面的话，逻辑回归只是对线性回归的计算结果加上了一个 Sigmoid 函数，将数值结果转化为了 0 到 1 之间的概率（Sigmoid 函数的图像一般来说并不直观，你只需要理解数值越大，函数越逼近 1，而数值越小，函数越逼近 0），接着我们根据这个概率可以做预测，如概率大于 0.5，则这封邮件就是垃圾邮件，或者肿瘤是否是恶性的等。从直观上来说，逻辑回归是画出了一条分类线。

逻辑回归算法划出的分类线基本都是线性的（也有划出非线性分类线的逻辑回归，不过那样的模型在处理数据量较大的时候效率会很低），这意味着当两类之间的界线不是线性时，逻辑回归的表达能力就不足。

12.1.4 深度学习算法

深度学习也称为深度神经网络（Deep Neural Networks，DNN），源于人工神经网络，于 20 世纪 60 年代被提出，经历了识别数字的神经网（LeNET，1990 年）、浅层神经网硬件出现（Intel ETANN，20 世纪 90 年代）、深度置信神经网络的实验证明（Hinton 等，2006 年）、深度学习语音识别突破性进展（2011 年）、DNN 加速器研究兴起（Neuflow、DianNao 等，2014 年）等发展阶段，目前已成功解决了传统机器学习所面临的数据量获取问题、局部极值问题、梯度弥散问题等，在图像分类、人脸识别、文字识别、机器人等领域取得突破性应用，同时激发了 DNN 在各领域应用呈爆炸性增长。此外，高性能计算图形加速卡（GPU）技术的发展，极佳地匹配神经网络计算所需要的要求，即高并行性，高存储，没有太多的控制需求。至此，深度神经网络在人工智能界占据统治地位。但凡有关人工智能的产业报道，必然离不开深度学习。

传统的神经网络随机初始化网络中的权值，导致网络很容易收敛到局部最小值，为解决这一问题，Hinton 提出使用无监督预训练方法优化网络权值的初值，再进行权值微调的方法，拉开了深度学习的序幕。

如图 12－4 所示，深度学习所得到的深度网络结构包含大量的单一元素（神经元），每个神经元与大量其他神经元相连接，神经元间的连接强度（权值）在学习过程中修改并决定网络的功能。通过深度学习得到的深度网络结构符合神经网络的特征。因此，深度网络就是深层次的神经网络。

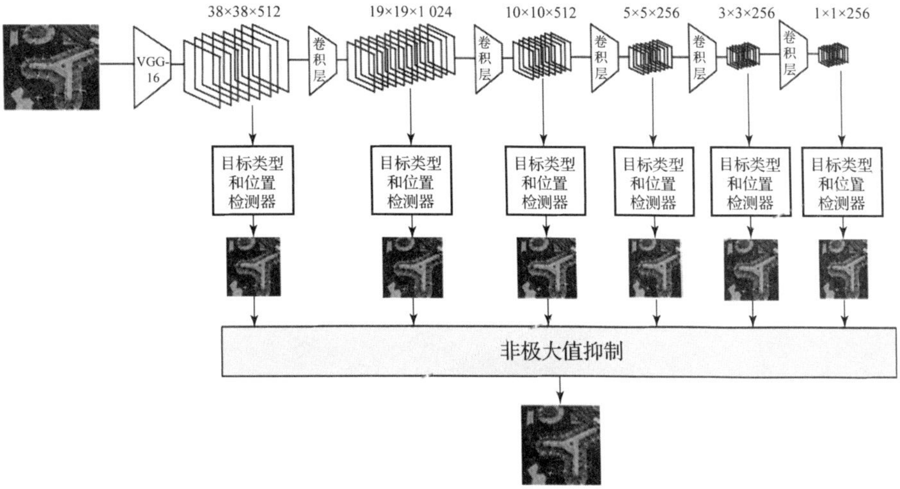

38×38×512　19×19×1 024　10×10×512　5×5×256　3×3×256　1×1×256
VGG-16　卷积层　卷积层　卷积层　卷积层　卷积层
目标类型和位置检测器　目标类型和位置检测器　目标类型和位置检测器　目标类型和位置检测器　目标类型和位置检测器　目标类型和位置检测器
非极大值抑制

图 12－4　典型深度学习处理框架（书后附彩插）

1. 深度学习的基本思想

深度学习的出众表现源于它的“自学习”思想，即利用隐含层从低到高依次学习数据中的从底层到高层、从简单到复杂、从具体到抽象的特征。这使得深度学习模型与传统机器学习的最大区别是不需要人工手动提取或专家设计规则提取特征，而是通过自学习得到特征，对数据具有自适应性、很强的鲁棒性。深度学习的另一思想是逐层贪婪训练（Greedy Layer－Wise Training）、最后微调（Fine－Tuning）的贪婪算法思想，打破了传统机器学习训练方法的桎梏。

2. 深度学习模型

深度学习最基本的模型包括深度置信网络（Deep Belief Nets，DBN）、自动编码器（Auto Encoder）、卷积神经网络（Convolutional Neural Networks，CNN）和循环神经网络（Recurrent Neural Network，RNN）。前二者属于无监督学习模型，卷积神经网络 CNN 是一种有监督的深度学习模型，主要解决图像相关问题，而循环神经网络（RNN）主要用于解决连续且长短不一的序列样本训练问题并已在自然语言处理中取得了巨大成功以及广泛应用。

1）感知器模型

感知器和前馈神经网络非常直观，它们将信息从前端输入，再从后端输出。神经网络通常被描述为具有层（输入、隐藏或输出层），其中每层由并行的单元组成。通常同一层不具有连接、两个相邻层完全连接（每一层的每一个神经元到另一层的每个神经元）。最简单的实用网络有两个输入单元和一个输出单元，可用于建立逻辑模型（用做判断是否）。通常通过反向传播方法来训练 FFNN，数据集由配对的输入和输出结果组成（这被称为监督学习）。只给它输入，让网络填充输出。反向传播的误差通常是填充输出和实际输出之间差异的一些变化（如 MSE 或仅仅线性差异）。鉴于网络具有足够的隐藏神经元，理论上可以总是对输入和输出之间的关系建模。实际上，它们的应用是很有限的，通常将它们与其他网络结合形成新的网络。

2）径向基函数（RBF）网络模型

径向基函数（RBF）网络就是以径向基函数作为激活函数的 FFNN 网络。但是 RBFNN 有其区别于 FFNN 的使用场景（由于发明时间问题大多数具有其他激活功能的 FFNN 都没有自己的名字）。

3）Hopfield 网络模型

Hopfield 网络（HN）的每个神经元被连接到其他神经元；它的结构像一盘完全纠缠的意大利面板。每个节点在训练前输入，然后在训练期间隐藏并输出。通过将神经元的值设置为期望的模式来训练网络，此后权重不变。一旦训练了一个或多个模式，网络将总是会收敛到其中一个学习模式，因为网络在这个状态中是稳定的。需要注意的是，HN 不会总是与理想的状态保持一致。网络稳定的部分原因在于总的“能量”或“温度”在训练过程中逐渐缩小。每个神经元都有一个被激活的阈值，随温度发生变化，一旦超过输入的总合，就会导致神经元变成两个状态中的一个（通常是 -1 或 1，有时候是 0 或 1）。更新网络可以同步进行，也可以依次轮流进行，后者更为常见。当轮流更新网络时，一个公平的随机序列会被生成，每个单元会按照规定的次序进行更新。因此，当每个单元都经过更新而且不再发生变化时，你就能判断出网络是稳定的（不再收敛）。这些网络也被称为联存储器，因为它们会收敛到与输入最相似的状态；当人类看到半张桌子的时候，会想象出桌子的另一半，如果输入一半噪声、一半桌子，HN 将收敛成一张桌子。

4）马尔可夫链模型

马尔可夫链（MC 或离散时间马尔可夫链，DTMC）是波尔兹曼机（BM）和 HN 的前身。它可以这样理解：从现在的这个节点，去任何一个邻居节点的概率是无记，这意味着最终选择的节点完全取决于当前所处的节点，而与过去所处的节点无关。这虽然不是真正的神经网络，但类似于神经网络，并且构成了 BM 和 HN 的理论基础。就像 BM、限制玻尔兹曼机（RBM）和 HN 一样，MC 并不总是被认为是神经网络。此外，马尔科夫链也并不总是完全连接。

5）波尔兹曼机模型

波尔兹曼机（BM）很像 HN，区别在于只有一些神经元被标记为输入神经元，而其他神经元保持“隐藏”。输入神经元在完整的网络更新结束时成为输出神经元。它以随机权重开始，并通过反向传播学习或通过对比分歧（一种马尔科夫链用于确定两个信息增益之间的梯度）训练模型。与 HN 相比，BM 的神经元大多具有二元激活模式。由于被 MC 训练，BM 是随机网络。BM 的训练和运行过程与 HN 非常相似，即将输入神经元设置为某些箝位值，从而释放网络。虽然释放节点可以获得任何值，但这样导致在输入和隐藏层之间多次反复。激活由全局阈值控制。这种全局误差逐渐降低过程导致网络最终达到平衡。

6）受限玻尔兹曼机模型

受限玻尔兹曼机（RBM）与 BM 非常相似，也与 HN 类似。BM 和 RBM 最大区别是 RBM 有更好的可用性，因为它受到更多的限制。RBM 不会将每个神经元连接到每个其他神经元，但只将每个神经元组连接到每个其他组。因此，没有输入神经元直接连接到其他输入神经元，也不会有隐藏层直接连接到隐藏层。RBM 可以像 FFNN 一样进行训练，而不是将数据向前传播然后反向传播。

7）自编码器模型

自编码器（Auto Encoders，AE）与前馈神经网络（FFNN）有点相似。自编码器是一种非线性网络，具有编码解码的过程，网络将解码之后的重构误差作为优化目标。为了提高深度网络对噪声的鲁棒性能，Vincent 等人提出了去噪自编码器（Denoising Auto Encoders），并以它为基本模块构建深度网络，有效地解决了样本中噪声干扰的问题。与其说它是一个完全不同的网络结构，不如说它是前馈神经网络的不同应用。自编码器的基本思想是自动编码信息（如压缩，而非加密）。整个网络在形状上像一个漏斗：它的隐藏层单元总是比输入层和输出层少。自编码器总是关于中央层对称（中央层是一个还是两个取决于网络的层数：如果是奇数，关于最中间一层对称；如果是偶数，关于最中间的两层对称）。最小的隐藏层总是处在中央层，这也是信息最压缩的地方（被称为网络的阻塞点）。从输入层到中央层被称为编码部分，从中央层到输出层被称为解码部分，中央层被称为编码（Code）。可以使用反向传播算法来训练自编码器，将数据输入网络，将误差设置为输入数据与网络输出数据之间的差异。自编码器的权重也是对称的，即编码权重和解码权重是一样的。

8）稀疏自编码器模型

稀疏自编码器（Sparse Auto Encoders，SAE）在某种程度上与自编码器相反。不同于训练一个网络在更低维的空间和结点上去表征一堆信息，在这里尝试着在更高维的空间上编码信息，因此在中央层，网络不是收敛的，而是扩张的。这种类型的网络可以用于提取数据集的特征。如果用训练自编码器的方法来训练稀疏自编码器，几乎在所有的情况下，会得到一个完全无用的恒等网络（即输入什么，网络就会输出什么，没有任何转换或者分解）。为了避免这种情况，在反馈输入的过程中会加上一个稀疏驱动。这个稀疏驱动可以采用阈值过滤的形式，即只有特定的误差可以逆传播并被训练，其他误差被视为与训练无关且被设置为零。在某种程度上，这和脉冲神经网络相似，即并非所有的神经元在每个时刻都会被激活（这在生物学上有一定的合理性）。

9）变分自编码器模型

变分自编码器（Variational Auto Encoders，VAE）和自编码器有相同的网络结构，但是模型学到了一些其他的东西，即输入样本的近似概率分布。这一点和玻尔兹曼机（BM）、受限玻尔兹曼机（RBM）更相似。然而，依赖于贝叶斯数学，这涉及概率推断和独立性，以及再参数化技巧以获得不同的表征。概率推断和独立性部分有直观的意义，但是依赖于复杂的数学知识。基本原理如下：将影响考虑进去。如果一件事在一个地方发生，而另一件事在其他地方发生，那么它们未必是相关的；如果它们不相关，那么误差逆传播的过程中应该考虑这个。这种方法是有用的，因为神经网络是大型图（在某种程度上），所以当进入更深的网络层时，你可以排除一些结点对于其他结点的影响。

10）去噪自编码器模型

去噪自编码器（Denoising Auto Encoders，DAE）是一种自编码器。在去噪自编码器中，不是输入原始数据，而是输入带噪声的数据（好比让图像更加的颗粒化）。但是我们用和之前一样的方法计算误差，而网络的输出是和没有噪声的原始输入数据相比较的。这鼓励网络不仅仅学习细节，而且学习到更广的特征。因为特征可能随着噪声而不断变化，所以一般网络学习到的特征通常是错误的。

11）深度置信网络模型

深度置信网络（Deep Belief Networks，DBN）是Hinton教授在2006年提出的一种基于概率的深度学习网络模型。它是由多个受限玻尔兹曼机（Restricted Boltzmann Machines，RBM）作为基层模块进行堆叠后所形成的一种层级产生式模型，这些网络已经被证明是可有效训练的。其中，每个自编码器或者玻尔兹曼机只需要学习对之前的网络进行编码。这种技术也被称为贪婪训练。贪婪是指在下降的过程中只求解局部最优解，这个局部最优解可能并非全局最优解。深度置信网络能够通过对比散度（Contrastive Divergence）或者反向传播来训练，并像常规的受限玻尔兹曼机或变分自编码器那样，学习将数据表示成概率模型。一旦模型通过无监督学习被训练或收敛到一个（更）稳定的状态，它可以被用来生成新数据。如果使用对比散度训练，它甚至可以对现有数据进行分类，因为神经元被训练寻找不同的特征。它的优点是用于传统神经网络参数初始化大大提升了网络的训练速度，加强了网络的建模能力。随后，为了增强RBM的表达能力以及考虑到特定的数据结构，许多学者对RBM进行了改进，这包括三元因子受限玻尔兹曼机、卷积受限玻尔兹曼机、稀疏受限玻尔兹曼机、Sparse RBM模型、稀疏组受限玻尔兹曼机（Sparse Group RBM）模型、Log Sum RBM模型等，进一步推动了基于RBM深度学习的发展。目前，DBN已被成功应用于手写体识别、信息检索、文本检测、目标识别、人类运动行为识别、机器翻译、语音识别等识别领域。

12）CNN模型

CNN和大多数其他网络完全不同，主要用于图像处理，但也可用于其他类型的输入，如音频。CNN应用于图像分类时，其基本结构包括两层：一是特征提取层。每个神经元的输入与前一层的局部接受域相连，并提取该局部的特征，一旦该局部特征被提取后，它与其他特征间的位置关系也随之确定下来。二是特征映射层。网络的每个计算层由多个特征映射组成，每个特征映射是一个平面，平面上所有神经元的权值相等。特征映射结构采用影响函数核小的 Sigmoid 函数作为卷积网络的激活函数，使得特征映射具有位移不变性。此外，由于一个映射面上的神经元共享权值，因而减少了网络自由参数的个数。

CNN 每一个卷积层都紧跟着一个用来求局部平均与二次提取的计算层，这种特有的两次特征提取结构减小了特征分辨率，其特点是卷积层中的滤波器是共享的，能够大大降低参数的规模，对防止模型过拟合是非常有好处的，同时能够保持图像的空间信息与特征不变性。具体来讲，卷积神经网络在图片分类上的应用是将图片输入网络，网络将对图片进行分类。例如，如果你输入一张猫的图片，它将输出“猫”；如果你输入一张狗的图片，它将输出“狗”。

CNN 倾向于使用一个输入“扫描仪”，而不是一次性解析所有的训练数据。举个例子，为了输入一张 200×200 像素的图片，你不需要使用一个有 40 000 个结点的输入层。相反，你只要创建一个扫描层，这个输入层只有 20×20 个结点，你可以输入图片最开始的 20×20 像素（通常从图片的左上角开始）。一旦你传递了这 20×20 像素数据（可能使用它进行了训练），你又可以输入下一个 20×20 像素，即将“扫描仪”向右移动一个像素。注意：不要移动超过 20 个像素（或者其他“扫描仪”宽度）。你不是将图像解剖为 20×20 的块，而是在一点点移动“扫描仪”。然后，这些输入数据前馈到卷积层而非普通层。卷积层的结点并不是全连接的。每个结点只和它邻近的节点（Cell）相关联（多靠近取决于应用实现，但是通常不会超过几个）。这些卷积层随着网络的加深会逐渐收缩，通常卷积层数是输入的因子。例如，如果输入是 20，可能接下来的卷积层是 10，再接下来是 5。2 的幂是经常被使用的，因为它们能够被整除，如 32，16，8，4，2，1。除了卷积层，还有特征池化层。池化是一种过滤细节的方法，而最常用的池化技术是最大池化（Max Pooling）。例如，使用 2×2 像素，取这 4 个像素中数值最大的那个。为了将卷积神经网络应用到音频，可以逐段输入剪辑长度的输入音频波。

CNN 在真实世界的应用通常会在最后加入一个前馈神经网络（FFNN）以进一步处理数据，这允许了高度非线性特征映射，这些网络被称为深度卷积神经网络（DCNN），但是这些名字和缩写通常是可以交换使用的。

13）反卷积神经网络模型

反卷积神经网络（Deconvolutional Networks，DN），也称为逆向图网络（Inverse Graphics Networks，IGN）。它是反向卷积神经网络。想象一下，将一个单词“猫”输入神经网络，并通过比较网络输出和真实猫图片之间的差异来训练网络模型，最终产生一个看上去像猫的图片。反卷积神经网络可以像常规的卷积神经网络一样结合前馈神经网络使用，但是这可能涉及新的名字缩写。它们可能是深度反卷积神经网络，但是你可能倾向于：当你在反卷积神经网络前面或者后面加上前馈神经网络，它们可能是新的网络结构而应该取新的名字。值得注意的是，在真实的应用中，你不可能直接把文本输入网络，而应该输入一个二分类向量。例如，<0，1>是猫，<1，0>是狗，而<1，1>是猫和狗。在卷积神经网络中有池化层，在这里通常被相似的反向操作替代，通常是有偏的插补或者外推。例如，如果池化层使用最大池化，当反向操作时，可以产生其他更低的新数据来填充。

14）深度卷积逆向图网络模型

深度卷积逆向图网络（Deep Convolutional Inverse Graphics Networks，DCIGN），这个名字具有一定的误导性，因为事实上它们是变分自编码器（VAE），只是在编码器和解码器中分别有 CNN 和 DN。这些网络尝试在编码的过程中对“特征”进行概率建模，这样一来，只要用猫和狗的独照，就能让网络学会生成一张猫和狗的合照。同样，可以输入一张猫的照片，如果猫的旁边有一只恼人的邻居家的狗，可以让网络将狗去掉。实验显示，这些网络也可以用来学习对图像进行复杂转换，如改变 3D 物体的光源或者对物体进行旋转操作。这些网络通常用反向传播进行训练。

15）生成式对抗网络模型

生成式对抗网络（Generative Adversarial Networks，GAN）是一种新的网络。网络是成对出现的，即两个网络一起工作。生成式对抗网络可以由任何两个网络构成（尽管通常情况下是前馈神经网络和卷积神经网络配对），其中一个网络负责生成内容，另外一个负责对内容进行判别。判别网络同时接收训练数据和生成网络生成的数据。判别网络能够正确地预测数据源，然后被用作生成网络的误差部分。形成了一种对抗：判别器在辨识真实数据和生成数据方面做得越来越好，而生成器努力地生成判别器难以辨识的数据。这种网络取得了比较好的效果，部分原因是即使是很复杂的噪声模式最终也是可以预测的，但生成与输入数据相似的特征的内容更难辨别。

生成式对抗网络很难训练，因为不仅仅要训练两个网络（它们中的任意一个都有自身问题），而且还要考虑两个网络的动态平衡。如果预测或者生成部分变得比另一个好，那么网络最终不会收敛。

16）循环神经网络模型

循环神经网络（Recurrent Neural Networks，RNN）是考虑时间的前馈神经网络。它们并不是无状态的，而是通道与通道之间通过时间存在着一定联系。神经元不仅接收来自上一层神经网络的信息，还接收上一通道的信息。这就意味着你输入神经网络以及用来训练网络的数据的顺序很重要，即输入“牛奶”“饼干”和输入“饼干”“牛奶”会产生不一样的结果。

循环神经网络最大的问题是梯度消失（或者梯度爆炸），这取决于使用的激活函数。在这种情况下，随着时间信息快速消失，正如随着前馈神经网络的深度增加，信息会丢失。直观上，这并不是一个大问题，因为它们只是权重而非神经元状态。但是随着时间，权重已经存储了过去的信息。如果权重达到了 0 或者 1 000 000，先前的状态就变得没有信息价值了。卷积神经网络可以应用到很多领域，大部分形式的数据并没有真正的时间轴（不像声音、视频），但是可以表示为序列形式。对于一张图片或者是一段文本的字符串，可以在每个时间点一次输入一个像素或者一个字符。因此，依赖于时间的权重能够用于表示序列前一秒的信息，而不是几秒前的信息。通常，对于预测未来信息或者补全信息，循环神经网络是一个好的选择，如自动补全功能。

17）长短时记忆网络模型

长短时记忆网络（Long/Short Term Memory，LSTM）通过引入门结构（Gate）和一个明确定义的记忆单元（Memory Cell）来尝试克服梯度消失或者梯度爆炸的问题。这一思想大部分是从电路学中获得的启发，而不是从生物学。每个神经元有 1 个记忆单元和输入、输出、忘记 3 个门结构。这些门结构的功能是通过禁止或允许信息的流动来保护信息。输入门结构决定了有多少来自上一层信息被存储在当前记忆单元。输出门结构承担了另一端的工作，决定了下一层可以了解到多少这一层的信息。忘记门结构初看很奇怪，但是有时候忘记是必要的。例如，如果网络正在学习一本书，并开始了新的章节，那么忘记前一章的一些人物角色是有必要的。长短时记忆网络被证明能够学习复杂的序列。例如，像莎士比亚一样写作，或者合成简单的音乐。值得注意的是，由于这些门结构中的每一个都对前一个神

经元中的记忆单元赋有权重，所以一般需要更多的资源来运行。

18）门控循环单元模型

门控循环单元（Gated Recurrent Units，GRU）是长短时记忆网络的一种变体。不同之处在于，它没有输入门、输出门和忘记门，而只有一个更新门。该更新门确定了从上一个状态保留多少信息以及有多少来自上一层的信息得以保留。这个更新门的功能很像 LSTM 的忘记门，但它的位置略有不同。它总是发出全部状态，但是没有输出门。在大多数情况下，它们与 LSTM 的功能非常相似，最大的区别在于 GRU 稍快，运行容易（但表达能力更差）。在实践中，这些往往会相互抵消，因为当你需要一个更大的网络来获得更强的表现力时，往往会抵消性能优势。在不需要额外表现力的情况下，GRU 可能优于 LSTM。

19）神经图灵机模型

神经图灵机（Neural Turing Machines，NTM）可以被理解为 LSTM 的抽象，它试图去黑箱化（提升模型可解释性）。神经图灵机并非直接编码记忆单元到神经元中，它的记忆单元是分离的，试图将常规数字存储的效率和永久性以及神经网络的效率和表达力结合起来。这种想法基于有一个内容寻址的记忆库，神经网络可以从中读写。神经图灵机中的“图灵”（Turing）来自于图灵完备（Turing Complete）：基于它所读取的内容读、写和改变状态的能力，这意味着它能表达一个通用图灵机可表达的一切事情。

双向循环神经网络（Bidirectional Recurrent Neural Networks，BiRNN）、双向长短时记忆网络（Bidirectional Long/Short Term Memory Networks，BiLSTM）、双向门控循环单元（Bidirectional Gated Recurrent Units，BiGRU）看起来和相应的单向网络是一样的。不同之处在于这些网络不仅联系过去，还与未来相关联。例如，单向长短时记忆网络被用来预测单词“fish”的训练过程是这样的：逐个字母地输入单词“fish”，在这里循环连接随时间记住最后的值，而双向长短时记忆网络为了提供未来的信息，会在反向通道中输入下一个字母。这种方法训练网络以填补空白而非预测未来信息。例如，在图像处理中，它并非扩展图像的边界，而是可以填补一张图片中的缺失。

20）深度残差网络模型

深度残差网络（Deep Residual Networks，DRN）是具有非常深度的前馈神经网络，除了邻近层之间有连接，它还可以将输入从一层传到后面几层（通常是 2 ~5 层）。深度残差网络并非将一些输入（如通过一个 5 层网络）

映射到输出，而是学习将一些输入映射到一些输出 + 输入上。基本上，它增加了一个恒等函数，将旧的输入作为后面层的新输入。结果显示，当达到 150 层，这些网络对于模式学习是非常有效的，这要比常规的 2 ~ 5 层多得多。然而，有结果证明，这些网络本质上是没有基于具体时间建造的循环神经网络（RNN），它们总是与没有门结构的长短时记忆网络（LSTM）作比较。

21）回声状态网络模型

回声状态网络（Echo State Networks，ESN）是另外一种不同类型的循环网络。它的不同之处在于神经元之间随机地连接，即层与层之间没有统一的连接形式，而它们的训练方式也不一样。不同于输入数据，然后反向传播误差，回声状态网络先输入数据，前馈，然后暂时更新神经元。它的输入层和输出层在这里扮演了稍微不同于常规的角色，即输入层用来主导网络，而输出层作为随时间展开的激活模式的观测。在训练过程中，只有观测和隐藏单元之间连接会被改变。

22）极限学习机模型

极限学习机（Extreme Learning Machines，ELM）本质上是有随机连接的前馈神经网络，看上去和液体状态机（LSM）和回声状态网络（ESN）很相似，但是它既没有脉冲，也没有循环。它们并不使用反向传播。相反，它们随机初始化权重，并通过最小二乘拟合一步训练权重（所有函数中的最小误差）。这使得模型具有稍弱的表现力，但是在速度上比反向传播快很多。

23）液体状态机模型

液体状态机（Liquid State Machines，LSM）看上去和回声状态网络（ESN）很像。真正的不同之处在于液体状态机是一种脉冲神经网络，即 Sigmoid 激活函数被阈值函数所取代，每个神经元是一个累积记忆单元（Memory Cell）。因此，当更新神经元的时候，其值不是邻近神经元的累加，而是它自身的累加。一旦达到阈值，它会将其能量传递到其他神经元。这就产生一种类似脉冲的模式，即在突然达到阈值之前什么也不会发生。

24）支持向量机模型

支持向量机（Support Vector Machines，SVM）发现了分类问题的最佳解决方式。传统的 SVM 一般是处理线性可分数据。例如，发现哪张图片是加菲猫，哪张图片是史努比，而不可能是其他结果。在训练过程中，支持向量机可以想象成在二维图上画出所有的数据点（加菲猫和史努比），然后找出如何画一条直线将这些数据点区分开来。这条直线将数据分成两部分，所有加菲猫在直线的一边，而史努比在另一边。最佳的分割直线是：两边的点和直线之间的间隔最大化。当需要将新的数据分类时，将在图上画出这个新数据点，然后简单地看它属于直线的哪一边。使用该技巧，它们可以被训练用来分类 n 维数据。这需要在3D图上画出点，然后可以区分史努比、加菲猫和西蒙猫，甚至更多的卡通形象。支持向量机并不总是被视为神经网络。

25）Kohonen 网络模型

Kohonen 网络（Kohonen Networks，KN）也被称为自组织（特征）映射 SOM、SOFM），是利用竞争性学习对数据进行分类，无须监督。该模型是将数据输入网络，之后网络评估其中哪个神经元最匹配那个输入；然后调整这些神经元以使更好地匹配输入；在该过程中移动相邻神经元，相邻神经元被移动多少取决于它们到最佳匹配单位的距离。有时，Kohonen 网络也不被认为是神经网络。

12.1.5 强化学习算法

强化学习的研究有着悠久的历史。1992 年，Tesauro 成功使用强化学习使十五子棋达到大师级水准；Sutton 撰写了第一本系统性介绍强化学习的书籍；Kearns 第一次证明强化学习问题可以用少量的经验得到近似最优解；2006 年 Kocsis 等人提出的置信上限树算法革命性地推动强化学习在围棋游戏中的应用，这可以说是初弈号的鼻祖；2015 年，Littman 在《Nature》上对强化学习做了综述。

理论研究方面，强化学习在过去几年取得了丰富的成果。一直以来，强化算法面临收敛性和最优性问题，研究者们都进行了详细的探索。在使用逼近器解决大规模 MDPs 或连续状态空间问题时，Sutton 和 Bhatnagar 分别对线性和非线性逼近器的训练结果进行了分析，设计出了使结果准确的训练方法。Melo 对使用逼近器的收敛性进行了证明。Kearns 等人利用概率近似正确理论对在线算法的学习时间进行了定性的分析，同样取得了丰富的成果。随着技术的发展，神经网络的规模越来越大，参数越来越多，对强化学习算法的收敛性提出了更高的要求。如何保证复杂网络参数获得收敛的训练结果是当前研究者面临的挑战，同时人们对资源、经济效益的要求越来越高，对算法结果的最优性也提出了更高的要求，找到更接近最优结果的算法成了学术界和工业界共同追求的目标。

1. 强化学习的基本思想

强化学习的目标是得到最大的累积奖赏。为了实现这一目标，一方面需要“利用”，即利用已经学习到的经验来选择奖赏最高的动作，使系统向好的状态转移；另一方面，需要“探索”，即通过充分地掌握环境信息，发现能得到更高奖赏的状态，避免陷入局部最优。这就使得强化学习方法陷入了一个“探索－利用”困境，即只有既充分地探索环境，又利用已学到的知识才能最大化累积奖赏。因此，“探索－利用”的平衡成了强化学习研究者们一直密切关注的热点。2010 年，Bernstein 提出的自适应分辨率强化学习方法能够在状态连续的确定性系统中高效探索未知状态，给出了高效强化学习的实用方法；2015 年，Zhao 提出的连续系统概率近似正确（Probably Approximately Correct）方法，能够在有限时间范围内找到最优或近似最优策略，进一步增强了强化学习的实用性。

强化学习的学习机制表明，它是不断地与环境交互，以试错的方式学习得到最优策略，是一种在线学习方法。然而，现实中有很多问题需要在离线的评估后再给出决策。目前的一个研究趋势是用离线估计来处理上下文老虎机（Contextual Bandit）问题。例如，微软研究院的 Li 等人将无偏离线估计的上下文老虎机方法成功地应用到了推荐系统中。目前，已经有人建议创建强化学习的离线数据库，可是现有的离线估计算法还不够成熟，有待进一步发展。

强化学习的另一个局限在于合适的奖赏信号定义。强化学习通过最大化累积奖赏来选择最优策略，奖赏很大程度上决定了策略的优劣。现阶段奖赏是由研究人员凭借领域知识定义，一个不合理的奖赏势必会在很大程度上影响最终的最优策略。有学者已经开始尝试借助人类的导师信号来改进原有的强化学习算法，使机器人能够更好地学习到期望动作。因此，对于奖赏信号的研究将会是强化学习未来发展的一个潜在热点。

2. 强化学习模型

表 12－3 总结了强化学习发展历程中的重要算法事件，同时也是目前常用的强化学习方法，包括蒙特卡罗、Q 学习、SARSA 学习、TD 学习、策略梯度和自适应动态规划等。

表12－3 强化学习发展历程中的重要算法事件

年份	重要事件
1956	Bellman 提出了动态规划方法
1977	Werbos 提出了自适应动态规划方法
1988	Sutton 提出了 TD 算法
1992	Watkins 提出了 Q 学习算法
1994	Rummery 提出了 SARSA 学习算法
1996	Bertsekas 提出了解决随机过程优化控制的神经动态规划方法
1999	Thrun 提出了部分可观测马尔科夫决策过程中的蒙特卡罗方法
2006	Kocsis 提出了置信上限树算法
2009	Lewis 提出了反馈控制自适应动态规划算法
2014	Silver 提出了确定性策略梯度算法

12.1.6 迁移学习算法

针对源领域和目标领域样本是否标注以及任务是否相同，可以把以往迁移学习工作划分为归纳迁移学习、直推式迁移学习和无监督迁移学习等。按照迁移学习方法采用的技术划分，又可以把迁移学习方法大体上分为基于特征选择的迁移学习算法研究、基于特征映射的迁移学习算法研究和基于权重的迁移学习算法研究。

1. 迁移学习的基本思想

迁移学习最早来源于教育心理学，这里借用美国心理学家 Judd 提出的“类化说”学习迁移理论来讨论目前机器学习领域迁移学习研究还存在的3个问题。

首先，Judd 认为在先期学习 A 中获得的东西，之所以能迁移到后期学习 B 中，是因为在学习时获得了一般原理，这种原理可以部分或全部运用于 A、B 之中。根据这一理论，两个学习活动之间存在的共同要素，是产生迁移的必要前提。这也就是说，想从源领域中学习知识并运用到目标领域中，必须保证源领域与目标领域有共同的知识，那么如何度量这两个领域的相似性与共同性是问题之一。

其次，Judd 的研究表明，知识的迁移是存在的，只要一个人对他的经验、知识进行了概括，那么从一种情境到另一种情境的迁移是可能的。知识概括化的程度越高，迁移的范围和可能性越大。把该原则运用到课堂上，同样的教材采用不同的教学方法，产生的迁移效果是不一样的，既可能产生积极迁移也可能产生相反的作用。也就是说，同样的教材内容，由于教学方法不同，而使教学效果大为悬殊，迁移的效应也大不相同。因此，针对不同的学习问题，研究有效的迁移学习算法也是另一个重要问题。

最后，根据 Judd 的泛化理论，重要的是在讲授教材时要鼓励学生对核心的基本概念进行抽象或概括。抽象与概括的学习方法是最重要的方法，在学习时对知识进行思维加工，区别本质的和非本质的属性，偶然的和必然的联系，舍弃那些偶然的、非本质的东西，牢牢把握那些必然的、本质的东西。这种学习方法能使学生的认识从低级的感性阶段上升到高级的理性阶段，从而实现更广泛、更成功的正向迁移。也就是说，在迁移学习的过程中，应该避免把非本质的、偶然的知识，当成本质的（领域共享的）、必然的知识，实现正迁移。因此，如何实现正迁移、避免负迁移也是迁移学习的一个重要研究问题。

针对航天器应用中，迁移学习有以下几个可能的方向：第一，针对领域相似性、共同性的度量，目前还没有深入的研究成果，那么首要任务就是研究准确的度量方法。第二，在算法研究方面，不同的应用，迁移学习算法的需求有所不同。目前很多研究工作主要集中在迁移学习分类算法方面，其他方面的应用算法有待进一步研究。第三，关于迁移学习算法有效性的理论研究还很缺乏，特别是针对飞行器精确模型难以建立，研究可迁移学习条件，获取实现正迁移的本质属性，避免负迁移，也是方向之一。第四，在大数据环境下，研究高效的迁移学习算法尤为重要。

2. 迁移学习模型

从理论层面上来看，迁移学习问题研究以下问题：第一，什么条件下从源领域数据训练出的分类器能够在目标领域表现出优异的分类性能，即什么条件下可进行迁移。第二，给定无标注目标领域，或者有少量的标记数据，如何在训练过程中与大量有标记的源数据结合使得测试时的误差最小，即迁移学习算法的研究。

目前，对迁移学习理论研究比较多的主要是在领域适应性方面。关于领域适应性问题的理论分析最早是在 2007 年提出的，最初主要基于 VC 维对领域适应性问题给出了推广性的界，定义了分布之间的距离，此距离与领域适应性有关。在此基础上，对有限 VC 维情况，从有限个样本估计适应推广能力。但当 VC 维不是有限的情况下会有什么样的结论该文并未给出研究，需要进一步探讨。另外，不同的领域分布之间的距离会得出不同精度的误差估计，由此可以通过研究各具特色的距离以解决领域适应性问题，从而适应不同应用场合的需要。

Ben. David 通过实验指出 SCL（Structural Correspondence Learning）方法确实能够达到在距离最小的同时间隔损失最低，从而提高目标领域上的学习性能。Ben. David 等人分析了领域数据的表示，并提出了一个很好的模型，该模型不仅最小化分类模型在训练数据上的泛化误差，而且最小化源领域与目标领域之间的不同性。从源数据加权组合获得模型，并给出在特定的经验风险最小化的情形下的误差率，该类方法最新的成果发表在 2010 年的《Machine Learning》杂志上。该文研究了在什么条件下一个分类器能在目标领域很好地完成分类任务，还研究了给定目标领域少量的、已标注的样本，如何在训练过程中把它们与大量的、已标注的源数据相结合，以实现目标误差最小。

Mansour 指出，对任意给定的目标函数，存在一个对源假设的领域加权分布组合使得损失至多为给定的值。他还对于任意的目标分布，给出了基于源领域和目标领域之间的 Rényi 散度的领域推广误差，更为精确的推广误差上界估计应用到回归和一般的损益函数，并提出通过加权实现经验分布能够更好地反映目标领域分布。该文使用积分概率度量来测量两个域的分布之间的差异，同时与 H－散度和差异距离进行了比较。同时，针对多领域分别开发了 Hoeffding 型、Bennett 和 McMiarmid 型偏差不等式，然后给出了对称不等式。接下来，又利用以上不等式分别获得基于统一熵数的 Hoeffding 型和 Bennett 型泛化边界。

虽然对迁移学习已经进行了一些理论尝试，但在实际应用中未知领域的模型往往难以精确建立，这就导致在很多实际应用情况下，迁移学习往往无法快速收敛或者完全无法收敛，因此对迁移学习有效性的理论研究还有待进一步深入。

12.2 计算加速

12.2.1 网络模型分析

1. 主流分类网络分析

人工智能技术快速发展，基于深度学习的人工智能网络模型每年都有更新，对当前主流分类网络从网络模型层数、卷积核大小、top1 分类正确率、计算量等方面对当前的主流网络进行分析统计，具体如表 12－4 所示。

表 12－4 当前主流分类网络主要参数

名称	层数	卷积核大小	正确率	计算量/OPs	提出年份
LeNet－5	5	5×5	没有数据	341k	1998
AlexNet	8	11×11 5×5 3×3	57.2%	724M	2012
VGG－16	16	3×3	71.5%	15.5G	2014
GoogleNet	22	7×7 5×5 3×3 1×1	69.8%	1.43G	2014
ResNet	152	3×3 1×1	78.57%	3.9G	2015
MobileNetV1	28	3×3 1×1	70.6%	575M	2017
MobileNetV2	52	3×3 1×1	74.7%	300M	2018

主流网络计算量的统计如图 12－5 所示。

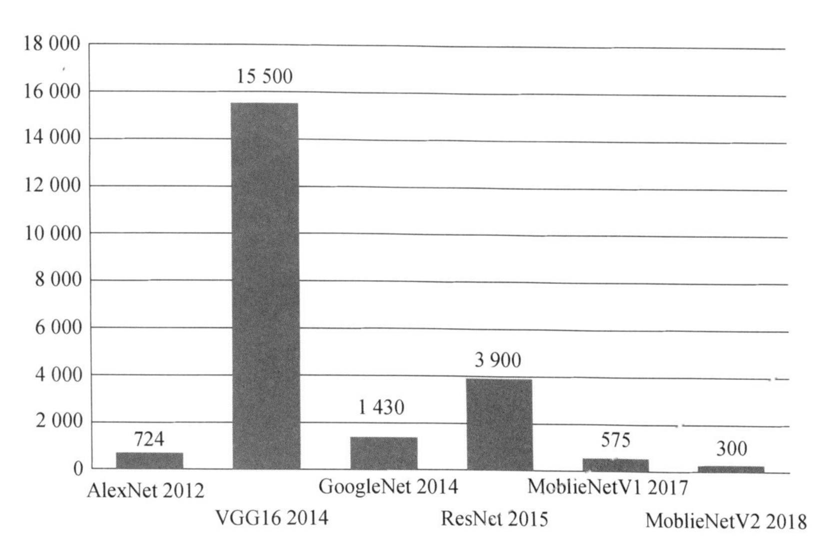

图 12 –5　主流网络计算量的统计（单位：MOPs）

2. 典型网络详细分析

当前，各种深度学习网络层出不穷。谷歌 2017 年推出了 MobileNetV1，是专门为移动设备设计的通用计算机视觉卷积神经网络，能支持图像分类和检测。它是一种极其高效的神经网络。

2018 年 4 月，谷歌发布了下一代移动视觉应用 MobileNetV2。MobileNetV2 在 MobileNetV1 的基础上获得了显著的提升，并推动了移动视觉识别技术的有效发展，包括分类、目标检测和语义分割，代表了深度学习网络的发展方向。因此，选定 MobileNetV2 为典型网络进行分析。

图 12 –6 为 MobileNetV2 的流程框图，括号内依次表达为输入图像大小、特征图处理量、卷积核大小以及池化步进量。

表 12 –5 对 MobileNetV2 网络各层数据结构进行了详细的分析。

根据 MobileNetV2 网络模型结构特点，对网络模型的数据结构进行了全面的分析，并以此为基础对加速器的计算和存储资源进行估计，最终确定网络模型前向推理加速器的总体架构。

对表 12 –5 相应数据进行逐一统计分析，得到图 12 –7 所示的模型各层所需存储资源分布图以及图 12 –8 所示的模型各层所需乘加运算计算量分布图。

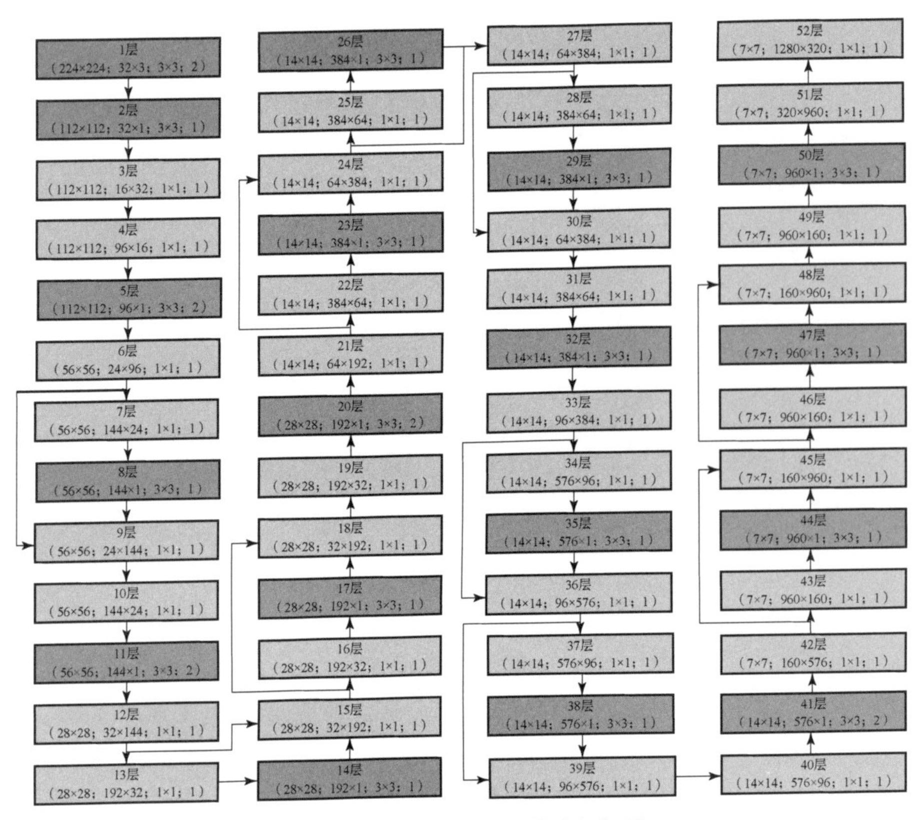

图 12－6 MobileNetV2 的流程框图

表 12－5 MobileNetV2 网络各层数据结构分析

层数	输入图像	池化步进	输出数据量/kB	卷积核大小	卷积次数	卷积运算量
1	224×224×3	2	441	3×3	96	43 352 064
2	112×112×32	1	441	3×3	32	3 612 672
3	112×112×32	1	630.53	1×1	512	6 422 528
4	112×112×16	1	1 323	1×1	1 536	19 267 584
5	112×112×96	2	330.75	3×3	96	10 838 016
6	56×56×96	1	248.77	1×1	2 304	7 225 344
7	56×56×24	1	496.13	1×1	3 456	10 838 016
8	56×56×144	1	496.13	3×3	144	4 064 256

续表

层数	输入图像	池化步进	输出数据量/kB	卷积核大小	卷积次数	卷积运算量
9	56×56×144	1	238.77	1×1	3 456	10 838 016
10	56×56×24	1	496.13	1×1	3 456	10 838 016
11	56×56×144	2	124.04	3×3	144	4 064 256
12	28×28×144	1	82.13	1×1	4 608	3 612 672
13	28×28×32	1	165.38	1×1	6 144	4 816 896
14	28×28×192	1	165.38	3×3	192	1 354 752
15	28×28×192	1	82.13	1×1	6 144	4 816 896
16	28×28×32	1	165.38	1×1	6 144	4 816 896
17	28×28×192	1	165.38	3×3	192	1 354 752
18	28×28×192	1	27.57	1×1	6 144	4 816 896
19	28×28×32	1	165.38	1×1	6 144	4 816 896
20	28×28×192	2	43.85	3×3	192	1 354 752
21	14×14×192	1	40.2	1×1	12 288	2 408 448
22	14×14×64	1	82.69	1×1	24 576	4 816 896
23	14×14×384	1	82.69	3×3	384	677 376
24	14×14×384	1	34.8	1×1	24 576	4 816 896
25	14×14×64	1	82.7	1×1	24 576	4 816 896
26	14×14×384	1	82.7	3×3	384	677 376
27	14×14×384	1	40.2	1×1	24 576	4 816 896
28	14×14×64	1	82.69	1×1	24 576	4 816 896
29	14×14×384	1	82.69	3×3	384	677 376
30	14×14×384	1	13.8	1×1	24 576	4 816 896
31	14×14×64	1	82.69	1×1	24 576	4 816 896

续表

层数	输入图像	池化步进	输出数据量/kB	卷积核大小	卷积次数	卷积运算量
32	14×14×384	1	82. 69	3×3	384	677 376
33	14×14×384	1	63. 8	1×1	36 864	7 225 344
34	14×14×96	1	124. 1	1×1	55 296	10 838 016
35	14×14×576	1	124. 1	3×3	576	1 016 064
36	14×14×576	1	67. 8	1×1	55 296	10 838 016
37	14×14×96	1	124. 1	1×1	55 296	10 838 016
38	14×14×576	1	124. 1	3×3	576	1 016 064
39	14×14×576	1	20. 68	1×1	55 296	10 838 016
40	14×14×96	1	124. 1	1×1	55 296	10 838 016
41	14×14×576	2	124. 1	3×3	576	1 016 064
42	14×14×576	1	26. 9	1×1	92 160	18 063 360
43	7×7×160	1	51. 7	1×1	153 600	7 526 400
44	7×7×960	1	51. 7	3×3	960	423 360
45	7×7×960	1	26. 9	1×1	153 600	7 526 400
46	7×7×160	1	51. 7	1×1	153 600	7 526 400
47	7×7×960	1	51. 7	3×3	960	423 360
48	7×7×960	1	8. 7	1×1	153 600	7 526 400
49	7×7×160	1	51. 7	1×1	153 600	7 526 400
50	7×7×960	1	51. 7	3×3	960	423 360
51	7×7×960	1	17. 3	1×1	307 200	15 052 800
52	7×7×320	1	68. 9	1×1	409 600	20 070 400
FC	1 000×1 280	- -	1. 25	- -	1 000	1280 000
总计	—	5 个步进为 2 的池化层	8 428. 1 kB	1×1	2 124 672	359 790 656
				3×3	7 232	

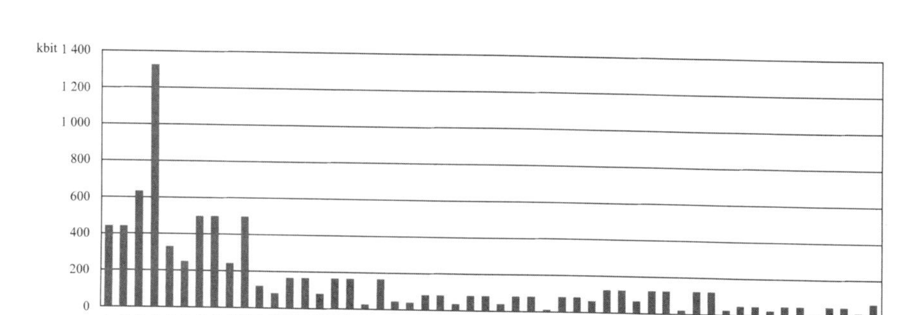

图 12－7　模型各层所需存储资源分布图

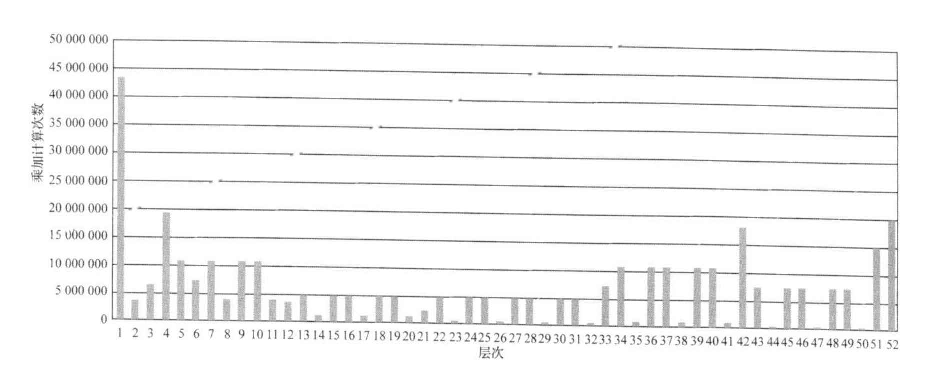

图 12－8　模型各层所需乘加运算计算量分布图

网络模型完成一次前向推导共计所需存储总量为 8 428.1 kB，乘加运算总量为 359 790 656 次。由于 FPGA 等可编程逻辑电路硬件资源有限，无法实现全并行实时处理，因此存储和计算单元需进行复用设计，否则将无法实现。

根据 CNN 加速运算的特点，提出衡量加速器特性的两个指标，即计算效率和存储复用率。加速器的整体计算效率可通过计算周期和各层计算效率计算得出，如式（12－1）所示：

$$\eta = \left(\sum^{l=1,2,3,\cdots,52} \eta_l \times \tau_l\right) \Big/ \left(\sum^{l=1,2,3,\cdots,52} \tau_l\right) \tag{12-1}$$

式中，l 为卷积所在层数；τ_l 为第 1 层卷积层的计算周期；η_l 为第 l 层卷积层的计算效率；η 为加速器的整体计算效率。

加速器的存储复用率可通过各层占用最大存储空间与加速器动态存储空间总值的比值得出，如式（12－2）所示：

$$\ell = \max\left(\partial_l / \left(\sum^{l=1,2,3,\cdots,52} \hbar_l\right)\right) \tag{12-2}$$

式中，l 为卷积所在层数；∂_l 为 l 层卷积层需要占用存储空间；$\hbar_l$ 为 l 层卷积层相对前面（$l-1$）层卷积层新增的存储空间；ℓ 为加速器的整体存储复用率，即为各层存储空间的最大存储空间复用率。

12.2.2 模型轻量化

近年提出的以深度卷积神经网络为代表的深度网络模型，在遥感图像分类、目标检测方面表现卓越，为提升星上信息智能处理的准确性和智能性提供了条件。

近期，美国国防部高级研究计划局（DARPA）发文认为以深度网络为基础的人工智能是全球信息领域潜在的、具有变革性的技术，将其作为未来几年的发展重点。深度神经网络的应用除了需要丰富的训练数据集、强大的计算平台和多样的训练策略外，其令人叹服的能力主要归因于可学习的、庞大的参数集，而且研究表明通过增加网络的深度和宽度可以很容易地提升图像处理算法的准确性。但是，性能越好的深度网络模型往往需要消耗更多的存储空间、计算单元和通信带宽。然而，星载设备的质量、体积、功耗、计算资源受限，使得在星上部署应用深度网络面临着更大的困难和挑战。

在此背景下，从神经网络的计算架构入手，研究适合星载应用的深度网络轻量化方法，在基本不降低模型计算准确性的前提下，支持资源受限环境下的星载计算平台的高效使用。

1. 深度神经网络轻量化结构设计技术

如何在给定精度下设计小型的网络计算结果以满足星载的能力约束，即神经网络的轻量化结果设计。通过分析，造成目前深度学习网络计算量或参数量较大的主要原因在于卷积层的计算量较大，即为卷积核参数数量 × 输入通道数量 × 输出通道数量。因此，在设计轻量化网络时，主要采用如下设计技术。

1）小尺寸的卷积计算技术

这里将决定某一层输出结果中一个元素所对应的输入层的区域大小定义为感受野（Receptive Field）。图 12 - 9 给出了对于感受野同为 7 的情况下，使用 7×7 的卷积核需要 2 层网络可以得到，而使用 3×3 的卷积核，则需要 4 层网络才能够得到。虽然网络层数增加了，但是使用 7×7 的卷积核则包含 49 个参数，而使用 3×3 的卷积核则包含 3×(3×3)=27 个参数，大概为 7×7 卷积核的一半。因此，对卷积神经网络而言，采用通过小尺寸卷积层的堆叠可以替代大尺寸卷积层，使得高层特征图的感受野大小不变，而参数量减少一半。

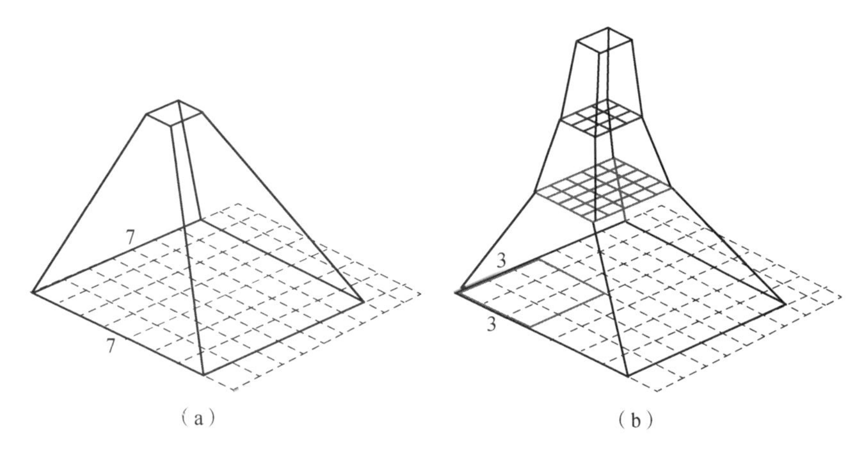

图 12-9　小尺寸卷积层与大尺寸卷积层对比示意图

（a）大尺寸卷积层；（b）小尺寸卷积层

2）分组卷积计算技术

常规卷积对输入整体进行卷积操作，如图 12-10 所示。分组卷积中的分组是针对输入通道而言，输入通道被分为两组。对于每组输入进行卷积操作后，将分组得到的输出拼接后作为整体输出。

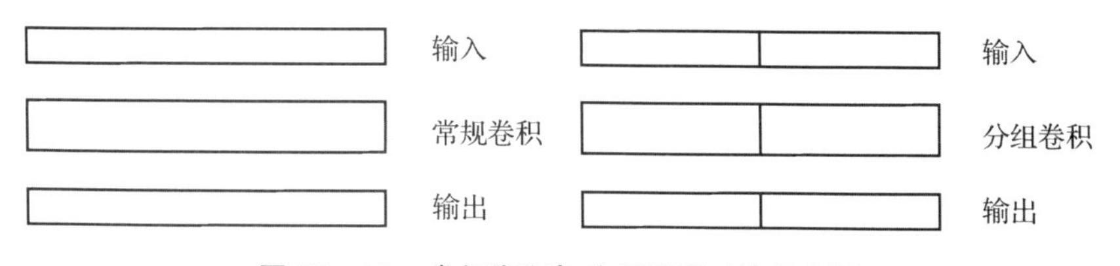

图 12-10　常规卷积与分组卷积对比示意图

当输入为 $W_1 \times H_1 \times C_1$（$W_1$ 代表 Width，指输入通道宽度；H_1 代表 Height，指输入通道高度；C_1 代表 Channel，指输入通道数量），卷积核大小为 $h \times w$，一共有 C_2 个，则输出数据为 $H_2 \times W_2 \times C_2$。对于常规卷积和分组卷积，其参数量和计算量如表 12-6 所示，其中分组数量为 g。

表 12-6 常规卷积与分组卷积参数量与计算量

名称	参数量	计算量
常规卷积	$C_1 \times C_2 \times h \times w$	$2 \times C_1 \times C_2 \times h \times w \times H_2 \times W_2$
分组卷积	$(C_1/g) \times (C_2/g) \times h \times w \times g$	$2 \times (C_1/g) \times (C_2/g) \times h \times w \times H_2 \times W_2 \times g$
比例	$1:(1/g)$	$1:(1/g)$

如表 12-6 所示，分组卷积有效减少了结构的参数量和计算量，但存在分组通道间信息不流通的问题。为此，可通过增加用 1×1 卷积，将所有通道的结果进行累加，避免信息丢失的问题。

3）跨层结构优化技术

以 Densenet 网络结构为例，基础设计特征提取的最小单元，在特征提取的最小单元中首先使用逐点分组卷积对输入特征图进行降维，以便减少深度可分离卷积的计算量，然后利用多通道间特征图交叉重排，最后利用深度可分离卷积与逐点分组卷积的组合完成特征提取，与输入特征图进行特征拼接。特征拼接方式为将特征提取最小单元的输出与输入特征图组合成为多通道特征图，再通过多通道卷积对多通道特征图提取特征，实现特征融合。

每一组最小单元之间都有跳跃连接，每一组最小单元的输入都是前面所有层输出的并集，而该最小单元所学习的特征图也会被直接传给其后面所有最小单元作为输入，实现特征的重复利用。

考虑到大量使用轻量化最小结构与提高深度可分离卷积核的数量可以增加平均精准度，但同时会增加模型参数数量，降低检测速度。因此，轻量化最小结构需要根据实际工程应用场景进行设计，达到 mAP 和 FPS 的平衡。

2. 深度神经网络权重参数轻量化技术

通常，深度神经网络存在过参数化和冗余度高的问题，这将引起大量的计算代价和存储空间浪费。另一个问题是计算过程中的能量消耗，主要体现在存储器访问。例如，采用 45 nm 工艺 CMOS 技术，一次 32 比特浮点加法将消耗 0.9 pJ，而一次 32 比特 SRAM 缓存和 DRAM 访问将分别消耗 5 pJ 和 640 pJ，分别是加运算的 5.5 倍和 711.1 倍。因此，大规模神经网络不适宜在片上存储器上进行存储。以 20 fps 的频率运行一个 10 亿连接的深度神经网络，仅 DRAM 访问就需要(20Hz)(1G)(640pJ) = 12.8W 的能量消耗，这对于星载应用来说是完全无法承受的。该部分技术路线如图 12 - 11 所示。

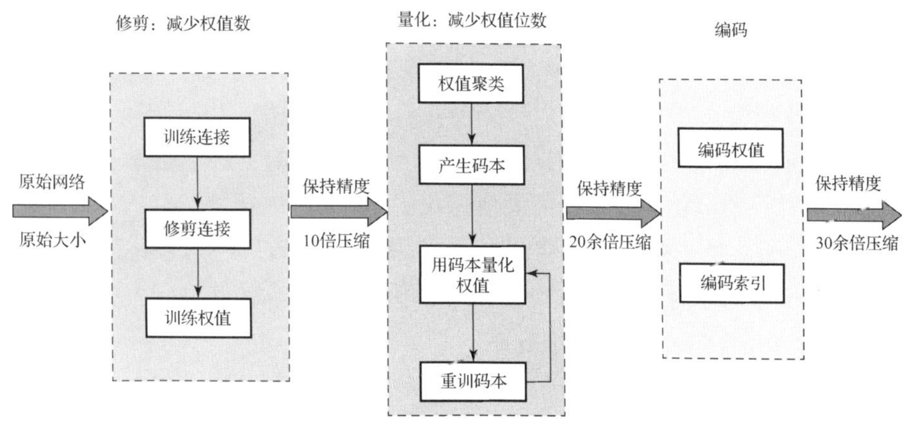

图 12 - 11　深度网络轻量化处理的 3 个阶段：修剪、量化和编码

由图 12 - 11 可见，深度网络轻量化处理主要包括修剪、量化与编码 3 个阶段，其目标是通过这 3 个阶段处理，在精度损失 1% 以内的前提下，深度网络存储量压缩率在 20 倍以上。下面分别从这 3 个方面对技术方案进行详述。

1）基于特征图统计的深度网络修剪技术

如前所述，修剪技术很早就被用于神经网络的压缩，现有文献成功地将几种大规模网络进行修剪，其参数量可以以任意比例进行压缩且精度损失可控。拟采用基于特征图统计的修剪方法，大致可以分为以下 3 个步骤：

①针对深度神经网络中的特征层，计算网络模型中特征图的统计特征；

②根据统计特征构造评判准则；

③将不符合评判准则的特征图及其相关联的参数层进行移除。

进一步可以采用两种格式对所获得的压缩稀疏网络结果进行存储：压缩稀疏行（CSR）和压缩稀疏列（CSC）。两种策略均需要存储（$2a+n+1$）个数，其中 a 是非零元个数，n 是行或列数。为了进一步进行压缩，采用相对索引而非绝对位置存储，并采用固定比特数（如 3 比特）对卷积层相对索引进行存储。对大于量化位数能表示的相对索引，采用零填充方法，如图 12 - 12 所示。举例来说，当采用 3 比例存储时，若差分量超过 8，超出部分用 0 进行填充。

绝对索引	0	1	2	3	4	5	6	7	8	9	10	11	12	13	14	15
相对索引		1			3								8			3
值		3.4			0.9								0			1.7

图 12－12 采用相对索引表示的矩阵稀疏性

在借鉴了 Caffe 的 Lenet－5 模型的基础上，构造了如下 Lenet 网络：Conv1 为卷积层，有 20 个特征图，使用 5×5 卷积核，卷积间隔为 1×1；Conv2 有 50 个特征图，使用 5×5 卷积核，卷积间隔为 1×1；在每个卷积层之后紧接着一个池化层，采用最大值池化；Ip1 为全连接层，共有 500 个隐含神经元，Ip2 是全连接输出层，有 10 个神经元。和传统的 Lenet－5 网络相比，减少了网络的深度，拓展了网络的大小，准确率也有所提升，经过前期训练，达到了 99.63%的准确率。

由于 Lenet 卷积网络的训练过程存在着前向与后向传播，所以对于参数级别的压缩是全局的。对全局阈值的值进行了测试，分别采取 0.01、0.1、0.15、0.16 进行重新训练，并对训练网络进行测试，发现当阈值为 0.16 时，准确率略微出现了下降，为 99.29%，所以选择 0.15 作为参数级别的修剪阈值。

从表 12－7 中可以看到，卷积层的压缩率不高，而全连接层则实现了很高的压缩。表明卷积核中的参数对于网络的稳定表达式是不可或缺的，其中的权值在信息传递中起到了很大的作用；全连接层的参数实现了特征的分类，可以看到不同的特征对于分类器的表达效果是不同的，在卷积层到全连接层的变换中，实现了最大的参数压缩，表明众多的特征在分类器的表达中并没有被选中，产生了相当的冗余。经过参数级别的压缩，可以将 Lenet 网络的尺寸压缩到原来的 8.23%，压缩了 12 倍，且在这个过程中，没有产生额外的精度损失。

表 12－7 Lenet 参数修剪压缩情况

网络层	Conv1	Conv2	Ip1	Ip2	合计
权重	0.5 k	25 k	400 k	5 k	430.5 k
参数级压缩率	90.8%	46.6%	4.9%	72.3%	8.23%

2）权值量化与权值共享技术

如图 12－13 所示，为了进一步压缩修剪后的神经网络，通过权值量化与权值共享途径实现。首先，对权值进行聚类，并计算共享权值；其次，对共享权值进行精调。假设神经网络某层有 a 个输入和 d 个输出神经元，权值为 $a \times d$ 的矩阵。若将权值量化成 a 类（2 比特量化），则所有相同等级的权值被量化成了同一个无符号整数，因此我们仅需要存储少量的共享权值的索引。在精调阶段，首先拟按聚类等级进行分组，然后再将分组后的梯度相加，最后与上一迭代步的中心向量相减就可以得到精调的共享权值。在前期实验过程中发现，对于修剪后的 AlexNet，当分别采用 8 比特和 5 比特分别量化卷积层和其他层时，可以得到无任何精度损失的压缩结果。理论上来说，压缩率可计算如下：

$$r = \frac{nb}{n\log_2(k) + kb}$$

式中，n 和 b 分别为网络的连接数和量化比特数；k 为共享权值数量。

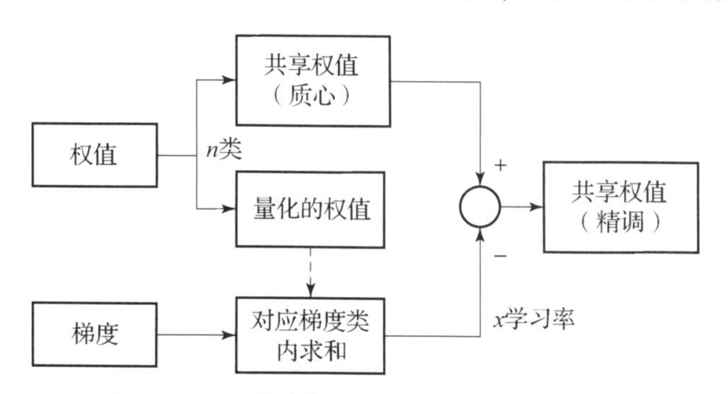

图 12－13 共享权值的量化和中心精调框图

拟采用 k－均聚类法对每层中共享权值进行聚类，聚类到同一个类别权值将使用相同权值。具体来说，令初始权值 $\boldsymbol{W} = \{w_1, w_2, \cdots, w_n\}$，通过 k－均值聚类后共聚成 k 类（$n \gg k$）：$\boldsymbol{C} = \{c_1, c_2, \cdots, c_k\}$，目标是最小化如下类内平方误差之和：

$$\underset{C}{\operatorname{argmin}} \sum_{i=1}^{k} \sum_{w \in c_i} \| w - c_i \|^2$$

（1）共享权值初始化问题。

众所周知，中心初始化的好坏将影响聚类质量，进一步影响网络预测精度。拟采用 3 种初始化方法，即随机法、基于密度的方法和线性初始化方法。

①随机法将从数据集中随机选择 k 个观测作为初始中心向量。这样将会使初始点分布在密度分布的峰值周边。

②基于密度的方法将线性地在累积分布函数（CDF）上取点，再向权值方向投影得到初始中心向量。这种方法亦会使中心点在密度函数峰值周边聚集，但相比于随机法会更分散些。

③线性初始化方法在原始权值的分布区间［min，max］上线性地选取中心点，它不考虑权值的分布情况且比前两种方法更加分散。

通常来说，网络中的较大权值的重要性更大，但数量较少。因此，对于前两种方法来说，极少有中心点具有较大绝对值，可以预测其性能比线性初始化方法略差，结果有待实验验证。

（2）前向传播与反向更新。

如前所述，k－均值聚类的中心即是共享权值。在网络的前向传播与反向更新阶段都存在查找权值表的过程，为此我们为每个连接存储一个共享权值表索引。在反向更新阶段，共享权值的更新依照梯度进行。具体来说，令 L 表示代价函数，W_{ij} 表示第 i 列第 j 行权值，其中心索引号为 I_{ij}，该层的第 k 个中心为 C_k。中心梯度可计算如下：

$$\frac{\partial L}{\partial C_k} = \sum_{i,j} \frac{\partial L}{\partial W_{ij}} \frac{\partial W_{ij}}{\partial C_k} = \sum_{i,j} \frac{\partial L}{\partial W_{ij}} \Rightarrow (I_{ij} = k)$$

Lenet 卷积网络的比特级别压缩是局部的操作，分别从索引量化和权值量化两个方面来进行实验。

①在索引量化的过程中，需要根据不同的网络层来确定各自的量化比特数。对于卷积层而言，网络的稀疏性较弱，可以采用比较少的比特来进行量化；对于全连接层来说，参数的压缩使得网络结构异常稀疏，在量化时要用较多的比特来进行量化，否则会产生填充零过多的情况，影响压缩效率。

②在权值量化的过程中，同样也需要根据不同的网络层来确定各自的量化比特数。对于卷积层而言，由于权值的大小对于特征提取影响很大，所以要尽可能保证卷积层的权值不变，就要用较多的比特来对卷积层进行权值量化，减少对于网络精度的影响；对于全连接层而言，权值大小仅仅意味着分类情况，相对于卷积层而言，全连接层的权重不是很敏感，所以可以用较少的比特来对全连接层进行权值量化。

③对于量化权值和量化索引，在 Lenet 卷积神经网络上进行了不同比特的尝试。在量化索引过程中，采用 5 比特来量化卷积神经网络和全连接层；在量化权值的过程中，采用 8 比特来量化卷积层，5 比特来量化全连接层可

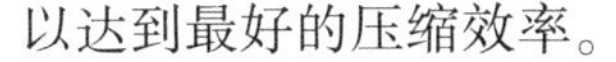

以达到最好的压缩效率。

（3）编码策略研究。

拟采用霍夫曼编码，它是一种可变字长编码方法。该方法完全依据字符出现概率来构造异字头的平均长度最短的码字，有时称之为最佳编码。自 Huffman 于 1952 年提出该编码以后，被广泛应用于通信和计算机领域。霍夫曼编码的具体方法：先按出现的概率大小排队，把两个最小的概率相加，作为新的概率和剩余的概率重新排队，再把最小的两个概率相加，再重新排队，直到最后变成 1。每次相加时都将“0”和“1”赋予相加的两个概率，读出时由该符号开始一直走到最后的“1”，将路线上所遇到的“0”和“1”按最低位到最高位的顺序排好，就是该符号的霍夫曼编码。实验表明，霍夫曼编码对于非均匀分布源，可以压缩至原存储量的 20%~30%。

通过霍夫曼编码，在 Lenet－5 卷积神经网络上进行了多层次压缩，记录实验中产生的压缩情况，如表 12－8 所示。

表 12－8　多层次压缩数据记录

网络层	Conv1	Conv2	Ip1	Ip2	合计
初始权重/kb	0. 5	25	400	5	430. 5
参数压缩/%	90. 8	46. 6	4. 9	72. 3	8. 23
比特压缩/%	38. 09	18. 94	1. 66	22. 8	2. 96
编码压缩/%	24. 29	12. 43	1. 69	12. 4	2. 46

由表 12－8 可以看出，经过多层次的压缩，网络的尺寸已经压缩到原来的 2. 46%，实现了 40 倍的压缩，并且在压缩过程中没有产生额外的精度误差。

12. 2. 3　模型加速

深度卷积神经网络（CNN）模型在目标分类、识别、视频分析以及自然语言处理等方面应用越来越广泛。

CNN 是一种高度并行的混联网络结构，尤其是近年来流行的深度网络，采用 CPU 计算往往会导致频繁的数据交互和相同数据的多次搬移，很难提高计算效率。利用 GPU 实现 CNN，有编程简单、运行速度快等优点，但存在功耗过高、散热困难等问题。例如，NVIDIA GTX－1080 Ti GPU 虽具有向量数据搬移操作，在内部计算过程中具备上千个节点对数据进行并行计算，但这一过程占用了巨额的硬件资源，同时也耗费了大量的能量功耗，峰值功耗达到 250 W。Cambrion - X 加速处理器，在处理过程中的输入输出结果必须经由 MLU 模块，并通过对译码过程不同指令类型的判断，完成选通输入输出操作，这种加速方式通过多个模块的并行操作，并结合 Hot Buffer 及 Cold Buffer 减少或同化相同参数和操作的卷积计算，必然影响处理器计算效率。北京深鉴科技有限公司设计的 AI 处理器具有硬件资源可变的特点，借助于 DPU 节点，通过编译器优化计算流程，压缩参数，降低计算量，但这种功能必须有相应的程序结构进行配套执行才能达到最优速度，而在实际深度卷积计算过程，中间计算过程数据常常被其他进程调用，很难对所有复杂卷积网络形成实际优化。

此外，当前商用 GPU 计算机及微处理器均是基于对并行寄存器的计算处理，针对深度卷积网络的加速算法实施，只能依靠多个计算单元的并行计算完成，且核心技术都掌握在国外大公司手中。例如，Google 公司推出的 TPU 处理器，性能优越，但仅限于内部使用，不对外供货。由此可知，现有商用处理器无法满足星上应用需求，设计基于多并行计算和存储架构的 CNN 加速器，已经成为当前嵌入式、小型化研制过程的迫切需要。

现有的深度学习网络加速计算主要从 3 个工程实现角度来进行优化：第一，减少量化位宽，以牺牲计算结果精度来减少硬件资源的占用，通过降低量化位宽到 8 位，提高设计的最大可执行频率，降低芯片面积的占用；第二，建立多级缓存机制，结合内外部缓存，分配计算过程中“冷”“热”参数和计算过程，提高缓存使用效率；第三，通过统计或简单判别的方式，减少零值参数或无效参数的访问和计算，提高计算单元的处理效率。

当前常用处理位宽设计集中在 2 ~ 8 bits，单纯降低位宽会造成计算精度的大幅下降，而位宽的选择与网络应用需求有关。多级缓存的设计，往往需要考虑片内、片外缓存，网络卷积核大小及层间并行度情况，很难形成统一的设计模式。零值和无效数值计算的跳过，虽然能够降低计算次数，但在设计过程容易造成控制电路部分的复杂化。

在 CNN 硬件加速设计过程中，需要从系统架构、位宽、存储和内部总线进行整体考虑，在减少各计算、存储模块交互传输的基础上，提高计算的并行度。同时，对 CNN 模型结构进行基本的研究，重点分析网络并行结构和多层次缓存实现方式，设计一种运算效率高、占用资源少、通用性强、高能效比的 CNN 模型前向传播的加速器，并通过实现两种存储资源复用度差异巨大的加速器对比分析，关注数据重用是提升加速器能效比的关键因素。

VGG 强大的特征提取以及分类精度能力能够满足时敏目标图像分类识别的需求。同时，考虑到当前流行的 SSD、YOLO、MobileNet 等系列网络，或多或少都是基于 VGG 网络而来。因此，从有效性、适用性来讲，选用 VGG 系列网络作为深度学习加速器的基本网络模型。

1. 总体架构设计

通过分析得出 CNN 硬件加速器设计需通过多并行计算和多层次缓存实现。加速器总体架构如图 12－14 所示，包含数据输入单元、数据控制单元、计算单元、存储单元、数据输出单元以及状态控制单元。该加速器架构充分结合了网络模型的前向推导运算特点，并保证计算单元与存储单元数据吞吐能力达到平衡，能够实现并行流水处理。

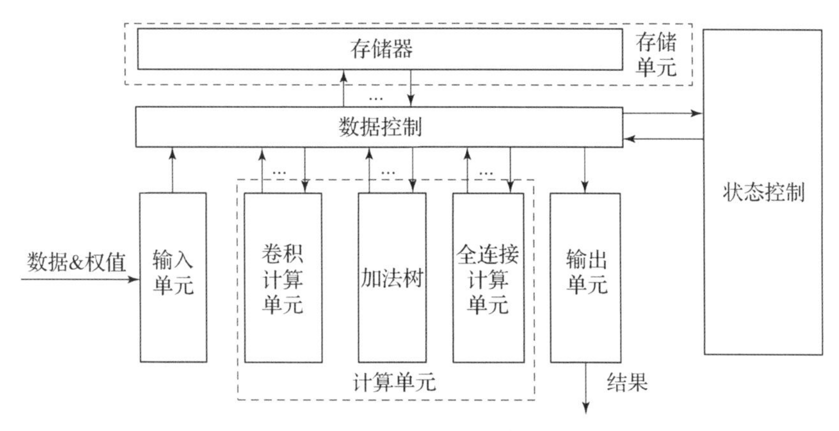

图 12－14　加速器总体架构

2. 深度学习通用加速器具体设计

1）卷积运算

卷积运算是 CNN 模型的核心计算，其实现决定 CNN 模型计算单元整体结构。由于 CNN 模型层间运算具有独立性且各层运算具有高度相似性，因此可以通过复用单层运算资源来实现完整 CNN 模型卷积计算。在实现过程中，只需实现单层的卷积计算结构，即可通过构建多并行计算和存储架构实现网络模型加速。

以 MoblieNetV2 模型为例，其卷积核大小有 3×3 和 1×1 两种类型，因此基本卷积运算模块需兼容两种大小卷积核的运算。单个卷积核并行运算流程如图 12－15 所示。当卷积核大小为 3×3 时，9 个卷积参数寄存器在处理数据输入前完成更新，图像数据按行输入卷积运算模块，通过行数据缓存，构建循环移位存储器。当第 3 行图像数据输入时，通过寄存器调整数据时序，开始乘加运算，输出卷积结果。当卷积核大小为 1×1 时，该卷积运算模块最多可完成 9 个特征图的卷积处理，两种卷积核运算模式可通过控制信号 Flag 进行选择。由以上运算流程可知，该卷积基本运算为全并行流水架构，为后续加速架构的构建奠定了基础。

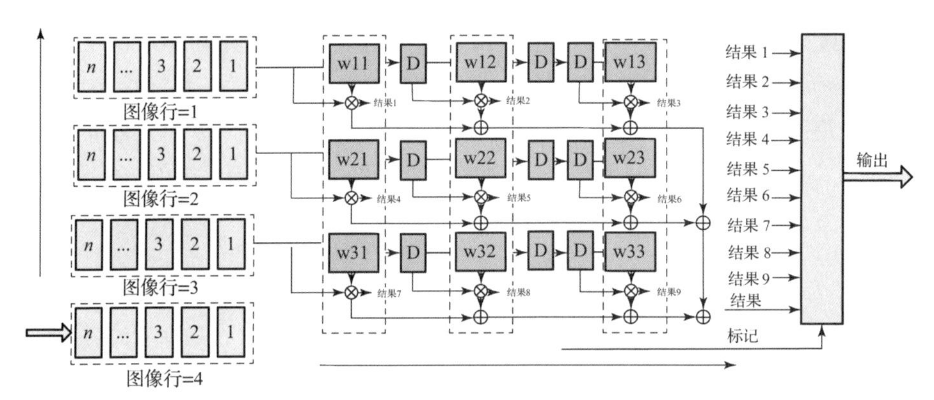

图 12－15　单个卷积核并行运算流程

网络模型需要完成海量卷积运算，可通过卷积核并行运算实现加速。如图 12－16 所示，多个卷积核共用一组存储单元实现了卷积运算的并行加速。

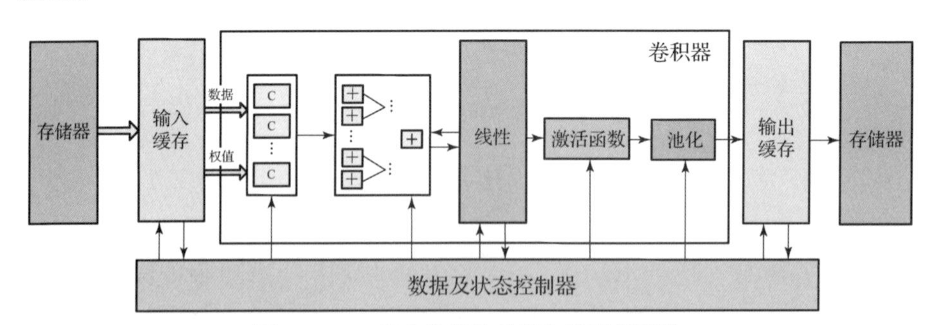

图 12－16　多个卷积核并行加速运算架构

为达到最佳加速比，存储带宽与计算能力需匹配。但频繁的数据访问会产生大量的功耗。因此，在设计卷积运算单元时，应尽可能地利用数据复用减少对存储器的访问次数，使访问带宽需求尽可能降低的结构。为此，多组卷积核共用一组外部存储器的方法可以显著减少对存储器的访问次数，从而大大提升能效比，具体架构如图 12－17 所示。

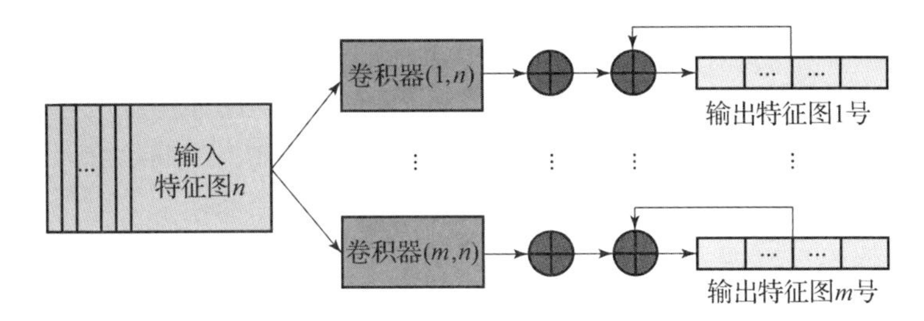

图 12－17　多组卷积核并行运算加速架构

2）全连接运算

全连接层可利用快速流水架构实现，如图 12－18 所示。

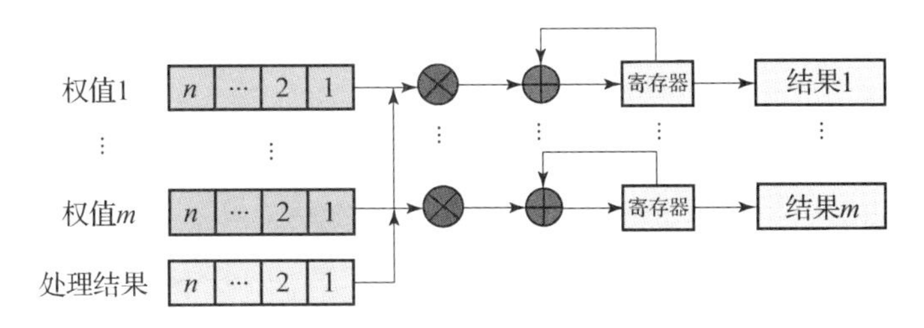

图 12－18　全连接层并行运算架构

如表 12－9 所示，对不同数据格式的全连接层的计算结果进行统计分析，得出全连接层的计算精度对最终的分类结果尤其在精细分类过程中的影响较大，为保证加速器分类结果的准确性，全连接层数据格式采用单精度浮点。通过增加运算的并行度实现全连接层的加速，将全连接层并行度设计为 32，全连接层流水延时为 13 个时钟周期。

表 12－9　全连接层数据精度分析

数据格式	分类准确率	备注
双精度浮点	100%	以双精度浮点处理结果为基准，统计 1 000 个全连接层的分类结果，并与基准结果进行比对，得出分类准确率
单精度浮点	99.1%	
24 位自定义浮点	91.5%	
16 位自定义浮点	76.8%	
16 位定点	82.3%	

3. 加速器功能及性能分析

1）硬件平台

加速器功能验证模式为 PC + FPGA 的模式。在 FPGA 上布置该加速器，PC 机控制软件通过 PCIe 总线给加速器传输模型参数和待处理图像数据，加速器将处理结果通过 PCIe 总线发送给 PC 机控制软件，控制软件将对应图像和分类结果显示，并与标准解进行比对，验证该加速器功能。

加速器验证框图如图 12 - 19 所示。

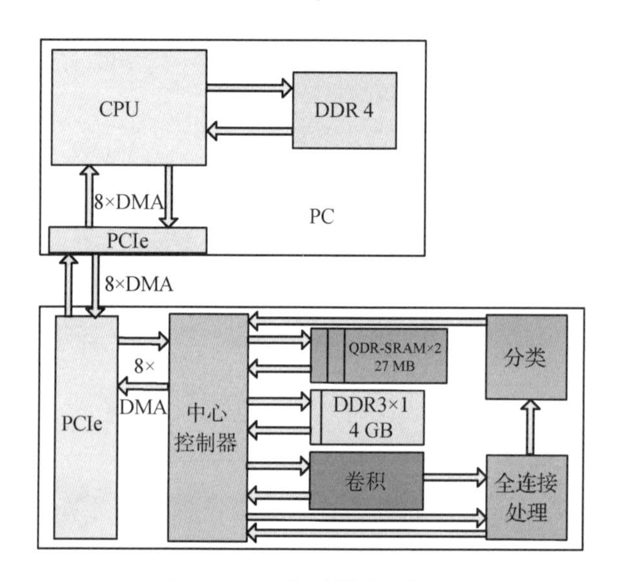

图 12 - 19　加速器验证框图

验证 FPGA 使用 Xilinx 公司的 XC7VX690T 器件，采用 Digilent 公司 NetFPGA - SUME 开发板作为验证平台，软件开发工具为 Vivado。

验证流程如下：图像存储在 PC 机上，CNN 模型的反向训练在 PC 机上完成，图像和训练完成的权值直接通过 PC 机的 PCIe 总线下载到 FPGA。中心控制器负责解析 PC 机输入的图像、CNN 模型参数，将其存储至外部存储器（DDR3）。控制层接收到 PC 机的开始运算指令后，调度卷积层和输出层相应模块完成 CNN 模型运算。当前向传播计算完成后，输出层结果由 FPGA 控制输回 PC 机。

与 FPGA 实现作对比的是通用 CPU 和 GPU 平台下软件实现方式，CNN 模型与 FPGA 实现完全一致。CPU 采用 I7 - 6700 四核八线程处理器，基准主频为 3.4 GHz，内存为 32GB DDR4。软件开发工具采用 Visual Studio

2013。GPU 采用 NVIDIA 公司的 GTX1050，软件开发工具采用 CUDA7.0，核心基准频率 1 354 MHz，显存为 4GB DDR5。

2）验证数据集

ImageNet 数据集是一个用于视觉对象识别软件研究的大型可视化数据库，是目前深度学习图像领域应用得非常多的一个领域。关于图像分类、定位、检测等研究工作大多基于此数据集展开。ImageNet 数据集文档详细，有专门的团队维护，使用非常方便，是目前全世界最大的、带有标记的图片数据库，在计算机视觉领域研究论文中应用非常广，成了目前深度学习图像领域算法性能检验的“标准”数据集。

3）计算能力

根据 V7－690T FPGA 的硬件资源以及 MobileNetV2 网络模型的特点，将加速器设计成包含 16 个卷积模块为一组，共计 12 组的并行加速架构。由此可知，该加速器每时钟周期最多可完成 $9\times16\times12=1\ 728$ 次乘加运算，为保证加速器计算性能，特征图运算的加法运算采用 FPGA 的硬件乘法器实现。加速器计算架构确定后，由于每层的运算量不同，会造成部分计算资源闲置。因此，提升加速器架构的计算效率成为衡量加速器性能的关键。加速器各层计算效率如表 12－10 所示。根据表 12－10 的分析计算得出：

$$\sum^{l=1,2,3,\cdots,52}\eta_l\times\tau_l=189\ 929.4;\quad\sum^{l=1,2,3,\cdots,52}\tau_l=251\ 419$$

由此，该加速器的计算效率 $\eta=189\ 929.4/251\ 419=75.54\%$。在工作频率为 200 MHz 时，输入图像数据大小为 $224\times224\times3$ 的情况下，该加速器最大处理能力达到 624 fps。

4）存储能力

CNN 加速器的存储单元设计准则为与计算单元以及加速架构相匹配，使得加速器计算能够实现流水处理。由于 MobileNetV2 网络中间数据以及参数相对较少，而 V7－690T 中包含有丰富的 BRAM 资源，且 FPGA 内部存储模块方便定制位宽和深度，灵活性好。根据模型结构特点，结合 FPGA 的 BRAM 资源特点，本文设计的加速器参数量化位宽为 6 bit，处理结果量化位宽为 9 bit。加速器定制了多种位宽和深度的缓存单元，并设计了高效的读写策略，便于加速器充分利用存储资源，提升复用效率。

表 12-10 加速器各层计算效率

层数 l	周期 τ_l	计算效率 η_l	层数 l	周期 τ	计算效率 η_l	层数 l	周期 τ_l	计算效率 η_l	层数 l	周期 τ_l	计算效率 η_l
1	50 176	864/1 728	14	784	1 728/1 728	27	2 744 196	1 728/1 728 384/1 728	40	6 272	1 728/1 728
2	12 544	288/1 728	15	3 136	1 536/1 728	28	2 744 196	1 728/1 728 384/1 728	41	588	1 728/1 728
3	12 544	512/1 728	16	3 136	1 536/1 728	29	392	1 728/1 728	42	2 597 49	1 728/1 728 576/1 728
4	12 544	1 536/1 728	17	784	1 728/1 728	30	2 744 196	1 728/1 728 384/1 728	43	4 704	1 600/1 728
5	12 544	864/1 728	18	3 136	1 536/1 728	31	2 744 196	1 728/1 728 384/1 728	44	245	1 728/1 728
6	6 272	1 152/1 728	19	3 136	1 536/1 728	32	392	1 728/1 728	45	2 597 49	1 728/1 728 1 536/1 728
7	6 272	1 728/1 728	20	784	1 728/1 728	33	4 704	1 536/1 728	46	4 704	1 600/1 728
8	3 136	1 296/1 728	21	1 568	1 536/1 728	34	6 272	1 728/1 728	47	245	1 728/1 728

续表

层数 l	周期 τ_l	计算效率 η_l	层数 l	周期 τ	计算效率 η_l	层数 l	周期 τ_l	计算效率 η_l	层数 l	周期 τ_l	计算效率 η_l
9	3 136	1 728/1 728	22	2 744	1 728/1 728	35	588	1 728/1 728	48	2 597	1 728/1 728
				196	384/1 728					49	1 536/1 728
10	3 136	1 728/1 728	23	392	1 728/1 728	36	6 272	1 728/1 728	49	4 704	1 600/1 728
11	3 136	1 296/1 728	24	2 744	1 728/1 728	37	6 272	1 728/1 728	50	245	1 728/1 728
				196	384/1 728						
12	1 568	1 584/1 728	25	2 744	1 728/1 728	38	588	1 728/1 728	51	8 673	1 728/1 728
	784	1 440/1 728		196	384/1 728					49	1 344/1 728
13	3 136	1 536/1 728	26	392	1 728/1 728	39	6 272	1 728/1 728	52	12 544	1 600/1 728

该加速器共需动态存储空间 $\sum\limits_{l=1,2,3,\cdots,52} \hbar_l = 4\ 024.1\ \text{kB}$，根据表 12－5 的分析以及式（12－2）可计算得出，第 4 层卷积层的存储资源复用率最高，达到了 1 323/4 024.1＝32.9%。同时，相对将中间计算数据全部缓存，总共节省存储空间 8 428.1 kB－4 024.1 kB＝4 404 kB，存储资源节省率超过 4 404/8 428.1＝52.25%。

5）硬件和时间开销

将加速器部署在 FPGA 中，编译报告如图 12－20 所示。分析报告得出，FPGA 的主要硬件资源占用达到了较好平衡，乘法器（DSP48e）使用 3 467 个，占用率 96.3%；内部存储器（36k BRAMs）1 201 个，占用率 81.5%；逻辑资源（LUT）396 749 个，占用率 91.59%；总功耗为 7.629W，减去 PCIe 接口功耗 2.619W，加速器功耗为 5.01W。

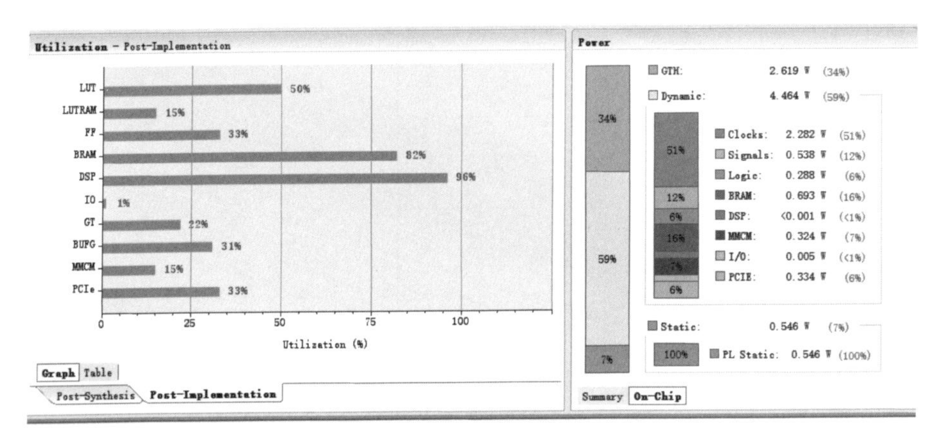

图 12－20 FPGA 编译报告

由表 12－11 可知，同样的输入图像数据，该加速器能效比为 CPU－I7－6700 的 600 倍以上，得益于设计的轻量化、紧凑型计算和存储单元。与当前业内采用 FPGA 实现 CNN 的加速方案进行了对比，相同条件下，优势明显。

表 12－11 主要实现方案技术指标对比（输入图像大小为 224×224）

实现方案	硬件配置	数据类型	处理时间/ms	功耗/W	能效比/(GOPs・W^{-1})
CPU	I7－6700－32G	Fp32	75	65	0.23
其他	V7－690T	Fix16	151.8	15.6	13.05
本文	V7－690T	Fix9/Fp32	1.61	5.08	138.24

6）验证结果

为验证基于 FPGA 的 CNN 网络加速器的功能正确性，随机选择 Image－Net 数据集的 100 幅图进行分类结果验证，模型参数选用公开数据模型，加速器的分类结果正确，证明该加速器功能正确。验证系统实物如图 12－21 所示；验证加速器的分类结果如图 12－22～图 12－24 所示。

图 12－21　验证系统实物

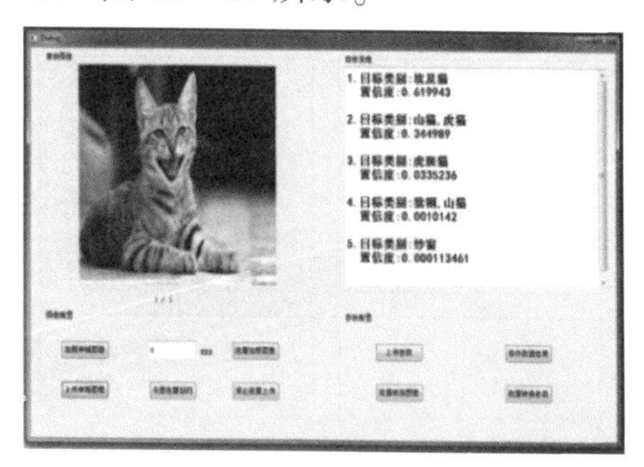

图 12－22　验证加速器的分类结果 1

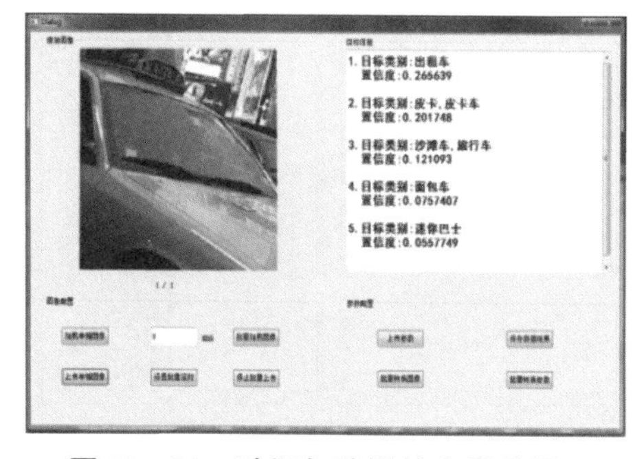

图 12－23　验证加速器的分类结果 2

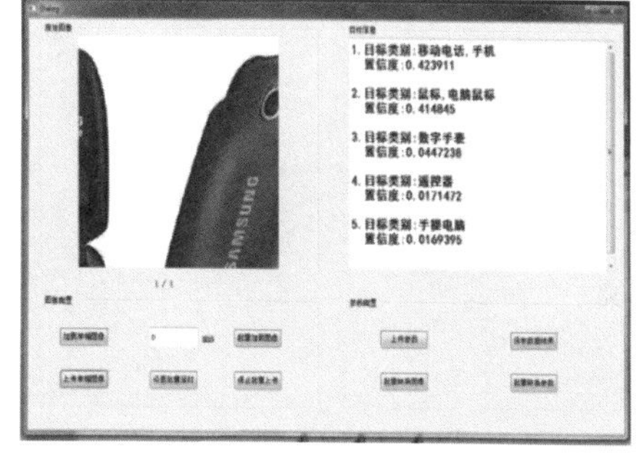

图 12－24　验证加速器的分类结果 3

7）处理精度

为验证加速器的处理精度指标，从 ImageNet 数据集中随机抽取 100 幅图片，通过“分类结果”及相应“置信度”两个关键指标作为加速器处理精度的考核对象，将加速器的“分类结果”及“置信度”两种处理结果与 Matlab 采用双精度浮点数据的相应处理结果进行对比，对比结果如图 12－25～图 12－28 所示。

由图 12－25 和图 12－26 可知，加速器与 Matlab 分类结果的差值为 0，表明加速器分类结果与 Matlab 的处理结果完全一致。

由图 12－27 和图 12－28 可知，加速器与 Matlab 分类结果的置信度差值不大于 0.05。由此可证明，本书设计的加速器处理结果的精度与双精度浮点数据处理结果的置信度虽然有一定精度损失，但是不影响最终分类结果，可满足使用要求。

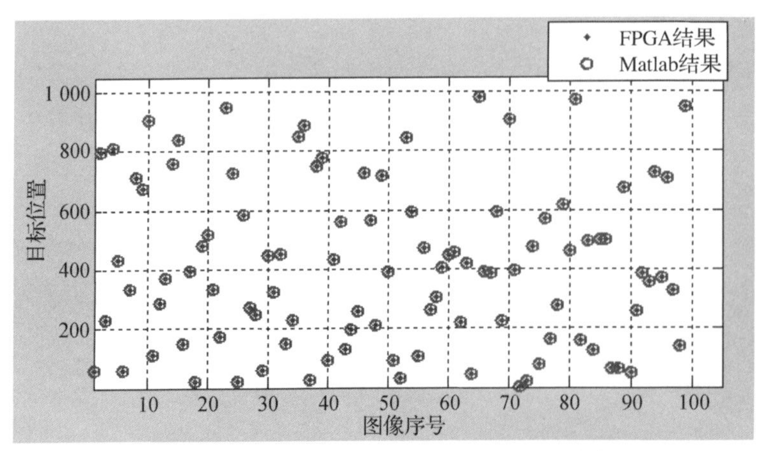

图 12-25 加速器与 Matlab 分类结果位置分布图

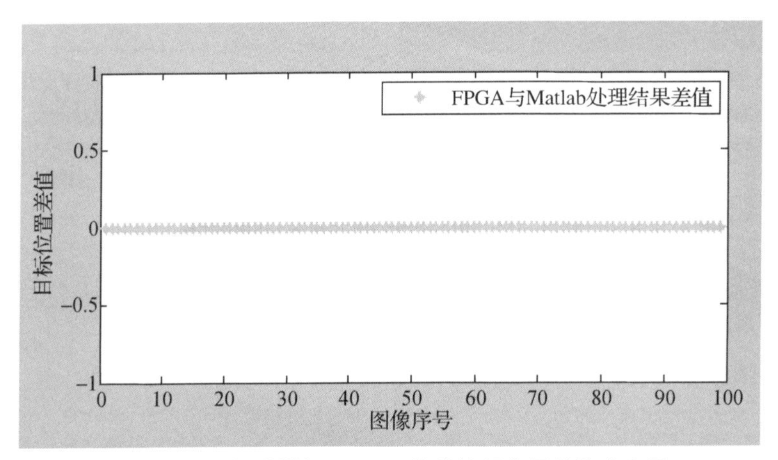

图 12-26 加速器与 Matlab 分类结果位置差值分布图

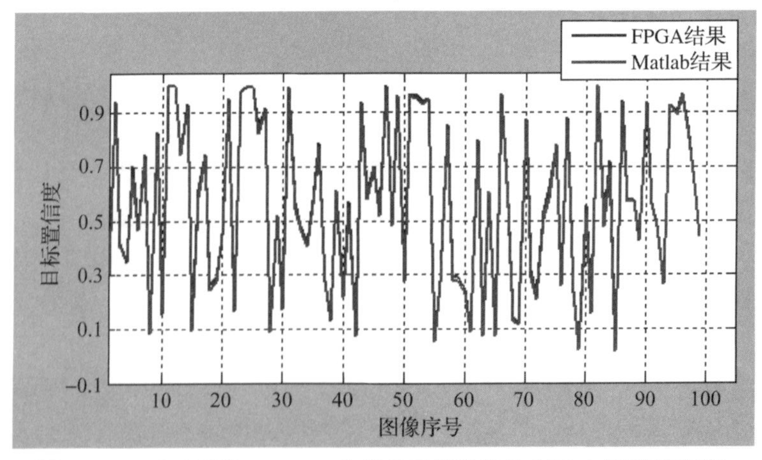

图 12-27 加速器与 Matlab 分类结果置信度分布图（书后附彩插）

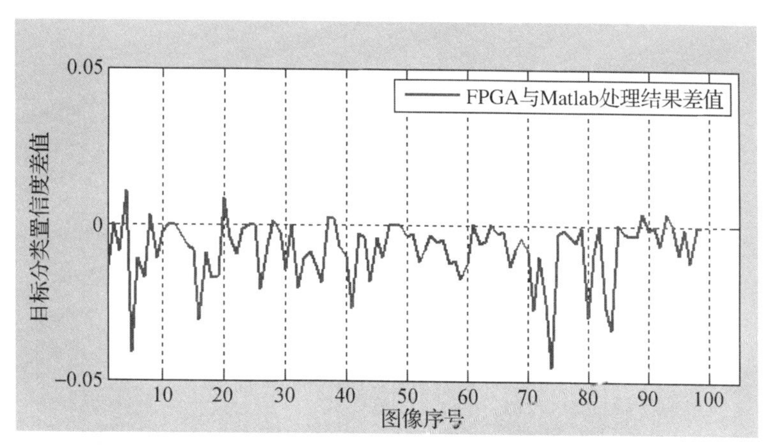

图12－28　加速器与 Matlab 目标分类置信度差值分布图

4. 深度学习通用加速器架构设计

上述加速器主要针对 VGG 及以 VGG 为基础的后续系列的深度学习网络模型，是一个相对通用的加速器。人工智能技术处于一个高速发展时期，各种网络层出不穷，也是各有特点。因此，设计针对深度学习的通用加速器将会很有必要。

如图12－29所示，针对深度学习网络模型的特点，归纳总结深度学习推理网络的基本运算方式，设计了一种通用加速器架构，可完成多种网络加速。该加速器采用 SoC 处理架构，主要由 CPU 和加速器组成，可通过多种高速串行总线实现互联，扩展能力突出。

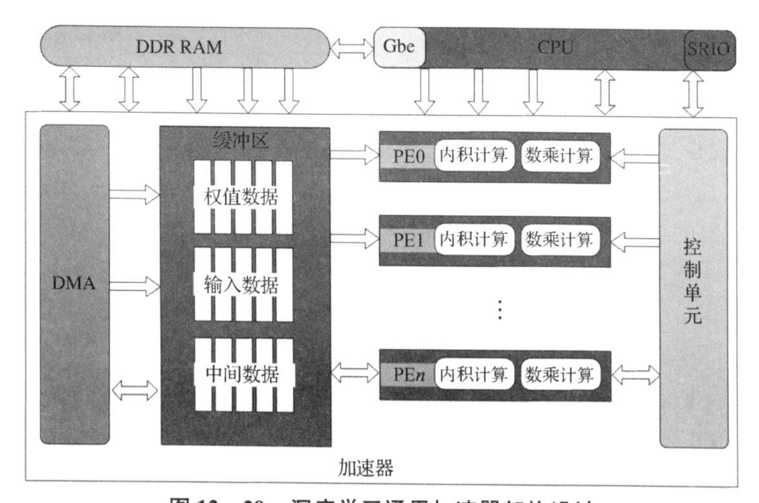

图12－29　深度学习通用加速器架构设计

随着星载载荷及控制技术的发展，对实时目标识别处理的时效性要求越来越高，深度学习网络模型实现的实时性成为重要考虑的因素。并行计算成为一个重要的解决方案，多加速器处理架构设计研究也很有必要。

如图 12－30 所示，针对设计的通用加速器构建的多加速器处理架构，将结合具体深度学习网络模型，评估采用多加速器协同处理或并行处理的具体运算效率，并做进一步研究和优化，以设计出合理可行的多加速器处理架构。

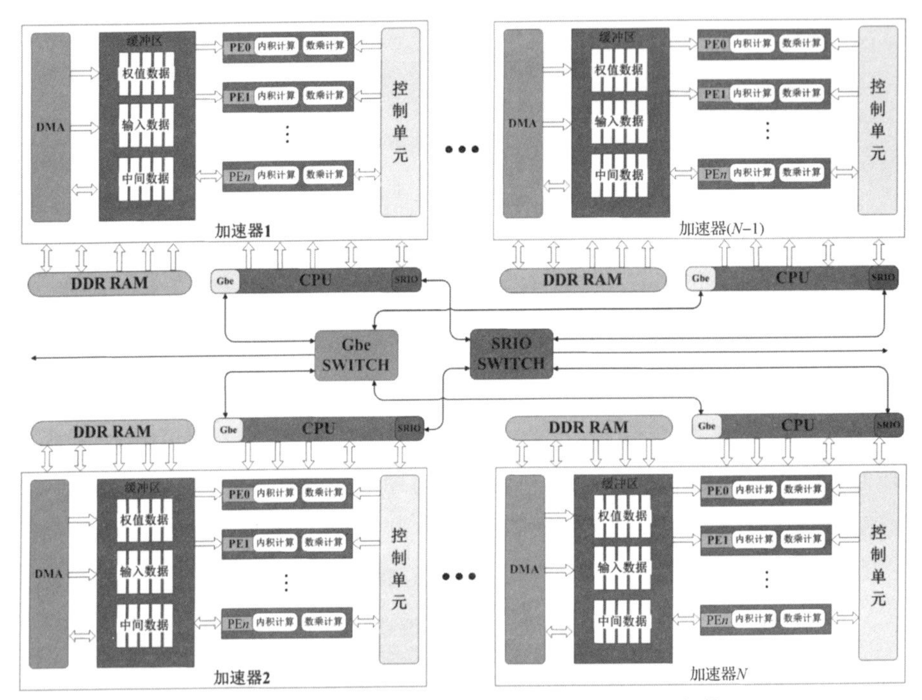

图 12－30　智能化实时目标识别多加速器处理架构

12.2.4　AI 芯片

芯片又叫集成电路，按照功能不同可分为多种，有负责电源电压输出控制的，有负责音频视频处理的，还有负责复杂运算处理的。算法必须借助芯片才能够运行，而由于各个芯片在不同场景的计算能力不同，算法的处理速度、能耗也就不同。在人工智能技术高速发展的今天，人们都在寻找能让深度学习算法更快速、更低能耗执行的芯片。目前，能够适应人工智能、深度学习需要的芯片类型有 GPU、FPGA 和 ASIC（Application Specific Integrated Circuits，专用集成电路）等。

AI产业生态如图12-31所示，人工智能主流企业均基于自身优势，向全栈、全链路发展。

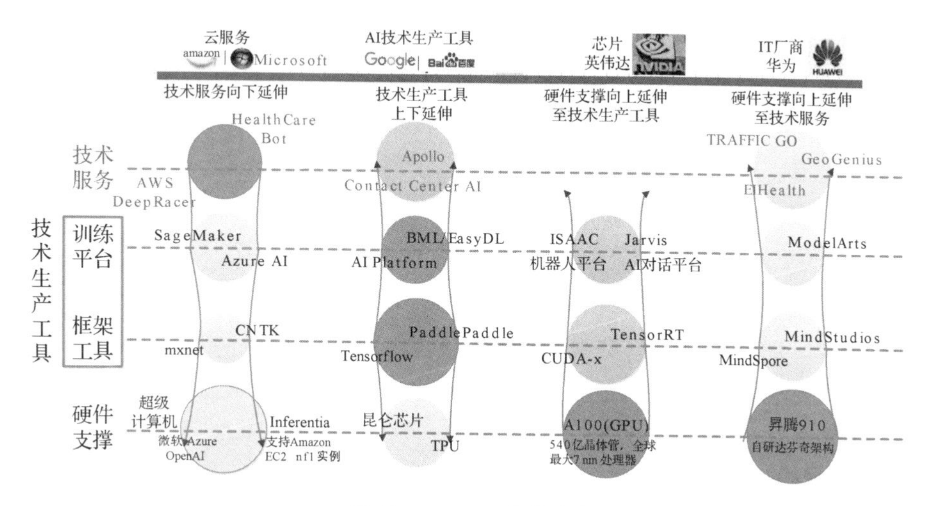

图12-31 AI产业生态

人工智能芯片的发展路径是从通用走向专用。作为一项计算密集型的新技术，人工智能早期可以依靠通用芯片的性能来迅速发展，而后期则必须依靠专用芯片的出现才能统治市场。定制的硬件才能实现更优的功耗效率，满足不同算法、结构、终端和消费者的需求，实现规模化的收益。

当然，通用芯片与专用芯片永远都不是互相替代的关系，二者必须协同工作才能发挥出最大的价值。

目前AI芯片从技术架构发展来看，大致可以分为以下4个类型：

①通用类芯片，代表如GPU、FPGA；

②基于FPGA的半定制化芯片，代表如深鉴科技DPU、百度XPU等；

③全定制化ASIC芯片，代表如TPU、寒武纪Cambricon-1A等；

④类脑计算芯片，代表如IBM TrueNorth、Westwell、高通Zeroth等。

目前AI芯片的市场需求主要是以下3类：

①面向各人工智能企业及实验室研发阶段的Training需求（主要是云端，设备端Training需求尚不明确）；

②Inference On Cloud、Face++、出门问问、Siri等主流人工智能应用均通过云端提供服务；

③Inference On Device、面向智能手机、智能摄像头、机器人/无人机、自动驾驶、VR等设备的设备端推理市场，需要高度定制化、低功耗的AI

芯片产品。例如，华为麒麟970搭载了“神经网络处理单元（NPU，实际为寒武纪的IP）”、苹果A11搭载了“神经网络引擎（Neural Engine）”。

基于深度学习的人工智能网络需要进行大量的类矩阵、向量计算，算法复杂度高、程序设计难度大，对算法实时性提出极高的要求。目前，深度学习网络计算主要基于通用处理器（CPU）、通用图形处理器（GPU）或专用处理器，通过软件方式在地面通用计算平台实现，如何在嵌入式产品，特别是星载设备的应用却面临着海量数据、强实时性、空间辐照环境使用、高效网络模型、高能效比等一系列难题亟待解决。

亟须结合星载环境及任务特点，设计基于多并行存储和计算架构的人工智能计算加速芯片，通过通用型参数化的全流水卷积和全连接处理模块，构建可扩展的加速架构，深度学习网络模型通过量化、剪枝等轻量化方法全面优化，提升AI计算芯片计算能力和能效比。与此同时，同步开展类脑架构的脉冲型神经网络芯片，进一步提升计算能效比。

12.3 计算平台

设计采用通用化、模块化、系列化设计思想，利用高速数据交换、高速数据存储以及异构计算等技术，可适应多类型、多体制卫星数据接收、处理高实时性战役战术信息的需求，以及可实现多任务处理、灵活可变的整体结构，形成开放式兼容平台，具备软硬件可重构功能，高效完成星上任务的同时兼顾系统柔性化功能扩展需求。

12.3.1 高性能高可靠通用硬件平台

采用Space VPX总线标准，各单元板卡使用6U标准结构，充分考虑宇航应用的高可靠、高效能、抗辐照、强容/纠错能力等特点，将该装置分为控制和处理两大部分。控制部分采用高可靠、抗辐照宇航级器件，而处理部分采用高性能、大容量常规器件，在有效降低成本的同时，提升可靠性和处理性能。采用网状处理节点设计思路，支持多单元协同处理，扩展性强；利用可重构设计思想，提升装置在轨维护能力；充分考虑遥感成像结果具有稀疏性的特点，设计成精、粗两级处理数据流，在提升处理效率的同时，取得了较好处理效果。

如图12-32所示，该平台主要包含供电单元、主控单元、IO单元、处理单元、交换单元、存储单元以及高速背板。

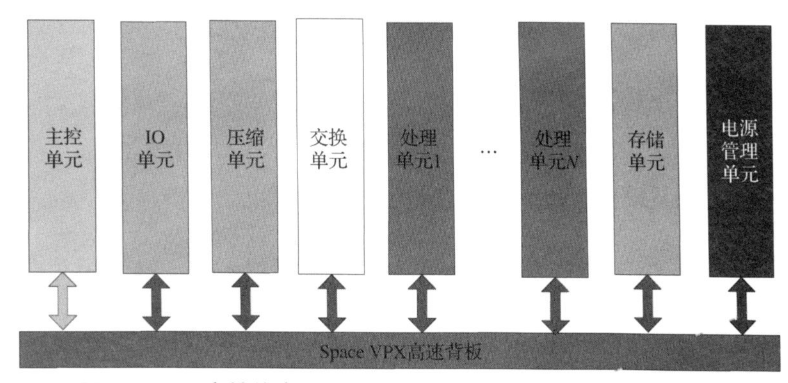

图 12-32 高性能高可靠通用硬件平台原理样机原型系统框图

根据现有人工智能算法的研究，基于深度学习的人工智能计算主要完成CNN的加速运算。在CNN硬件加速设计过程中，需要从系统架构、位宽、存储和内部总线进行整体考虑，在减少各计算、存储模块数据交互传输的基础上，提高计算的并行。

根据上述计算特点，在轨实时处理系统采用全并行流水线处理架构，通过数据流驱动的方式，设计高吞吐率、低延时、高加速比的算法实现架构；充分发挥FPGA等可编程逻辑电路的特点，通过采用近似计算、动态可重构、乒乓操作等设计方法，合理优化和简化处理流程，使得复杂处理算法在速度、精度和硬件开销等方面达到最优平衡。

实时处理设备通过高性能处理器、高速总线、大容量存储以及高可信操作系统实现对各类信息的实时/近实时处理，这在带来总体性能提升的同时，也带来了系统集成度和复杂度的增加，如果仅仅依赖原有的可靠性设计手段，将难以满足日趋复杂的系统功能变化。为提升信息处理系统整体可靠性和容错能力，将可靠性容错分成3个方面开展设计，分别为系统级、设备级和模块级。通过设计各级所采用的可靠性和容错设计措施，构建层次化的可靠性保障与容错体系，提高系统整体可靠性。基于以上设计思想和理念，完成一套硬件产品设计。

如图12-33所示，该产品可适应多类型、多体制卫星数据接收、处理高实时性信息的需求。设计适应多任务处理、灵活可变的整体结构，采用Space VPX总线技术，形成开放式兼容架构，具备软件可重构、硬件可扩展、安全可控等功能，高效完成在轨处理任务的同时兼顾系统柔性化功能扩展需求。

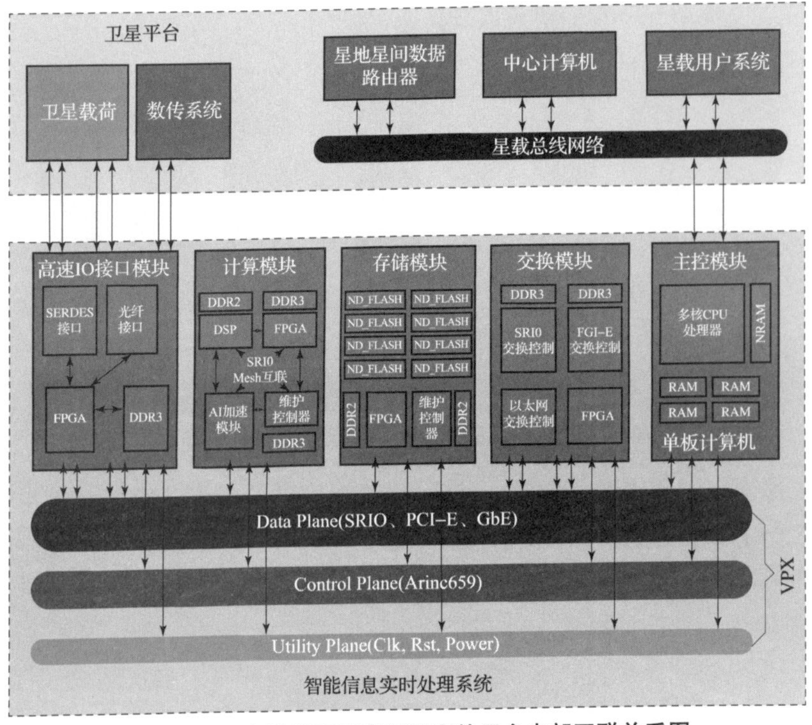

图 12-33 高性能高可靠通用硬件平台内部互联关系图

12.3.2 硬件平台容错技术

为提升星上信息处理系统的可靠性和容错能力，一般将可靠性和容错技术分成 3 个方面开展研究，分别为模块级、设备级和系统级。

1. 模块级

利用基于 SRAM 型 FPGA 可重构特性，在轨通过遥控或自主的方式实现功能结构和性能特性的改变，适应卫星在不同环境、不同任务阶段下的应用需求。

设某时序系统的功能为 F，在不同的工作时刻，实时有效的模块功能为 F_t（设 $t=0\sim N$），其功能表达式如下所示：

$$F_t=f_0+f_1+f_2+f_3+\cdots+f_N$$

在每一单独时刻，只需要实现有效的逻辑功能 f_t，而用动态重构技术完成各功能之间的切换。

更进一步，在资源功耗受限的情况下，通过动态重构技术实现 IP 的重构和复用，有效降低资源和功耗开销，提升产品的灵活性。

下面就具体方案进行阐述。

1）基于 ICAP 接口的 FPGA 配置回读、校验及重配置技术

如图 12－34 所示，ICAP 为 FPGA 芯片内部配置访问接口，该接口实现了 FPGA 芯片和 FPGA 配置控制器之间的接口。该接口使 FPGA 中内嵌的处理单元能够直接在 FPGA 内部对其配置数据进行操作。ICAP 模块作为硬核嵌入在 FPGA 中，该模块的例化无需额外的逻辑单元，对用户逻辑无影响。Xilinx 提供了对 ICAP 封装后的可直接挂在 PLB 总线上的 IP 核——HWICAP。

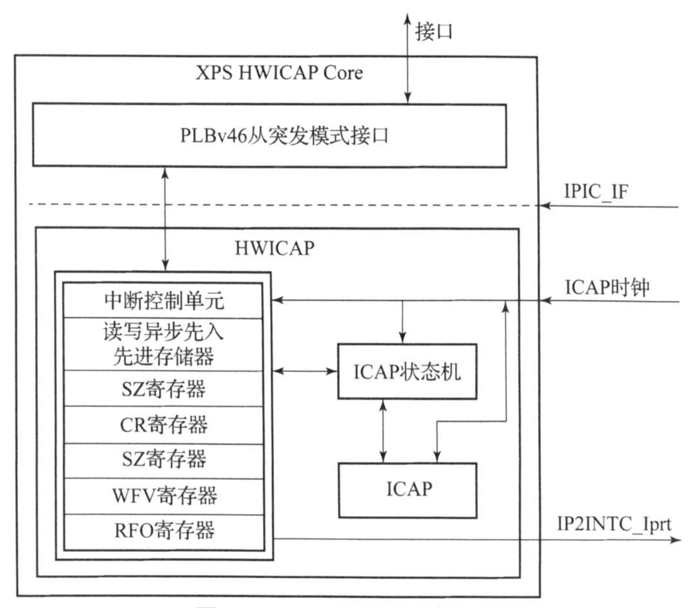

图 12－34　FPGA 可重构接口

HWICAP 模块通过 PLB 总线与 FPGA 内部嵌入式处理器相连，等待来自嵌入式处理器的配置/回读信号。HWICAP 模块包含多个控制及状态寄存器，通过 ICAP 状态机控制 ICAP 硬件接口，实现配置和回读功能。

2）基于 EAPR 的 FPGA 重构设计技术

EAPR（Early Access Partial Reconfiguration）是 Xilinx 最新提出的一种动态重构设计方法。该方法可以使设计流程更加简化。如图 12－35 所示，主要包括以下方面：

①基于 EAPR，实现 FPGA 可重构区域定义；

②实现可重构功能的逻辑接口和物理接口定义，一般采用标准片上总线协议规定的或其他规范的标准接口定义形式，实现接口、资源的规范化和标准化；

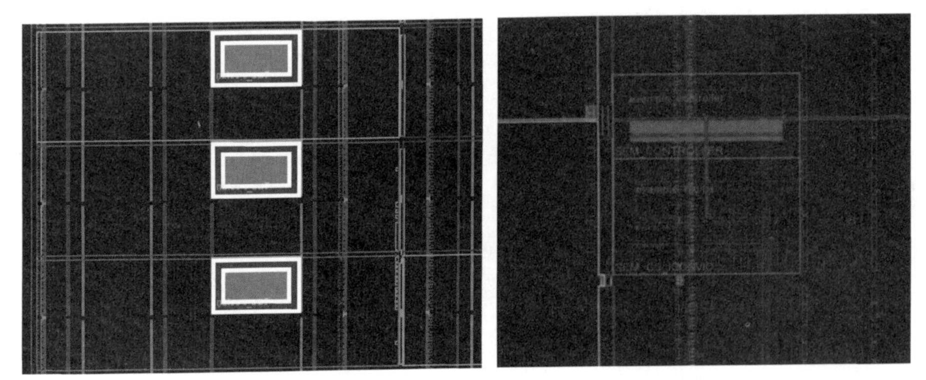

图 12-35 FPGA 可重构区域设计（书后附彩插）

③可重构功能逻辑，以 IP 形式体现；

④如图 12-36 所示，建立可重构 IP 库并实现基于配置位流的在轨配置文件管理。

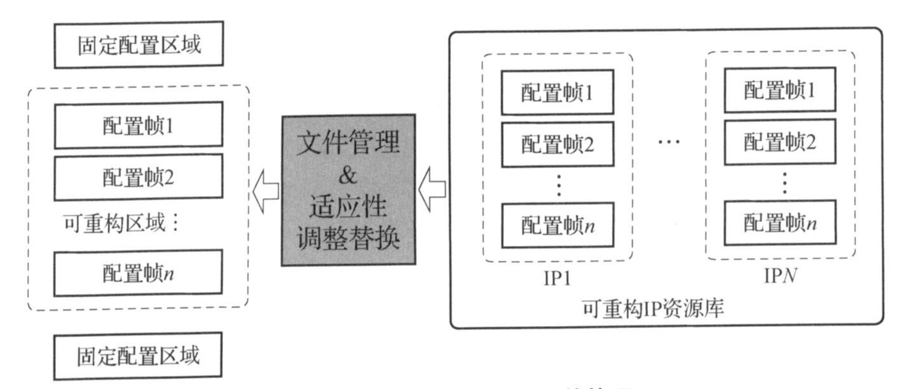

图 12-36 FPGA 重配置文件管理

2. 设备级

设备级的容错和重构主要是把故障模块或故障部件从系统中隔离，并根据系统需求，将健康的模块重组，使设备能够继续对外提供各项功能。设备级的故障处理手段可以采取软件隔离和硬件隔离，恢复措施可以采取备份代替等。

①如图 12-37 所示，系统中所有硬件模块均采用标准内总线接口，并均采用热备份或冷备份设计，各模块的主份和备份均挂接在一条具有高度可靠性和冗余性的内总线上，冷备份模块可切换，并具有完备的抗单粒子翻转防护设计。

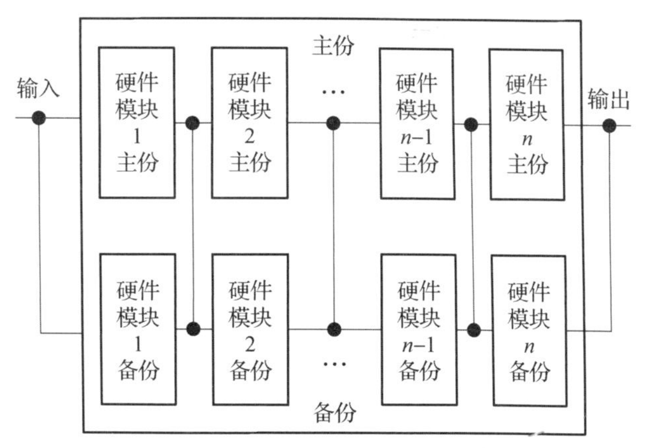

图 12－37 硬件模块主备份互联模式

系统采用模块化的设计方式，设备由不同硬件模块组装而成。各硬件模块均采用冗余备份的设计方式，可实现热备份工作或冷备份工作等模式，从而将系统或设备的冗余方式由传统单机级的冗余备份转变为了模块级的冗余备份，达到减小系统冗余的颗粒度，提升冗余资源利用率，增强系统可靠性的目的。

②接口重定向设计。系统通过标准的接口与卫星其他系统进行信息交互，其中包括上行遥控接口、下行遥测接口、总线接口、RS422 接口和高稳时钟接口等。不同外部接口往往对应着不同应用任务，如上行遥控接口对应于遥控处理任务。因此，为了支持应用任务的分布运行，需要对外部接口进行统一管理，并使其能够通过硬件控制逻辑将外部接口映射到不同的计算单元上。

3. 系统级

为保证系统的稳定运行，星载综合电子系统需具备系统级的重构能力。根据重构方式的不同，星载综合电子系统的重构主要包含以下 3 个层次：

①软件重构。星载综合电子系统可接收星地、星间数据，完成软件或 FPGA 的在轨维护，支持智能处理算法、计算模型以及大规模 FPGA 软件的更新。

②系统设备间重构。系统中的各设备（如卫星管理单元、空间网络路由单元）在一定程度上功能对等，可相互替代，故障情况下系统可重构，系统管理功能可自动从故障单元迁移到正常单元，使系统功能恢复。

③系统信息流重构。在系统交换机上设置专门的监视计算机对网络的

通信状态进行监控。若网络通信状态与预期不符，则由监视计算机切换交换机的路由表，实现系统信息流重构。

12.3.3 在轨快速维护技术

如图 12－38 所示，基于星载一体化融合网络、计算平台控制平面、高可靠共享数据存储、集成化软件加载控制器，建立支持星载软件 App 实时更新、动态加载的体系架构。

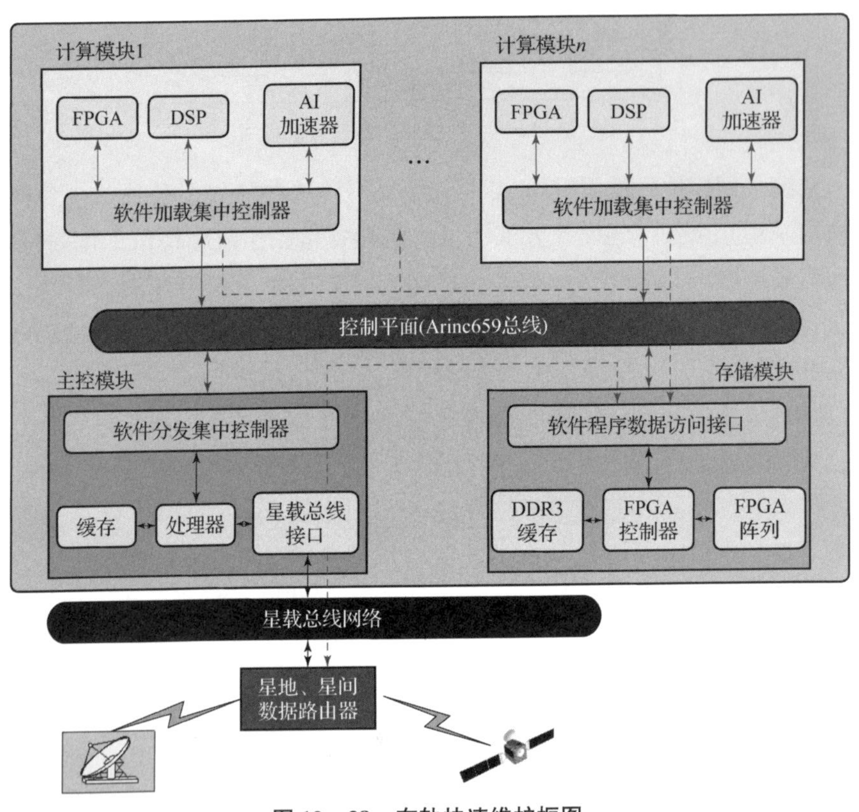

图 12－38　在轨快速维护框图

1. 程序维护

高性能、高可靠通用硬件平台任务复杂，智能化水平要求高，大量的功能需要采用软件方式实现。以卫星在轨高效能、高可靠工作和好用、易用为目标，整星级设计功能完善的软件在轨维护系统从以下两个方面进行维护：一方面，可根据在轨运行情况对载荷工作模式控制、目标检测、成像处理、目标识别、信息生成等软件进行在轨更新升级，提升工作效能，适应任务变化；另一方面，对于在轨发现的故障或隐患，通过更新设计，可以对故障进行处置或消除原设计中存在的缺陷，增强卫星长期在轨工作的可靠性。

高性能、高可靠通用硬件平台设计了高效一体化软件在轨维护系统，如图 12－39 所示。通过测控通道和高速上行通道可向卫星注入新的软件程序，由系统管理单元（SMU）统一接收并负责缓存和分发；所有智能终端设备通过整星分布式一体化总线网络（SpaceWire＋1553B），接收系统管理单元分发的在轨维护软件程序，对本设备内部 CPU 软件、DSP 软件或 FPGA 程序进行在轨的局部功能修改（SRAM，掉电后不可恢复）或者整体替换（更新程序保存在 EEPROM 或 FLASH 中，掉电可保持）。同时，SMU 在内部非易失大容量存储模块中对所有上注程序进行备份存储，当某个用户设备内部程序数据发生异常损坏时，可通过总线网络从 SMU 进行自主恢复，无需地面重新上注。

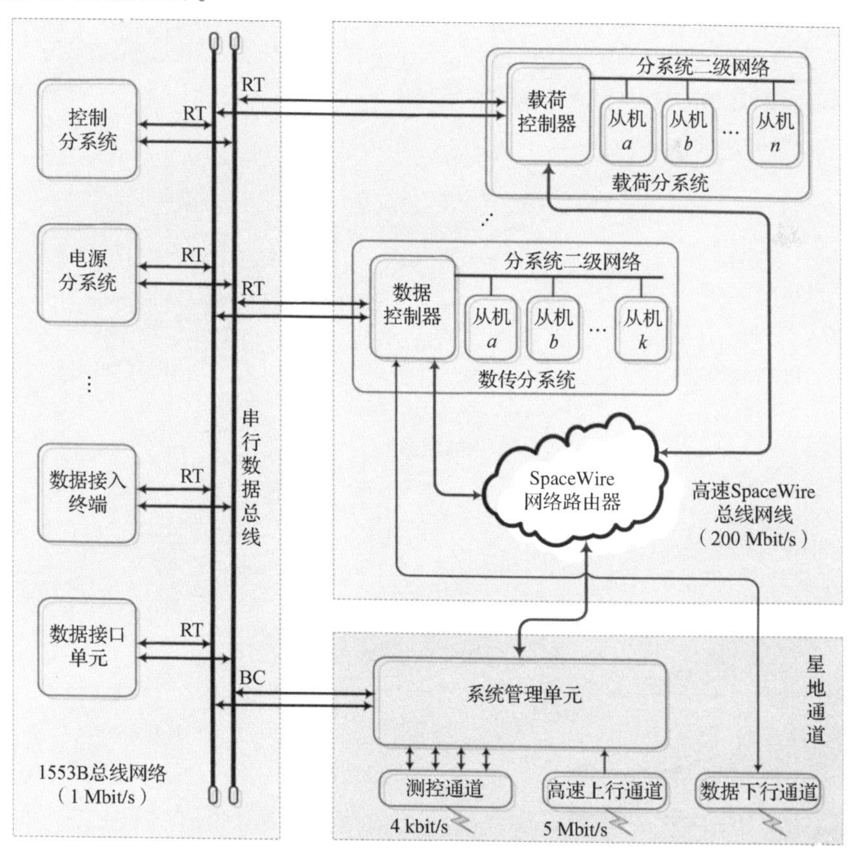

图 12－39　软件在轨维护系统架构框图

高性能、高可靠通用硬件平台主要基于 FPGA、DSP 和 GPU 平台，软件程序存储器采用 FLASH 或 EEPROM，程序加载到处理器内部 SRAM 中运行，在轨维护需求如表 12－12 所示。

表 12－12　在轨维护需求

在轨维护需求	数据规模/MB	维护时间/s
神经网络模型参数	100	20
成像处理软件	1 024	205
目标检测识别软件	690	138
信息生成软件	160	32
控制管理软件	369	74

如图 12－40 所示，卫星载荷部分软件复杂度高，规模较大，在轨维护时主要通过高速 SpaceWire 网络接收上注的维护软件数据块，完成校验后向 FLASH 或 EEPROM 中写入实现软件更新。

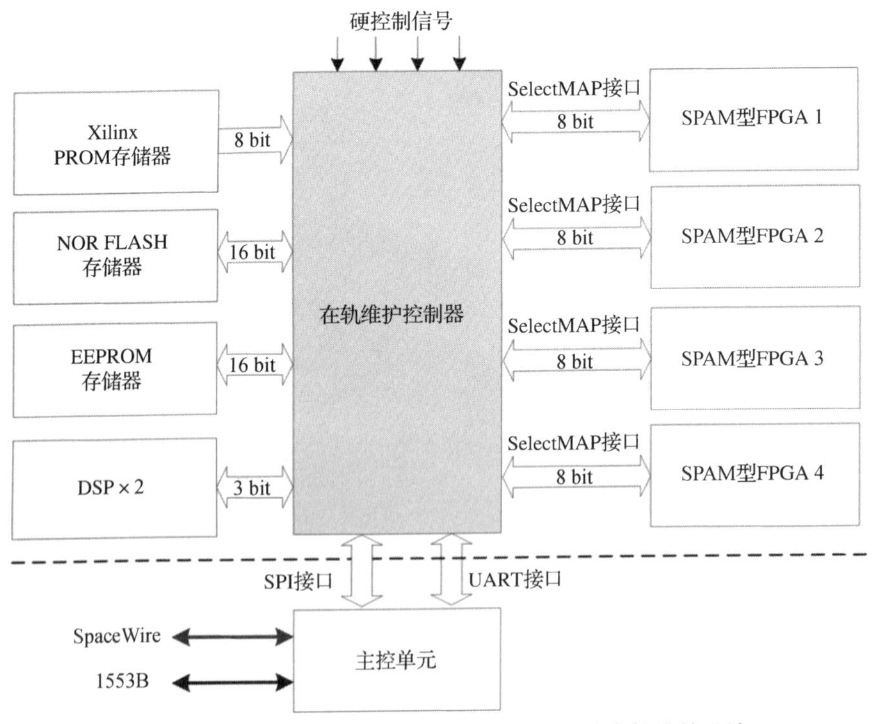

图 12－40　基于在轨维护控制器的大规模软件在轨维护设计

如图12－41所示，针对多片大规模FPGA、DSP和GPU软件的高效率、高可靠在轨维护需求，研发制作高集成在轨维护控制器芯片，可支持接收上注的FPGA或DSP软件维护数据，对FLASH或EEPROM存储器进行写入，完成软件更新，并支持对1~4片常用FPGA的程序配置、回读校验、刷新和2片DSP的程序加载。

图12－41　基于在轨维护控制器的大规模软件在轨维护芯片

2. 智能升级

如图12－42所示，充分考虑卫星工作环境的特殊性，设计一种星载高可靠、高可维护性、高能效比的深度学习网络模型及参数智能升级系统。

通过深度学习网络模型及参数在轨重构，定期将精调升级的网络模型参数或者最新的深度学习前向推理计算模块及参数通过星地测控系统上注至AI加速模块，使得AI加速模块具有在轨增量式学习和智能升级能力，从而构建一型“智慧”可增长型卫星。

该模块能够对输入的图像数据进行去噪声、平滑以及膨胀和腐蚀滤波等图像预处理功能，通过基于深度学习前向推理计算模块，快速生成感兴趣目标切片、目标位置、目标类型以及目标面积等情报信息，并通过星地测控系统快速下传至地面接收站，从而实现天基情报信息快速获取，提升卫星的效能。

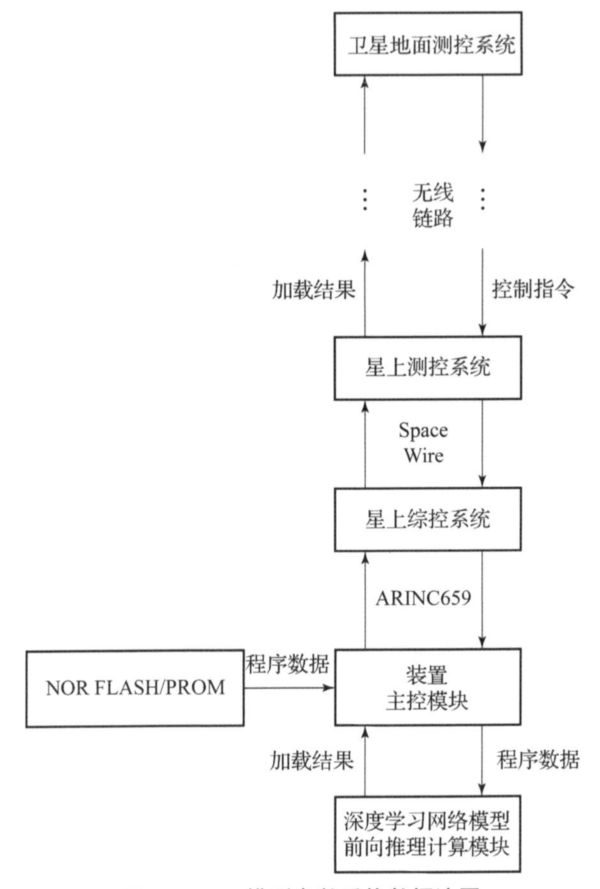

图 12－42　模型参数重构数据流图

第 13 章　应用技术

本章将人工智能应用技术定义为模式识别、智能决策、自主规划、自主操控、人机协同、群体智能等。下面从遥感目标检测识别、空间目标监测、在轨自主联合任务规则、智能语义情报生成以及在轨情报分发 5 个方面展开阐述。

13.1　遥感目标检测识别

13.1.1　光学遥感目标检测

光学遥感卫星成像数据量大，感兴趣目标的遥感成像结果一般具有稀疏特性，采用传回地面进行处理的方式势必会占用大量星地通信带宽，降低星地网络通信效率。星上在轨实时检测识别技术能够有效地解决这一问题，近年来已经成为当前遥感领域的研究热点。基于光学遥感图像的在轨目标检测识别技术能够有效地提高卫星的使用效率，并及时发现陆地、海面感兴趣目标，相比于 SAR 等电子侦察手段具有抗干扰能力强、目标切片可译读性高、场景适应广泛等优点。

早期的在轨实时检测识别技术主要应用于 SAR 图像，近几年随着光学遥感分辨率的提高，提出了大量光学遥感舰船目标检测技术。随着计算机的计算能力提升和数据挖掘技术的发展，机器学习方法在环境监测、图像分类、目标检测识别等遥感影像应用研究中逐渐增多。机器学习方法其本质是运用计算机系统强大的计算能力，构建复杂算法模型，借助大量的数据训练，使算法模型能够自发模拟人类学习行为，并对模型参数不断进行改善，从而实现人工智能的一种思想，其核心可归纳为算法、数据及计算能力 3 个方面。因此，现有的基于机器学习的应用关键在于选择合适的算法模型，获取海量数据，将各种异构计算资源（GPU、CPU、FPGA、DSP 等）合理利用，设计出性能最优、能耗最小的数据处理平台。

遥感光学成像距离远，通常得到的图像背景噪声高、空间分辨率较低，舰船目标检测过程中容易受到云朵、强浪、浅海地形、岛屿暗礁等因素干扰，检测识别算法应当具有较强的适应性，能够适应复杂邻域、背景环境下的应用。单纯依靠传统特征检测技术难以有效分离出目标，致使检测正确率降低、虚警率升高，导致无法进行正确的识别分类。因此，设计能够适应于不同光照、气候条件、海面场景下舰船检测识别技术，成为当前在轨信息处理的关键。在轨信息处理需求不同于地面或其他平台，其具备鲜明的高可靠、高效能、抗辐照、强容/纠错能力等特点。此外，星上可用计算资源及功耗有限，在设计有效在轨实时检测识别算法的过程中必须考虑硬件资源，以满足低功耗、小型化设计要求。另外，为方便用户快速获取海面信息，在轨处理系统应具有良好的实时性。

针对上述情况，设计一种基于机器学习的遥感舰船目标检测识别系统。该系统采用形态学匹配 + 机器学习的方法，基于视觉增强技术快速筛选疑似目标，大幅降低后续处理的数据量；采用机器学习方法，深度提取目标有效信息，大幅降低虚警，实现对目标的检测和细分类。硬件平台分为控制和处理部分。其中，控制部分采用高可靠宇航级抗辐照器件，处理部分采用 FPGA + DSP + GPU 的异构高性能处理架构，实现目标检测和机器学习网络推理模型，充分发挥 FPGA 全并行流水处理、DSP 密集处理能力、GPU 多数据并行处理能力等特点，提升算法工程化实现的效率，提高目标检测、识别分类的实时性，降低系统功耗，提升系统能效比。经过试验，针对海况地形复杂、背景显著性差的遥感舰船目标，检测识别准确性和实时性，性能优异。

1. 面向光学遥感卫星应用的舰船目标实时检测识别算法

针对遥感图像感兴趣目标稀疏性的特点，设计一种面向光学遥感卫星应用的舰船目标实时检测识别算法。如图 13 - 1 所示，采用形态学匹配 + 机器学习的方法，基于视觉增强技术快速筛选疑似目标，并提取相应目标切片，大幅降低处理的数据量，采用 FPGA + DSP 的架构实现实时处理；采用机器学习中的卷积神经网络模型，大幅降低虚警，实现对目标的检测和细分类。卷积神经网络采用网络剪枝、权值共享等手段，降低训练参数，采用 FPGA + GPU 的方式，实现并行化计算，提高实时性。

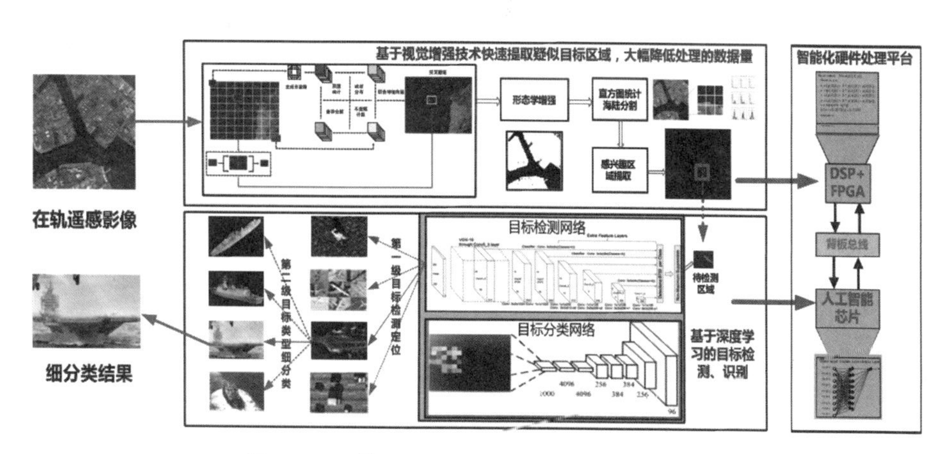

图 13－1　基于机器学习的目标检测识别流程

该方法兼顾算法的有效性及工程实现的可行性，可在现有星载嵌入式电路中采用本方法对不同复杂邻域、背景下舰船目标进行检测识别试验，能够有效地检测识别出舰船目标。

1）目标检测算法流程

在目标检测算法设计过程中，设计以局部降维统计分类为基础构建的卷积鉴别网络（CDN）。该模型很好地克服了以往舰船目标检测方法整体计算量大、网络结构复杂难以实现、应对复杂港口或海况环境适应性差的缺点，能够有效地应用于星上嵌入式硬件。

目标检测算法流程如图 13－2 所示。CDN 主要分为 3 个部分：一是背景噪声抑制。对原始图像采用高斯滤波、中值滤波去除周期性和随机噪声，并经过形态学开闭运算消除由噪声引起的目标内部孔洞、连接邻近目标和平滑边界，实现目标增强。二是疑似目标筛选分割。首先通过对图像进行切片，比对当前检测区域与邻域直方图方差特性，区分出纯海域、陆地、疑似目标 3 种类别，然后对疑似目标区域进行自适应迭代分割，得到二值图像后进行连通域标注，得到疑似目标标注结果；三是基于形状特征的目标鉴别。对疑似目标标注结果进行求取圆形度进行鉴别，剔除虚警目标，即可得到最终舰船检测结果。

光学遥感图像目标检测过程如图 13－3 所示。

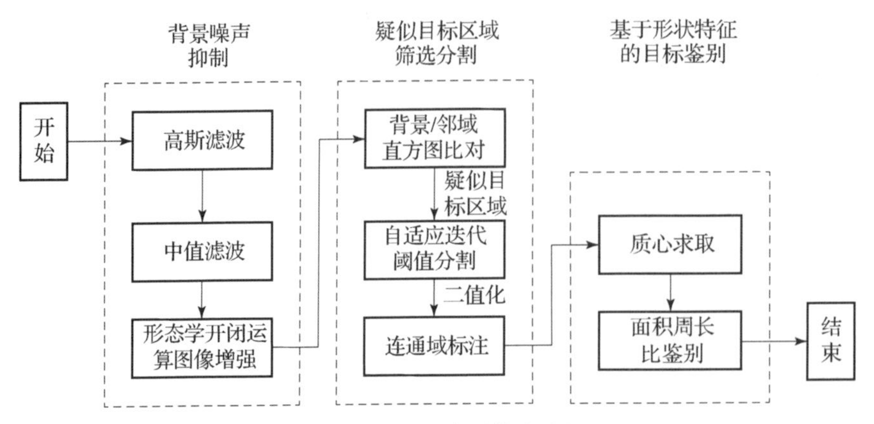

图 13-2 目标检测算法流程

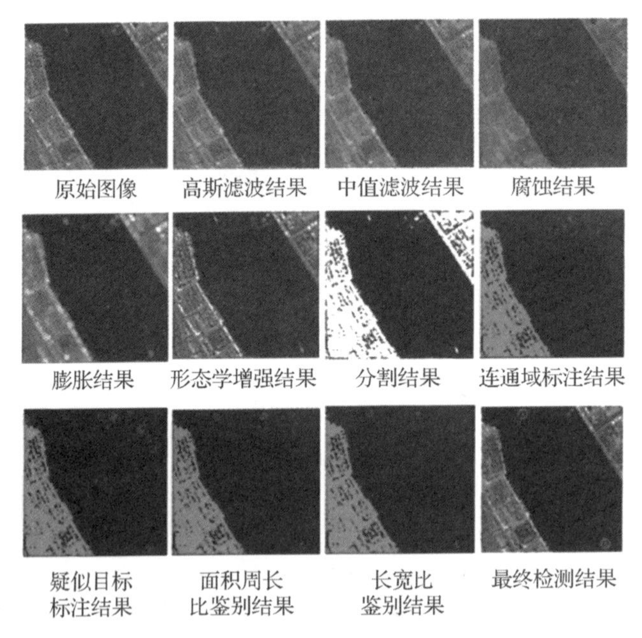

图 13-3 光学遥感图像目标检测过程

由算法流程可知，CDN 是由 7 个流水卷积核、自适应分割、局部统计分类组成的深度计算结构。单个卷积核单元是一种基本的二维滤波结构。卷积核层内部包括串联层和并联层，串联层层与层之间相互连接，并联层层内连接主要包括模加减操作；卷积层输出的结果进入自适应分割网络，通过自适应迭代调整输出显著性前景目标；局部统计分类器对目标上下文进行判决，最终判定结果是否为舰船，并输出目标坐标及大小。

CDN 算法的优势在于模型具有层次性，参数比较多并且能够并行流水执行，因而可以更好地适用于并行流水计算，特别是在卷积核计算输出之后进行了分割降维，有效降低了传统计算过程中 90% 以上的计算量，极大地减少了在轨应用对硬件资源的依赖。

2）目标识别算法流程

以舰船疑似目标的图像切片作为 CNN 分类器的待分类样本数据，人工标定目标切片作为分类器训练输入样本。其中，CNN 模型选用 VGG - 16 模型。VGG - 16 模型是一种典型深度卷积神经网络（CNN）模型，由 Simonyan 和 Zisserman 在 2014 年首次提出，在 ImageNet 2014 分类大赛上 Top - 5 错误率仅为 7.4%，仅次于 GoogleNet 的 6.7%，是一种非常强大的深度卷积神经网络，能提取图像中更深层特征，分类能力突出。

标准的 VGG - 16 模型结构如图 13 - 4 所示，其中包含 13 个卷积层和 3 个全连接层，使用不断增加的 3 × 3 卷积层，并通过 2 × 2 最大池化（Max-pooling）来减小运算规格，然后是两个 4 096 节点的全连接层，最后是一个 Softmax 分类器，能够实现 1 000 类目标分类。

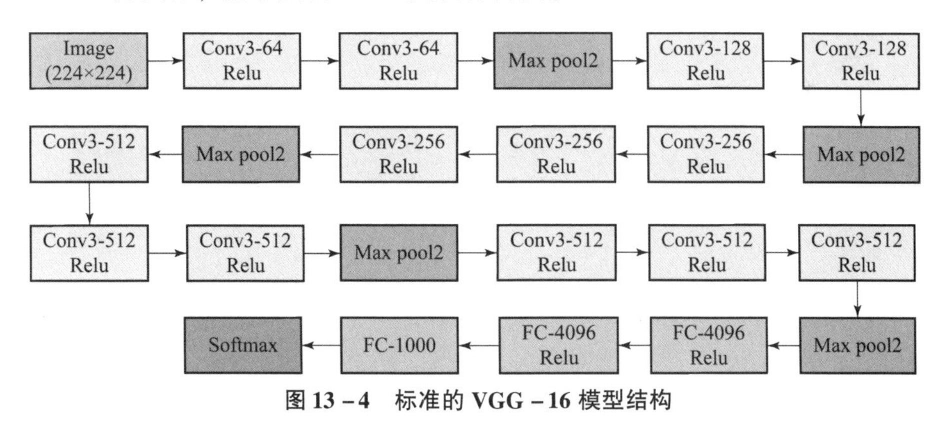

图 13 - 4 标准的 VGG - 16 模型结构

舰船目标鉴别的过程分为训练与预测两个过程。首先根据人工标定的目标图像切片作为 CNN 分类器的学习输入，经过训练后得到对应的分类器；然后根据得到的分类器对待分类目标切片进行预测，实现目标鉴别，鉴别过程如图 13 - 5 所示。

在标准 VGG - 16 模型基础上定制目标分类器，根据需要完成 4 类目标的分类鉴别，分别为船、岛屿、云及海堤/人工建筑。将相应目标切片进行人工标定，并完成训练，得到模型参数。4 类目标切片图取自高分 2 号光学遥感卫星图，切片样本如图 13 - 6 所示。

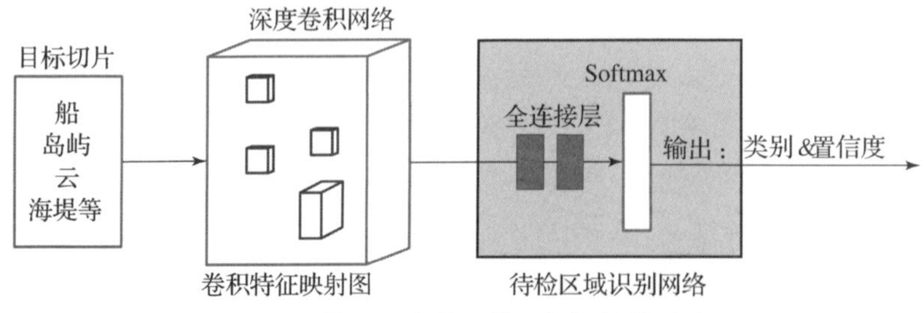

图 13－5　基于深度学习的目标切片鉴别流程

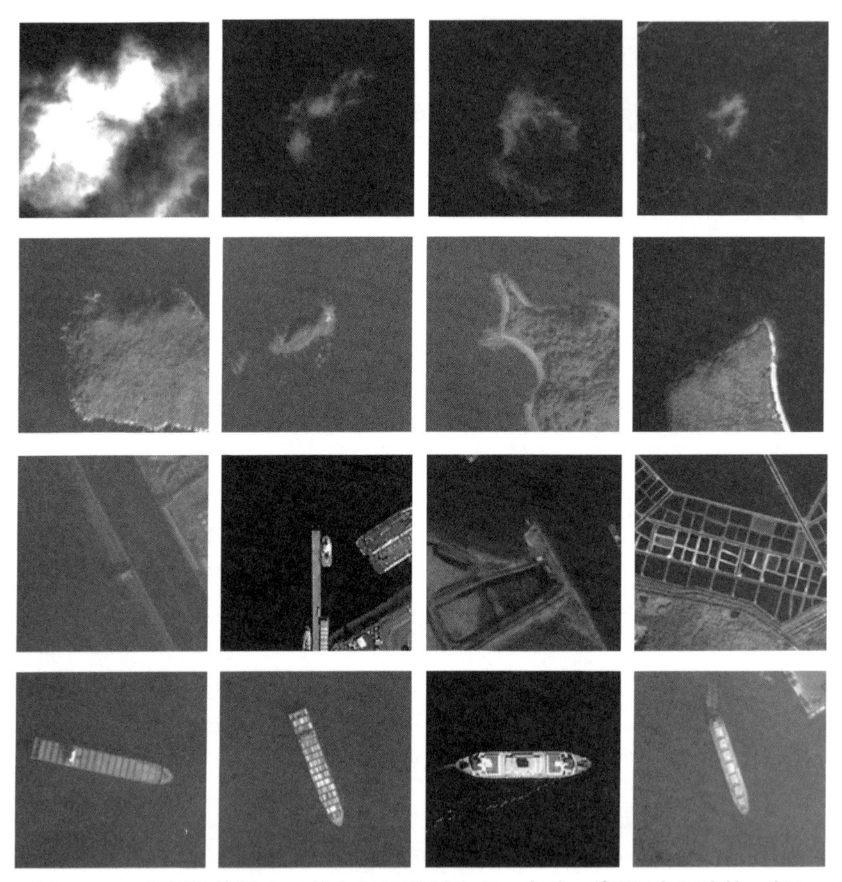

图 13－6　目标切片样本（从上至下分别为云、岛屿、海堤/人工建筑、船）

2. 硬件平台构建

1）硬件平台设计

高性能电子元器件应用一直受限于抗辐照要求的影响。当前一些硬件设计思路只是从处理平台通用性、实时性等方面加以约束要求，系统可靠性和抗辐照性难以满足宇航应用的需求。克服以上缺点，提供了一种应用于遥感目标在轨检测识别的可重构处理平台。

基于 FPGA + DSP + GPU 异构处理架构的平台硬件拓扑如图 13 - 7 所示。其主要设计思想为：采用 Space VPX 总线标准，各单元板卡使用 6U 标准结构；充分考虑宇航应用的高可靠、高效能、抗辐照、强容/纠错能力等特点，将该装置分为控制和处理两大部分，控制部分采用高可靠、抗辐照宇航级器件，处理部分采用高性能、大容量常规器件，有效降低成本的同时，提升了可靠性和处理性能；采用网状处理节点设计思路，支持多单元协同处理，扩展性强；支持在轨刷新，提升抗辐照能力，通过各单元主控模块的反熔丝 FPGA 实现处理 FPGA 刷新控制；支持在轨重构更新，且可根据不同任务通过各单元主控模块的反熔丝 FPGA 实现切换不同处理程序，主处理器（处理 FPGA、DSP 及 GPU）均有两种加载方式，通过主控模块的反熔丝 FPGA 实现加载模式控制，应用程序实现了主备份，提升系统可靠性。

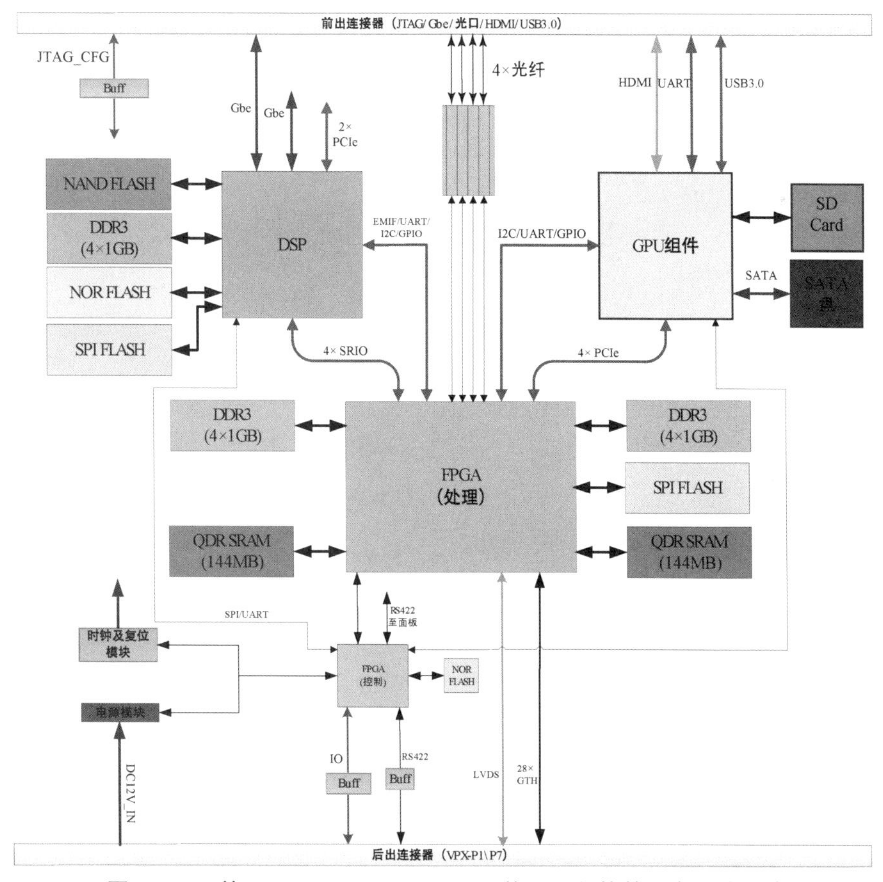

图 13 - 7　基于 FPGA + DSP + GPU 异构处理架构的平台硬件拓扑

2）平台主要指标

（1）处理能力。

FPGA 选用 Xilinx 公司 Virtex7 系列 FPGA XC7V690TFFG1761I。该型FPGA包含 3 600 个 DSP48e，1 470 个 BlockRam36k，逻辑和时钟资源丰富。

DSP 选用 TI 公司 8 核处理器 TMS320C6678，采用 Keystone 架构，单核主频最高 1.4 GHz，单核处理能力达到 22.4 GFlOPs，每个核包含 512kB L2 内存，8 个核共享 4 MB 内存。

GPU 选用 NVIDIA 公司 Jetson TX2，包含 256 个处理核。

（2）外接存储能力。

XC7V690TFFG1761I 外挂 8 片 1GB DDR3，2 片 144Mb QDR－SRAM 等高性能存储器。

C6678 外挂 8GB DDR3，存储位宽 64 位，速率为 1 600 MHz。

TX2 外挂 8GB DDR4，存储位宽 128 位，访问速率 1 866 MHz。通过SATA接口外接 SSD 盘。

（3）通信能力。

XC7V690TFFG1761I 包含 36 路 GTH，4 通道可支持 PCIe3.0 协议。C6678 支持 4 通道 SRIO2.1，2 通道 PCIe2.0，4 通道 Heyperlink 等高速串行接口。TX2 包含 4 通道 PCIe3.0、USB3.0 及 HDMI 高速接口。

（4）功耗统计。

功耗统计如表 13－1 所示。

表 13－1　功耗统计

部件	功耗/W	合计/W
FPGA	30	70
DSP	15	
GPU	15	
其他	10	

3. 算法流程分解

主要处理流程及任务分配如图 13－8 所示。处理单元 FPGA 通过光纤模块或 Serdes 接口开始接收载荷图像数据，接收到数据后 FPGA 流水完成形态学增强等图像预处理工作，将预处理结果通过 SRIO 总线发送给 DSP，DSP

进行图像分割、连通域标记、HOG 处理等基于形态学的可疑目标提取处理以及目标切片生成功能，处理的图像数据可根据需要进行降分辨率处理，在不影响检测效果的情况下，可有效降低处理数据量。DSP 根据检测出来的可疑目标坐标在原始分辨率上进行目标切片截取，并将目标切片数据通过 SRIO 总线发送给 FPGA。

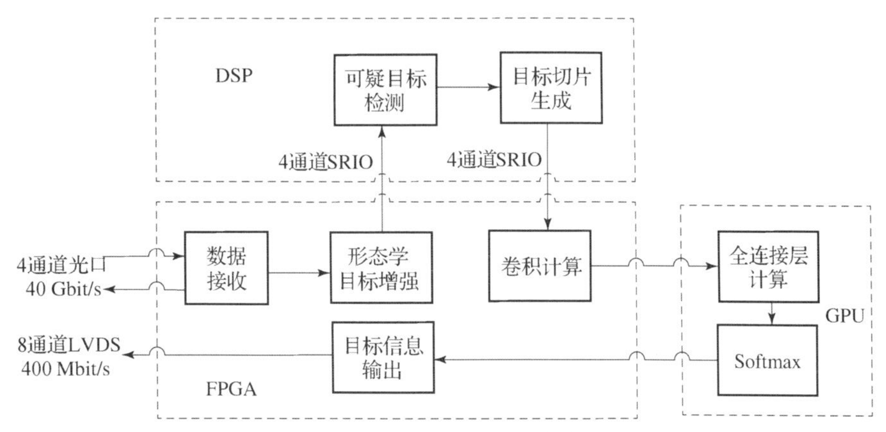

图 13-8 主要处理流程及任务分配

FPGA 和 GPU 配合完成基于卷积神经网络的深度学习处理，对目标切片进行精分析，以达到目标识别分类。其中，FPGA 主要负责卷积层并行加速处理，GPU 主要负责模式配置以及分类层处理。目标切片处理完成后，DSP 对分类结果进行判定：若是感兴趣目标，则将该目标切片和目标类型打包通过交换单元发送给存储单元进行存储；若不是感兴趣目标，根据事先设定的规则可选择将该目标切片扔掉或通过 LVDS 接口发送给数传单元进行存储。

1）深度网络算法模型分析

如图 13-4 所示，标准 VGG-16 模型包含 13 个卷积层和 3 个全连接层，使用不断增加的 3×3 卷积层，并通过 2×2 最大池化（Maxpooling）来减小运算规格。首先是 13 个卷积层，其次是两个 4 096 节点和 1 个 1 000 节点的全连接层，最后是一个 Softmax 分类器，能够实现 1 000 类目标分类。同时，最重要的是 VGG-16 模型运算规律性强，便于实现硬件资源的并行流水加速。

VGG-16 模型参数量和运算量巨大。如表 13-2 所示，VGG-16 模型参数量达到 138 M 个，若采用单精度浮点形式，参数数据量将达到 500 多兆，输入图像大小若为 224×224，模型运算量将达到 15.5 GOPs（1 OPs 等于 1 次乘法和加法操作）。

表 13-2 VGG-16 模型网络参数及计算量分析

数据层	尺寸/像素	图像数据量/B	参数量/B	运算量/OPs
输入图像数据	224×224	224×224×3	0	
卷积层 1	224×224	224×224×64	3×3×3×64	86 704 128
卷积层 2	224×224	224×224×64	3×3×64×64	1 849 688 064
池化层 1	112×112	112×112×64	0	
卷积层 3	112×112	112×112×128	3×3×64×128	924 844 032
卷积层 4	112×112	112×112×128	3×3×128×128	1 849 688 064
池化层 2	56×56	56×56×128	0	
卷积层 5	56×56	56×56×256	3×3×128×256	924 844 032
卷积层 6	56×56	56×56×256	3×3×256×256	1 849 688 064
卷积层 7	56×56	56×56×256	3×3×256×256	1 849 688 064
池化层 3	28×28	28×28×256	0	
卷积层 8	28×28	28×28×512	3×3×256×512	924 844 032
卷积层 9	28×28	28×28×512	3×3×512×512	1 849 688 064
卷积层 10	28×28	28×28×512	3×3×512×512	1 849 688 064
池化层 4	14×14	14×14×512	0	
卷积层 11	14×14	14×14×512	3×3×512×512	462 422 016
卷积层 12	14×14	14×14×512	3×3×512×512	462 422 016
卷积层 13	14×14	14×14×512	3×3×512×512	462 422 016
池化层 5	7×7	7×7×512	0	
FC-4096	1×1	7×7×512	7×7×512×4 096	102 760 448
FC-4096	1×1	4 096	4 096×4 096	16 777 216
FC-1000	1×1	1 000	4 096×1 000	4 096 000
Softmax	1×1	1 000	0	
总计	—	—	138 344 128	15 470 264 320

通用卷积计算架构如图13－9所示，其中包括运算参数接收及解析模块、数据和权重参数接收及解析模块、状态控制模块、数据参数控制模块、卷积运算模块、内部存储器模块、外部存储器模块、卷积结果处理模块以及处理结果输出模块。运算参数接收及解析模块、数据和权重参数接收及解析模块解析出卷积运算需要的工作参数信息，并根据输入的图像数据流启动卷积运算，状态控制模块控制内部存储器模块、外部存储器模块、数据参数控制模块、卷积运算模块、卷积结果处理模块以及处理结果输出模块按照上述解析的参数和模式进行卷积运算，并最终控制输出卷积处理结果。

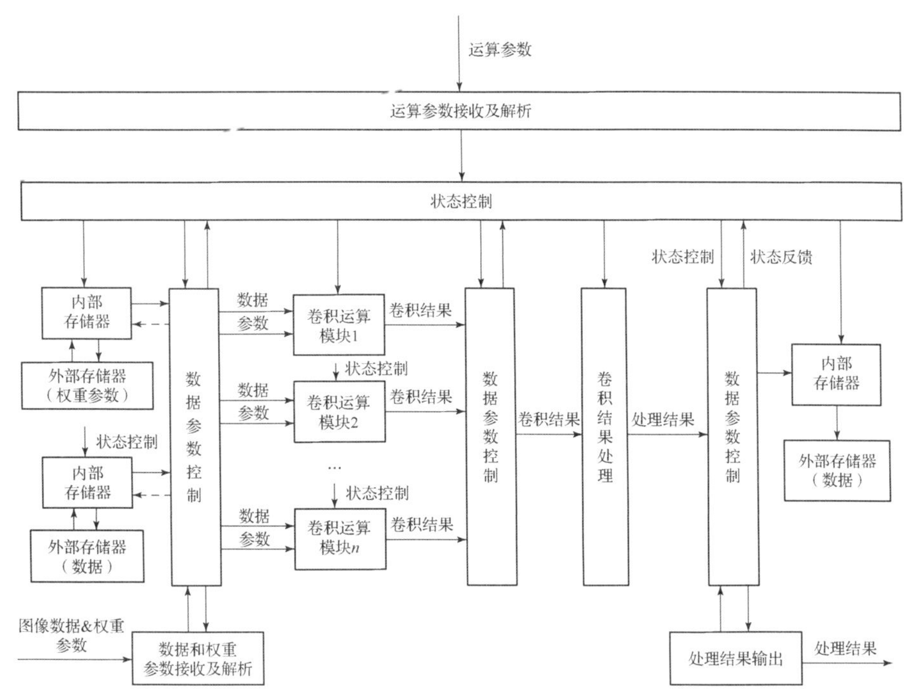

图13－9　通用卷积计算架构

卷积计算加速详细结构如图13－10所示。VGG－16模型总共包含1 634 496次卷积核大小为3×3的二维卷积运算，如此庞大的卷积运算可通过卷积核并行运算及多个卷积核共用一组外部存储器的方式实现卷积运算的并行加速。为达到最佳加速比，存储带宽与计算能力需匹配，然而频繁的片外数据访问会产生大量的功耗。为降低功耗，需减少卷积运算对外部数据存储器的访问频率，为此多组卷积核共用一组特征图数据的方法可以显著减少对片外存储器的访问次数，从而大大提升加速器的能效比。

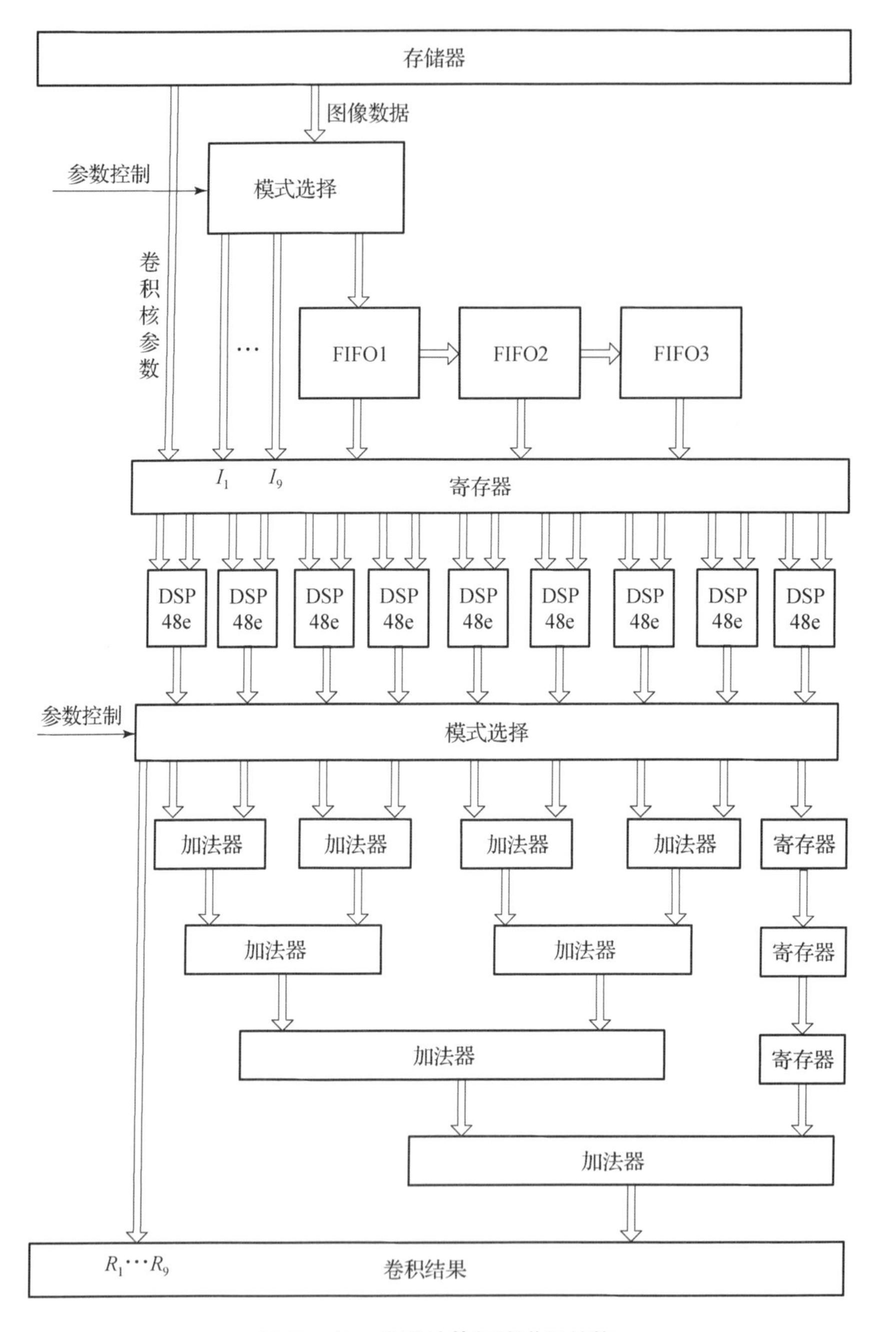

图 13-10　卷积计算加速详细结构

通过表 13-3 分析可知，外部存储器位宽 *Mem_wide* 需求由单组卷积核并行个数 n 和数据位宽 *data_wide* 决定，计算方式为

$$Mem\_wide = 3 * n * data\_wide \tag{13-1}$$

DSP48e 使用个数 $Dsp48e\_num$ 计算方式为

$$Dsp48e\_num = n * m * s\_conv \tag{13-2}$$

式中，n 为单组卷积核并行个数；m 为卷积核组并行个数；s_conv 为单个卷积核使用乘法器个数，与运算数据类型有关系，这里设定为 9。

表 13－3　卷积核组并行加速及硬件资源对比（输入图像为 224×224）

单组卷积核并行个数 n	卷积核组并行个数 m	外部存储器位宽/bit	DSP48e	存储器/kB	运算时间/s
8	1	384	72	106	1.48
	2		144	204	0.76
	4		288	400	0.38
	8		576	792	0.19
	16		1 152	1 576	0.095
16	1	768	144	114	0.74
	2		288	212	0.38
	4		576	408	0.19
	8		1 152	800	0.095
	16		2 304	1 584	0.048
32	1	1 536	288	130	0.38
	2		576	228	0.19
	4		1 152	424	0.095
	8		2 304	816	0.048
	16		4 608	1 600	0.024

每一层卷积内部存储容量计算方式为

$$Mem\_num = a * b * data\_wide * m + (k-1) * n * a * data\_wide \tag{13-3}$$

式中，Mem_num 为单层卷积存储器使用量；a 和 b 分别为该层卷积的特征图像尺寸；k 为卷积核大小，这里设定为 3；n 为单组卷积核并行个数；m 为卷积核组并行个数。

各层存储资源可复用，只需占用单层最大存储容量。

每一层卷积运算时间计算方式为

$$T = a * (b+1) * num\_cov/(n * m * freq) \tag{13-4}$$

式中，a 和 b 分别为该层卷积的特征图像尺寸；num_cov 为该层卷积次数；n 为单组卷积核并行个数；m 为卷积核组并行个数；$freq$ 为运算频率。

式（13－4）成立的前提为存储带宽与运算能力相匹配，可实现流水处理。

为了更好地对比分析硬件资源和数据复用度对能效比的影响，实现了两种并行度和数据复用度（$n=16$，$m=1$ 和 $m=16$）的加速器。

量化位数关系到加速器模型处理结果精度和运算效率。对量化位数进行研究很有必要。图 13－11 和图 13－12 分别表示了量化位宽为 7～16 bit 与相应采用双精度浮点数据格式的精度差异，表 13－4 为量化精度表。

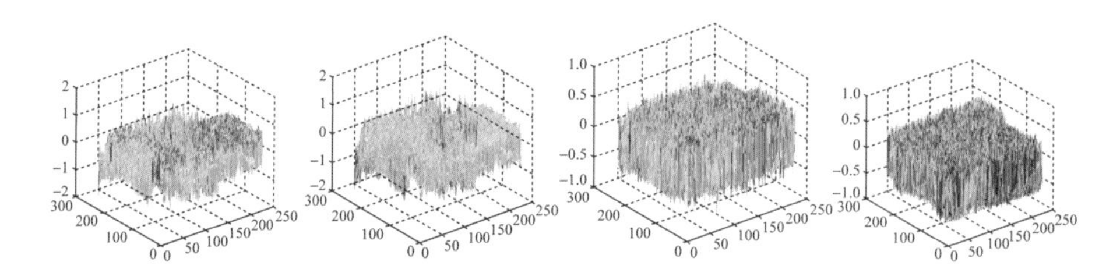

图 13－11　从左至右权值依次量化 7、8、9、10 bit 后结果与双精度浮点数据格式处理结果差值图

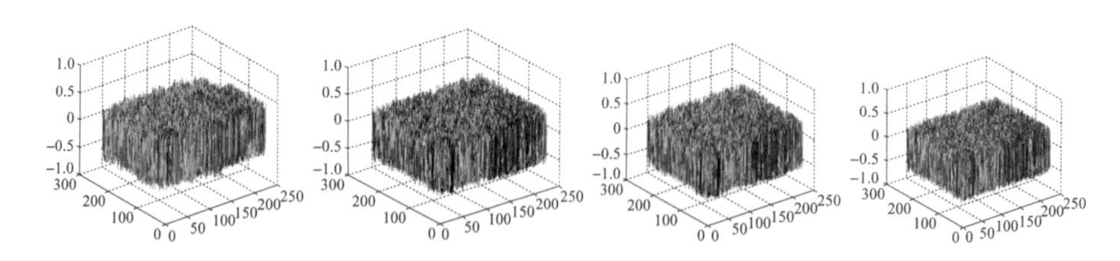

图 13－12　从左至右权值依次量化 11、12、13、16 bit 结果与双精度浮点数据格式处理结果差值图

表 13-4 量化精度表

量化方法 \ 权值	7 bit 量化误差最大值	8 bit 量化误差最大值	9 bit 量化误差最大值	10 bit 量化误差最大值	11 Lit 量化误差最大值	12 bit 量化误差最大值	13 bit 量化误差最大值	16 bit 量化误差最大值
权值 1	3.164 075	1.665 845	0.932 962	0.889 732	0.771 737	0.479 183	0.614 575	0.479 183
权值 2	2.368 352	2.302 653	1.473 251	0.838 267	0.718 767	0.613 880	0.578 980	0.556 345
权值 3	3.240 248	1.586 383	0.796 011	0.663 624	0.820 549	0.589 508	0.544 363	0.532 825
权值 4	1.863 242	1.817 375	0.871 392	0.667 114	0.638 137	0.538 304	0.550 263	0.512 852

通过分析，综合考虑量化精度和运算效率两方面因素，选用 16 bit 量化位宽。

4. 系统验证

1）验证系统构建

将上述目标检测、目标识别功能模块以及主控台（PC 机）构建一个验证系统，验证系统框图如图 13－13 所示。

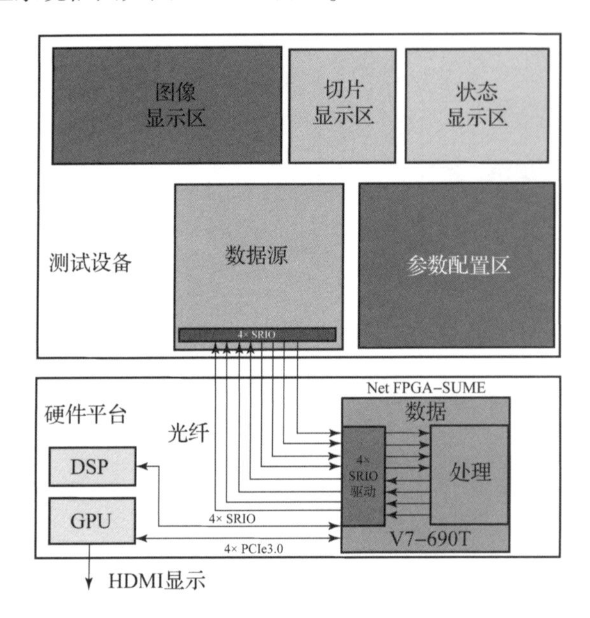

图 13－13　验证系统框图

系统工作流程如下：首先主控台控制软件通过 PCIe 总线将模型参数发送给光纤板，然后光纤板将图像数据发送给系统硬件平台的 FPGA（V7－690T），系统接收到数据后，按预定程序完成目标检测识别处理，将识别结果通过光纤发送给主控台，最后主控台按协议解析出处理结果，将目标切片及相应分类结果显示在控制软件。验证系统实物组成如图 13－14 所示。

2）检测效果

采用 32 景 GF－2 遥感卫星数据作为系统的测试数据，输入原始图像大小为 8 192 ×8 192，图像分辨率为 1 m，目标切片大小为 224 ×224。针对近岛屿/浅滩、空阔海域以及近陆地/港口 3 种场景对舰船目标进行检测识别，具体处理效果如图 13－15 ~ 图 13－17 所示。

图 13－14　验证系统实物组成

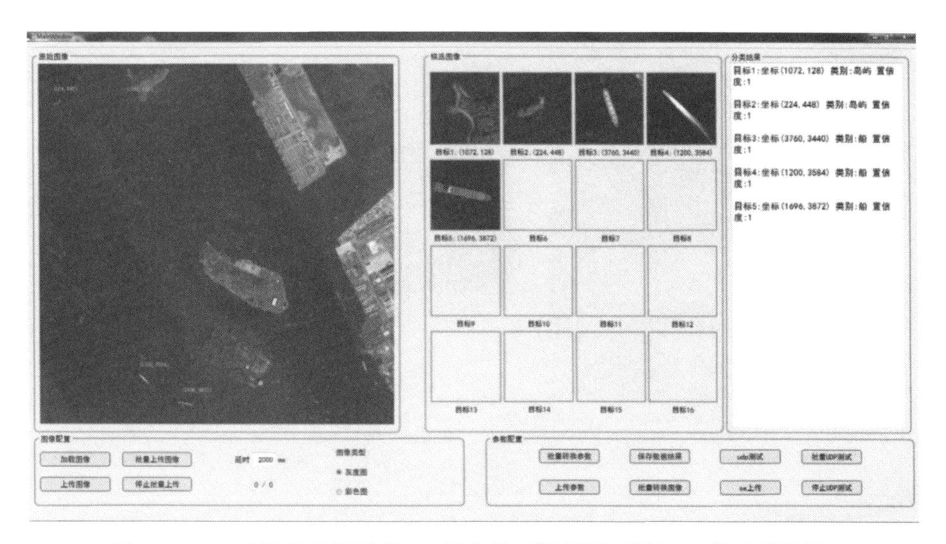

图 13－15　系统处理效果图 1（近岛屿/浅滩舰船目标）（书后附彩插）

3）检测识别性能分析

（1）实时性。

为了验证系统的实时性，采用数据输入为起始时间，输出最后的识别结果为结束时间，统计该段时间处理出来的目标数。统计 4 幅原始图像的处理时间及检测识别的目标数，通过计算 1 s 平均能够检测识别到的目标数衡量实时性。

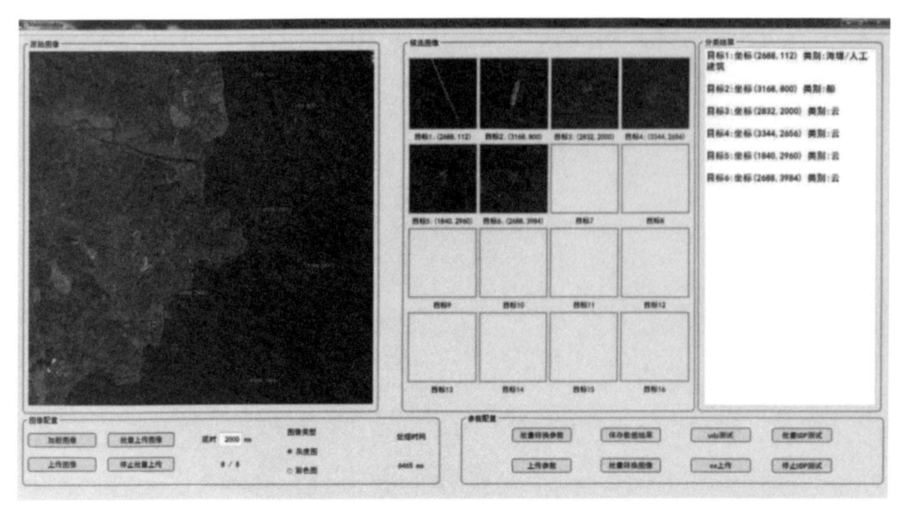

图 13-16　系统处理效果图 2（空阔海域舰船目标）（书后附彩插）

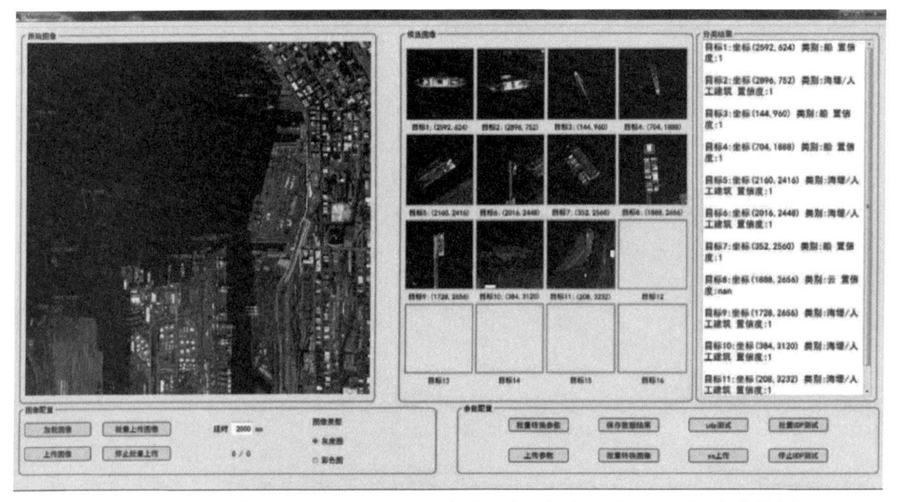

图 13-17　系统处理效果图 3（近陆地/港口舰船目标）（书后附彩插）

由表 13-5 可知，该系统目标检测识别能力为 20 个目标/s，系统具有良好的实时性。

表 13-5　实时性测试结果

图像序号	目标数/个	总时间/ms	单个目标处理时间/ms	每秒处理目标数/个
1	12	598.6	49.88	20.05
2	9	458.3	50.92	19.64

续表

图像序号	目标数/个	总时间/ms	单个目标处理时间/ms	每秒处理目标数/个
3	6	288.9	48.15	20.77
4	5	249.1	49.82	20.07
总计	32	1 574.9	49.22	20.32

（2）正确率。

为了验证算法的检测性能，采用下面两个评价指标对算法进行定量评价：一是查全率（*Recall*），衡量检测的完整程度；二是查准率（*Precision*），衡量准确查找任务目标的能力。这两个指标定义如下：

$$Recall = \frac{N_{dt}}{N_{num}} \tag{12-5}$$

$$Precision = \frac{N_{dt}}{(N_{dt} + N_{df})} \tag{12-6}$$

式中，N_{dt}为检出正确舰船数；N_{df}为检出虚警数；N_{num}为人工标记舰船数。

为考查机器学习在目标分类识别的效能，新增检测有效率（*Valid*）指标，即基于传统方法检测方法的目标检测效率，计算公式如下：

$$Valid = \frac{N_{valid}}{N_{dection}}$$

式中，N_{valid}为检测结果中感兴趣（舰船）目标数；$N_{dection}$为全部检测结果数。

根据上述评价指标对3组测试库中的测试结果进行记录和指标计算，结果如表13－6和表13－7所示。

表13－6 不同场景下舰船目标检测方法性能测试结果

序号	人工标记舰船目标数 N_{num}/个	本方法检测结果数 $N_{dection}$/个	感兴趣（舰船）目标数 N_{valid}/个	检测有效率 *Valid*
1	57	98	53	58.16%
2	89	174	84	51.15%
3	81	170	75	47.65%

表 13－7　不同场景下舰船目标分类识别性能测试结果

序号	人工标记舰船目标数 N_{num}/个	本方法检测识别结果数 $(N_{dt}+N_{df})$/个	正确分类结果数 N_{dt}/个	识别虚警目标数 N_{df}/个	查全率 *Recall*	查准率 *Precision*
1	57	54	53	1	92.98%	98.15%
2	89	85	84	1	94.38%	98.82%
3	81	77	75	2	92.59%	97.40%

注：1. 近岛屿/浅滩舰船目标；2. 空阔海域舰船目标；3. 近陆地/港口舰船目标。

由表 13－6 结果可知，在不同场景下，舰船目标的检测有效率均未超过 60%，这类场景在进行疑似目标筛选分割过程容易形成虚警目标，因而在复杂背景下，基于形态学的传统目标检测算法适应性一般，会造成很大程度的误检。由表 13－7 结果可知，舰船目标的查全率均超过 92%，尤其是基于机器学习的目标识别方法将系统查准率提升到 97% 以上。由此可见，机器学习对目标分类识别效果显著，有效提升目标检测识别的正确率。

具体处理过程总结如下：通过对遥感图像进行背景噪声抑制，增强舰船目标相对于背景的灰度对比度，然后采用待检区域－邻域直方图方差比对的方法结合分割标注结果区分出疑似目标区域，提取出疑似舰船目标。同时，采用圆形度等形状特征对疑似目标进行鉴别，进一步有效地判读出舰船目标。最后，通过采用深度学习网络模型 VGG－16，对上述传统方法获得的检测结果做进一步的分类识别，在背景复杂、虚警率高的情况下，能够有效判读出舰船目标以及其他背景干扰项。本方法具有易于在星上嵌入式硬件实现的优点，可实现 1 s 最多检测识别 20 个目标切片，最高功耗 70 W，满足低功耗、小型化光学遥感图像在轨舰船目标实时检测处理需求。

在取得以上成果的同时，上述方法也存在许多不足，需要改进，具体总结如下：首先，由于遥感数据分辨率较低，目标特征表现相对高清图像较弱，再加上样本数不够丰富，上述训练模型存在过拟合的风险，后续需进一步研究样本数量与质量对数据模型训练效果的影响，使模型在分类种类、精度和鲁棒性方面有更好的提升。其次，在试验中仅测试了一种 CNN 模型，不同模型对性能的影响缺乏实际效果的说明。最后，网络剪枝可以有效降低参数量，稀疏网络，降低处理计算量，在后续运算效率上还有很大提升空间。

13.1.2　SAR 遥感目标检测

在大范围的海洋监视中，较 SAR 而言，光学成像的缺点是高分辨率的成像系统观测条带很窄而且受光照和天气影响很大，并不适合大范围监视，但对特定的海洋监视区域，如港口、海峡等海区是比较适合的。因此，SAR 成像可以作为光学成像的信息先导。在实际的应用中，用于舰船目标检测的 SAR 图像一般具有较宽的测绘带，数据量巨大，信息提取较困难，实时性较差，而星上在轨 SAR 实时成像及感兴趣目标提取技术能够有效地解决这一问题。

近年来，采用高分辨率 SAR 对地成像技术获取的 SAR 遥感图像包含有丰富特征，为舰船等感兴趣目标实时提取奠定了坚实基础。当前，对基于 SAR 图像的舰船目标本身的检测主要有最优恒虚警（CFAR）检测算子、双参数 CFAR 方法、多极化检测算法、多分辨率目标检测、基于卷积神经网络的检测方法、基于匹配滤波的检测方法、阈值检测法、基于模糊对策的检测方法以及基于分割的模拟退火的检测方法等。这些检测方法依赖于具体的海洋环境和 SAR 图像，单一参数的 SAR 图像目标检测器在杂波边缘、方位向模糊、干扰目标杂波环境中检测性能下降，出现检测率下降或虚警率上升的情况，基于深层卷积神经网络的目标检测算法通常难以有效应对大幅影像的目标搜索和弱小目标检测问题。遥感卫星载荷数据量大，峰值传输速率高，而 SAR 图像目标提取算法复杂，对平台的计算能力要求极高，但星载计算平台硬件不同于地面或其他平台，具备鲜明的高可靠、高效能、抗辐照、强容/纠错能力等特点。因此，星载实时处理性能优劣与算法模型是否优化息息相关。

对面向 SAR 遥感图像的舰船目标在轨实时提取技术进行了研究，设计了一种以全局统计为基础的高效舰船目标检测算法和超轻量化疑似目标真伪鉴别网络，实现舰船目标快速提取，解决了遥感卫星信息获取实效性差，严重依赖数据传输系统带宽等瓶颈问题。根据当前的星载处理平台架构，对 OTSU 阈值求取、连通域标注以及卷积神经网络等高密度计算算法模块做了优化，在保证算法整体性能的基础上，有效减少了算法的计算量，大幅降低了算法实时实现对硬件平台性能的依赖，使得该星载实时信息处理模块在计算精度、速度、硬件规模以及热耗等方面达到良好平衡。

1. 舰船目标提取算法设计

1）算法流程设计

经过研究，针对 SAR 遥感图像感兴趣舰船目标稀疏性的特点，提出一种面向 SAR 遥感图像的船舰目标在轨实时提取算法。如图 13－18 所示，设计一种基于传统图像处理方法实现目标检测以及基于超轻量卷积神经网络实现目标鉴别。首先，采用基于二维模板滤波的图像去噪、顶帽变换的目标增强以及以全局统计为基础的目标分割技术获取疑似目标；然后，采用自主设计的超轻量卷积神经网络对疑似目标做真伪性鉴别，大幅降低虚警，实现对舰船目标的有效提取。卷积神经网络采用自主设计网络结构、网络量化剪枝、权值共享等手段，减少权重参数，提高计算实时性。该方法兼顾了舰船目标提取的有效性、在轨实时处理的可行性以及在轨维护的便捷性，可在当前的星载处理平台上应用。

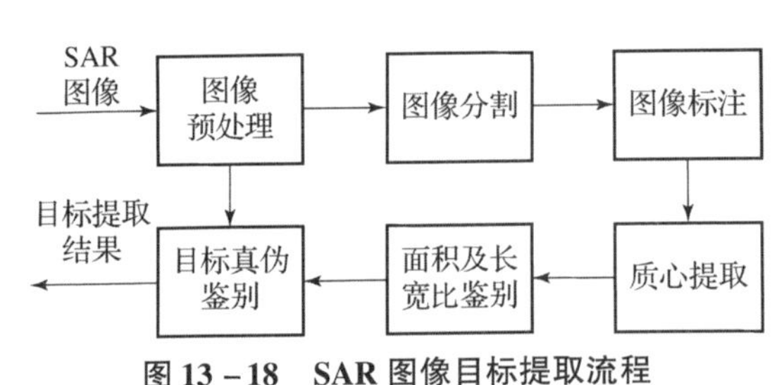

图 13－18　SAR 图像目标提取流程

2）目标检测方法

将图 13－18 算法流程进一步细化得到图 13－19 的舰船目标检测及鉴别方法。

设计一种以统计学理论为基础的目标检测方法 MDN。该方法构建多层模板卷积滤波网络，有效抑制相干斑、距离和方位向模糊带来的背景噪声，并实现舰船目标增强，便于对 SAR 图像进行快速分割和高效提取舰船疑似目标。

MDN 主要分为 3 个部分：一是数据预处理。对原始图像采用高斯滤波、中值滤波去除 SAR 图像中周期性和随机噪声，采用顶帽变换实现舰船目标增强。二是图像分割。对预处理完成后的图像进行 OTSU 自适应迭代分割，得到二值图像后，对其进行形态学膨胀处理以消除目标内部孔洞目标，然后进行连通域标注。三是疑似目标提取。根据连通域标注结果求取质心，之后进行基于形状特征的目标鉴别，对疑似目标标注结果进行面积及长宽比判定，剔除虚警目标，提取疑似目标切片。

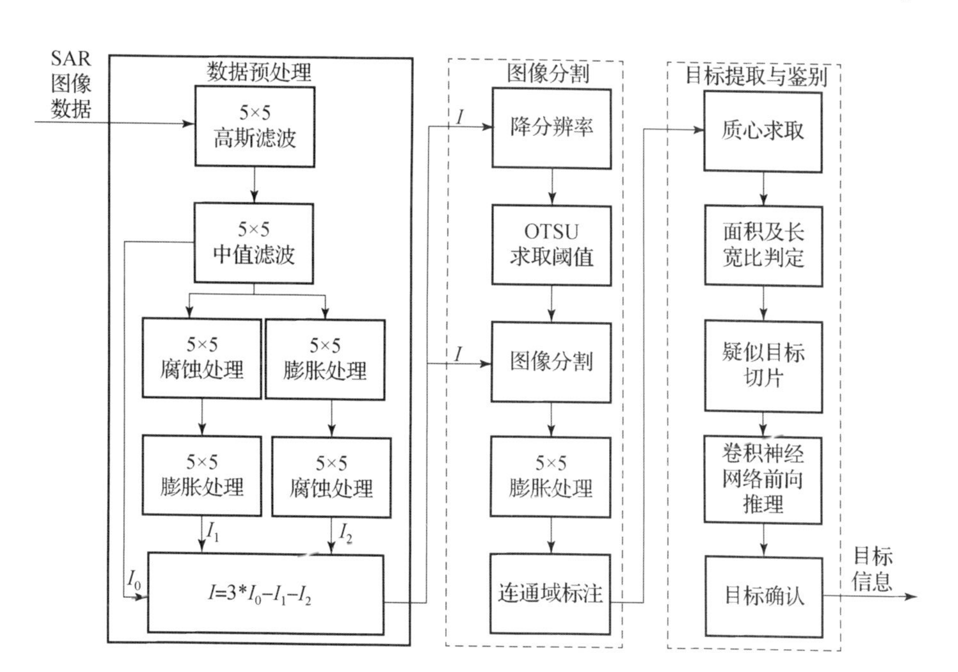

图 13－19　舰船目标检测及鉴别方法

由算法流程可知，MDN 是由二维模板平滑滤波、顶帽变换、基于全局统计的自适应分割、连通域标注等组成的深度计算结构。二维模板滤波处理包括串联层和并联层，串联层层与层之间相互连接实现平滑滤波处理，并联层层内连接主要包括模加减操作实现顶帽变换处理；平滑滤波和顶帽变换处理结果进入自适应分割网络，通过 OTSU 自适应阈值求取、图像分割、二值图像连通域标注以及面积及长宽比判别等处理输出疑似目标坐标及大小。

MDN 算法实现过程中将膨胀系数、降分辨率系数、目标面积、长宽比等关键阈值实现参数化可配置，不同图像分辨率通过选取不用参数的方法进行，因而可以更好地适用于星载处理平台，特别是在图像预处理后进行了目标分割降维，有效降低了传统计算过程中 90% 以上的计算和存储量，极大降低该算法在轨应用对星载硬件资源的需求。

3）目标鉴别方法

遥感图像不同于常规高清图像，具有探测范围广、数据量大以及分辨率相对较低等特点，上述特点也造就了其感兴趣目标稀疏性的特点，对深度学习网络各方面要求较高。传统通用小网络如 MobileNetV2 参数量达到

10 MB级别，受限于小卫星 2 kbit/s 级别的遥控上注带宽，仍然无法适用。经过对比分析以及试验，综合考虑实现难易、参数量、计算量以及性能等方面内容，根据任务需求通过自主设计基于深度学习的卷积神经网络 YyNet－5 作为本目标鉴别算法。YyNet－5 是基于 Yann LeCun 在 1998 年提出的 LeNet－5 基础进行设计更改完成的，如图 13－20 所示。YyNet－5 共分为 1 个输入层、2 个卷积层，2 个池化层、1 个全连接层、1 个输出层，权重参数规模为 5 272 个，采用单精度浮点数据格式进行计算，参数数据量为 20.6 kB，输入疑似目标切片大小为 32×32。综合考虑卫星上注参数规模和智能信息处理模块的计算能力，YyNet－5 设计成只对疑似目标做真假性鉴别，便于降低鉴别网络的前向推理计算量。

上述鉴别器在标准 LeNet－5 模型基础上修改，根据需要可完成疑似目标真伪鉴别。将相应目标切片进行人工标定，并完成训练，得到模型参数。样本切片图取自 GF－3 SAR 遥感卫星图，样本库切片图像如图 13－21 所示。

数据集中包含舰船目标切片 15 220 个，岛屿、海堤/人工建筑目标等目标切片为 9 593 个，随机选取其中 20 400 个样本作为训练集，约占数据集的 82.21%，余下 4 413 个目标切片作为测试集。网络模型输入切片大小为 32×32，若超出可通过降采样的方式保证。

2. 算法优化

算法在星上在轨实时实现过程中，受限于空间辐照环境、能源、体积、热防护等因素，星载处理平台的硬件资源有限，因此必须对算法进行优化设计，提升能效比，才能满足实际在轨实时处理任务需求。从算法流程中对计算能力要求高的模块入手，优化和简化算法流程，主要包含图像分割中的阈值求取、二值图像连通域标注以及目标鉴别 3 个算法模块。

1）阈值求取

图像分割就是把图像分成若干个特定的、具有独特性质的区域。它是由图像处理到图像分析的关键步骤。OTSU 法因有模式识别的相关理论为基础且图像分割性能良好，而逐渐成为一种最为流行的阈值分割技术。OTSU 图像分割法因其计算量大，数据动态范围与处理图像大小成正相关，给通过 OTSU 法求取阈值的实时实现带来较大挑战。

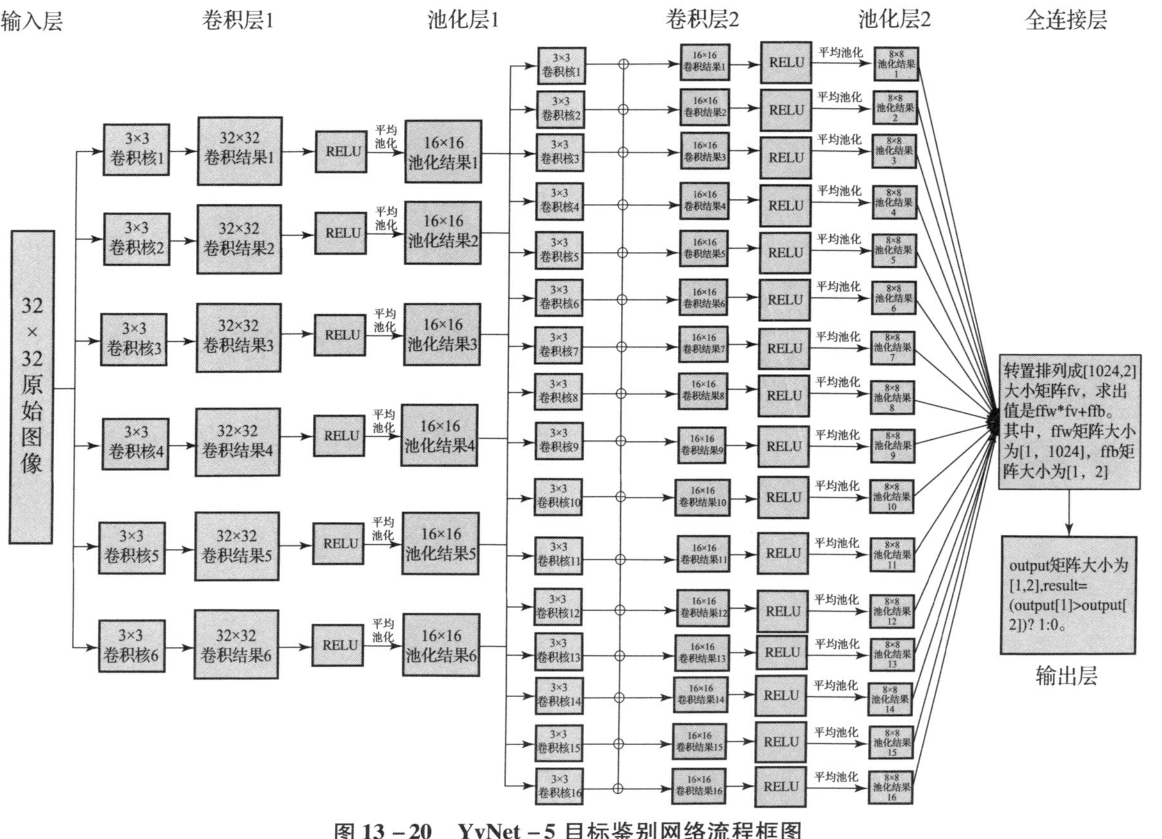

图 13－20　YyNet－5 目标鉴别网络流程框图

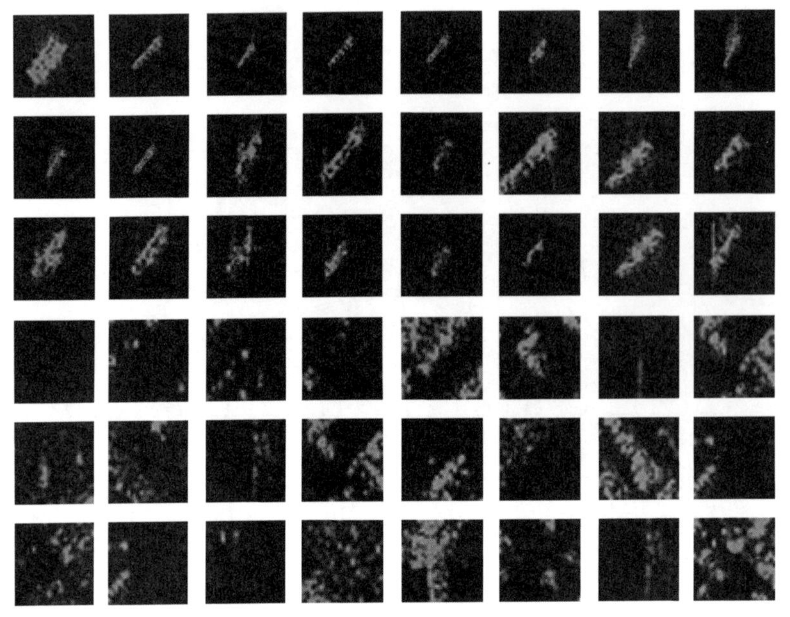

图 13-21 样本库切片图像

目前 OTSU 计算和优化的方法较多，何志勇等人提出了一个新算法以快速计算 OTSU 阈值，通过搜寻两类类内均值的平均值整数部分相等的阈值，从中确定一个符合 OTSU 准则的阈值，减少了计算量，获得了良好的计算实时性能。陈峥等人在对 OTSU 法进行分析的基础上，提出了一种改进的 OTSU 图像阈值分割算法。首先，采用整幅图像的平均灰度值作为初始阈值对图像进行分割；其次，推导出 OTSU 4 个参数的递推公式；最后，在缩小的灰度级范围内用递推的 OTSU 法来计算最终的分割阈值，取得了较好的图像分割效果和时间效率。

当前实现方法主要存在以下问题：一是嵌入式平台实现过程中，无论单纯采用整型或单/双精度浮点数据格式，计算精度高时，计算过程需要占用大量资源，开销极高，系统实时性大打折扣。二是应用场合没有考虑遥感图像大幅宽、低分辨率、感兴趣目标稀疏的特点，因此无法直接应用于遥感图像在轨实时处理中。

针对以上问题，提出一种图像分割算法的可编程逻辑电路实现方法，解决图像分割算法实时实现在精度高时处理速度慢和硬件开销大的问题，同时消除利用 FPGA 实现时，处理速度提升和硬件开销降低后，处理精度低的问题。OTSU 算法优化实现流程如图 13-22 所示，采用可编程逻辑电路设计了一种并行流水处理架构，实现了图像分割算法。将阈值求取图像处理成 $N \times N$ 大小的方阵，便于后续通过移位、截位、与非逻辑运算等手段，避免大量乘除运算，大大降低阈值求取算法的计算量，有效优化处理流程。

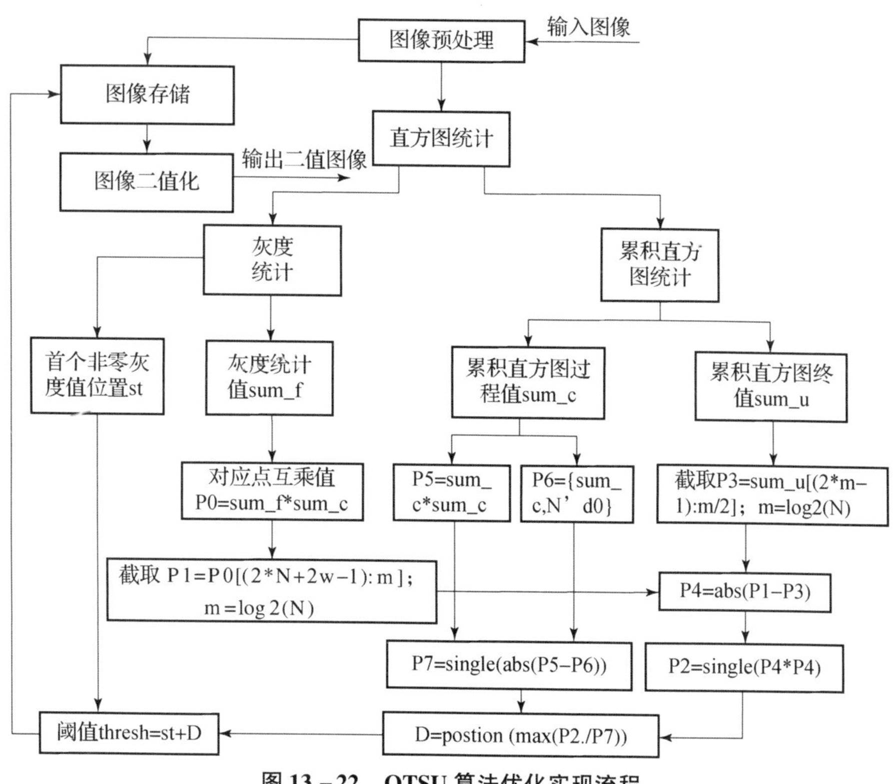

图 13－22 OTSU 算法优化实现流程

与此同时，在实现过程中将算法作了进一步优化，对原始图像进行降采样处理，可大幅减少运算量。通过处理分析 100 幅图像大小为 4 096 × 4 096 的量化精度为 8bit 的 SAR 图像数据，将上述方法处理得到的阈值结果与原始实现方法采用 Matlab 双精度浮点数据格式的结果进行对比分析。图 13－23 为两种方法处理得到的阈值对比图，图 13－24 为两种方法处理得到的阈值差值图。分析可知，涉及的优化方法在计算量降低 16 倍的情况下，阈值求取误差可以控制在 5 以内，对图像分割精度影响可以忽略，证明方法的有效性。通过建立计算精度误差模型，合理选择处理数据类型，自主调度定/浮点计算，在有效降低硬件资源使用的同时，保障了图像分割算法的实时性和精度。

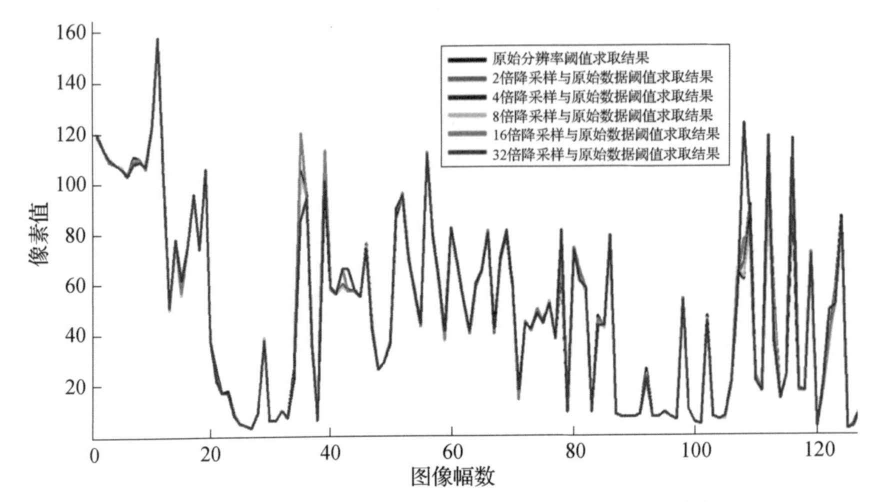

图 13-23 直接降采样求取阈值对比图（书后附彩插）

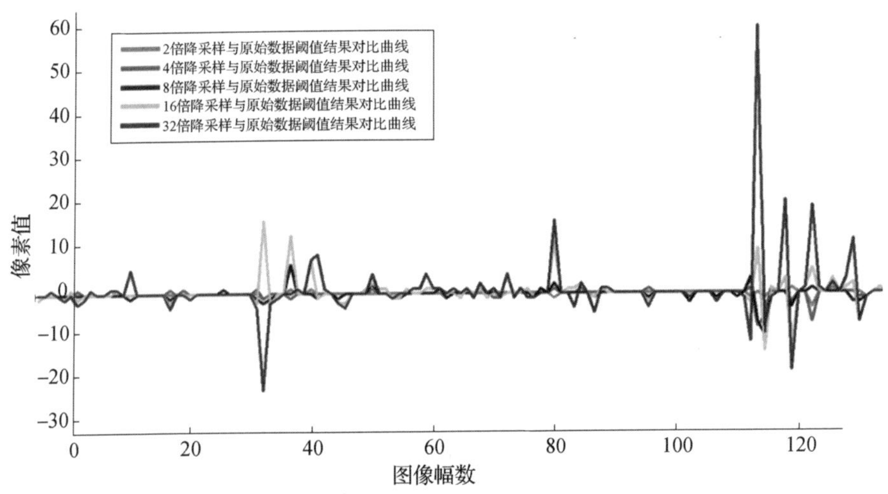

图 13-24 直接降采样求取阈值差值图（书后附彩插）

2）连通域标注

二值连通域标记是数字图像处理的基本方法。它是目标分割、目标识别、图像语义理解等应用的重要基础，是一种经典的计算机视觉处理方法。目前，数字图像的二值连通域标记方法主要分为两种：一种是标号传播方法，如轮廓追迹法、混合对象标记法；另一种是标号等价对处理方法，如优化连通算法、游程优化算法、块决策树算法等。

标号等价对处理方法的主要过程：将二值图像输入后，按照从左到右、从上到下的顺序，对图像进行逐个像素的扫描，获取游程的起始、结束位置以及等价对。基本流程采用基于游程的方法实现，主要分 3 步：

第一步，查找并记录团。逐行搜索示例图像，把每一行中连续的白色像素组成一个序列称为一个团（run），并记下它的团计数 num_run、起点像素列坐标位置 start_run、终点列坐标位置 end_run 以及它所在的行坐标位置 row_run。

如图 13－25 所示，第一行得到两个团，对应（团，团起始列坐标，团结束列坐标，团行坐标）：（1，2，3，1）和（2，6，6，1）；第二行得到两个团：（3，3，3，2）和（4，5，6，2）；第三行得到 1 个团：（5，4，4，3）；第四行得到 3 个团：（6，1，2，4），（7，4，4，4）和（8，6，7，4）；第五行得到 1 个团（9，5，5，5）。全部图像遍历结束后，得到很多个团的位置信息。

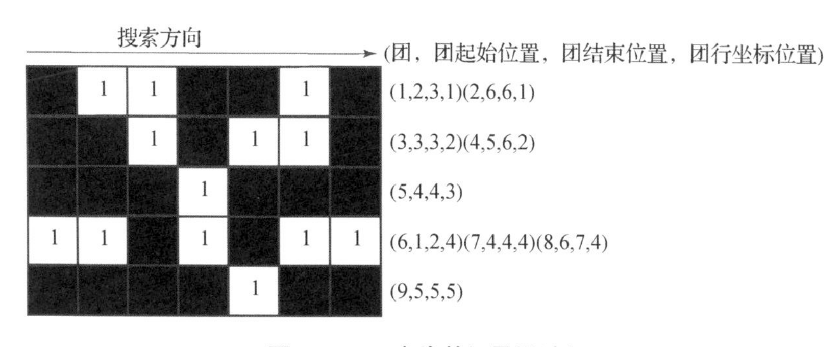

图 13－25　查找并记录团过程

第二步，标记团及生成等价对。对于除了第一行外的所有行里的团，如果它与前一行中的所有团都没有重合区域，则给它一个新的标号；如果它仅与上一行中一个团有重合区域，则将上一行的那个团的标号赋给它；如果它与上一行的两个以上的团有重叠区域，则给当前团赋一个相连团的最小标号，并将上一行的这几个团的标记写入等价对，说明它们属于一类。

如图 13－26 所示，第一行记录的两个团标记为 1 和 2；第二行记录的两个团和上一行的团有重叠区域，因此用上一行的团标记，即 1 和 2；第三行记录的一个团与上一行的两个团都有重叠，所以给它一个两者中最小的标记，即 1，然后将（1，2）写入等价对；第四行记录了 3 个团，第一个团与上一行没有重叠区域，为标记为 3，同理第二个团标记为 1，第三个团标记为 4；第五行记录的一个团与上一行的两个团都有重叠，所以给它一个两者中最小的标记，即 1，然后将（1，4）写入等价对。该步处理后，将第一步记录的团号标记得到新标号，同时还得到一个等价对列表。

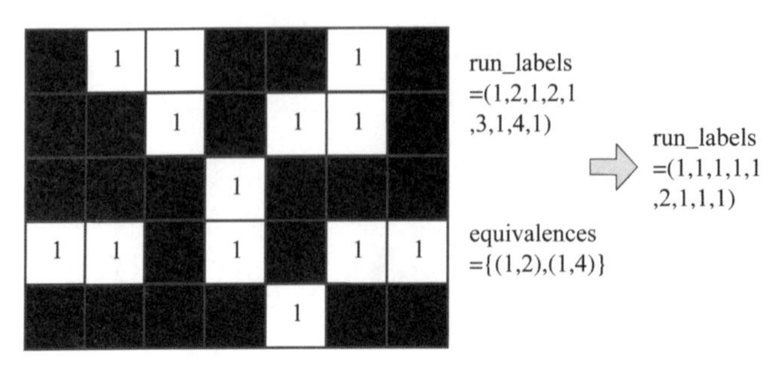

图 13-26 标记团及生成等价对过程

第三步，等价对合并及生成最终的标记结果。将等价对转换为等价序列，每一个序列需要给一相同的标号，因为它们都是等价的。从1开始，给每个等价序列一个标号。遍历开始团的标记，查找等价序列，给予它们新的标记。将每个团的标号填入标记图像中，得到最终的标记结果。

如图13-27所示，将等价对｛（1，2），（1，4）｝转化为等价列：1→2→4，其中团标记最大数maxlabel为4。如图13-27所示，将1~4个点都看成图的结点，而等价对（1，2）说明结点1与结点2之间有通路，而且形成的图是无向图，即（1，2）其实包含了（2，1）。因此，需要遍历图，找出其中的所有连通图，因而采用图像深入优先遍历的原理，进行等价序列的查找。从结点1开始，它有两个路径1→2，1→4。2和4后面都没有路径，最后只剩下3，它没有在等价对里出现过，所以单独形成一个序列。

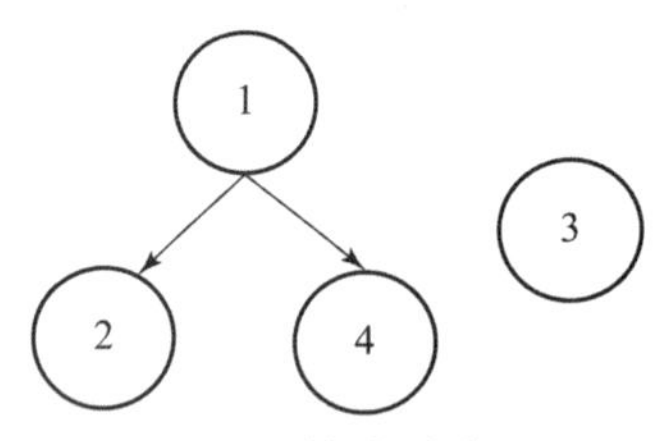

图 13-27 等价对遍历图 1

以如下等价对为例更好说明深度优先遍历算法：（1，2），（1，6），（3，7），（9，3），（8，1），（11，5），（10，8），（8，11），（12，11），（11，13）。可将上述等价对转化为等价序列：

list1：1→2→5→6→8→10→11→12→13

list2：3→7→9；

list3：4.

如图 13－28 所示，将 1～13 个点都看成图的结点，从结点 1 开始，它有 3 个路径 1→2，1→6，1→8。2 和 6 后面都没有路径，8 有 2 条路径通往 10 和 11，而 10 没有后续路径，11 则有 3 条路径通往 5、12、13，等价表 1 查找完毕。第 2 条等价表从 3 开始，则只有 2 条路径通向 7 和 9，7 和 9 后面无路径，等价表 2 查找完毕。最后只剩下 4，它没有在等价对里出现过，所以单独形成一个序列（预先设定步骤 2 中团的最大标号为 13），等价表查找完毕。

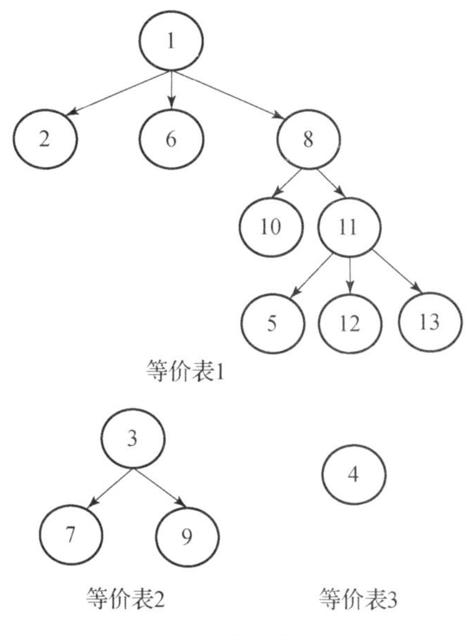

图 13－28　等价对遍历图 2

在对等价对处理过程中，设计一种基于标号等价对处理方法，将深度优先遍历方法进行改进，实现了图像二值连通域快速标记算法，并应用到 FPGA 等可编程逻辑电路器件中。首先，对等价对进行排序操作，第一行数据 equivalence_1 代表每个等价对第一个元素，第二行数据 equivalence_2 代表每个等价对第二个元素，用第二行数据减去第一行数据，得到每个等价对所对应的跨度 step，为第三行数据；对第一行数据 equivalence_1 中相同元素所对应的所有跨度 step 数据进行求取最大值工作，所得到的最大值记为该元素对应的最大搜索阈值，记录在第四行 threshold 数据中。如图 13－29 所示，矩阵表示了深度优先遍历所要搜索的范围，矩阵的元素个数代表了深度优先遍历搜索的次数；采用最大搜索阈值对等价链表搜索范围重新限定后，只需对矩阵中灰色背景的元素区域进行搜索，对稀疏目标分割图像可大大减少搜索次数。

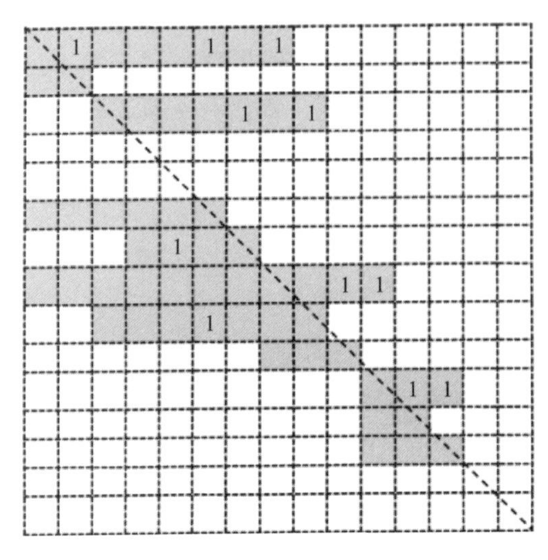

图 13－29 深度优先遍历示意图

传统的二值连通域标记算法采用全局深度优先遍历方法，当图片的幅宽较大时，会导致算法无效搜索过多，严重降低了算法的实时性。通过对等价对的排序、搜索阈值的提取和保存等预处理，将深度优先遍历的循环搜索次数优化，摒弃了无效搜索操作，提高了算法的实时性。同时，该算法对图像进行全并行流水处理，可以部署在 FPGA 等可编程逻辑电路器件中，实现在资源有限的集成器件上快速实现图像二值连通域标记的应用。特别是在图片幅宽较大、目标稀疏时，该算法性能表现优异，比现有技术效率提高近百倍。

如图 13－30 所示，设计一种并行流水处理架构，大幅减少流处理器的存储器读写、比较数据操作，并构建基于多级缓存的并行流水线，提升处理效率，减少硬件资源占用量，采用多级分布式缓存架构，大幅减少缓存的数据量，只需要内部缓存，无须外配大容量动态存储器，即可完成大幅宽、高离散、巨量点目标的标注计算，具备高能效比。通过构建基于多级缓存架构的高能效比流处理器，可部署在高性能 FPGA，无须外挂大容量动态存储器，FPGA 可通过配置刷新功能，保证在辐照环境下长时稳定工作。

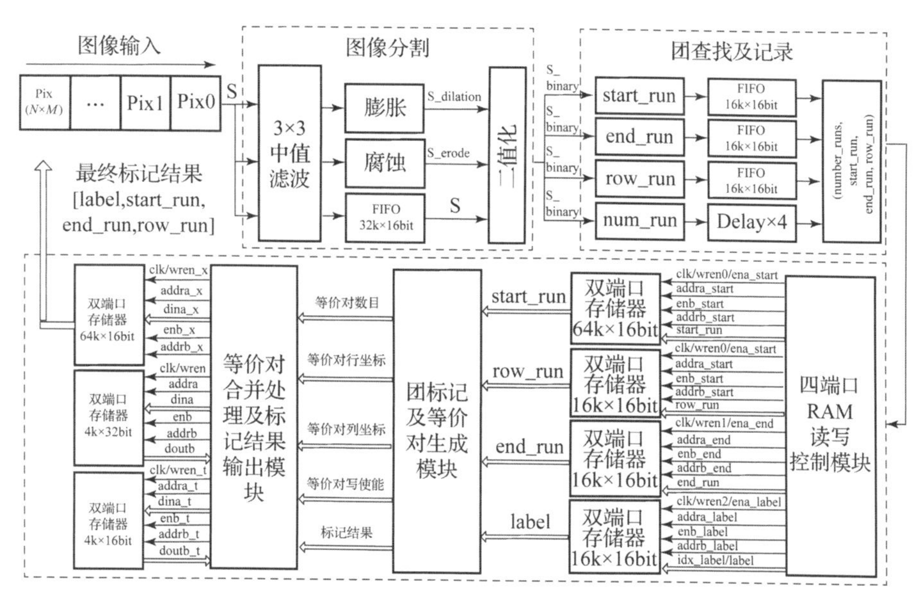

图 13-30 一种连通域标记流处理器

由于舰船不同部位对 SAR 回波信号散射特征不同，会出现强弱不均，导致处理获取的 SAR 图像会有孔洞、断点等现象。如图 13-31 所示，二值化后的 SAR 图像在连通域标注过程中会大幅增加标注时间，影响处理实时性。

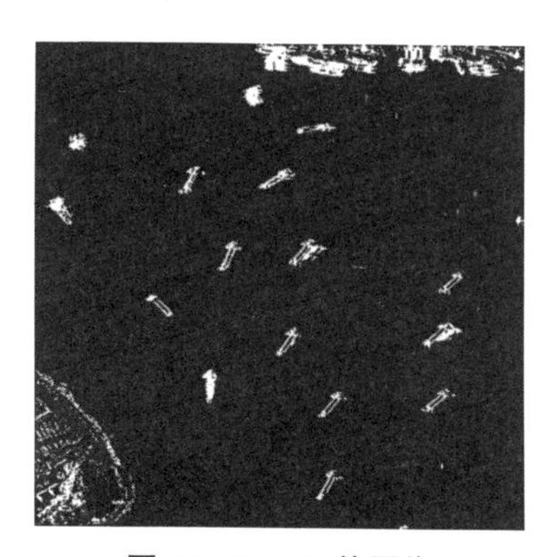

图 13-31 二值图像

针对上述问题，通过对 SAR 图像进行预处理，将 SAR 图像的孔洞和断点填平，有效提升了连通域的标注效率。选用先顶帽变换，然后二值化，最后再做 5×5 膨胀处理的方式将图像中的孔洞和断点处理。图 13-32 为采用本章设计的方法获取的二值化图像；图 13-33 为图 13-32 的连通域标注结果，孔洞和断点现象明显得到改善；图 13－34 为图 13－33 的目标检测结果，具体分析如表 13－8 所示。

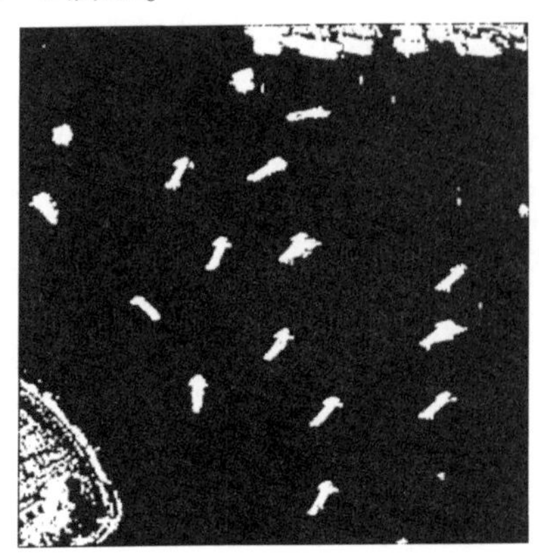

图 13－32 预处理后的二值图像

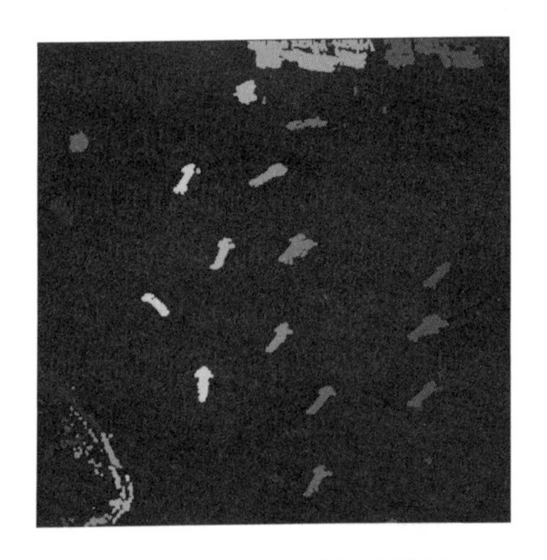

图 13－33 连通域标注结果

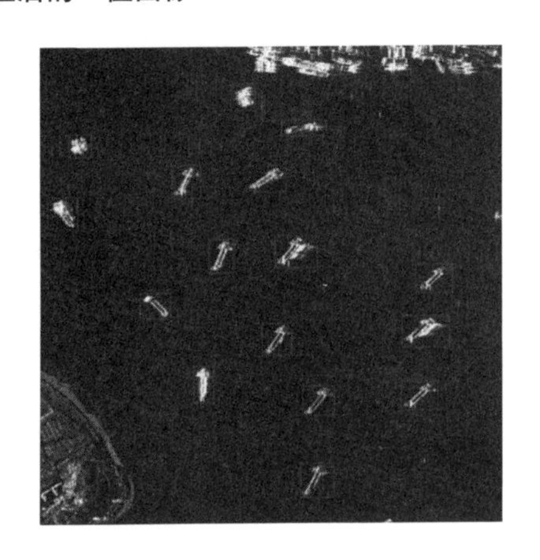

图 13－34 目标检测结果

表 13－8 连通域标注分析

方法	1	2	3	4	5	6
参数指标	原始图像直接二值化	顶帽变换后二值化	原始图像 5×5 膨胀处理后二值化	顶帽变换 +5×5 膨胀处理后二值化	原始图像直接二值化后再 5×5 膨胀处理	顶帽变换后二值化再 5×5 膨胀处理
团个数	8 285	5 827	4 152	3 703	3 999	3 746
等价对个数	676	254	148	103	154	112

续表

方法	1	2	3	4	5	6
连通域个数	1 460	430	115	85	84	64
标注周期	170 058 338	13 331 704	2 709 175	1 608 248	2 815 805	1 634 031
时间 200 MHz	850. 3 ms	66. 7 ms	13. 6 ms	8. 04 ms	14. 08 ms	8. 17 ms

方法 6 大幅减少了团、等价对以及连通域的个数，相对方法 1 计算效率提升超过 100 倍。6 种方法中，方法 4 的实时性最佳，相对膨胀处理过程中占用存储资源为方法 6 的 N 倍，其中 N 为原始图像的分辨率，一般为 8 ~ 14。

综上，上述方法在占用硬件资源和处理效率方面做了更好的平衡。

3）目标鉴别

目标鉴别算法 YyNet－5 采用在 LeNet－5 经典算法模型基础上根据需求进行自主设计的方法完成。YyNet－5 主要包含 358 个卷积核大小为 3 ×3 的卷积运算以及 2 048 次乘加法运算，全部运算量为 425 984 次乘加运算，最终输出结果为疑似目标的真假值。

相对于 LeNet－5 算法模型，本研究通过分析 SAR 图像舰船目标的特征，将 5 ×5 的卷积核更改为 3 ×3，在不影响目标特征提取能力的基础上，将卷积核参数量降低为原来的 36%。LeNet－5 算法模型可实现 0 ~9 10 种数字的识别分类，将该网络定义为疑似目标真假鉴别网络，即只需要完成 2 分类，全连接层的参数量降低为原来的 20%。为了实现模型训练快速收敛，将 LeNet－5 算法模型中的 Sigmod 激活函数设计成当前主流的 Relu 方式，大大简化了实现方法。与此同时，将输入图像数据大小由 28 ×28 扩展至 32 × 32，并将卷积方式由“valid”模式更改为主流的“same”模式，输入图像数据目标如果大于 32 ×32 通过均值降采样的方法约束到输入图像切片大小内。

3. 实现及性能分析

1）在轨实时实现

（1）实时实现。

SAR 图像处理需要强大的处理能力，所用处理器性能的好坏直接影响处理性能，需重点考虑。当前能够在空间环境使用且自身具备抗辐照特性的器件硬件资源和速度均不能满足要求。因此，选用普通工业级高性能器件作为主处理器，通过系统设计保障模块适应空间特殊工作环境，实现目标提取功能。考虑系统成本、可靠性以及处理性能等多方面因素，采用模块关键等级差别设计思想，将该系统分为控制和处理两大部分。其中，控制部分作为关键模块，采用高可靠、抗辐照宇航级器件；处理部分作为执行模块，采用高性能、大容量常规器件，设计多种重构保障机制，保证在轨维护能力，有效降低成本，提升处理性能和可靠性。采用 CPCI 总线标准，6U 标准板卡结构，支持多模块协同处理机制。系统的通用性、可靠性及扩展性强。

该智能信息处理模块具有强大的处理能力，主处理器 DSP 峰值计算能力达到 8 000 MIPS，处理 FPGA 逻辑门数达到 3 250 万门。输入图像大小为 32 768 × 32 768，舰船目标提取时间小于 10 s；可实现在轨全时工作，整板功耗小于 13 W，待机功耗小于 1.5 W；具备主处理器程序和卷积神经网络参数数据重构能力，程序重构时间小于 5 s，权重参数重构时间小于 1 s。

（2）处理结果。

如图 13 – 35 所示，在某新体制雷达试验卫星星载信息处理平台上完成了上述 SAR 图像舰船目标实时提取算法的工程实现，结合 PC 机以及专用测试底板，形成可演示实时信息处理系统。采用 GF – 3 号遥感卫星的 SAR 图像，验证了目标检测算法的有效性和实时实现的可行性。

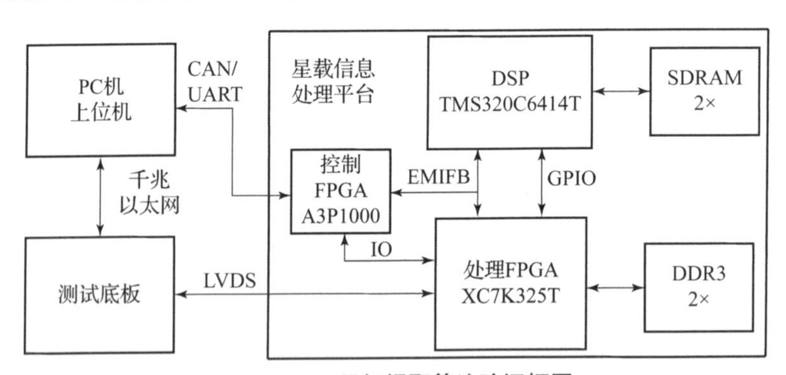

图 13 – 35　目标提取算法验证框图

处理结果如图 13 – 36 和图 13 – 37 所示。其中，图 13 – 36 为基于形态学匹配的目标检测算法处理得到疑似目标结果，数量为 42 个；图 13 – 37 为基于卷积神经网络的目标真伪鉴别算法处理结果，经过二次筛查，处理结果数量为 34 个。对处理结果进行分析可知，上述目标提取方法，可从 SAR 图像中检测出舰船目标，并对虚警目标进行有效剔除，效果显著。

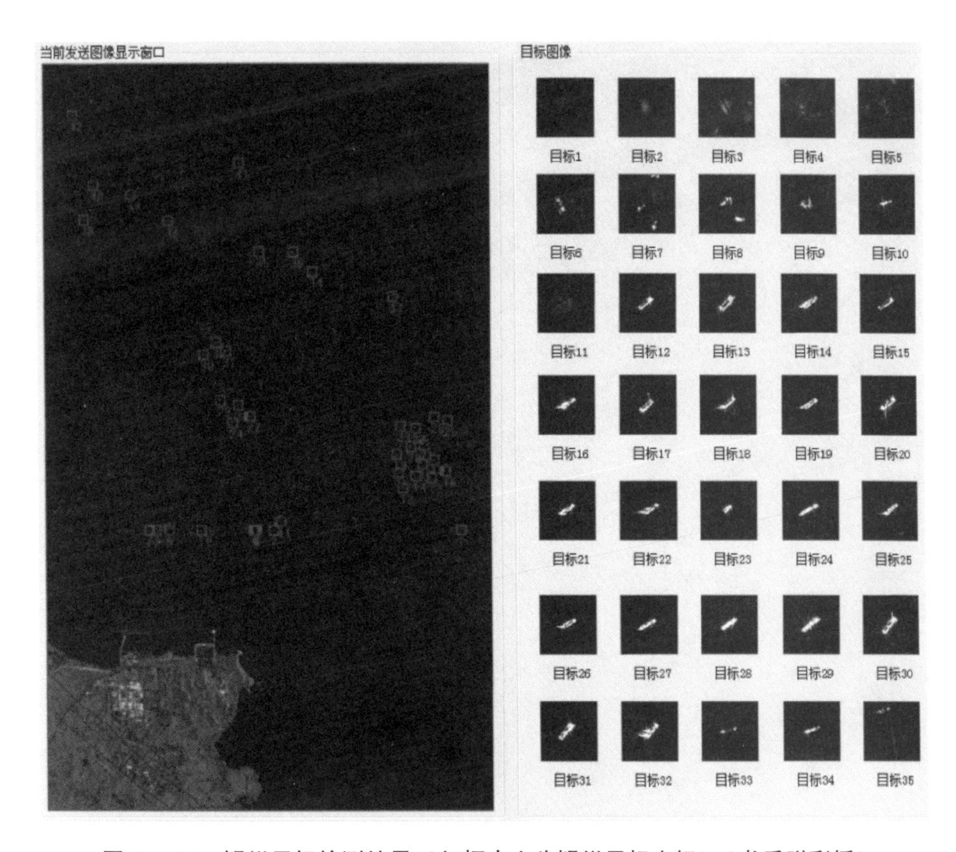

图 13 – 36　疑似目标检测结果（红框中心为疑似目标坐标）（书后附彩插）

2）性能分析

（1）实时性。

系统实时性指标获取方法为：待处理数据输入完成时为起始时刻，最后的识别结果输出完成时为结束时刻，最后统计该段时间内检测出的目标个数进行处理实时性计算。统计 4 景图像的处理时间及检测识别出的目标个数，最后通过计算 1 s 时间能够检测识别的目标个数衡量系统实时性。

由于检测过程中会对虚警目标进行鉴别，而每幅图像基于形态学匹配检测的时间不定，检测到的目标个数也不定，导致目标鉴别消耗的时间不同，因此不同场景的图像处理时间会有差异。由表 13 – 9 可知，每个目标的提取时间为 9 ms 左右，该系统目标提取能力为 110 个目标/s，具有优异的实时性性能。

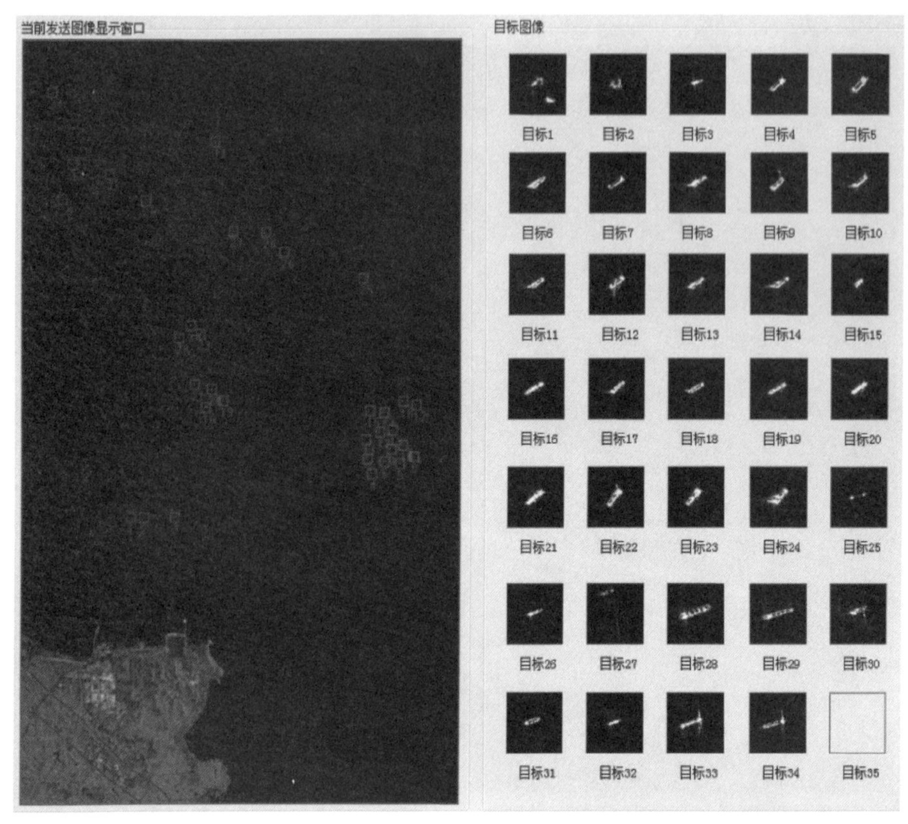

图 13－37 疑似目标二次筛查结果（红框中心为目标坐标）（书后附彩插）

表 13－9 系统处理实时性测试结果

序号	目标数/个	总时间/ms	单个目标时间/ms	平均每秒提取目标数/个
1	119	1 079.21	9.07	110.3
2	98	899.62	9.18	108.93
3	67	493.79	7.37	135.69
4	52	502.91	9.67	103.40
总计	336	2 975.53	8.86	114.57

（2）正确率。

为了验证算法的检测性能，从毕福坤等人提出的两个评价指标对算法进行定量评价：一是查全率（*Recall*），衡量检测的完整程度，如式（12－5）；

二是查准率（*Precision*），衡量准确查找任务目标的能力，如式（12－6）。

根据上述评价指标对3组测试库中的检测结果进行记录和指标计算，结果如表13－10和表13－11所示。

表13－10 舰船疑似目标检测性能测试结果

序号	人工标记目标数 N_{num}/个	本文方法鉴别结果数 $(N_{dt}+N_{df})$/个	正确结果数 N_{dt}/个	虚警目标数 N_{df}/个	查全率 *Recall*	查准率 *Precision*
1	207	276	205	71	99.03%	74.27%
2	129	174	128	46	99.22%	73.56%
3	365	465	361	104	98.90%	77.63%

表13－11 舰船目标二次筛查性能测试结果

序号	人工标记目标数 N_{num}/个	本文方法鉴别结果数 $(N_{dt}+N_{df})$/个	正确结果数 N_{dt}/个	虚警目标数 N_{df}/个	查全率 *Recall*	查准率 *Precision*
1	207	205	201	4	97.10%	98.04%
2	129	128	126	2	97.67%	98.43%
3	365	361	354	7	96.98%	98.06%

由表13－10可以看到，基于传统图像处理方法的疑似目标检测算法在测试过程中查准率均未超过80%，虚警率较高；舰船目标的查全率较高，超过95%，证明当前的舰船目标检测方法漏检率指标优异。由表13－11结果可见，基于超轻量目标鉴别网络可以显著提升目标提取结果的查准率，平均提升20%以上；此外，由于基于超轻量网络的目标鉴别网络在对目标做二次筛查时会有误检，造成查全率会降低2%左右。结果表明，上述算法的目标检测识别效果良好，牺牲少量准确率指标，可大幅降低虚警，适用SAR图像舰船目标提取。

对基于全局统计的舰船目标检测和超轻量化网络的目标鉴别算法以及算法在星载硬件平台实时实现等高速信息处理技术进行了较为全面的研究，并根据星载智能信息处理模块有限的计算资源，合理优化算法流程和处理方法，对OTSU阈值求取、连通域标注等传统图像处理方法的实时实现做了大量简化工作。根据SAR遥感图像感兴趣目标稀疏性的特点自主设计改进的超轻量疑似目标真伪鉴别网络模型，在当前低功耗的星载嵌入式电路中实现，整个计算电路功耗小于13 W，待机功耗小于1.5 W，可满足在轨全时工作的需求。

在地面利用GF-3遥感卫星数据验证了上述方法和在轨实时实现的有效性和可行性。试验表明，SAR图像舰船目标在轨实时提取方法对输入量化精度为8 bit、幅宽为32 768×32 768的图像，舰船目标提取时间小于10 s；具备主处理器程序和卷积神经网络参数数据重构能力，程序重构时间小于5 s，权重参数重构时间小于1 s；可有效提升系统能效比和目标提取性能，具有良好的应用效果。

取得上述成果的同时，也存在以下不足：上述目标鉴别网络较简单，无法满足多种目标精细分类的需求，后续可通过研究改进多分类网络实现。

13.2 空间目标监测

随着人类航天活动的增加，空间碎片会日益增加，仅美国空间目标监视系统编目和记录的直径大于5 cm的空间碎片累计就达38 000多个。随着时间推移，这些空间碎片可能会对在轨航天器造成不可估量的影响。如果空间碎片与在轨航天器发生碰撞，将会直接导致其损坏或者解体。此外，空间碎片再入大气层，还将给人类带来不可估量的灾难。因此，有效快速地对空间碎片进行监测、管理和预报是构建太空安全环境的基石，已经成为各个航天大国的研究热点。

空间目标监测平台主要分为地基和天基两种。由于不受体积、质量等因素的限制，地基观测平台可以实现较高的空间分辨率和较远的观测距离。我国的地基空间目标监视系统受布站区域的限制，不能实现对空间目标的全覆盖，而且存在监视的实时性不高和对中小尺寸碎片的探测能力有限的问题。因此，迫切需要天基监视手段去弥补。相比于地基平台，天基观测平台最大的优势是可以在地球大气层外的空间轨道上运行，进而不受国界、空域和气象条件的限制。同时，天基观测不受地球大气的影响，具有较高的灵敏性，可以减少光学可见期的影响，从而增加观测时间。因此，天基观测更可能获取长时间广范围的观测数据，满足我国国情及发展需要。

近年来，基于天基平台的空间目标观测受到广泛的关注。西北工业大学的王虎等人提出了一种可同时实现三波段探测的多光谱光学载荷相机系统，可满足天基空间碎片观测系统需求。金小龙等人对空间碎片光谱特性进行研究，可以用来获取碎片材料等信息。中国人民解放军国防科技大学潘晓刚等人刻画并分析了天基观测的系统误差，设计相应方法有效抑制了观测和模型结构误差对观测精度的影响。

空间碎片目标在轨实时监测的核心是“快”“准”“稳”。其中，“快”是指实时；“准”是指高准确率、低虚警率；“稳”是指应对复杂背景。地面已有的信息处理、目标检测跟踪方法面临巨大挑战，无法满足天基应用需求。由于上述问题和需求，切实需要一种空间碎片目标在轨实时监测处理方法，主要实现面向空间碎片监测的光学载荷数据的实时处理，将在轨实时处理得到的目标检测结果、天文位置等结果发送到数据传输系统下传给用户，实现空间碎片目标快速定位和管理。

13.2.1　在轨实时监测系统

1. 系统设计

如图 13－38 所示，在轨实时监测系统主要包含卫星平台、载荷、数传以及信息处理等功能单元，通过在轨实时处理技术，快速从载荷数据中提取空间碎片目标位置、亮度等信息，针对重点目标完成在轨自动跟踪和确认，并将处理结果下传至地面，进一步对目标进行编目和确认管理。

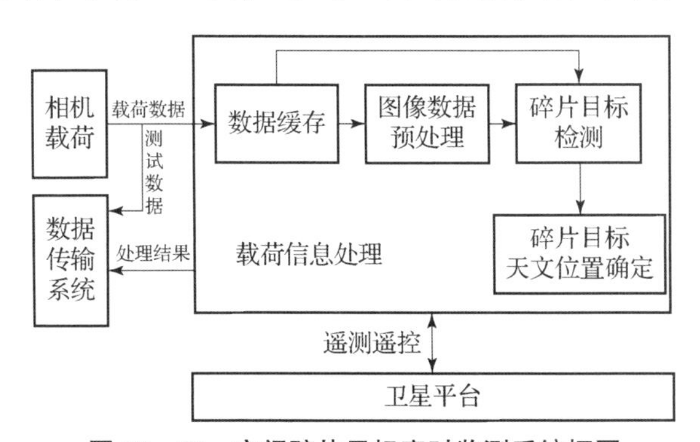

图 13－38　空间碎片目标实时监测系统框图

具体流程如下：载荷信息处理单元从相机载荷获取原始数据进行缓存，对于缓存的全部数据一方面进行图像数据压缩，另一方面进行碎片目标检测、跟踪和天文定位，压缩码流和处理结果返回给数据传输系统。载荷信息处理单元可以从平台获取姿态轨道等辅助数据，用于碎片提取和定位计算。

2. 信息处理平台设计

信息处理单元采用一体化设计架构，包括 2 个数据 IO 模块、1 个主控模块、4 个处理模块、1 个高速背板模块、1 个电源模块，各模块的分工如表 13 - 12 所示。

表 13 - 12 信息处理平台组成

序号	板卡名称	数量	功能分配
1	背板模块	1	实现各模块之间的数据链路互联与隔离
2	主控模块	1	负责整机的遥测遥控功能
3	IO 模块	2	负责多路载荷数据输入、预处理、压缩与分发等功能
4	处理模块	4	实现目标检测、天文定位等功能
5	电源模块	1	为主控模块、IO 模块以及处理模块等提供所需电源

考虑卫星载荷布局以及在轨持续稳定工作的需求，设计一种基于 Space VPX 标准总线的一体化信息处理架构，各功能板卡采用 Space VPX 6U 标准架构，根据需要可扩展。分机功能板卡采用主备双份冗余设计，数据接口采用交叉主备冗余设计。

13.2.2 空间碎片目标在轨监测方法

1. 空间碎片目标检测方法

1）空间碎片目标成像特性分析

星图主要由恒星、空间碎片目标和深空背景构成。星图的成像特点是在暗背景下离散分布着近似于高斯分布的点状光斑，同时星图中还夹杂着一定程度的背景噪声，并且噪声成均匀分布。

（1）恒星目标成像特性。

恒星是星图的重要组成部分。恒星在星图中为点状，受成像条件的影响，恒星表现为向四周弥散的一个近似对称的高斯分布的亮斑。点源成像的光度分布函数又称为点扩散函数。点扩散函数对图像的作用在数学上可以表示为点扩散函数与图像的卷积。由于点扩散函数的不确定性，恒星亮斑包含的像素数从几个像素到几十个像素不等。在星图中，恒星成像特征与动目标的成像特征有很强的相似性，都表现为近高斯分布的亮斑，因此严重影响星图目标监测和识别的效果。

（2）空间碎片目标成像特性。

空间碎片目标在星图上表现为点状分布的小目标，一般占据一个或几个像素，没有明显的几何、结构信息、纹理信息等。同时，由于空间目标的运动特性，空间碎片目标在序列星图中成像亮度不稳定。影响目标亮度的因素包括空间碎片目标的尺寸、目标与传感器的距离、目标材料的反射率、太阳入射角度以及观测条件等。天基光学望远镜探测的是空间碎片目标反射的太阳光，因此空间碎片目标来源主要是太阳辐射的可见光谱段的能量。由于不同材质、空间碎片目标的不同部分以及空间结构都会导致反射率的不同，因此在星图序列中，空间目标的亮度存在一定程度的差异。

空间碎片目标和恒星在空域上成像相似，都表现为单帧图像上的孤立亮斑，且形状相似。在天基天文光电观测系统中，由于其口径小，视场大，探测距离远，受传感器成像分辨率的限制，空间目标在 CCD 焦平面上几乎为点目标成像。但由于光学系统受点扩散效应的影响，空间目标的能量弥散到相邻的多个像元上。一般情况下，可对空间碎片目标构建二维高斯拟合模型，此时点目标的能量密度在星图上的分布函数可以表示为

$$f(x,y)=\frac{s}{2\pi\sigma_{pf}^{2}}\exp\left(-\frac{(x-x_0)^2+(y-y_0)^2}{2\sigma_{psf}^{2}}\right) \tag{13-7}$$

式中，$(x_0,\ y_0)$ 为空间目标中心位置的坐标；s 为目标总亮度；σ_{psf} 为成像系统的点扩散函数的参数，即扩散标准差。

碎片目标在星图中形成光斑的亮度分布近似于二维的高斯分布，光斑中心是信号的峰值，光斑周围像素随着离中心距离的增加，亮度逐渐减弱，直至接近星图背景的亮度。

恒星和空间目标成像灰度分布图如图 13-39 所示。

2）空间碎片目标检测算法

根据空间碎片目标的成像特性，设计了一种空间碎片目标在轨实时检测算法，具体流程如图 13-40 所示。

（1）数据预处理。

星图中，暗弱小目标淹没在背景噪声中，通过顶帽变换等数据预处理，达到抑制背景噪声，凸显暗弱目标，便于后续算法提取暗弱小目标的目的。其中，顶帽变换主要由 1 组窗大小为 29 × 29 和 5 × 5 的膨胀和腐蚀运算组成。

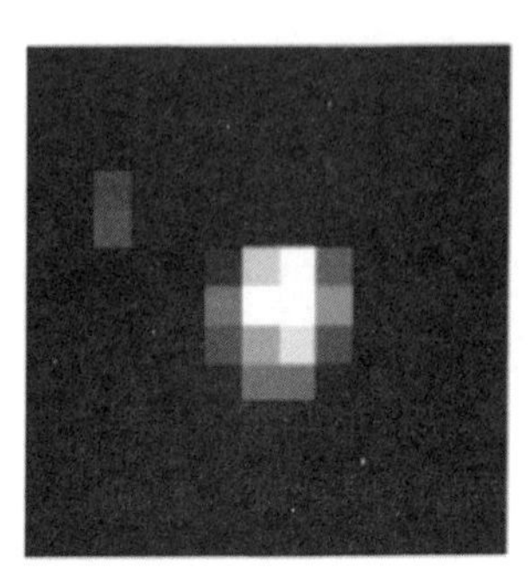

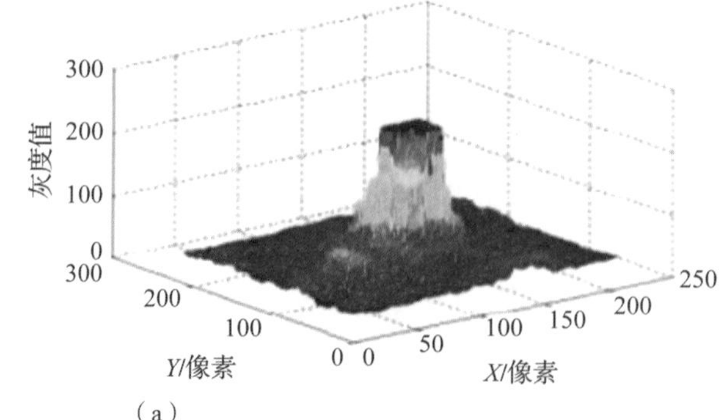

（a）

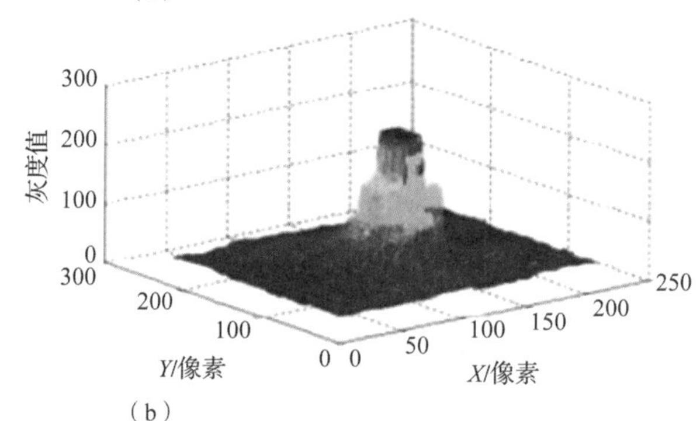

（b）

图 13－39　恒星和空间目标成像灰度分布图

（a）恒星；（b）空间目标

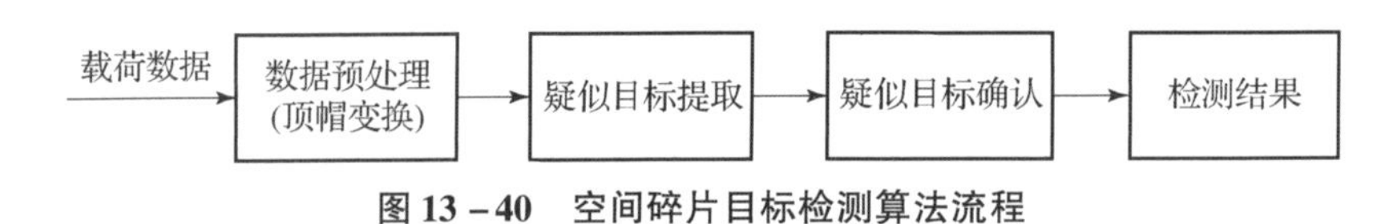

图 13－40　空间碎片目标检测算法流程

（2）疑似目标提取。

根据目标特性分析可知，空间目标中心点具有高于背景并且为局部极大值的特性。针对该特性，设定合适的窗并利用图像形态学里的膨胀操作来搜索局部最大值。若局部极值点大于高阈值则认定为疑似强目标点；若高于低阈值但低于高阈值则认定为疑似弱目标点。

（3）疑似目标确认。

对提取出的疑似目标点中心，需要判断其是否为目标。以疑似目标中心点为中心，动态设定尺度来确定窗以及核函数大小。对窗内的灰度值进行归一化处理以消除光照变化造成的影响，对归一化后的窗函数以及核函数进行卷积运算，若响应值大于预设阈值并且大于之前尺寸下的计算结果，则更新该点的尺寸以及响应值信息。通过恒星位置以及目标轨迹可以剔除恒星、背景噪声等干扰项，具体实施方法介绍如下。

①核函数设计。相较于直接的二值化处理，设计合适的核函数，能够在保证目标灰度信息的情况下有效地确定目标的中心及边界。从之前的分析可以知道目标呈近似高斯分布，因此针对性地设计核函数，如图13－41所示，具体如式（13－8）所示。

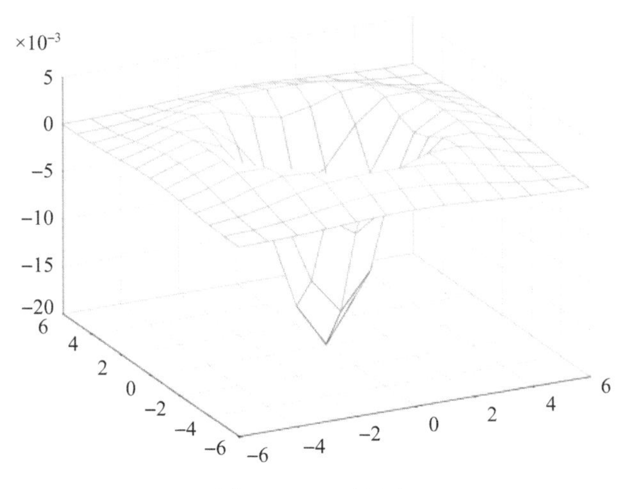

图13－41　核函数

$$Kernel(x,y)=-\left(\frac{(x-x_{center})^2+(y-y_{center})^2}{\sigma^2}-2\right)e^{-\frac{(x-x_{center})^2+(y-y_{center})^2}{2\sigma^2}} \tag{13-8}$$

式（13－8）中核函数大小为$M\times N$，在疑似目标附近选取大小为$M\times N$的图像块，σ为该图像块的标准差；$x_{center}=(N+1)/2$；$x=1, 2, \cdots, M$；$y=1, 2, \cdots, N$。该核函数具有如下特性：一是该核$x_{center}=(M+1)/2$函数与高斯分布相近，因此图像与该核函数的卷积即可判断图像与高斯分布的相似性；二是核函数的尺寸由σ值确定，即距矩阵中心$\sqrt{2}\sigma$内值为负，$\sqrt{2}\sigma\sim3\sigma$值为正，$3\sigma$外值为负。

②恒星目标剔除。由于检测到的目标包含目标以及恒星，为了减少后续轨迹匹配的运算量，将历史中出现过疑似目标的位置进行存储，若下一帧图像中的疑似目标在这些位置出现时，则认为是恒星，可将其从检测结果中剔除，如图13－42和图13－43所示。

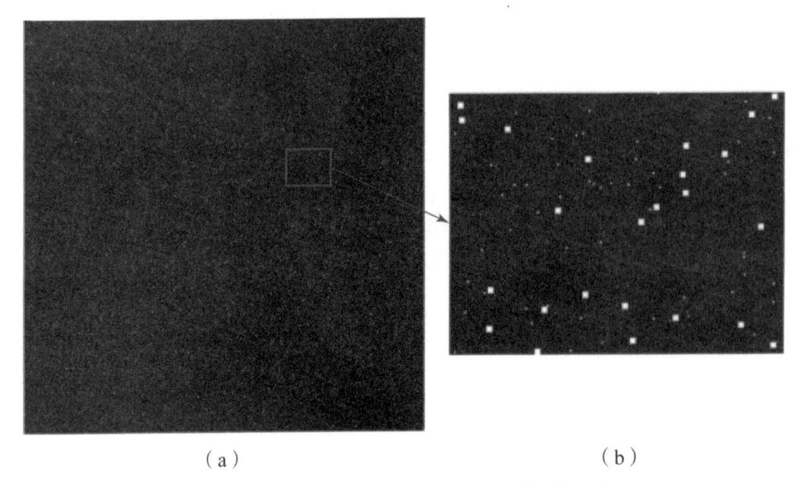

图 13-42 匹配后的历史信息图（书后附彩插）

(a) 历史信息图；(b) 局部放大图

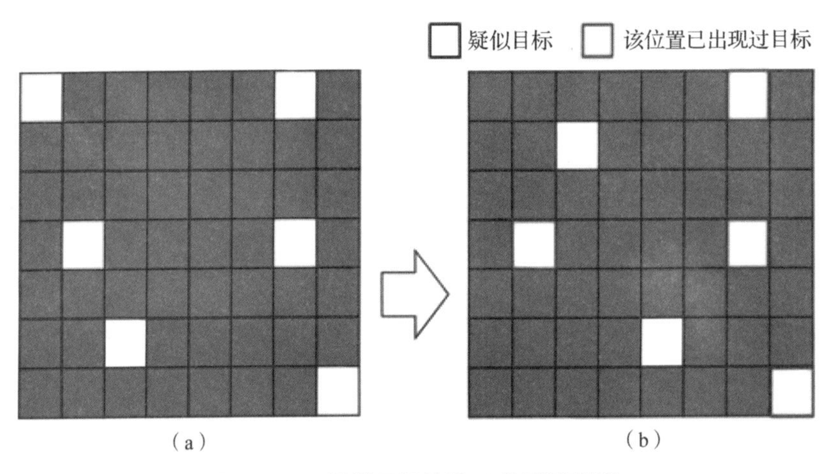

图 13-43 疑似目标筛选（书后附彩插）

(a) 第 k 帧后更新的 star 图；(b) 第 $(k+1)$ 帧中疑似目标

③目标轨迹关联。深空背景图像中除深空背景以外，主要由噪声、天体、航天器及碎片等构成。针对这 3 类目标的运动特性进行分析：噪声在图像中是杂乱无章的，没有固定的运动特性；天体目标距离拍摄器件十分遥远，在图像中的相对位置几乎保持不变；航天器和碎片目标由于其轨道特性，在图像中呈现出接近匀速直线的运动状态。针对需检测的目标与其他两类目标运动特性的不一致，通过多帧图像进行轨迹关联，可以剔除其他两类目标，筛选出需要的目标。

其运动特性可表示为

$$x_{i+1} - x_i = \Delta x_k$$

$$y_{i+1} - y_i = \Delta y_k$$

式中，x_{i+1}和 y_{i+1}为下一帧目标的图像像素位置；x_i 和 y_i 为目标当前帧的图像像素位置；Δx_k 和 Δy_k 为第 k 条轨迹的运动特性，即目标的运动像素距离，同一条轨迹的运动特性基本保持不变。

轨迹关联示意图如图 13－44 所示。

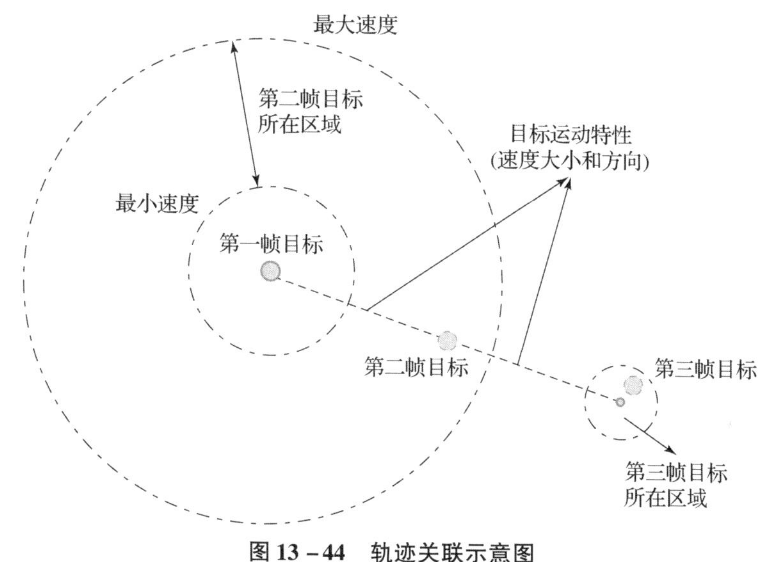

图 13－44　轨迹关联示意图

轨迹关联步骤如下：

①目标从第一帧根据预估的速度域在第二帧图像上搜索匹配目标；

②第二帧图像上搜索匹配到目标后，计算两帧之间目标的运动特性，并根据运动特性预测目标在第三帧图像的大致范围；

③在第三帧图像上的预测位置搜索目标，搜索成功后，将搜索到的目标归入同一轨迹，搜索失败后，转步骤①，直至第二帧图像中无法搜索匹配到目标；

④轨迹在后续序列图像中继续搜索匹配目标，如果轨迹关联到多个点，则认为轨迹是真实存在的，否则认为轨迹是误检所形成的。

3）空间碎片目标在轨监测方法

天基空间碎片目标监测系统是进行空间目标监视与跟踪的重要发展方向，即利用高精度轨道的天基观测平台结合光学测量手段，根据光学望远镜指向视场中恒星的位置及目标星的实时处理结果，计算出目标天文定位数据。

天基测量的天文定位不受国土范围、大气层、电离层的影响，而且通过姿态调整可以具备全天时探测优势，可以成为空间目标精密定轨和空间碎片编目定轨的一种有效的数据来源，对于改进空间目标轨道精度，有效节约地面测量资源发挥重要作用。基于天基光学成像的目标检测和天文定位是空间目标发现和测量的重要手段。以空间目标的轨道预报算法和恒星的运动模型为基础，对空间目标天基测量天文定位的算法进行了设计，算法流程如图 13－45 所示。

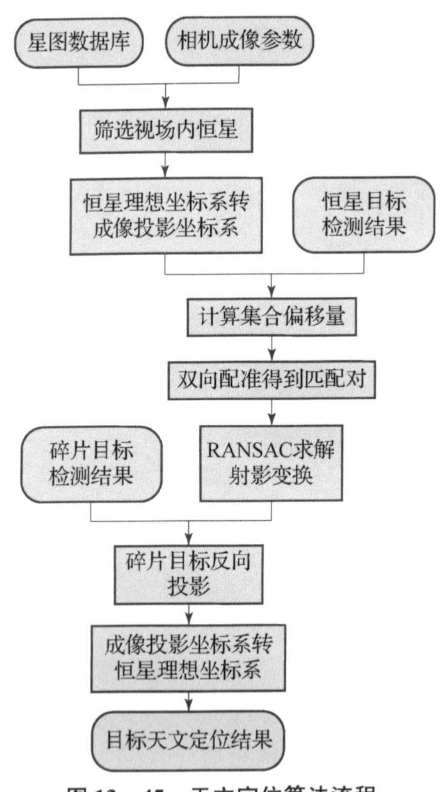

图 13－45　天文定位算法流程

13.2.3　实现及验证

1. 系统搭建

选用 Xilinx 公司 V7－690T 与 TI 公司 TMS320C6678 构成 FPGA＋2DSP

经典高性能处理架构，用来完成实时处理功能验证。结合该 FPGA 和 DSP 外围 SRIO 总线、PCIe 总线以及 DDR3 存储器等高速接口，形成可演示的实时信息处理系统。其中，根据 FPGA 和 DSP 不同的架构特点，FPGA 主要用于完成顶帽变换、三帧差以及标注等图像预处理工作，而 DSP 主要用于完成疑似目标提取、确认以及天文定位等工作。

功能验证的主要流程：PC 机通过 PCIe 总线发送参数以及图像数据给 FPGA，FPGA 利用 DDR3 缓存中间处理数据，按照算法流程完成处理后将处理结果通过 PCIe 总线输出给 PC 机进行显示。

验证算法处理流程如图 13 – 46 所示。

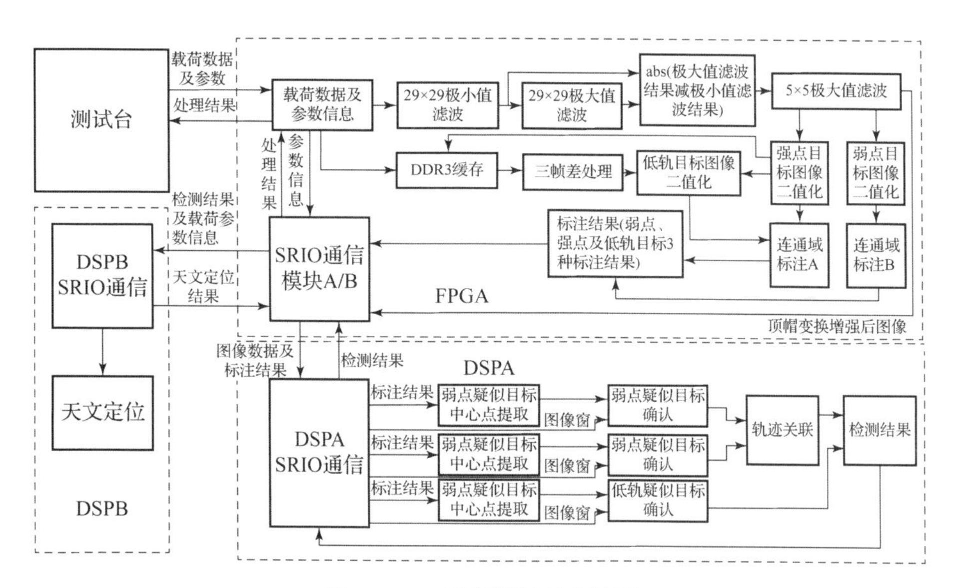

图 13 – 46 验证算法处理流程

2. 验证结果

利用一组实际拍摄的星图数据对系统进行验证，具体信息如下：

①图像数量：9 幅；

②图像分辨率：4 096 像素 ×4 096 像素；

③图像大小：32 MB；

④图像位数：14 bit；

⑤相机曝光时间：0. 5 s。

验证结果如图 13 – 47 所示，图中红色圆圈为检测出的空间碎片目标。

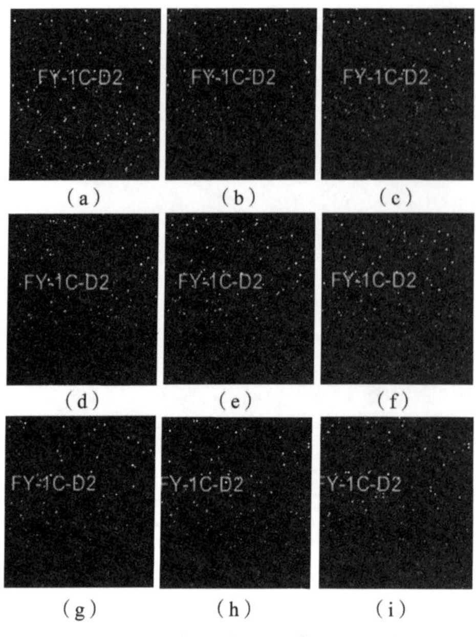

图 13－47 验证结果（书后附彩插）

(a) 结果1；(b) 结果2；(c) 结果3；(d) 结果4；(e) 结果5；
(f) 结果6；(g) 结果7；(h) 结果8；(i) 结果9

3. 性能分析

利用上述9幅实拍星图进行测试，得到测试结果如表13－13所示。

表13－13 测试结果

序号	疑似目标中心点	疑似点目标	确认点目标	长条目标	检测率	时间
1	8 693	5 423	0	—	0	0.52 s
2	8 064	601	0	1	33.3%	0.35 s
3	17 339	2 239	1	1	66.67%	0.87 s
4	23 256	1 273	1	1	66.67%	0.74 s
5	8 468	78	2	1	100%	0.28 s
6	8 975	87	2	1	100%	0.29 s
7	8 817	77	2	1	100%	0.27 s
…	…	…	…	…	—	—
16	61 648	757	2	1	100%	1.97 s
总计	345 260	19 778	2	1	100%	12.78 s

通过测试结果统计表可知，星图中包含大量无效目标，如果只是利用单幅图像中的信息无法得出正确的检测结果。因此，需要利用目标轨道运动信息（多帧关联），才能从海量的虚假信息（345 260 个疑似点目标信息中只有 3 个有效信息）中提取真实目标信息。在处理实时性方面，由于每幅图像的复杂度不同，导致单帧图像处理时间不定，在设计天基实时监测处理系统时需考虑该情况，可以在信息处理平台输入端增加大容量快速存取单元解决。针对上述 9 幅图像，设计的实时处理平台平均处理速度为 0.8 fps，处理实时性良好。

空间碎片目标在轨实时监测处理算法流程优化工程可实现性强、硬件资源占用合理，经由卫星在轨数据验证了算法的有效性和实时性，为星上高速率载荷数据实时处理、数据快速应用、快速提取信息提供了一种新的高效途径。该方法可应用到当前的天基实时监测处理系统中，通过在卫星上完成空间碎片目标检测和天文定位等功能将大大缩短卫星观测系统的反应时间，提高载荷利用率。随着处理实时性、有效性及能效比等指标的改善，星载信息处理单元的在轨运行时间将极大增加，有效提升天基观测系统的应用效能。

13.3　在轨自主联合任务规划

在轨自主联合任务规划技术面向侦察监视、成像、气象水文、天基预警、中继通信等卫星系统的星间协同机制、运行模式、工作流程，提出在轨自主联合任务规划模式，构建在轨自主联合任务规划的架构，充分发挥卫星的在轨信息处理及自主规划能力，更好地满足应急协同响应的应用需求。同时，针对典型任务保障模式与应用场景，研究该系统的典型运行模式，包括陆地目标广域搜索发现、陆地静止目标区域巡查、海洋移动目标区域巡查等。

13.3.1　星群自主协同运行模式研究

1. 自主协同运行的基本特征

自主协同运行的对地观测星群是指可以在没有或很少依赖于地面系统的支持下，具备自行协作完成观测任务能力的星群。其根本特征为能够主动感知变化的、不确定的系统及环境状态，并根据总的观测任务目标，自主规划和协同行动。其中，为每颗卫星发出控制指令序列者，是在轨的决策控制中心，而不是地面的测控支持中心系统。这种“智能移位”本质上是将原先由地面系统所承担的测量、决策、规划、调度和控制功能，及其所具备的自适应性、自组织性和智能性等特征，转移到在空间运行的各个卫星上，运控人员的经验与智慧则逐步由人工智能来取代。

无论是对现有的（或规划中的）空间系统进行归纳分析，还是对未来发展趋势进行符合逻辑的推断，其结果均表明，星群的自主性可呈现在多个不同的层次上，并分布在两个极端之间：一端是完全被控，即由地面系统完全控制卫星的轨道与姿态及其工作模式等；另一端则是完全自主，即卫星系统仅接受处于抽象层次的任务描述指令，就能够完全自主地规划并实施任务执行的每一步骤。当前的卫星系统基本上是贴近于前者，其自主程度相当低，而未来发展趋势则是不断向后者扩展，最终达到近乎可完全自主运行的程度。

2. 自主协同运行的总体功能要求

在总体功能上，对地观测星群的自主协同可体现在自主协作对地观测上。具体向下分解，系统的各种不同功能和不同层次的实体均可被赋予自主能力。它们不仅仅是将地面测控系统的诸多功能移植过来，而且呈现出新的系统构成模式和运营策略，自主、灵活、自适应性和稳健性等是其基本特征。下面对其具体功能要求进行介绍。

①自主任务管理与生成。任务通常来源于两个方面：其一，地面运营者或用户发出的任务需求，如图 13－48 所示；其二，面向系统顶层的抽象任务目标。例如，在具体的任务执行过程中，根据观测对象的态势变化，自主选择新的观测目标并生成新的观测任务等，如图 13－49 所示。

②自主任务规划与调度。在系统构成体系中，各层次上的实体均可有其自主规划和调度的具体内容。自上而下，任务的分配则是从抽象到具体的过程，即根据顶层的多个任务目标，依据当前系统、环境以及观测目标的状态（如资源使用、观测几何、数据下传窗口、带宽等条件），规划与调度的算法将相应的任务内容分配到各个实体单元。例如，确定待观测的目标，确定哪些卫星实施观测、各卫星在哪些时段进行观测，对多卫星平台及其遥感器的轨道机动、姿态调整进行规划调度，安排遥感器的规划视场、频段、分辨率、确定能源使用策略等，力图使观测效益达到最佳化。

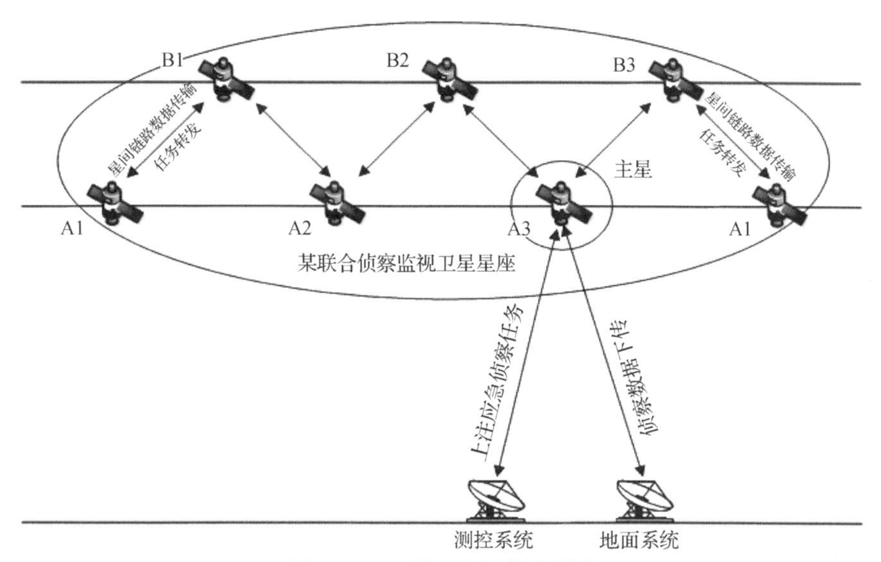

图 13-48 地面上注任务模式

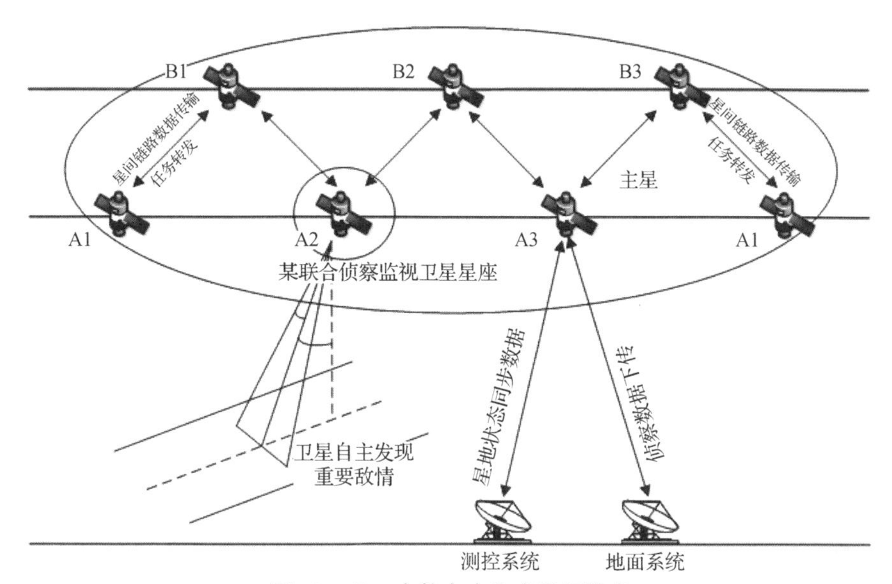

图 13-49 在轨自主生成任务模式

③自主状态感知与检测。主动监测系统中各种实体的状态信息以及互动信息。例如，检测星群中各卫星的相对位置与姿态，为其自主控制、构型保持等提供必要信息。当观测目标发生变化或出现新的事件时，自主调整卫星遥感器的观测模式和参量。

④在轨信息处理与分析。无论是初步数据处理，如遥感信号的滤波、增强、辐射度校正和几何校正，还是高级数据分析，如对观测目标的主题

分类、态势分析和预测、变化事件的识别与通告等，均由在轨系统完成。

⑤基于模型的预测。通过对历史的和现时的态势进行分析，解释所发生的有意义的事件，推断未来的发展趋势。例如，根据卫星平台的轨道预报模型和目标的运动模型，以及系统当前状态，预测未来大致的观测窗口、观测状态和条件等，并由此可发起和维持观测活动的进行。

⑥自主数据分发。根据观测数据的分析结果，以及用户对信息的需求或兴趣类型，主动下传最有价值的数据。

⑦自主控制。除接受上层任务规划和调度的控制指令外，卫星平台及遥感器亦可具备一定的自主控制能力，如星群的分布式相对控制、重构控制、碰撞避免、卫星与遥感器协同控制等。

⑧自主构型保持与重构。星群根据任务需求，自主进行空间构型保持、构型变换（或重构），完成卫星的淘汰、替换与升级等活动。

⑨在轨星务管理。自主执行星群运行管理的常规动作，如异常情况的自主监测、鉴别与恢复以及软件的加载、卸载与管理。

⑩自主能源分配与调度。根据能源的现状、待执行的多个任务及其所需的能源，整体协调系统资源的消耗。

⑪稳健任务执行。系统具备相当的灵活性和知识水平来执行事件驱动的命令，并在执行过程中进行局部的改进和对异常进行响应。

3. 自主协作运行模式实现的主要机制

星群自主协作运行模式的实现，主要得益于多种计算机技术和人工智能技术的引入，如有关 Agent 和 Multi – Agent 系统（MAS）的理论和方法、专家系统等。其中，软件 Agent 和 MAS 理论方法的引入，已成为主要技术途径，其前景被普遍看好，也是当前在轨运行和计划的各类空间系统中运用最多的一项综合性技术。

Agent 和 MAS 的行为，是面向一定的任务目标，依据其他 Agent 以及周围环境的状态，并基于自身状态决策机构来规划实施的。Agent 有能力与其他 Agent 协作来解决共同面临的问题。基于 MAS 的决策和控制方法使得能够集成许多传统的和现代的模型，包括人工智能和非人工智能模型。到目前为止，对 Agent 和 MAS 的定义给出了很多，尚未统一明确。研究人员认为，凡具有一定的自主行为或智能特征的实体均可被视为 Agent，而由多个 Agent 构成的系统，即为 MAS。

因此，自主协作运行的星群本质上即为 MAS，只不过前者指的是物理实体，而后者则为系统抽象描述模型。故而，提出将计算机科学、人工智能以及机器人等领域中广泛研究的 Agent 或 MAS 理论与技术引入对地观测星群，实质上是研究与实践如何通过赋予系统自适应性、自组织性以及智能性等，来构建自主协作运行的分布式空间系统。

4. 基于 MAS 的星群自主协作运行特征分析

从面向 MAS 的角度进行分析，自主协作运行的对地观测星群的主要特征包括以下几项：

①自主性。如前所述，离开了地面测控系统的支持，星群的运行，无论是系统整体还是局部实体的功能，在诸多方面均采用自主工作的模式。

②社会能力。系统中的多颗卫星，相互之间具有各种控制信息和数据信息的交互和耦合，为完成总的任务目标或局部任务目标，需要相互协作。

③反应能力。无论是观测对象、观测环境的变化，还是系统内部实体状态的变化，星群均能够通过遥感器或状态监测器进行感知并及时做出反应，如突发事件驱动的任务生成、卫星损失后的系统重构、异常事件发生后的应急处理等。

④自发性行为。星群实施观测任务，并非是完全被动地执行上层发来的指令，而是在观测过程中，能够及时感知观测对象的变化或突发事件，自发生成新的观测任务，并规划和调度系统中的各类实体予以执行。

⑤预动性。在卫星的软件系统中，可配置多种状态预测模型，如卫星轨道预报模型、实体可靠性预报模型、星群重构的能源消耗模型等，使得对系统在未来时段内可能发生的变化具有一定的预见性。系统在进行任务规划时，则能够合理地规划和调度，使系统达到观测任务目标的最优化，并能够主动避免出现燃料耗尽、电源不足等情况。

⑥推理决策能力。系统能够根据自身、观测目标和环境的当前状态信息和历史信息，以及所掌握的知识，对当前的态势给予进一步的解释和分析，提炼和推理出更多的信息和知识，并对系统及其实体的行为进行决策。例如，对观测目标进行识别和分类，根据故障现象推断其原因等。这些推理决策能力是在知识库和模型库的支持下，通过基于规则的专家系统、人工神经网络以及基于模型的推理等人工智能技术或非人工智能技术来实现的。

⑦规划与调度能力。规划与调度能够在系统的各个层次中使用，总体任务目标可以采用层次化的方法分解成为各个实体的具体任务。例如，运营者发出的层次任务目标，可以分配到系统中各个卫星系统的任务中，进

而又可以分解为各卫星子系统的任务，最终形成多层规划与控制模式。在每一层次，均可由一个独立的或多个 Agent 来实现规划调度，且可采用不同的协同结构。

13.3.2 在轨自主联合任务规划架构

1. 总体架构设计

自主联合任务规划系统的总体架构设计示意图如图 13－50 所示。

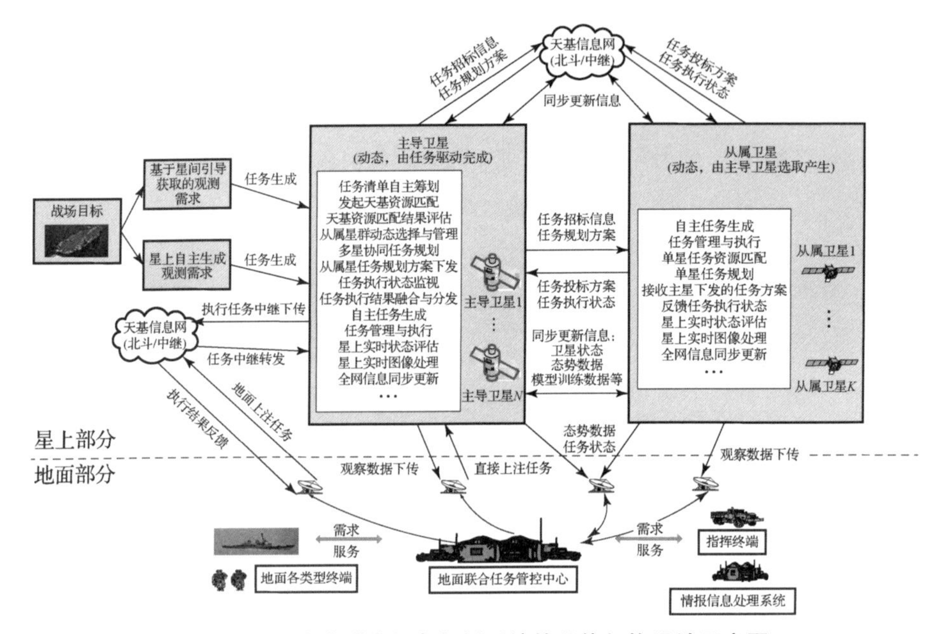

图 13－50 自主联合任务规划系统的总体架构设计示意图

自主联合任务规划系统中包括以下主要组成部分：

1）主导卫星

主导卫星指具备星群规划能力，可选取和指导从属卫星群完成既定观测任务的卫星节点。主导卫星的身份是动态的，由观测任务驱动产生。当某卫星节点接收到地面上注的、在轨自主生成或者星间引导生成的观测任务，如果该任务不能由该卫星节点自己完成，则卫星节点选择自己为该观测任务的主导卫星，并开始在轨自主联合任务规划流程。每个观测任务对应一个主导卫星和一个执行从属卫星群。如果观测任务取消或者完成，则对应的主导卫星和从属卫星的身份中止；如果任务执行过程中主导卫星失效，可将主导卫星的身份动态转移给其他卫星。

主导卫星具有一般从属卫星的功能。此外，主导卫星作为星群联合规划的发起者和管理者，还具备以下功能：任务清单自主筹划、发起天基资源匹配、天基资源匹配结果评估、从属星群动态选择和管理、多星联合任务规划、下发从属星任务规划方案、任务执行状态监视、执行结果融合与分发等。

2）从属卫星

从属卫星指由主导卫星选取产生，配合主导卫星完成特定观测任务的卫星节点。对于每个特定的观测任务主导卫星可能会选取一个或多个从属卫星，选取结果由天基资源匹配的结果确定。从属卫星接收由主导卫星下发的任务规划方案，动态向主导卫星反馈任务执行状态；从属卫星的身份也是动态的，如果观测任务取消或者完成，则从属卫星的身份中止；如果该卫星失效，从属卫星身份可动态转移给其他卫星。

从属卫星具备自主任务生成、任务管理与执行、任务资源自主匹配、单星任务规划、任务执行状态反馈、星上实时状态评估、在轨实时图像处理、全网信息同步更新等功能。

3）天基信息网

天基信息网是由北斗导航卫星和中继通信卫星构成的可互联互通的天基骨干网络，为自主联合任务规划系统中的业务星提供网络接入服务，可支持短报文、相控阵、激光网络等多种星间链路接入服务。基于天基信息网络，业务卫星可完成中继测控、中继数传、天基资源自主匹配、全网动态同步更新等功能。

4）地面联合任务规划管控中心

地面管控中心主要负责向业务卫星上注任务，接收业务卫星下传的任务执行状态以及获取的态势数据并进行同步，调配地面数传资源接收卫星下传的观测数据，进行态势和情报分析并分发给其他用户。

2. 在轨自主联合任务规划体系架构模型

为满足天基资源支持陆海战场态势感知与战术应用需求，适应在轨多星自主协同和在轨任务自主筹划的需求，在轨自主联合任务规划技术体系涉及应用需求、服务对象、资源维护及控制、应用模式分析匹配、以任务为中心的资源调度、面向任务的多星自主协同规划、系统操作控制、系统应用仿真及效能评估等诸多方面。因此，以直接支持作战应用需求为牵引和驱动，以满足任务需求和提高系统使用效能为发展目标，重点针对在轨系统的发展需求，设计了包含系统执行层、实时监控层、单星规划调度层、星间协商层、在轨自主联合任务规划层在内的功能完备、技术先进、体系健全、体制统一、功能可扩展的在轨多层技术体制框架，具体如图 13－51 所示。

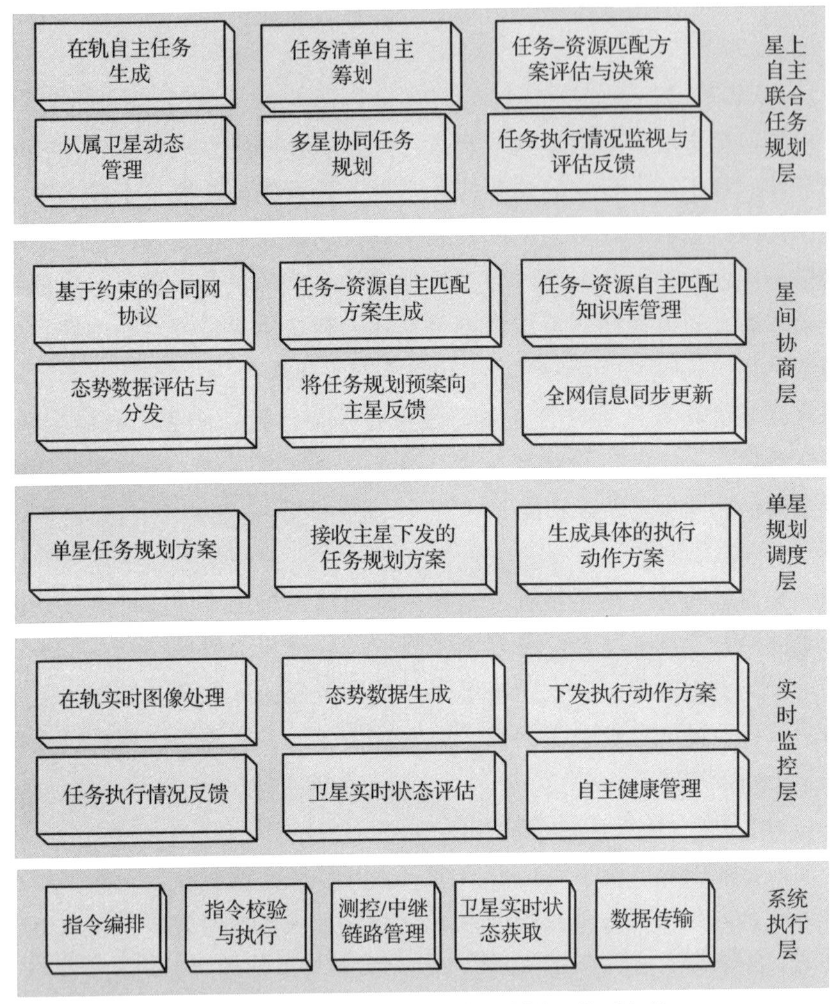

图 13－51　在轨自主联合任务规划分层体系架构

其中，系统执行层是在轨自主联合任务规划系统的底层和技术支撑层，负责管理和维护成像监视与跟踪卫星系统可用的平台、搭载载荷资源和最终服务的用户资源，负责实施指令编排、指令校验与执行、测控/中继链路管理等执行层面的工作。

实时监控层对卫星资源状态、任务状态和态势状态等进行实时的监控与评估，主要功能模块包括在轨实时图像处理、态势数据生成、下发执行动作方案、任务执行情况反馈、卫星实时状态评估和自主健康管理。

单星规划调度层解决面向自身的任务规划问题。该层在满足卫星自身状态约束的条件下，通过多种算法自适应地产生单星任务规划方案，同时也负责从主导卫星接收下发的任务规划方案并生成具体的执行动作方案。

星间协商层负责构建、维护星间任务和资源状态协商机制，实施多星自主协同流程，解决面向应用的天基资源分配和调度问题。协商机制是多Agent系统解决问题的一个重要手段，协商机制将Agent分为任务的管理者和潜在执行者。任务的管理者负责任务的分配、任务执行的监控以及执行结果的处理；潜在的执行者负责对任务进行评估，并通过与任务管理者之间的协商，确认任务的执行时间，并将执行结果传送给管理者。通过设计专门的协商协议和算法，可以有效地管理整个MAS系统，实现系统的优化利用，同时星间协商层还负责进行全网信息同步更新处理。

在轨自主联合任务规划层是在轨自主联合任务规划系统的领域支撑层，在基础资源层所维护的资源和控制技术手段限定的范围内，依据各类应用需求，通过智能化辅助分析、总结，抽象出各类成像监视与跟踪卫星系统各类典型的任务模式，生成面向需求的任务预案，为资源自主匹配与联合任务规划提供依据。其主要功能模块包括在轨自主任务生成、任务清单自主筹划、任务-资源匹配方案评估与决策、从属卫星动态管理、多星协同任务规划以及任务执行情况监视与评估反馈。

3. 典型场景运行模式

典型任务保障模式包括陆地目标广域搜索发现、陆地静止目标区域巡查、海洋移动目标区域巡查等。下面分别对各模式运行过程进行描述。

1）陆地目标广域搜索发现运行模式

陆地目标广域搜索发现运行模式主要通过合理分配卫星平台及侦察载荷资源，对任务区域内陆地和沿海的静止目标或慢速移动目标实施大区域覆盖搜索，用于获取区域态势和发现可疑目标信息。首先由地面将任务需求注入卫星，星上进行需求分解与分析处理，完成任务清单的自主筹划工作，然后通过多星联合任务规划将固定目标大区域搜索任务分配给多星。当区域较大超过卫星单次扫描覆盖范围时，采用多星拼接覆盖搜索，由地面进行任务区域分解与子任务分配。在轨检测到目标时，经分析决策后立即由搜索发现阶段转入识别确认阶段，生成新任务，进行在轨自主协同规划，将新任务信息与在轨任务规划结果下传地面，将引导任务通过星间链路分发给临近其他可观测的卫星采用高分辨率的条带成像模式执行详细侦察任务，进行在轨目标识别；若目标识别确认后，根据情况将目标数据下传地面站，必要时通过广播分发将目标信息发送给战术终端，同时将在轨任务执行状态下传地面，进行任务闭环管理。

陆地目标广域搜索发现运行模式如图 13－52 所示。

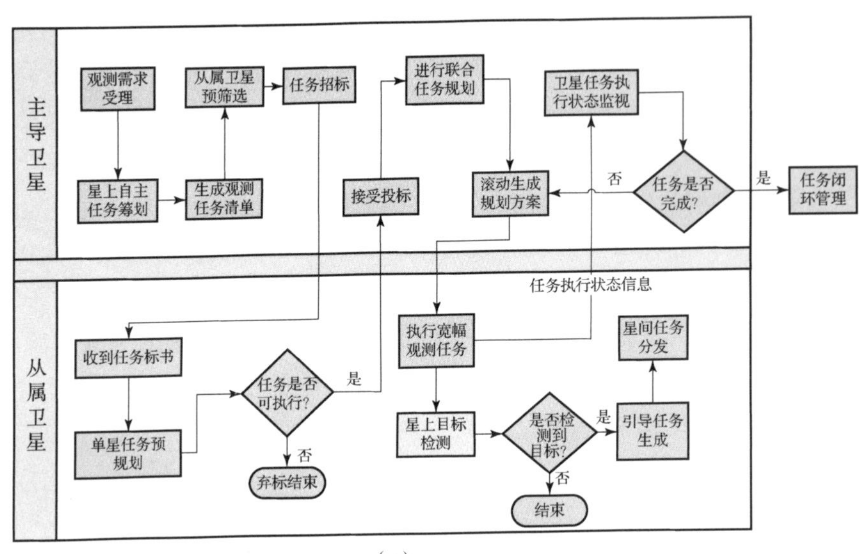

（a）

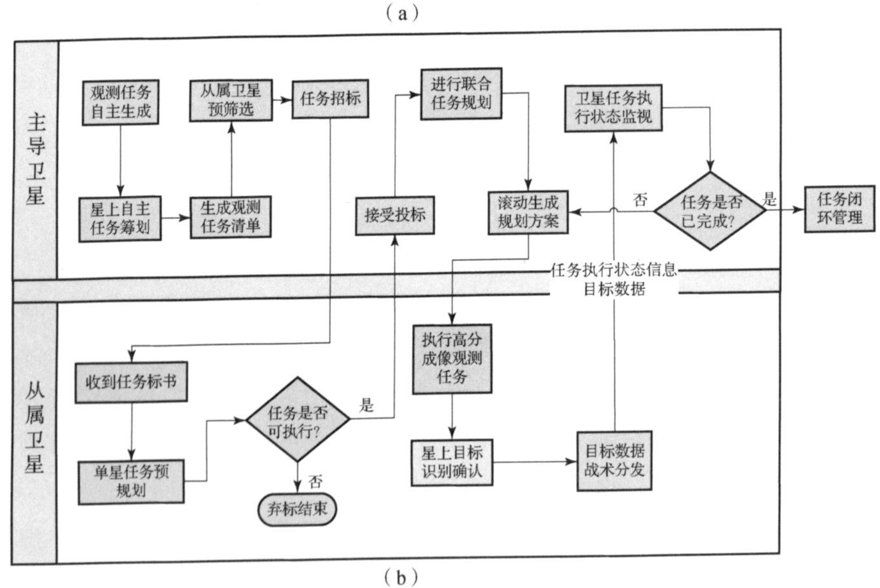

（b）

图 13－52　陆地目标广域搜索发现运行模式

（a）搜索；（b）识别确认

具体运行流程如下：

①测控段内的卫星（主导卫星）受理观测需求，进行需求分解与分析处理，完成任务清单的自主筹划工作；通过多星联合任务规划技术将固定目标大区域搜索任务分配给多星配合执行，主导卫星基于新任务进行滚动式动态任务规划；若相应卫星可插入新任务，则将任务方案分发给该卫星执行。

②各卫星接收到任务方案后，进行任务可执行性分析决策，生成任务具体执行方案，进行工作模式设置；基于实时星历与在轨地物特征库进行载荷参数载荷决策与设置，基于在轨实时资源状态进行在轨精细化载荷任务智能调度，执行搜索任务；在此过程中将在轨任务执行状态下传地面。

③各卫星在执行区域搜索任务过程中，对获取的数据进行在轨实时处理；基于在轨目标特征库进行目标识别检测，若发现目标，则进行自主任务筹划工作，生成引导任务，并通过星间协同机制将引导任务分发给有观测可行性的卫星；在此过程中将在轨任务规划结果与任务执行状态下传地面，将目标信息下传地面。

④其他卫星接收到引导任务后，基于星上原有的任务与新任务进行在轨任务规划，进行工作模式设置；基于实时星历与星上地物特征库进行载荷参数精确计算设置，基于星上实时资源状态进行星上精细化载荷任务智能调度，执行详查成像任务；进行在轨任务处理与目标识别确认，若确认目标，则通过广播分发将目标数据分发到战术终端；在此过程中将在轨任务规划结果与任务执行状态下传地面，将目标信息下传地面。

⑤地面系统根据卫星下传信息与遥测数据，实时更新任务执行状态，监视在轨任务执行情况，并进行任务闭环管理，接收卫星下传的目标信息进行战场态势更新。

2）陆地静止目标区域巡查运行模式

陆地静止目标区域巡查运行模式主要通过合理分配卫星平台及侦察载荷资源，对任务区域内陆地和沿海的已掌握的静止目标实施监视，用于获取区域态势和检测目标变化情况。首先由星上进行需求分解与分析处理，完成任务清单的自主筹划工作，然后通过多星联合任务规划将固定目标大区域搜索任务，卫星采用多种方式切换执行多目标观测任务；采用多卫星分区域分时段进行多点目标轮巡；将目标数据下传地面站，或通过广播分发将目标信息发送给战术终端；在此过程中将在轨任务规划结果与任务执行状态下传地面。

陆地静止目标区域巡查运行模式如图 13－53 所示。

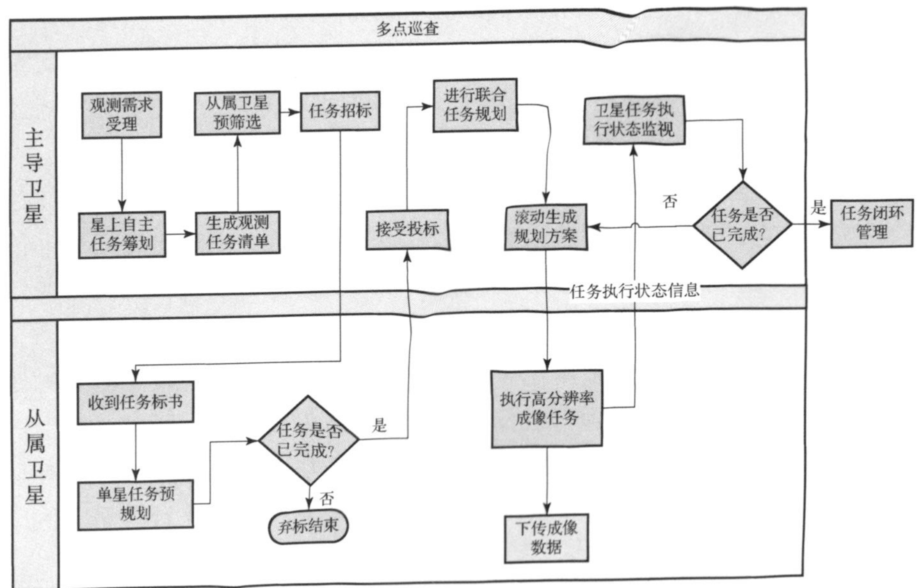

图 13－53　陆地静止目标区域巡查运行模式

具体运行流程如下：

①主导卫星受理观测需求，进行需求分解与分析处理，完成任务清单的自主筹划工作，然后通过多星联合任务规划将静止目标区域巡查任务分配给多星配合执行；主导卫星基于新任务进行滚动式动态任务规划，若相应卫星可插入新任务，则将任务方案分发给该卫星执行。

②各卫星接收到任务指令后，进行任务可执行决策，生成任务具体执行方案；根据卫星观测能力进行多点任务观测时序与波位规划，基于在轨实时资源状态进行在轨精细化载荷任务智能调度，执行观测任务；在此过程中将在轨任务规划结果与任务执行状态下传地面。

③各卫星将观测数据下传地面站，或根据任务需求进行在轨任务处理后直接通过广播分发将目标数据分发到战术终端。

④地面系统根据卫星下传信息与遥测数据，实时更新任务执行状态，监视在轨任务执行情况，并进行任务闭环管理，接收卫星下传的目标信息进行战场态势更新。

3）海洋移动目标区域巡查运行模式

海洋移动目标区域巡查运行模式主要通过合理分配卫星平台及侦察载荷资源，对任务区域内海上已掌握的移动目标实施监视，用于获取区域态势和检测目标变化情况。首先由星上进行需求分解与分析处理，完成任务清单自主筹划工作，然后通过多星联合任务规划将移动目标区域巡查任务分配给多星配合执行，将目标数据下传地面站，或通过广播分发将目标信息发送给战术终端，并将在轨任务规划结果与任务执行状态下传地面。

海洋移动目标区域巡查运行模式如图 13－54 所示。

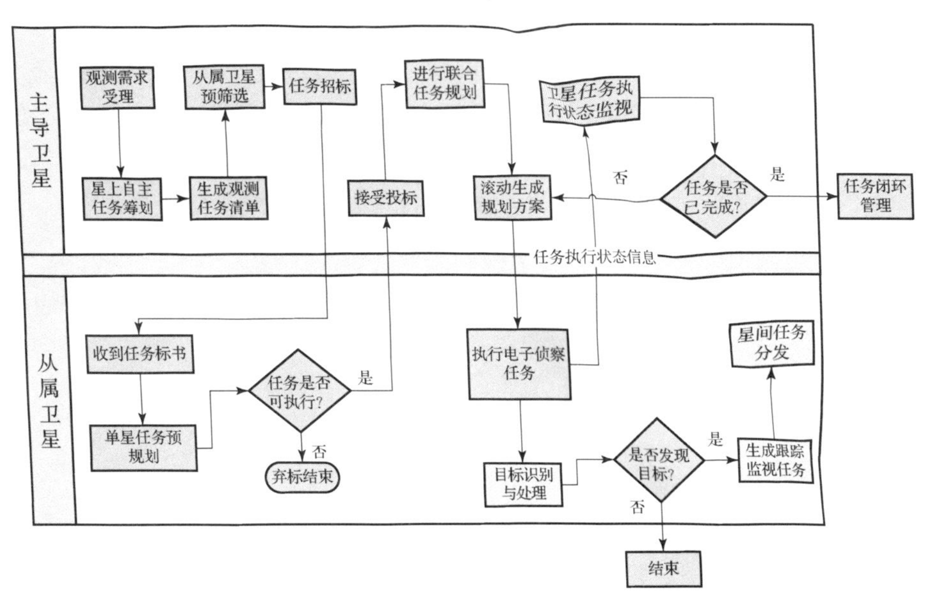

图 13－54　海洋移动目标区域巡查运行模式

具体运行流程如下：

①主导卫星受理观测需求，进行需求分解与分析处理，完成任务清单的自主筹划工作，然后通过多星联合任务规划将移动目标区域巡查任务分配给多星配合执行；主导卫星基于新任务进行滚动式动态任务规划，若相应卫星可插入新任务，则将任务方案分发给该卫星执行。

②各卫星接收到任务指令后，进行任务可执行性决策，生成任务具体执行方案，进行电子侦察载荷任务处理；同时进行多点任务观测时序与波位规划，基于在轨实时资源状态进行在轨精细化载荷任务智能调度，执行电子侦察任务。

③如果卫星发现移动目标，并通过在轨识别与处理确认了目标，则发起跟踪观测任务，引导其他具有可观测弧段的卫星执行跟踪与观测；各卫星将观测数据下传地面站，或根据任务需求进行在轨任务处理后直接通过广播分发将目标数据分发到战术终端。

④地面系统根据卫星下传信息与遥测数据，实时更新任务执行状态，监视在轨任务执行情况，并进行任务闭环管理，接收卫星下传的目标信息进行战场态势更新。

13.3.3 星地一体交互方式研究

在传统的管控模式下，针对作战用户的侦测任务，地面系统进行统一的任务规划后，将指令上注给卫星执行，卫星只是作为被动的侦测工具，即“地面决策，在轨执行”的模式。在轨具备自主联合规划能力后，为了实现对智能卫星的高效利用，使其能更好地服务于战役战术需求，需要设计新的管控模式，改变管控系统对作战用户的服务模式。任务来源不只地面系统，还包括星间引导、在轨自主生成任务，卫星需要与地面共同对任务进行规划决策，实现任务的快速响应。对地面接收的任务，需要在轨具备自主决策的能力，即地面和在轨协同完成作战任务的管控问题。针对星地资源、计算能力不同等特点，明确星、地在管控系统中承担的角色与任务。

1. 星地协同机制

构建星地协同机制，地面将用户需求上注卫星，星上通过地面上注、在轨自主生成任务与星间引导任务触发自主决策与规划调度，并适时通过各种通信手段下传任务状态信息，地面安排数据接收并对任务规划方案进行同步，星上下传遥测数据与目标观测数据，地面仿真星地一体任务规划过程，保持星地同步，具体运行流程如下：

①地面管控中心收集用户需求，并上注给卫星；星上进行任务分析筹划，协同任务规划，负责产生初始规划方案；星上同样还需要处理自主产生的临时任务、引导任务以及出现故障时需要星间调配的任务。

这样，以期可以提高响应速度，增强对突发任务的处理能力，降低对测控资源的依赖，减轻地面测控负担。“自主产生的临时任务”一方面包括在轨图像分析，发现新的高价值目标，另一方面包括本星电子与微波载荷间互引导或他星对该目标的协同引导任务。“出现故障时要求星间调配的任务”是指某侦测任务由于卫星平台、载荷能力等原因暂时不能执行，产生本星及星间的任务调整需求。无论何种任务调整，均须尽快将调整结果下传至地面系统。

②地面系统根据在轨任务规划结果与新产生的任务，进行任务规划结果同步更新，进行任务同步更新，并结合在轨反馈的数传窗口需求信息，

进行卫星新增任务的数传规划，安排地面数据接收计划。

③地面接收卫星下传的任务执行状态，同步更新任务状态信息，进行任务状态监视与闭环管理。

④地面接收卫星下传的目标信息，进行目标与任务同步，实现目标态势更新。

⑤地面通过上注指令的方式更新在轨搭载的各类算法库、目标库与知识库，保持地面决策分析与任务规划与在轨决策分析与任务规划的一致性。

⑥地面对卫星的状态进行仿真，通过接收的遥测数据同步获取卫星的平台和载荷工况信息、在轨资源状态，实现卫星状态同步，进行卫星状态的监视评估。

2. 星地数据、信息交互方式

自主联合任务规划模式下星地协同交互流程如图13－55所示；星地交互信息分类与通信方式如表13－14所示。

具体运行流程如下：

①遥测数据按常规通过对地测控通道下传到地面，或通过中继测控通道传输到地面，必要时可通过星间链路中转，使遥测数据快速下传地面，以便保持星地数据近实时同步，通过星地数传通道与中继数传通道下传平台遥测数据。

②载荷观测数据按常规通过对地数传通道下传到地面，或通过中继数传通道下传到地面。

③在轨处理的目标数据可与载荷数据合并通过对地数传通道下传到地面，或通过中继数传通道下传到地面，也可根据用户需要通过广播分发方式下传到用户终端。

④上注指令数据按常规通过星地测控通道上行注入，或通过中继测控通道上行注入，也可在需要时通过星间链路中转注入。

⑤在轨任务规划模型与参数更新以及各类目标库、知识库等上注频率较低，通过星地测控通道上行注入，或通过中继测控通道上行注入。

⑥在轨任务状态信息、新任务信息、任务规划结果信息在有数传时，可合并数传数据一起下传，而在无数传时，通过广播分发方式下传地面；若相应卫星对地不可见时，可通过星间链路中转到可见的卫星下传地面，必要时通过北斗短报文传输到地面北斗终端。

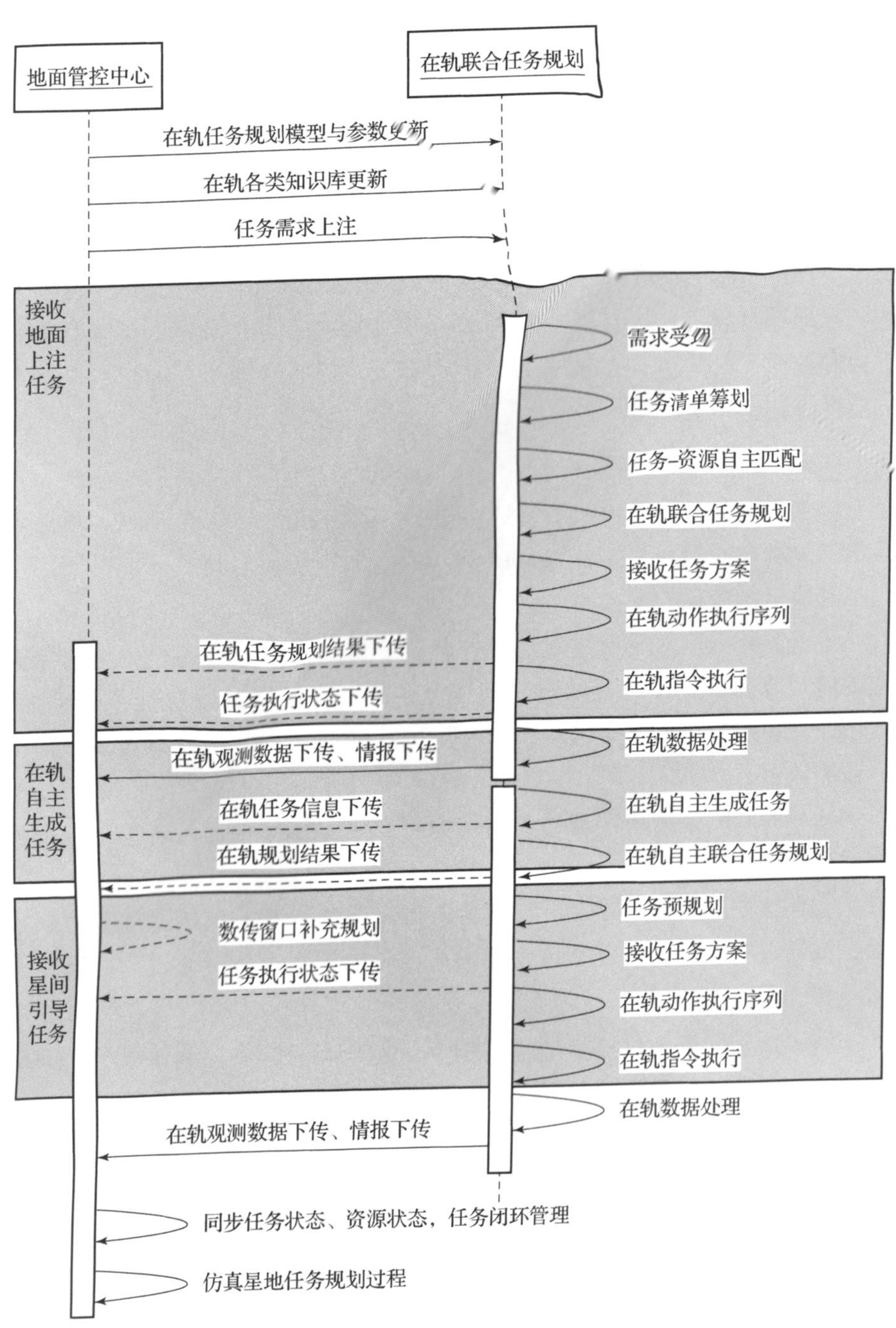

图 13-55　自主联合任务规划模式下星地协同交互流程

表13-14 星地交互信息分类与通信方式

信息分类＼通信方式	星地数传	星地测控	中继数传	中继测控	广播分发	星间链路	北斗短报文
遥测数据	√	√	√	√		√	
载荷观测数据	√		√				
在轨处理目标、环境、事件数据	√		√		√	√	
上注任务需求		√		√		√	
在轨算法库、目标库、知识库更新		√		√			
在轨任务状态信息、新任务信息、任务规划结果信息等	√		√		√	√	√

13.4 智能语义情报生成

未来智能应用形态下需要遥感卫星智能化、自主化运行，网络化、体系化协同，环境高效感知和智能认知等应用需求。为了更好地满足日益复杂的任务需求，提升对探测区域的感知能力，不再单单是对目标的检测识别，更要基于相关场景的目标检测结果，构建高层次的语义表征。除此之外，还要具备对时间/空间变化状态的预测能力，并能够与高层语义融合生成具有时效、准确的情报表述，从而可以为全域的态势感知、人机交互协同理解提供有效的支撑。

13.4.1 基于区域生长对抗网络的遥感场景目标检测

高分辨率遥感影像中包括多个不同种类的目标，且各目标之间存在尺度差异和多样的位置信息。此外，在不同分辨率下，同一种类物体的特征也存在一定差异。在进行内容理解与描述前，有必要对场景中的物体进行检测识别，确保能够对遥感场景进行精确的描述。GAN即生成对抗网络（Generative Adversarial Networks）是由两个相互竞争的生成网络和判别网络组成的。生成模型的工作使生成看起来是自然真实的、和原始数据相似的数据；判别模型的工作使判断给定的数据看起来是自然的还是人为伪造的。生成器试图欺骗判别器，判别器则努力不被生成器欺骗。通过交替优化训练，两种模型都能得到提升，直到到达一个"假冒产品和真实产品无法区分"的点。生成器和判别器的目的是生成与训练集中一些十分接近的数据。人们利用GAN可以实现很多种类的生成工作，它能够产生现实中的图片、三维模型、视频和其他更有价值的成果。

在对遥感场景进行目标检测的任务中，需要得到场景中各目标所在的区域，可以理解为遥感场景的区域类标图。针对生成对抗网络进行基于区域的目标检测，提出区域生成对抗网络框架，其中包含两个分类器模型：一个分类器用于对单个场景进行基于区域的分类；另外一个分类器也称为对抗网络，用于区别类标图和预测出来的概率图。引入对抗网络的目的是使得到的概率预测图更符合真实的类标图。将需要训练的遥感场景记为$\{x_0, y_n, n=1, \cdots, N\}$，$s_x$ 表示预测出来的概率图，$a(x,y)$ 表示对抗网络预测表J是X的真实标签图的概率，θ_x 和 θ_v 分别表示生成器和判别器的参数，那么损失函数可以定义为

$$L(\theta_s,\theta_a)=\sum_{n=1}^{N}L_{mce}(s(x_n),y_n)-\lambda[L_{bce}(a(x_n,y_n),1)+L_{be}(a(x_n,s(x_n)),0)]$$

其中，$L_{mce}(y_1,y)$ 表示预测的概率图 y_1 和真实标签图 y 之间的多类交叉熵损失，而 $L_{bce}(z_1,z)=-[z\ln z_1+(1-z)\ln(1-z_1)]$ 表示两类交叉熵损失。借鉴基础生成对抗网络的训练思想，本模型的训练也是通过迭代训练生成模型和判别模型来实现的。训练对抗网络的过程等同于如下优化表达式，其物理意义是使得对抗模型对概率图和真实类标图的判别能力更强。

$$\sum_{n=1}^{N}L_{bce}(a(x_n,y_n),1)+L_{bce}(a(x_n,s(x_n)),0)$$

在训练生成模型时，等价于优化如下表达式，其物理意义是不但使生成的概率图与对应标签图相似，而且令判别模型很难将两者进行区分。

$$\sum_{n=1}^{N}L_{mce}(s(x_n),y_n)-\lambda L_{bce}(a(x_n,s(x_n)),0)$$

在训练良好的区域生成对抗网络的基础上，通过对输入遥感场景得到

的区域类标图进行分析，即可得到遥感场景中包含的目标及其位置信息。具体流程如图 13－56 所示。

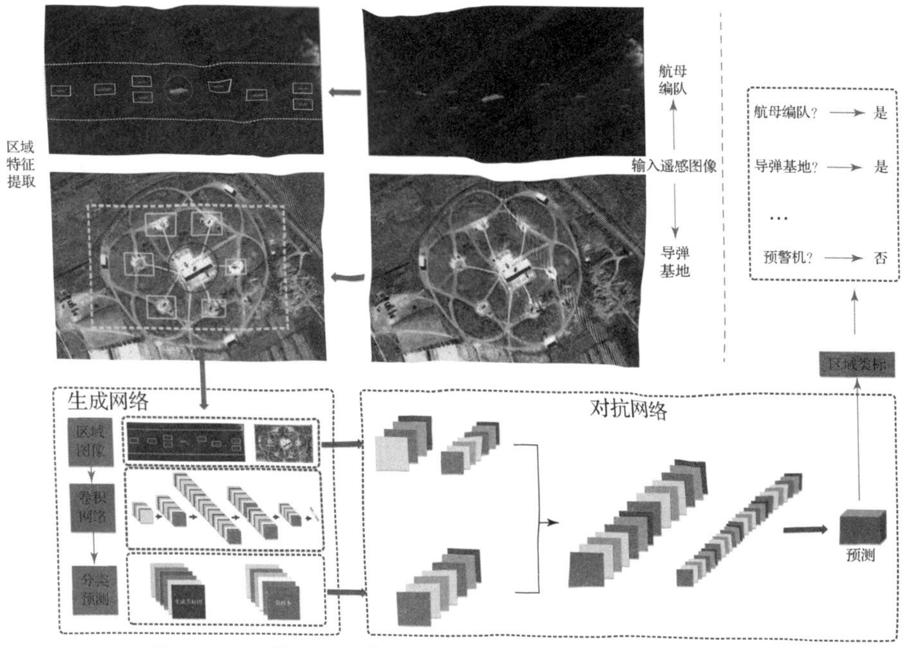

图 13－56 基于语义嵌入的生成对抗网络模型（书后附彩插）

13.4.2 基于长短时记忆网络的遥感文本分析与表示

相比于词袋表示的高维、稀疏而言，词向量表示具有低维、稠密的特点，通常用 50、100 或 200 维的长度就能很好地表示一个庞大的文本数据词汇库，而稠密的好处体现在任意两个词的词向量表示具有距离特性，语义信息越相似的词单元在词向量距离上也越近。这种更有效的初级特征表示方法来处理遥感文本句子，在模型前期提供了更好的保障。Skip－gram 模型是利用当前词的特征向量来表示邻域的其他词，通过求解所有词的最小误差得到最佳参数，目标函数为

$$\frac{1}{T}\sum_{t=1}^{T}\sum_{-c\leqslant j\leqslant c,j=0}\log p(w_{t+j}\mid w_t)$$

其中，w_1，w_2，w_3，…，w_T 表示一个序列训练单词；c 是训练时上下文单词窗口大小。

LSTM 模型是传统循环神经网络模型的一种特殊变种结构，能有效解决循环神经网络中由于句子太长所引起的梯度弥散问题。LSTM 单元中加入了

循环神经网络隐含层结点中不具有的记忆功能，通过输入门、遗忘门和输出门 3 种控制功能结构门来选择最恰当的前一隐含结点和当前结点输入词向量的信息比例，从而得到更好的输出特征，同时能更有效地控制神经网络模型中广泛存在的梯度弥散。遗忘门、输入门、输出门的目标函数形式分别为

$$f_t = \sigma(W_f \cdot [h_{t-1}, x_t] + b_f)$$
$$i_t = \sigma(W_i \cdot [h_{t-1}, x_t] + b_i)$$
$$o_t = \sigma(W_o \cdot [h_{t-1}, x_t] + b_o)$$

在使用 LSTM 模型处理遥感文本句子时，通常可以使用最后一个隐含单元结点的输出作为整个句子的特征表示向量。这在大多数情况下是行之有效的，但是偶尔会因为越靠后的结点对模型输出信息的贡献比例越重这一特性，导致选择最后一个隐含单元的输出作为整个句子的表示时存在缺陷。在这种情况下，可以选择利用所有隐含单元的输出信息，来避免这种不足，具体流程如图 13－57 所示。

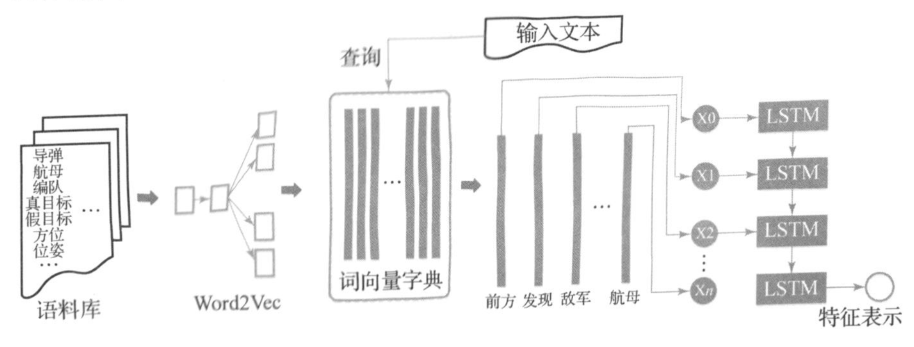

图 13－57　基于 LSTM 的文本表示

13.4.3　基于反卷积生成对抗网络的遥感情报语义描述

根据遥感内容理解与描述的任务需求，结合生成对抗网络的生成判别特性，通过对传统生成对抗网络的改进，完成针对遥感场景的情报语义描述，具体过程可分为生成网络和判别网络的构建。

1. 生成网络的构建

根据已检测出的各区域目标以及相关位置信息，生成该遥感场景的情报语义描述。考虑到卷积神经网络在空间上的相关性，能够很好地进行图像特征的提取，选择使用卷积神经网络进行生成网络的构建。

常用卷积神经网络是一个多层次的网络，每层均由若干个二维平面构成，并且每个平面是由多个独立的神经元组成。每个神经元从上层的局部接受域得到突触输入，因此使的它进行局部特征的提取。得到特征后，它相对于其他特征的位置就会被近似地保存下来，网络的每一个中间计算层都是由多个特征映射构成的，每个特征映射都是平面的形式。平面当中单独的神经元在约束下共享相同的突触权值集，这种结构形式具有平移不变性和自由参数数量的缩减优势。每个卷积层后面可以链接实现局部平均以及抽样的计算层，用于特征映射的分辨率降低。该操作可以使特征映射的输出对平移和其他形式的变形敏感程度下降。

经过卷积神经网络得到的图像特征处于一个较低的维度，而通过长短时记忆模型的文本特征处于一个相对较高的维度。因此，在卷积神经网络的尾部添加一个反卷积层，实现图像特征到文本特征的映射。

生成网络可表示如下：G：$\boldsymbol{R}^D \rightarrow \boldsymbol{R}^T$。其中，$T$ 表示文本特征向量的维度；D 表示遥感场景的维度。通过生成器的前向传播生成相关的句子如下：$\hat{x} \leftarrow G(i,b)$。其中，$\hat{x}$ 示生成器生成的文本特征；i 为生成器输入的图像；b 为表示各区域间的位置关系，作为偏移项输入生成网络。生成网络的框架如图 13－58 所示。

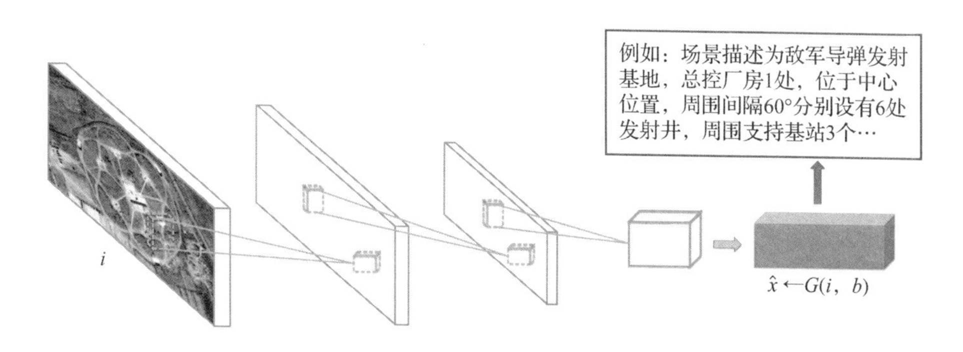

图 13－58　生成网络的框架

2. 判别网络的构建

判别网络的目的是用来对生成网络生成的文本向量的真伪进行评判。当判别网络无法区分真实特征与生成特征的时候，即表明生成的向量非常接近真实向量，可用该网络对遥感场景进行比较准确的预测。

相对于文本，图像维度较高，通过若干较大步幅的卷积层，并通过 spatial batch normalization 以及 ReLU 将图像归一化到一个较低维度的特征向量。将较为复杂文本特征通过一个全连接层，转化为和图像特征同一维度，通过多种图像特征和文本特征的串联组合的对比，评判生成器生成特征的真伪。

类似于卷积层、全连接层、池化层等常见神经网络层，BN 也是神经网络的一层。在卷积神经网络中除输出层外，其他层因为低层网络在训练时更新了参数，而引起后面层输入数据分布的变化。如果在每一层输入的时候，加入一个预处理操作，如对某层的数据归一化至均值 0、方差为 1，然后再输入计算，就可以解决网络中内部协变量转变的问题。在网络每层输入的时候，加入一个归一化层，先做归一化操作，然后再进入网络的下一层处理。通过变换重构，引入了可学习参数 γ 和 β，让网络可以学习恢复出原始网络所要学习的特征分布。

判别网络可以表示为 $\boldsymbol{R}^D \times \boldsymbol{R}^T \rightarrow \{0, 1\}$。其中，$T$ 表示文本特征向量的维度；D 表示遥感场景的维度。$s_r \leftarrow D(x, i)$ 表示真实图像特征与真实文本特征的串联，$s_w \leftarrow D(x, \hat{\imath})$ 表示错误图像特征与真实文本特征的串联，$s_f \leftarrow D(\hat{x}, i)$ 表示生成图像特征与真实文本特征的串联，因此损失函数可定义如下：

$$L_D \leftarrow \log(s_r) + (\log(1 - s_w) + \log(1 - s_f))/2$$

$$L_C \leftarrow \log(s_f)$$

通过对生成文本特征真伪的判断，当网络训练完成后，通过对输出文本特征的解码，即可得到该幅遥感场景的描述。判别器的构建如图 13-59 所示。

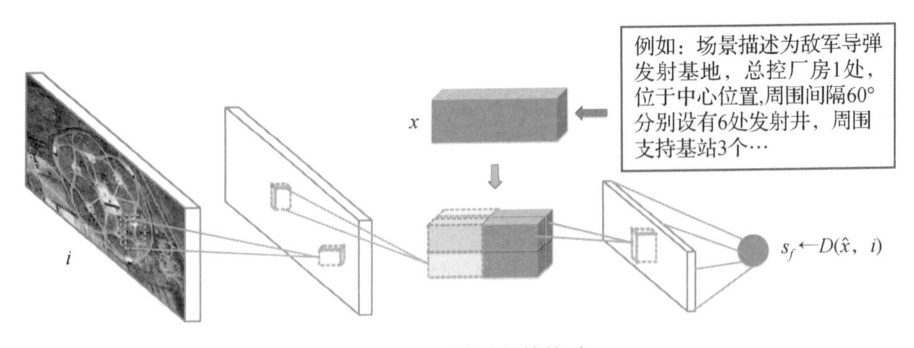

图 13-59 判别器的构建

13.5 在轨情报分发技术

由于传统情报获取的流程复杂，需经历成像、图像下传、地面情报获取等过程，特别是图像下传阶段，受到数传能力、地面站分布的影响，大大延长了情报获取的周期，导致遥感图像数据利用率低和时效性差。

在应急增强任务中，卫星获取目标原始信息，如何快速生成情报信息以及如何快速分发至地面作战单元是战场信息支持时效性的关键。

为了实现情报的按需快速获取，将传统地面图像处理的情报获取工作转移到星上在轨自主图像信息处理，可以摆脱数传能力的束缚。在轨遥感成像后通过在轨自主图像信息处理技术快速生成情报信息，并结合中继测控，快速将情报信息发送给用户，大大缩短了情报周期。

在轨处理的主要内容包括：

①感兴趣区域提取及处理。针对军事冲突、地震灾害等区域，利用变化检测技术等对同一地区不同时相的遥感图像变化信息进行提取，获取感兴趣目标变化的大小、程度以及变化的类别，结合知识库中的推理规则，实现对目标区典型信息的快速获取。在获取感兴趣区域影像后，根据区域的大小，在满足星地数传带宽的限制条件下，生成区域标准产品，并向用户发放。例如，在军事领域，战争敏感区域实时影像的快速获取及监视有助于军事指挥官即时了解敌方的军事动态；在民用领域，地质灾害区域实时影像的快速获取有助于决策人士即时了解灾害程度并做出正确的救灾策略。

②运动目标快速检测、跟踪与融合识别。根据卫星获得的高帧频图像进行在轨目标检测与跟踪，快速获取目标的位置、航向、运动轨迹等实时、连续的动态信息，并结合多手段、多方式观测数据进行在轨融合识别，实现目标确认。

③数据检索挖掘与情报信息在轨生成。对天基可见光、红外、高光谱等多类型传感器获取的异质、多维、大量数据，实现数据在轨存储，利用数据挖掘技术从在轨存储的数据中提取规律性信息、数据关系或其他未明确显示的模式等，生成内容细节、地理位置等被用户理解的信息产品。

在轨智能处理技术方案如图13-60所示。

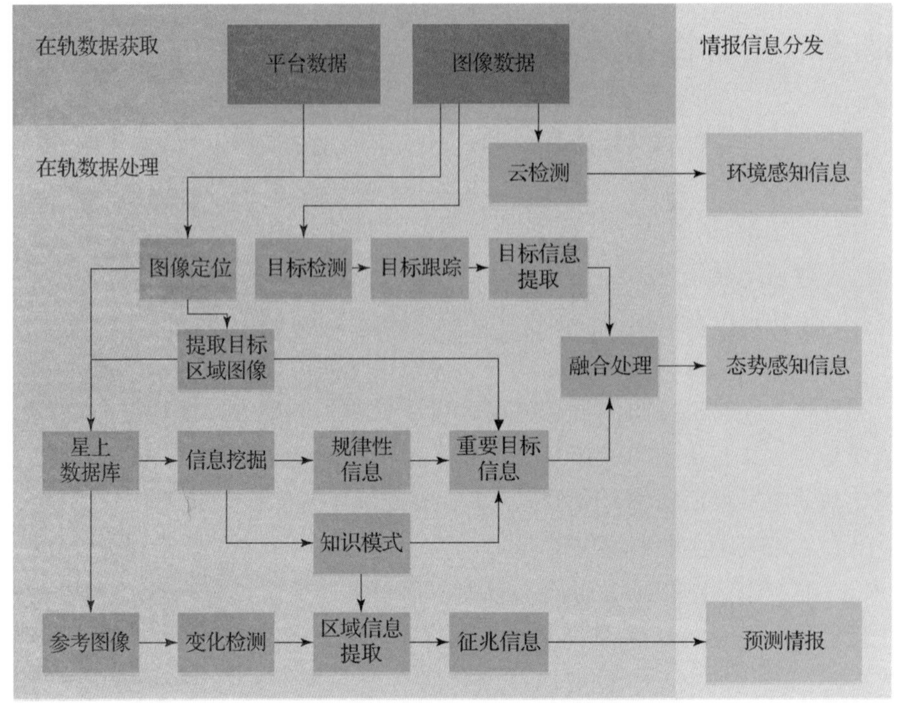

图 13-60　在轨智能处理技术方案

从卫星到终端的直链传输是战术应用的重要途径，而卫星的发射功率、天线口径、过境时间受限，空间、时间、频率资源短缺，将严重制约系统的信息吞吐量，对应急现场信息的及时传播造成严重困难。

当前，国内现有遥感卫星应用终端大多依靠通信卫星或地面通信网转发遥感数据，能够直接与遥感卫星交互的用户终端还没有投入装备使用，尚不具备遥感信息直链一线作战单元的技术和能力。因此，要发展应急增强系统，必须解决直链用户数据传输问题，提高有限信道资源条件下的传输效率，保障应急增强系统的信息高效传递。

1. 自适应速率传输

按传统数传体制，在确定遥感传输速率时，需要考虑最差的信道条件，即按最低仰角进行链路预算，整个过境窗口数据传输速率恒定，因而高仰角条件下的链路余量未得到充分利用，存在链路功率资源的浪费。因此，研究自适应遥感速率传输技术，使得遥感传输速率能够随着仰角的增加而提高，从而最大化卫星过境窗口下传的数据量。

信道状态信息（CSI）是实现传输速率切换的前提。在应急增强系统的通信环境中，收发两端之间的相互运动使得 CSI 随时间不断变化，因此需要对 CSI 进行精确、实时估计。CSI 可以误帧率即数据帧的重传次数为参考度量，通过统计每帧数据的重传次数来调整调制编码方案，也可以信道信噪比的估计值为参考度量，即接收端检测信噪比并反馈至发送端，发送端据此对数据速率进行相应调整。

2. 高效调制编码

星地直链传输需采用具有较高功率效率的传输体制，在有限信道功率条件下尽可能提高传输速率。其核心是设计最小功率谱占有率的恒包络、连续相位调制方式。传统卫星通信通常采用 BPSK、QPSK、OQPSK 等调制方式，其功率利用率有待提高。GMSK、SOQPSK 属连续相位调制方式，消除了传统遥感数传中 QPSK 信号的 180°相位翻转，从而具有比 QPSK 更佳的功率效率和恒包络特性，非常适合在功率资源受限的非线性卫星信道中传输。因此，需在普通 GMSK 、SOQPSK 的基础上进行改进，进一步提高功率效率。

13.5.1　重点目标在轨智能快速识别与提取

在轨图像自主处理实现了我国航天侦察情报的自动化和智能化，对于提高我国目标识别的自动化程度、遥感图像数据的利用率和情报的时效性都具有非常重要的意义。它将在科学地利用遥感图像信息、精确制导武器图像情报保障、作战辅助决策等方面起到推动性的作用。

重点目标在轨智能快速识别与提取实现情报快速生成的技术包括图像预处理（辐射、几何校正）技术、区域图像提取技术、目标变化检测与识别技术。

1. 图像预处理（辐射、几何校正）技术

在轨图像预处理技术的目标是生成相对于地面一级图像的数据，生成地面可直接判读数据，或为进一步的高级处理奠定基础，包括相对辐射校正技术和系统几何校正技术。

相对辐射校正的目的是改善图像的视觉效果，提高对目标的实际分辨力，需要通过图像处理来进行纠正。实现过程中主要是对成像过程中的死像元、暗像元和扫描线脱落进行处理，然后根据积分求数据、在轨定标灯数据或地面样本统计数据计算每个探元的辐射校正系数，进行辐射校正处理。

系统几何校正技术主要是利用传感器参数以及卫星轨道参数、侧视角等，在某一高程平面上建立原始影像的每个像素和其相应平面位置间的对应关系。首先需要利用卫星轨道参数、卫星姿态所建立的推扫式传感器影像坐标与其地面点在地球固定参考坐标系（CTS）坐标系统下的坐标关系式，再计算出传感器影像坐标、CTS 坐标系统和地图投影坐标系之间的转换关系；其次采用扫描线法、分扫描线行取样确定纠正关键点，并将线阵影响中的关键点变换至地图投影坐标系获得关键点坐标；最后纠正关键点内插得到校正后的影响，完成几何校正。

2. 区域图像提取技术

区域图像提取技术的基本原理是通过卫星轨道、姿态参数以及相机参数，利用共线方程通过坐标变换，并引入畸变修正因子，计算获取图像的对应经纬度，若在关心区域内则提取出图像。对于定位来说，与几何校正有很多相同技术。

由卫星严格成像方程建立的基本原理可知，建立卫星严格成像方程需要以下输入：像元指向角、各旋转矩阵、成像时刻卫星位置和成像时刻卫星姿态。对高分辨率的敏捷成像卫星全链路误差，结合对各种影响定位精度因素的分析，进行误差归类、综合处理和分析。把影响 CCD 成像几何质量即相对定位精度归为内部误差；把不影响 CCD 成像几何质量但影响绝对定位精度的误差归为外部误差；把地面处理引入的误差称为后处理误差。系统误差能通过地面控制点进行一定程度的补偿，补偿程度与补偿模型相关；偶然误差能通过多次观测提高精度。同时，根据高分辨率敏捷成像卫星光学推扫成像、侧摆和俯仰成像、窄视场、多 CCD 拼接的成像特点，将全链路误差源进行枚举分析，并结合误差的特性依照不同的方法可改善几何定位精度，实现更高精度的区域图像提取。

3. 目标变化检测与识别技术

目标变化检测与识别是对不同时相图像的变化进行检测，检测的前提是完成区域图像的提取和图像的预处理，需将待检测图像与用来比对的参考图像先进行图像配准，然后再进行比值检测，最后输出变化区域和识别的目标。

图像配准技术利用点特征的匹配来完成目标的定位，相比于利用灰度特征导致需要上传大量数据的问题，并减少相关运算的计算量。首先，从参考图像中提取点特征。在提取点特征时主要考虑目标区域，而对于非关注区域则一般不进行特征点的提取。但是，有时候为了提高算法的准确性，也对目标相邻区域进行特征点的提取。其次，将从参考图像中提取的点上传至星上，作为关注目标的描述，然后从卫星拍摄的新图像中提取点特征，为了保证相同的目标提取的点也尽可能保持一致，此处采用点特征提取方法一般和参考图像中点特征的提取方法一致。最后，把从历史图像中提取的点与新的卫星图像中提取的点进行匹配，进而完成目标的精确定位。

图像比值法通过计算与已配准图像相应像素的比值，判断图像的相似性。这对光学遥感图像来说，能够消除山影、云影等影响，使得比图像差值法对图像中的噪声具有更好的抵抗能力，因此该方法在遥感图像的变化检测中得到了广泛的应用。对于图像阈值的选择，由于遥感图像的复杂性，简单运算得到的差异图像中变化类更易于趋向于类高斯分布，而对于没有发生变化的区域，近似服从高斯分布，因此采用对于变化检测的阈值采用自适应阈值、多档阈值参数接口，可获得较好的检测与识别效果。

13.5.2 多源信息在轨快速融合处理

由于不同类型载荷特点不同，在轨数据处理任务不同，因此获得的产品及其性能也不相同。例如，电子侦察卫星信息处理速度快，可快速发现疑似目标位置，通过电磁特征匹配识别目标；高分辨可见光卫星普查相机用于云判和海面目标的快速检测，高分辨率相机用于舰船、飞机目标的类型识别和导弹阵地发射架等目标的检测；红外卫星用于全天时机场飞机和港口、海面舰船目标检测、军事目标温度信息提取以及各类目标工作状态判别；视频成像卫星用于运动目标的检测和跟踪监视；SAR 卫星用于大中型舰船等典型目标特征信息提取并完成检测识别；高光谱卫星实现疑似目标的特征提取、目标的检测和识别（包括伪装目标和假目标的识别），以及云背景下大型空中飞机目标检测；宽幅光学卫星用于大幅宽海面图像中快速检测疑似舰船目标，生成大范围目标态势，形成待详查的目标队列。

根据目标的不同，结合数据融合，采用不同的情况数据生成以下方案：

①机场飞机决策级融合时，可获得飞机目标的类型、位置、数量、工作状态、运动状态等信息的情报产品；疑似飞机特征级融合时，可获得飞机目标的类型、位置、数量，伪装的方式，假飞机目标的位置、数量等情报信息。

②导弹阵地决策级融合时，可获得导弹阵地的子目标（发射架等）配置，如位置、数量等，子目标的工作状态、运动状态等信息的情报产品；导弹阵地特征级融合时，可获得导弹阵地发射架的配置，如位置、数量等，以及阵地伪装的方式、部署的假发射架目标的位置、数量等情报信息。

③港口舰船决策级融合时，可获得包含舰船目标的类型、位置、数量、工作状态、运动状态等信息的情报产品；昼间海面舰船决策级融合时，可获得舰船目标的类型、位置、数量、无线电工作状态、周边岛屿等信息的情报产品；夜间海面舰船决策级融合时，可获得舰船目标的类别、位置、数量、无线电工作状态、热状态信息的情报产品。

13.5.3 在轨信息按需快速分发

在轨信息产品主要包含原始类产品、图像类产品、文字类产品等。

原始类产品用于数据积累，含有最全面最丰富的特征信息，数据量与成像时间相关。实时性差，可为地面应用及测试服务。

图像类产品用于目标识别和确认，通常是局部范围内带有目标详细特征的图像切片，带有目标周边环境信息。时间响应高，结合文字类产品，支持战役战术行动决策。

文字类产品用于态势变化的获取，如指定区域目标有无、目标数目、目标运动状态、目标位置等。时间响应最高，通常以最快速度发送至应用单元。

为了适应各类信息产品，设计了星－地传输、星－星－地分发、星－地－端分发等多种类信息产品的分发方式。

1. 星－地传输

如图 13－61 所示，以传统地面测控站和接收站为主，通过 2 kbit/s 的 S 测控链路可收发文字类信息；通过 300～600 Mbit/s 甚至更快的地面数据接收站，接收图像类产品和原始类信息，且以原始类信息为主。

2. 星－星－地分发

如图 13－62 所示，以中继卫星和军用通信卫星为主，通过 2/4 kbit/s 的全球 S 测控链路可以收发文字类信息；通过 10～20 Mbit/s 的全球 Ka/Ku 数据传输链路，实现境外图像类应急情报产品的快速回传。

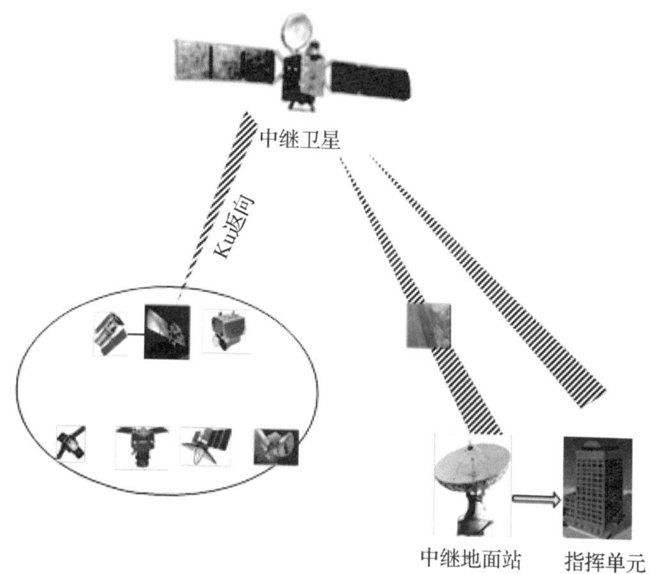

图 13-61 星-地传输示意图

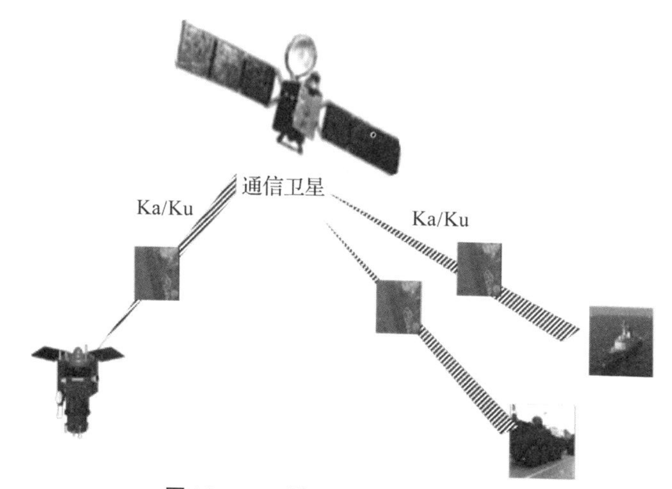

图 13-62 星-星-地分发示意图

3. 星-地-端分发

如图 13-63 所示，以北斗终端和动中通终端为主，将星上数据分发至应用单元。通过北斗导航系统短报文功能，以每秒最大 240 字节速度，向地面北斗手持终端发送文字类信息；通过装载动中通的舰船、车辆和武器平台，以最大 75 Mbit/s 速度点对点发送图像类产品，以最大 200 kbit/s 广播分发形式发送图像类或文字类产品。

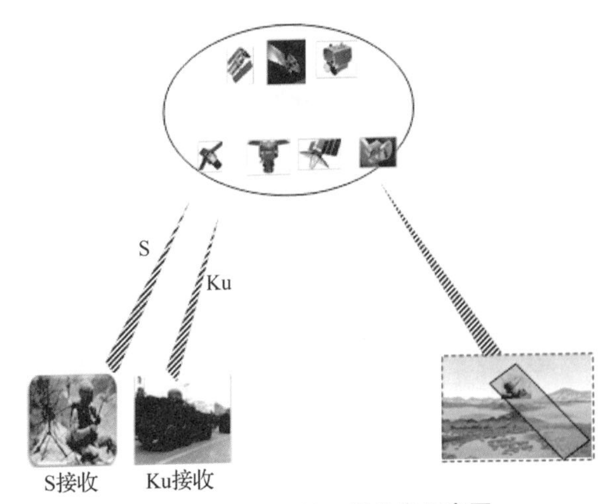

图 13－63　星－地－端分发示意图

此外，利用终端和卫星的交互，可实现基于应用的空间数据快速服务，即将用户关心的分级分类数据，按需传给用户。

第五部分　结束语

人工智能技术自20世纪50年代提出以来，经过不断发展，已在物联网、智能交通、安全防控等方面得到较好应用。从阿兰·图灵破解了恩尼格玛密码机，为第二次世界大战的胜利做出巨大的贡献开始，到达特茅斯研讨会使用“人工智能”这一词，再到今天人工智能经历60多年的发展。在此期间，人工智能经历三次高潮、两次寒冬的洗礼。

当前，在深度学习算法的促进下，人工智能携带着云计算、大数据、卷积神经网络，突破了自然语言语音处理、图像识别的瓶颈，为人类带来了翻天覆地的变化。综合来看，人工智能技术在航天领域还处于初步应用阶段，但是在航天领域应用前景广阔，因此亟须结合航天应用特点，突破算法、算力、大数据等基础关键技术。

在卫星研制、测试、飞控、交付使用等一系列过程中，太空环境下无人值守，测试检修代价大、故障问题因素多等问题一直困扰着科研人员。人工智能支撑卫星系统技术是解决这些问题的有力手段，是下一个十年卫星设计的发展方向之一。未来不仅能够通过在轨大数据处理完整的信息，还能处理残缺的信息，甚至能对残缺的信息进行智能化补充，并根据反馈系统使信息、数据的处理更加成熟、高效、准确。同时，在日常的运行中不断积累经验，使人工智能系统能适应不断变化的环境，逐步实现自动进化机制，使得人工智能系统本身不断学习，将单一的被动处理信息改变为主动智能处理信息，甚至具有一定的预判能力。

第14章　空间人工智能及在轨应用的挑战和重点发展方向

14.1　空间人工智能及在轨应用的挑战

当人工智能的运算能力、分析能力、洞察力等超越人类时，人工智能在很多领域提供的解决方案会优于人类。现在，空间系统的设计已经初步呈现“弱智能”。空间人工智能及在轨应用技术的挑战，主要体现在算力、算法、系统3个层面。

14.1.1　算力层面

算力层面需要尖端硬件设备。空间系统与人工智能的结合，除软件层面智能算法设计或有不同之外，最为显著的区别要属人工智能支撑系统的差别。与地面支撑系统不同，星载系统在处理性能、传输速度、存储容量以及能源供给上都存在诸多限制。

1. 处理器

以地面系统为例，人工智能算法的实现需要强大的计算能力支撑，特别是深度学习算法的大规模使用，对计算能力提出更高的要求。深度学习模型参数多、计算量大，数据的规模更大。在早期使用深度学习算法进行语音识别的模型中，拥有429个神经元的输入层，整个网络拥有156兆个参数，训练时间超过75天；“阿尔法狗”拥有1 202个CPU，176个GPU；人工智能领军人物Andrew Ng和Jeff Dean打造的Google Brain项目，使用包含16 000个CPU核的并行计算平台，训练超过10亿个神经元的深度神经网络。下一步，如果模拟人类大脑的神经系统，需要模拟1 000亿个神经元，计算能力需求将有数个量级的提升。目前可用于深度神经网络构建与计算的处理器平台包括CPU、GPU、FPGA和ASIC等。

2. 传输

由深度神经网络引领的第三次人工智能高潮同时属于大数据智能，神经网络每时每刻都要接受大量的传感器数据。以自动驾驶为例，摄像机、微波、激光雷达等设备产生的数据每秒超过吉字节。这些数据需要及时地被传输到指定位置，否则网络将不能及时地给予控制器决策支持。目前航天领域采用的 HT1553B、Space Wire、TTE 等总线技术远远不能达到传输需求，需要技术升级或通过一定手段降低传输需求来解决。

3. 存储

传感器实时产生、传输的大量数据以及有价值保留的历史数据都要保存在存储器中。此外，深层神经网络用于记录权值的参数数据也是巨大的，普通的存储器存储速度以及单位体积存储容量都不尽如人意。因此，卫星系统使用多层神经网络对存储器也提出了较高的需求。

4. 能源

深度学习通过大量的数据计算完成分类、回归等任务，一个比较贴切的词语用于形容它叫做“暴力美学”。现有存储器用于这种暴力计算时，单能源问题就不是星载供配电所能承担得起的。战胜李世石的 AlphaGo，能耗约为 173 000 J/s，按照人类每天能耗 2 500 kcal 来算，AlphaGo 功率为人类的 1 000 倍以上，而且人类是多种生理功能的消耗，AlphaGo 只是单一的围棋运算。

14.1.2 算法层面

算法层面需要轻量化、高效能模型。以深度强化学习为代表的人工智能算法，应用于空间领域可以分两步走：一是将深度强化学习应用于地面试验；二是将地面试验应用于空间环境。目前，将深度强化学习技术用于空间机器人任务的学习控制已显示出巨大的潜力，然而在扩展和稳定方面仍然存在许多挑战。深度学习还有很多为人们所诟病的问题。例如，它的收敛性、可解释性、可靠性，很多研究人员正在探索可代替深度学习的更高效的机器学习方法，深度学习之父 Hinton 也发表过颠覆性的言论：“深度学习要另起炉灶，彻底抛弃反向传播”。

深度强化学习技术应用于航天领域的挑战如下：

①样本效率。尽管深度强化学习算法为智能体提供了学习高维控制策

第 14 章　空间人工智能及在轨应用的挑战和重点发展方向

14.1　空间人工智能及在轨应用的挑战

当人工智能的运算能力、分析能力、洞察力等超越人类时，人工智能在很多领域提供的解决方案会优于人类。现在，空间系统的设计已经初步呈现“弱智能”。空间人工智能及在轨应用技术的挑战，主要体现在算力、算法、系统 3 个层面。

14.1.1　算力层面

算力层面需要尖端硬件设备。空间系统与人工智能的结合，除软件层面智能算法设计或有不同之外，最为显著的区别要属人工智能支撑系统的差别。与地面支撑系统不同，星载系统在处理性能、传输速度、存储容量以及能源供给上都存在诸多限制。

1. 处理器

以地面系统为例，人工智能算法的实现需要强大的计算能力支撑，特别是深度学习算法的大规模使用，对计算能力提出更高的要求。深度学习模型参数多、计算量大，数据的规模更大。在早期使用深度学习算法进行语音识别的模型中，拥有 429 个神经元的输入层，整个网络拥有 156 兆个参数，训练时间超过 75 天；“阿尔法狗”拥有 1 202 个 CPU，176 个 GPU；人工智能领军人物 Andrew Ng 和 Jeff Dean 打造的 Google Brain 项目，使用包含 16 000 个 CPU 核的并行计算平台，训练超过 10 亿个神经元的深度神经网络。下一步，如果模拟人类大脑的神经系统，需要模拟 1 000 亿个神经元，计算能力需求将有数个量级的提升。目前可用于深度神经网络构建与计算的处理器平台包括 CPU、GPU、FPGA 和 ASIC 等。

2. 传输

由深度神经网络引领的第三次人工智能高潮同时属于大数据智能，神经网络每时每刻都要接受大量的传感器数据。以自动驾驶为例，摄像机、微波、激光雷达等设备产生的数据每秒超过吉字节。这些数据需要及时地被传输到指定位置，否则网络将不能及时地给予控制器决策支持。目前航天领域采用的 HT1553B、Space Wire、TTE 等总线技术远远不能达到传输需求，需要技术升级或通过一定手段降低传输需求来解决。

3. 存储

传感器实时产生、传输的大量数据以及有价值保留的历史数据都要保存在存储器中。此外，深层神经网络用于记录权值的参数数据也是巨大的，普通的存储器存储速度以及单位体积存储容量都不尽如人意。因此，卫星系统使用多层神经网络对存储器也提出了较高的需求。

4. 能源

深度学习通过大量的数据计算完成分类、回归等任务，一个比较贴切的词语用于形容它叫做“暴力美学”。现有存储器用于这种暴力计算时，单能源问题就不是星载供配电所能承担得起的。战胜李世石的 AlphaGo，能耗约为 173 000 J/s，按照人类每天能耗 2 500 kcal 来算，AlphaGo 功率为人类的 1 000 倍以上，而且人类是多种生理功能的消耗，AlphaGo 只是单一的围棋运算。

14.1.2 算法层面

算法层面需要轻量化、高效能模型。以深度强化学习为代表的人工智能算法，应用于空间领域可以分两步走：一是将深度强化学习应用于地面试验；二是将地面试验应用于空间环境。目前，将深度强化学习技术用于空间机器人任务的学习控制已显示出巨大的潜力，然而在扩展和稳定方面仍然存在许多挑战。深度学习还有很多为人们所诟病的问题。例如，它的收敛性、可解释性、可靠性，很多研究人员正在探索可代替深度学习的更高效的机器学习方法，深度学习之父 Hinton 也发表过颠覆性的言论：“深度学习要另起炉灶，彻底抛弃反向传播”。

深度强化学习技术应用于航天领域的挑战如下：

①样本效率。尽管深度强化学习算法为智能体提供了学习高维控制策

略的通用框架，但它通常需要数百万个训练样本。这使得在真实的场景中直接使用深度强化学习算法训练智能体是不可行的，因为真正的空间系统控制中获取经验样本的代价是相对昂贵的。因此，设计高效的样本算法至关重要。

②高实时性。如果不配备特殊的计算硬件，一个具有数百万参数的深度网络前向传递速度可能会相对较慢，可能无法满足控制真实空间系统的实时需求。学习灵巧策略的紧凑表示是可取的。

③高安全性。真正的空间系统，如火星巡视器、空间站机械臂等，将在高度动态和潜在危险的环境中运行。对于不同于感知模型的错误预测，一个错误的输出可能导致严重的事故。因此，在实际自主系统上部署控制策略时，应注意将可能结果的不确定性与实际考虑因素结合起来。

④稳定性、健壮性和可解释性。深度强化学习算法可能相对不稳定，它们的性能可能会在不同的配置之间有很大的差异。为了解决这一问题，对所学习的网络表示和策略有更深入的了解，可能有助于检测对抗的场景，以防止空间系统受到安全威胁。

⑤终身学习。在不同的时间、不同的场景，空间探测器导航或空间站机械臂操作的环境感知会发生变化，这可能会阻碍所学习控制策略的执行。因此，继续学习以适应环境变化的能力以及对已经经历过的环境保持解决办法的能力，具有关键价值。

⑥任务之间的泛化。目前，大多数算法都是针对某一特定任务而设计的，这并不理想，因为智能空间系统被期望能够完成一组任务，对所有考虑过的任务进行最少时间的总训练。

⑦规范目标的问题。在强化学习中，期望行为是由奖励函数隐式得到。强化学习算法的目标是使累积的长期奖励最大化。虽然在实践中，通常比得到行为本身要简单得多，但在空间系统强化学习中定义一个好的奖励函数却异常困难。学习者必须在奖励信号中观察方差，以便能够改进策略。如果总是收到相同的回报，则无法确定哪个策略更好或更接近最优。

随着以深度强化学习为代表的人工智能理论和方法研究的不断深入，人类将会在不久的将来实现“解决智能，并用智能解决一切”的目标。

14.1.3　系统层面

系统层面需要前沿技术革新。航天与智能结合的关键受限问题有资源有限、数据样本小、无法接受黑盒子状态、可靠性无法保证等。从长期来看，彻底解决星载人工智能运算、传输、存储、能耗等问题需要革新，而革新要依赖于时间与人类科技发展的。但是，航天领域对智能化的需求已迫在眉睫。短期内，智能与航天的结合方式，可不再采用直接降级的民用前沿技术，而是直接深入“前沿技术成果在航天首用”，形成智能航天工程理论，以及从顶层架构上合理规划技术应用方式，避免瓶颈。具体来说有以下几个方面：

①推广新型、高效硬件产品。以“小而全”的机器人系统等为试点，在保证可靠性的前提下，积极引入、验证新型高性能产品支持人工智能在卫星领域的应用，包括大规模 FPGA、AI 专用芯片、高速总线、全闪存阵列等。

②将大规模计算向地面转移。将对实时性要求低的运算转移到地面或计算资源相对较多的轨道器等执行，形成天地一体化 AI 运算链路，但是这样会带来传输数据增大的新问题，因此需要优化天地资源配置，最大可能地形成高性能计算有机体。此外，卫星设计过程中许多优化问题都可以以 AI 技术为手段，提高效率、性能和质量，这一部分都是在地面完成，因此可优先推广地面智能设计技术。

③特殊应用采用小规模神经网络或其他智能机器学习方法。在深度学习兴起之前，“好奇号”火星车和一些飞行器已经采用了一些具有自主决策能力的星载软件，如 ASE、APGEN、MAPGEN 等，这些软件采用符号智能等，以一系列的逻辑对号入座可能遇到的情况。这类算法对计算资源的消耗较低，在一些基础判断任务中可以采用。另外，对于数据集并不太复杂的情况，少数层级的神经网络即可满足要求，这也是目前星载资源可能完成的功能。较高的目标是实现智能学习探测，如 OASIS 通过训练自己寻找新的反照率特性的科学目标等。

④面向智能卫星/探测器开展设计。未来的智能卫星/探测器设计与实施，具有需求可定义、硬件可重组、软件可重配、功能可重构、探测可学习等特点。

⑤形成人机共融智能。借助人机共融智能，将航天器的智能行为形成一个自闭环系统，限制在操控人员完全可控范围内。机器计算的特长是速度和精度，人类思维的优势是灵活性和适应性，结合二者各自的优势，形成人机融合智能，取长补短之下，可以降低对硬件的需求，以较少的代价

实现高层次的一体化智能系统。

人工智能是引领未来的战略性技术，将会是国家安全领域的颠覆性力量，其影响可与核能、航空航天、信息和生物技术比肩，以美国 NASA 为首的航天强国已经将太空作为人工智能发挥作用的重要舞台。航天领域对智能化的需求已迫在眉睫：深空探测领域没有智能自主，未来将寸步难行；载人航天器着手智能发展与配置密封舱内智能机器人助手助力航天员的在轨活动；在轨服务航天器将发展以计算机视觉和认知推理为核心的非合作卫星抓捕系统；智能化自主操作或有监督的自主操作成为未来天地系统的重要发展方向；智能军事航天发展融合了多项前沿智能技术等。

总而言之，为了抢占未来太空的制高点，深入挖掘人工智能与航天技术的可结合性，举众人之力，由点到面，大力开拓空间智能感知、空间智能决策与控制、空间集群智能、空间智能交互、空间智能设计等软硬件与系统前沿技术，托起智能航天的未来。

14.2　重点发展方向

1. 卫星智能信息系统设计技术

近年来，地面商用电子系统技术的迅猛发展，使得早期选择的电子器件在型号服役时便已过时。信息系统在设计时应不再基于特定的电子部件构建，而是通过合理的架构设计，提供一个低成本、可扩展并支持项目全生命周期改进和升级的系统，从而降低设计、开发、测试、集成、维护和升级的代价。因此，信息系统的研发可提出如下的设计目标：

①基于开放式的系统架构，构成系统核心的采集、处理、传输和存储等资源可根据系统需求灵活扩展、重新配置。

②基于已有的商业标准或成熟产品，允许第三方参与星载信息系统的软硬件研发，降低研制成本。

③通过时空隔离技术，支持系统局部修改和升级，降低系统更新和重新认证的代价，同时将故障封锁在局部，提升系统整体的可靠性。

④开展基于人工智能的信息系统设计方法研究，利用人工智能知识完成各类指令、遥测以及业务数据的处理，实现可满足多种任务灵活扩展、并支持在故障情况下系统资源灵活重构的处理平台。

2. 基于人工智能的在轨故障检测与维护技术

卫星系统是一个动态系统，在轨运行时需要监测其工作状态，当出现故障时还需要进行诊断。另外，卫星各个重要系统都采取了冗余备份措施，希望在出现故障时能通过重构恢复功能。状态检测、故障诊断和系统重构是卫星自主运行的重要组成部分。采用人工智能技术，实现智能化与自主化，可以提高卫星在轨运行的稳定性和生存能力。

3. 基于人工智能的卫星智能控制技术

卫星智能控制包括天地大回路和在轨方式。伴随着计算机与人工智能的发展，基于人工智能的卫星智能控制技术是未来的发展主流。

结合人工智能技术，发展在轨高级无人自主控制技术，使得卫星自主完成制导、导航和控制（GNC）、数据处理、故障判断和部分重构与维修工作，从而大大减少对地面测控、通信等支撑系统的依赖。实现实时智能自主姿态控制、智能自主 GNC 以及智能信息技术在航天控制系统、平台和有效载荷上的应用。

4. 基于人工智能的星地一体化技术

随着星地一体化信息网络重大工程的推进，有关天基信息系统建设的思路正在逐渐清晰，但是传统的天基信息系统在轨信息处理能力较差，无法满足高时敏、多任务协同等多样性天基信息服务要求。

结合人工智能技术，通过星间链路连接，形成虚拟大卫星，为用户提供高性能、高效能空间信息处理服务，具有极高的系统弹性和抗毁性，实现综合感知、信息汇聚处理、高速分发、网络管理、安全防护等多功能一体，是地面综合数据中心的空间形态，将有效突破太空时空大尺度特性对信息时效性的约束，创新天基信息服务模式。

5. 基于人工智能的卫星载荷技术

借助人工智能技术手段，在载荷研制引入软件定义、智能化等新理念，提升载荷的智能化水平和灵活程度，让卫星更加地好用、易用，大幅提升用户的使用体验。

具体包括：软件定义卫星技术，研究以软件无线电为重点的软件定义卫星技术，实现可智能化自主灵活配置参数的卫星通信载荷功能；柔性载荷技术，研究实现柔性载荷所需的软件和硬件技术，并合理分配软硬件的功能和定位。

6. 智能计算芯片技术

随着人工智能算法和应用技术的日益发展，以及人工智能芯片产业环境的逐渐成熟，使得智能计算芯片技术成为空间人工智能及在轨应用技术发展的核心关键。

处理能力更强的 CPU/GPU、资源更多的 FPGA、通用 AI 处理器是支撑复杂算法的基础，也是将调制解调器、变频器、控制器、编解码、滤波器、波束等形成数字化的平台。这些芯片能力越强大，软件能力就可以越强大，越容易实现软件化，进而智能化。

7. 小结

人工智能技术可在航天器全领域、全生命周期与现有航天技术体系深度融合发展，在航天器研制、运行、应用和管控等方面发挥巨大作用。

利用以深度学习、知识推理为代表的新一代人工智能技术，围绕感知、认知、沟通、推理、决策等人类智能要素，设计可实现近似人类行为的智能信息系统，使航天器具备“会看、会说、会听、会思考”的能力，可以随时随地接受用户定制任务，自主决策、自主协同完成任务，为用户提供灵活、连续、稳定服务，提升航天器使用体验，是空间人工智能及在轨应用技术的第一要务。

参考文献

[1] MUSCETTOLA N, NAYAK P P, PELL B, et al. Remote agent: To boldly go where no AI system has gone before [J]. Artificial Intelligence, 1998, 103 (1/2): 5 -47.

[2] FREITAS JR R A, HEALY T J, LONG J E. Advanced automation for space missions [C] //The 7th IJCAI 1981, Vancouver, British Columbia, Canada, 1981: 803 -808.

[3] DOYLE R J. Guest editor's introduction: Spacecraft autonomy and the missions of exploration [J]. IEEE Intelligent Systems, 1998, 13 (5): 36 -44.

[4] JONSSON A K. Spacecraft autonomy: Intelligent software to increase crew, spacecraft and robotics autonomy [C] //2007 Conference and Exhibit, Rohnert Park, California, 2007.

[5] SHAFTO M, SIERHUIS M. AI space odyssey [J]. IEEE Intelligent Systems, 2010, 25 (5): 16 -19.

[6] SCHUSTER A J. Intelligent computing everywhere [M]. London: Springer - Verlag, 2007.

[7] BERNARD D, DOYLE R, RIEDEL E, et al. Autonomy and software technology on NASA's deep space one [J]. IEEE Intelligent Systems & Their Applications, 1999, 14 (3): 10 -15.

[8] CHANG M A, BRESINA J, CHARESTET L, et al. MAPGEN: Mixed - initiative planning and scheduling for the mars exploration rover mission [J]. IEEE Intelligent Systems, 2004, 19 (1): 8 -12.

[9] CLEMENT A, BARRETT E, DURFEE G. et al. Using abstraction to coordinate multiple robotic spacecraft [C]//Proceedings of the 2001 Intelligent Robots and Systems Conference, Maui, HI, November, 2001.

[10] 从瑛瑛，陈丝. 人工智能芯片发展态势分析及对策建议 [J]. 信息通

信技术与政策，2018（8）：65－68.

[11] 朱祝武. 人工智能发展综述［J］. 中国西部科技，2010，10（17）：8－10.

[12] 王朱伟，徐广书，买天乐，等. 基于 AI 的 LEO 卫星网络资源管理架构设计［J］. 信息技术与网络安全，2018，37（2）：20－22，36.

[13] 李斌，刘成源，章宇兵，等. 天基信息港及其多源信息融合应用［J］. 中国电子科学研究院学报，2017，12（3）：251－256.

[14] 邢琰，吴宏鑫，王晓磊，等. 航天器故障诊断与容错控制技术综述［J］. 宇航学报，2003，24（3）：221－226.

[15] 孙增国. 神经网络和模糊专家系统在故障诊断中的应用［D］. 大连：大连理工大学，2004：22－28.

[16] 王冬霞，辛洁，刘春霞，等. 卫星导航系统故障诊断及容错技术探讨［J］. 导航定位学报，2018，6（2）：23－28.

[17] 张储祺. 计算机人工智能技术的应用与发展［J］. 电子世界，2017，2：41－43.

[18] 国务院. 新一代人工智能发展规划［J］. 中国信息化，2017，8：12－13.

[19] 英特尔公司. 从人机大战看谁将赢得无人驾驶［J］. 软件和集成电路，2017，6：5－6.

[20] 籍成章. 计算机人工智能技术研究进展和应用分析［J］. 信息通信，2017，5：80－82.

[21] 李航. 统计学习方法［M］. 北京：清华大学出版社，2012.

[22] 周志华. 机器学习［M］. 北京：清华大学出版社，2016.

[23] 朱祝武. 人工智能发展综述［J］. 中国西部科技，2011，10（17）：8－10.

[24] 陈庆霞. 人工智能研究纲领的发展历程和前景［J］. 科技信息，2008，20（33）：49－234.

[25] 肖斌. 对人工智能发展新方向的思考［J］. 信息技术，2009，37（12）：166－169.

[26] 韦淋元. 人工智能发展的困境和出路［D］. 桂林：广西师范大学，2009：1－35.

[27] 何清，李宁，罗文娟，等. 大数据下的机器学习算法综述［C］//中

国计算机学会人工智能会议，2017（8）：12－13.
[28] 黄林鹏，孙永强. 人工智能研究的历史与进展［J］. 计算机科学，1993（3）：1－3.
[29] 毕学工，杭迎秋，李昕，等. 专家系统综述［J］. 软件导刊，2008，7（12）：7－9.
[30] 崔有文，居益君，陈露，等. Watson 人工智能在大型综合医院的应用实践［J］. 中国数字医学，2018（3）：26－30.
[31] 曾毅，刘成林，谭铁牛. 类脑智能研究的回顾与展望［J］. 计算机学报，2016，39（1）：212－222.
[32] 贲可荣，张彦铎. 人工智能［M］. 北京：清华大学出版社，2006.
[33] RUSSELL S，NORVIG P. Artificial intelligence：A modern approach［M］. 2 版. 姜哲，金奕江，张敏，等译. 北京：人民邮电出版社，2004.
[34] 邵军力，张景，魏长华. 人工智能基础［M］. 北京：电子工业出版社，2000.
[35] DEAN T，ALLEN J，ALOIMONOS Y. 人工智能——理论与实践［M］. 顾国昌，刘海波，仲宁，等译. 北京：电子工业出版社，2004.
[36] 朱福喜，汤怡群，傅建明. 人工智能原理［M］. 武汉：武汉大学出版社，2002.
[37] HAM F M，KOSTANIC I. 神经计算原理［M］. 叶世伟，王海娟，译. 北京：机械工业出版社，2007.
[38] 丁永生. 计算智能——理论、技术与应用［M］. 北京：科学出版社，2004.
[39] 黄席樾，向长城，殷礼胜. 现代智能算法理论及应用［M］. 2 版. 北京：科学出版社，2005.
[40] 王冲鹄. 人工智能技术与产业发展态势分析［J］. 电信网技术，2017（7）：46－51.
[41] CHEN T，DU Z，SUN N，et al. Dian nao：A small－footprint high－throughput accelerator for ubiquitous machine－learning［J］. ACM SIGPLAN Notices，2014，49（4）：269－284.
[42] WANG Y Q，MA L，TIAN Y. State－of－the－art of ship detection and recognition in optical remotely sensed imagery［J］. Acta Automatica Sinica，2011，37（9）：1029－1037.

[43] SONG H, KANG J L, MAO H Z, et al. ESE: Efficient speech recognition engine with sparse LSTM on FPGA [C]. ACM/SIGDA International Symposium on Field – Programmable Gate Arrays, Monterey, California, USA, 2017: 75 – 84.

[44] JOUPPI N P, YOUNG C, PATIL N, et al. In – datacenter performance analysis of a tensor processing unit [C] //The 44th International Symposium on Computer Architecture (ISCA), Toronto, Canada, 2017: 1 – 17.

[45] SUDA N, CHANDRA V, DASIKA G, et al. Throughput – optimized open CL – based FPGA accelerator for large – scale convolutional neural [C] // ACM/SIGDA International Symposium on Field – Programmable Gate Arrays, Monterey, California, USA, 2016: 16 – 25.

[46] LIU Z Q, DOU Y, JIANG J F. Throughput – optimized FPGA accelerator for deep convolutional neural networks [J]. ACM Transactions on Reconfigurable Technology and Systems, 2017, 10 (3): 1 – 23.

[47] DICECCO R, LACEY G, VASILJEVIC J, et al. Caffeinated FPGAs: FPGA framework for convolutional neural networks [C] //International Conference on Field – Programmable Technology, IEEE, Melbourne, Australia, 2017: 265 – 268.

[48] ZHOU Y M, JIANG J F. An FPGA – based accelerator implementation for deep convolutional neural networks [C] //The International Conference on Computer Science and Network Technology (ICCSNT), IEEE, Changchun, China, 2016: 829 – 832.

[49] ZHANG C, LI P, SUN G Y, et al. Optimizing FPGA – based accelerator design for deep convolutional neural networks [C] //ACM/SIGDA International Symposium on Field – Programmable Gate Arrays, Monterey, California, USA, 2015: 161 – 170.

[50] ZHANG C, WU D, SUN J Y, et al. Energy – efficient CNN implementation on a deeply pipelined FPGA cluster [C] //In ACM Int. Symp. on Low Power Electronics and Design (ISLPED), San Francisco Airport, CA, USA, 2016: 326 – 331.

[51] CHEN Y H, KRISHNA T, EMER J S, et al. Eyeriss: An energy –

efficient reconfigurable accelerator for deep convolutional neural networks [J]. IEEE Journal of Solid – State Circuits, 2017, 52 (1): 127 – 138.

[52] REAGEN B, WHATMOUGH P, ADOLF R, et al. Minerva: Enabling low – power, high – accuracy deep neural network accelerators [C] // ACM/IEEE International Symposium on Computer Architecture, 2016.

[53] SIMONYAN K, ZISSERMAN A. Very deep convolutional networks for large – scale image recognition [C] //ICLR, 2015.

[54] GIRSHICK R, DONAHUE J, DARRELL T, et al. Region – based convolutional networks for accurate object detection and segmentation [C] //TPAMI, 2015.

[55] ZHANG X Q, XIONG B L, KUANG G Y. A ship target discrimination method based on change detection in SAR imagery [J]. Journal of Electronics & Information Technology, 2015, 37 (1): 63 – 70.

[56] LI X B, SUN W F, LI L. Ocean moving ship detection method for remote sensing satellite in geostationary orbit [J]. Journal of Electronics & Information Technology, 2015, 37 (8): 1862 – 1867.

[57] GONG Z C, ZENG H Y, PEI J H. A method for ship detection based on neighborhood characteristics in remote sensing image [J]. Journal of Shenzhen University Science and Engineering, 2013, 30 (6): 584 – 591.

[58] LI W J, ZHAO H P, SHANG S N. Onboard ship saliency detection algorithm based on multi – scale fractal dimension [J]. Journal of Image and Graphics, 2017, 22 (10): 1447 – 1454.

[59] HUANG J, JIANG Z G, ZHANG H P, et al. Ship object detection in remote sensing images using convolutional neural networks [J]. Journal of Beijing University of Aeronautics and Astronautics, 2017, 43 (9): 1841 – 1848.

[60] XU W, CHEN Y T, PIAO Y J, et al. Target fast matching recognition of on – board system based on Jilin – 1 satellite image [J]. Optics and Precision Engineering, 2017, 25 (1): 255 – 261.

[61] TURING A M. Computing machinery and intelligence [J]. Mind, 1950, 49: 433 – 460.

[62] 李德毅. 不确定性人工智能 [M]. 北京: 国防工业出版社, 2005.

[63] DAHL G E, YU D, DENG L, et al. Context - dependent pre - trained deep netural networks for large - vocabulary speech recognition [J]. IEEE Transactions on Audio, Speech, and Language Processing, 2012, 20 (1): 30 - 42.

[64] SILVER D, HUANG A, MADDISON C, et al. Mastering the game of go with deep neural networks and tree search [J]. Nature, 2016, 529 (7587): 484 - 489.

[65] 李智斌. 航天器智能自主控制技术发展现状与展望 [J]. 航天控制, 2012, 4 (1): 1 - 7.

[66] JONSSON A, MORRIS P. MUSCETTOLA N, et al. Planning in interplanetary space: Theory and practice [J]. In AIPS - 00, 2000: 177 - 186.

[67] CHANG A, BRESINA M, CHAREST L, et al. MAPGEN: Mixed - Initiative planning and scheduling for the mars exploration rover mission [J]. IEEE Intelligent System, 2004, 19 (1): 270 - 277.

[68] CESTA A, CORTELLESSA G, DENIS M, et al. MEXA2: AI solves mission planner problems [J]. IEEE Intelligent Systems, 2007, 22 (4): 12 - 19.

[69] 席政. 人工智能在航天飞行任务规划中的应用研究 [J]. 航空学报, 2007, 28 (4): 791 - 795.

[70] 朱战霞, 杨博, 袁建平. 人工智能在卫星任务规划中的应用 [J]. 飞行力学, 2008, 2 (1): 79 - 82.

[71] WALT T, LOU H, CHRISTOPHER R, et al. Autonomous and autonomic systems: With application to NASA intelligent spacecraft operations and exploration systems [M]. New York: Springer, 2009.

[72] ASHLEY G D. Autonomous science craft constellation science study report - new millennium program space technology 6 (NMP - ST6) - techsat - 21 mission [R]. NASA, 2001.

[73] CURTIS S. Small satellite constellation autonomy via on - board super - computer and artificial intelligence [C]//The 51st International Astronautical Congress, Brazil, 2000.

[74] BARNEY P, DOUGLAS E B, CHIEN S A, et al. An autonomous

spacecraft agent prototype [J]. Autonomous Robots, 1998, 5 (1): 1 -7.

[75] LABORATORY J P. New millennium program space technology 7 (ST7) technology announcement [R]. NASA, 2001.

[76] BONABEAU E, DORIGO M, THERAULAZ G. Swarm intelligence: From natural to artificial system [M]. New York, USA: Oxford University Press, 1999.

[77] 安梅岩，王兆魁，张育林. 人工智能集群控制演示验证系统 [J]. 机器人，2016，38 (3)：265 -275.

[78] 李未. R -演算：一个修正程序规约的演算系统 [J]. 中国科学：E辑，2002，32 (5)：662 -673.

[79] SCHETTER T P, CAMPBELL M E, SURKA D M. Multiple agent - based autonomy for satellite constellations [J]. Artificial Intellegence, 2003, 145 (1/2): 147 -180.

[80] LECUN Y, BOTTOU L, BENGIO Y, et al. Gradient - based learning applied to document recognition [J]. Proceeding of the IEEE, 1998, 86 (11): 317 -411.

[81] HORVATH J C. Investigating a new approach to space - based information networks [D]. Monterey: Naval Postgraduate School, 2012.

[82] GREG K J, EDWARD G. The CCSDS next generation space data link protocol (NGSLP) [C] //International Conference on Space Operations, SpaceOps, 2014: 261 -263.

[83] GREGORY M, HEINE F, KAMPFNER H, et al. Commercial optical inter - satellite communication at high data rates [J]. Optical Engineering, 2012, 51 (3): 1 -7.

[84] NUGROHO A, JAMAL N, TANUWIJAYA S, et al. Introduction of the IiNUSAT inter - satellite link system [C] //IEEE International Conference on Communication, Networks and Satellite, 2012: 192 -195.

[85] NGUYEN T A N, GANGADHAR S, UMAPATHI G, et al. Performance evaluation of the aeroTP protocol in comparison to TCP NewReno, TCP westwood, and SCPS - TP [C] //The 48th Annual International Telemetering Conference and Technical Exhibition, 2012: 19 -22.

[86] HIKMAT A S, FAREQ M. SCPS solution for heterogeneous networks for

isolated areas: A novel design approach [J]. International Journal of Innovative Computing, Information and Control, 2012 (8): 8147 - 8164.

[87] CCSDS BUNDLE PROTOCOL SPECIFICATION. Recommendation for space data system standards [M]. CCSDS Red Book. Washington, D. C., 2012.

[88] CHAN S. Architectures for a space - based information network with shared on - orbit processing [D]. Boston: Massachusetts Institute of Technology, 2005.

[89] ANGELO P. D′, FERNÁNDEZ A, GUARDABRAZO T, et al. Enhancement of GNSS navigation function by the use of inter - satellite links [C] //DEIMOS Space, 2012: 1 - 6.

[90] WINDURATNA R, COUTAND C, LEXOW H P, et al. Enhancements for the broadband satellite network architecture [C] //AIAA International Communications Satellite Systems Conference, 2013: 1 - 8.

[91] VANDERPOORTEN J, COHEN J, PINO R, et al. Transformational satellite communications system (TSAT) lessons learned: Perspectives from TSAT program leaders [C] //MILCOM, 2012: 1 - 6.

[92] BHASINL K B, HAYDEN J L. Integrated network architecture for NASA's Orion missions [C] //International Conference on Space Operations, Space Ops, 2008: 1 - 16.

[93] DAVIS F, MARQUART J, MENKE G. Benefits of delay tolerant networking for earth science [C] //Proceeding of IEEE Aerospace Conference, 2012: 1 - 11.

[94] HYLTON A G, RAIBLE D E, JUERGENS J, et al. On applications of disruption tolerant networking to optical networking in space [R]. NASA Glenn Research Center, 2012.

[95] CONFORTO P, LOSQUADRO G, WINKLER R. End - to - end telecommunication satellite system with on - board IP routing [C]//The 26th International Communications Satellite Systems Conference, 2008: 10 - 12.

[96] SIMON S W, JAY L G, LOREN P C, et al. Time synchronization and

distribution mechanisms for space networks [R]. NASA Jet Propulsion Laboratory, 2011.

[97] FLOURNOY D M. Space information technologies: Future agenda [C] //International Conference on Space Information Technology, 2005: 1-4.

[98] HUTCHERSON A J. Communications across complex space networks [C] //IEEE Aerospace Conference, 2008: 1-11.

[99] LOBOSCO D M, CAMERON G E. The pleiades fractionated space system architecture and the future of national security space [C] //AIAA Space Conference, 2008: 1-10.

[100] IAPICHINOL G, BONNET C. Advanced hybrid satellite and terrestrial system architecture for emergency mobile communications [C] //The 26th International Communications Satellite Systems Conference, 2008: 1-8.

[101] KUCUKATES R, ERSOY C. Minimum flow maximum residual routing in LEO satellite networks using routing set [J]. Wireless Network, 2008 (14): 501-517.

[102] CHAN T H. A localized routing scheme for LEO satellite networks [C] //AIAA ICSSC, 2003: 2357-2364.

[103] PAPAPETROU E. Distributed on-demand routing for LEO satellite systems [J]. Computer Networks, 2007, 51 (15): 4356-4376.

[104] KARAPANTAZIS S, PAPAPETROU E, PAVLIDOU F N. On-demand routing in LEO satellite systems [C] //IEEE ICC, 2007: 26-31.

[105] RANGO F D, TROPEA M, SANTAMARIA A F. Multicast QoS core-based tree routing protocol and genetic algorithm over an HAP-satellite architecture [J]. IEEE Transactions on Vehicular Technology, 2009, 58 (8): 4447-4461.

[106] KOLODZY P. Spectrum policy task force: Findings and recommendations [C]//International Symposium on Advanced Radio Technologies (ISART), 2003.

[107] HAYKIN S. Cognitive radio: Brain empowered wireless communications [J]. IEEE JSAC, 2005, 23 (2): 201-220.

[108] GANESAN G, LI T G. Cooperative spectrum sensing in cognitive radio

networks [C]. IEEE DySPAN, Baltimore, USA: IEEE, 2005: 137 - 143.

[109] HEATHER Q, DIANE R D, MIKE C, et al. The Cibola Flight Experiment [J]. ACM Transactions on Reconfigurable Technology and Systems, 2015, 8 (1): 3. 1 - 3. 22.

[110] LEE D S, WIRTHLIN M, SWIFT G, et al. Single - event characterization of the 28nm Xilinx kintex - 7 field - programmable gate array under heavy - ion irradiation [C] //Radiation Effects Data Workshop (REDW), 2014: 1 - 5.

[111] JACOBS A, CIESLEWSKI G, GEORGE A, et al. Reconfigurable fault tolerance: A comprehensive framework for reliable and adaptive FPGA - based space computing [J]. ACM Transactions on Reconfigurable Technology and Systems, 2012, 4 (21): 21 - 30.

[112] QUINN H, GRAHAM P, MORGAN K, et al. Flight experience of the Xilinx virtex - 4 [J]. IEEE Transactions on Nuclear Science, 2013, 60 (4): 2682 - 2690.

[113] KUWAHARA T, FELIX B, FALKE A, et al. FPGA - based operational concept and payload data processing for the flying laptop satellite [J]. Acta Astronautica, 2009, 65: 1616 - 1627.

[114] DO R. The details of triple modular redundancy: An automated mitigation method of I/O signals [C] //In Proceedings of the Military and Aerospace Programmable Logic Devices, 2011.

[115] PHILLIP A L. Computing requirements for self - repairing space systems [J]. Journal of Aerospace Computing, Information, and Communication, 2005, 2: 154 - 169.

[116] DEHON A, WAWRAYNEK J. Reconfigurable computing: What, why, and implication for design automation [C] //In Proceedings of the 36th Design Automation Conference, 1999: 610 - 615.

[117] COMPTON K, HAUCK S. Reconfigurable computing: A survey of systems and software [J]. ACM Computing Surveys, 2002, 34 (2): 171 - 210.

[118] MIRCEA G N, LUKAS S. Adaptive and evolvable hardware and systems:

The state of the art and the prospectus for future development [C] //KES 2008, Part Ⅲ, LNAI 5179, 2008: 310 –318.

[119] GARRISON W G. Attaining fault tolerance through self – adaption: The strengths and weaknesses of evolvable hardware approaches [C] //WCCI 2008, Plenary/Invited Lectures, LNCS 5050, 2008: 368 –387.

[120] ANTONIO M. Introduction to evolvable hardware: A practical guide for designing self – adaptive systems [R]. Genet Program Evolvable Mach, 2008, 9: 275 – 277.

[121] JASON L, GREG L, RONALD D. A genetic representation for evolutionary fault recovery in virtex FPGAs [C] //ICES 2003, LNCS 2606, 2003: 47 –56.

[122] ESTRIN G, BUSSELB, TURN R, et al. Parallel processing in a restructurable computer system [J]. IEEE Transactions on Electronic Computers, 1963, 12 (5): 747 –755.

[123] LYNN A A, PETER M A, CHEN L N, et al. Finding lines and building pyramids with splash2 [C] //In Proceedings of the IEEE Workshop on FPGAs for Custom Computing Machines, 1994: 155 –163.

[124] ALACHIOTIS N, BERGER S A, STAMATAKIS A. Accelerating phylogeny – aware short DNA read alignment with FPGAs [C] //In Proceedings of the IEEE International Symposium on Field – Programmable Custom Computing Machines (FCCM), 2011: 226 –233.

[125] KIRSCH S, RETTIG F, HUTTER D, et al. An FPGA – based high – speed, low – latency processing system for high – energy physics [C] // In Proceedings of the International Conference on Field Programmable Logic and Applications (FPL), 2010: 562 –567.

[126] FU H H, CLAPP R G . Eliminating the memory bottleneck: An FPGA – based solution for 3D reverse time migration [C] //In Proceedings of the 19th ACM/SIGDA International Symposium on Field Programmable Gate Arrays (FPGA'11), 2011: 65 –74.

[127] POTTATHUPARAMBIL R, COYNE J, ALLRED J, et al. Low – latency FPGA based financial data feed handler [C] //In Proceedings of the IEEE 19th Annual International Symposium on Field – Programmable

Custom Computing Machines (FCCM), 2011: 93 -96.

[128] MADHAVAPEDDY A, SINGH S. Reconfigurable data processing for clouds [C] //In Proceedings of the IEEE 19th Annual International Symposium on Field - Programmable Custom Computing Machines (FCCM), 2011: 141 -145.

[129] ORLOWSKA - KOWALSKA T, KAMINSKI M. FPGA implementation of the multilayer neural network for the speed estimation of the two - mass drive system [J]. IEEE Transactions on Industrial Informatics, 2011, 7 (3): 436 -445.

[130] HAUCK S, DEHON A. Reconfigurable computing: The theory and practice of FPGA - based computation [M]. San Francisco: Morgan Kaufmann, 2008: 475 -496.

[131] CALLAHAN T J, HAUSER J R, WAWRZYNEK J. The garp architecture and C compiler [J]. Computer, 2000, 33 (4): 62 -69.

[132] EBELING C, CRONQUIST D C, FRANKLIN P. RaPiD: Reconfigurable pipelined datapath [C] //In proceedings of the 6th International Workshop on Field - Programmable Logic and Applications, 1996: 126 - 135.

[133] GOLDSTEIN S, SCHMIT H, MOE M, et al. PipeRench: A coprocessor for streaming multimedia acceleration [C] //In Proceedings of the 26th International Symposium on Computer Architecture, 1999: 28 -39.

[134] LIU C L, LAYLAND J. Scheduling algorithm for multiprogramming in a hard - real - time environment [J]. Journal of the ACM, 1973, 20 (1): 46 -61.

[135] PAPADIMITRIOU K, DOLLAS A, HAUCK S. Performance of partial reconfiguration in FPGA systems: A survey and a cost model [J]. ACM Transactions on Reconfigurable Technology and Systems, 2011, 4 (4): 1 -28.

[136] ULLMANN M, HUBNER M, GRIMM B, et al. An FPGA run - time system for dynamical on - demand reconfiguration [C] //In Proceedings of the 18th International Parallel and Distributed Processing Symposium, 2004: 135 -142.

[137] 李宗凌，汪路元，蒋帅，等. 超轻量网络的 SAR 图像舰船目标在轨提取 [J]. 遥感学报，2021，25 (3)：765 -775.

[138] 李宗凌，汪路元，禹霁阳，等. 遥感舰船目标检测识别方法 [J]. 遥感信息，2020，35 (1)：64 -72.

[139] 李宗凌，汪路元，禹霁阳，等. 空间碎片目标在轨实时监测处理方法 [J]. 航天器工程，2019，28 (6)：58 -64.

[140] 李宗凌，汪路元，禹霁阳，等. 基于可编程电路的低延时中值求取方法 [J]. 计算机应用与软件，2019，36 (7)：39 -42.

[141] 李宗凌，汪路元，禹霁阳，等. 基于多并行计算和存储的 CNN 加速器 [J]. 计算机技术与发展，2019，29 (7)：11 -16.

[142] 李宗凌，汪路元，禹霁阳，等. 星载 SAR 在轨成像及舰船目标检测方法 [J]. 航天器工程，2018，27 (6)：41 -47.

[143] LI Z L，ZHANG Q J，LONG T，et al. Ship target detection and recognition method on sea surface based on multi - level hybrid network [J]. Journal of Beijing Institute of Technology，2021，30 (zk)：1 -10.

[144] LI Z L，ZHANG Q J，LONG T，et al. A parallel pipeline connected - component labeling method for on - orbit space target monitoring [J]. Journal of Systems Engineering and Electronics，2022，33 (5)：1095 - 1107.

[145] LI Z，YU G，ZHANG Q，et al. Adaptive sliding mode control for spacecraft rendezvous with unknown system parameters and input saturation [J]. IEEE Access，2021，9：67724 -67733.

[146] LI Z，WANG L，LIU X，et al. Adaptive zero algorithm and implementation method of phased array radar [C]//2020 IEEE 3rd International Conference on Computer and Communication Engineering Technology (CCET). IEEE，2020.

[147] LI Z，CHEN J，WANG L，et al. CNN weight parameter quantization method for FPGA [C]//2020 IEEE 6th International Conference on Computer and Communications (ICCC). IEEE，2020.

[148] LI Z L，WANG L Y，YU J Y，et al. Remote sensing ship target detection and recognition system based on machine learning [C]// IGARSS 2019 -2019 IEEE International Geoscience and Remote Sensing

Symposium. IEEE，2019.

[149] LI Z L，WANG L Y，YU J Y，et al. The design of lightweight and multi parallel CNN accelerator based on FPGA [C] //2019 IEEE 8th Joint International Information Technology and Artificial Intelligence Conference (ITAIC). IEEE，2019.

[150] LI Z L，WANG L Y，YU J Y，et al. Wide area remote sensing image on orbit target extraction and identification method [C] //2019 IEEE International Conference on Signal，Information and Data Processing (ICSIDP). IEEE，2019.

[151] 李宗凌，赵保军，龙腾，等. 应用于空间目标监测场景的连通区域标记流处理器：CN115239963A [P]. 2022-10-25.

[152] 龙腾，李宗凌，赵保军，等. 一种通用卷积运算装置：CN114707649A [P]. 2022-07-05.

[153] 李宗凌，汪路元，禹霁阳，等. 一种应用于遥感图像的在轨检测识别装置及方法：CN110532842B [P]. 2022-04-08.

[154] 李宗凌，汪路元，禹霁阳，等. 一种CNN全连接层运算的多并行加速方法：CN110543936B [P]. 2022-03-25.

[155] 李宗凌，陈继巍，汪路元，等. 一种星载SAR实时成像装置：CN112379373A [P]. 2021-02-19.

[156] 李宗凌，汪路元，禹霁阳，等. 一种CNN全连接层运算的多并行加速方法：CN110543936A [P]. 2019-12-06.

[157] 李宗凌，何联俊，吴云辉，等. 基于匹配的目标跟踪方法：CN105261036A [P]. 2016-01-20.

[158] 龙腾，李宗凌，赵保军，等. 一种基于可编程逻辑电路的图像分割方法：CN113052852A [P]. 2021-06-29.

[159] 蒋帅，程博文，汪路元，等. 一种基于深度学习的遥感图像语义情报生成方法：CN113888544A [P]. 2022-01-04.

[160] 蒋帅，郝梁，程博文，等. 一种星载SAR成像自主任务规划方法：CN112330091A [P]. 2021-02-05.

[161] 蒋帅，庞亚龙，程博文，等. 一种基于直方图统计的BP神经网络目标检测方法：CN112329788A [P]. 2021-02-05.

[162] 禹霁阳，汪路元，程博文，等. 一种基于多并行缓存交互及计算的通

用深度学习处理器：CN109739556A [P]. 2019-05-10.

[163] 叶培建，邹乐洋，王大铁，等. 中国深空探测领域发展及展望 [J]. 国际太空，2018，478 (10)：6-12.

[164] 吴伟仁，于登云. 深空探测发展与未来关键技术 [J]. 深空探测学报，2014，1 (1)：5-17.

[165] 于登云，张哲，泮斌峰，等. 深空探测人工智能技术研究与展望 [J]. 深空探测学报，2020，7 (1)：11-23.

[166] 李峰，禹航，丁睿，等. 我国空间互联网星座系统发展战略研究 [J]. 中国工程科学，2021，23 (4)：137-144.

[167] 吴树范，王伟，温济帆，等. 低轨互联网星座发展研究综述 [J/OL]. 北京航空航天大学学报：(2022-08-19). https://kns.net/kcms/detail/11.2625.V.20220818.1438001.html.

[168] 陈海波，夏虞斌. 现代操作系统原理与实现 [M]. 北京：机械工业出版社，2020：27-39.

[169] LUCCI S，KOPEC D. Artificial intelligence in the 21st century [M]. Posts & Telecom Press，2015：1-10.

[170] 陶建华，巫英才，喻纯，等. 多模态人机交互综述 [J]. 中国图象图形学报，2022，27 (6)：1956-1987.

[171] ALPER B，HOLLERER T，KUCHERA-MORIN J A，et al. Stereoscopic highlighting：2D graph visualization on stereo displays [J]. IEEE Transactions on Visualization and Computer Graphics，2011，17 (12)：2325-2333.

[172] CHEN C J，WANG Z W，WU J，et al. Interactive graph construction for graph-based semi-supervised learning [J]. IEEE Transactions on Visualization and Computer Graphics，2021，27 (9)：3701-3716.

[173] CHEN N X，WATANABE S，VILLALBA J，et al. Non-autoregressive transformer for speech recognition [J]. IEEE Signal Processing Letters，2020，28：121-125.

[174] CHEN Y Q，QIN X，WANG J D，et al. FedHealth：A federated transfer learning framework for wearable healthcare [J]. IEEE Intelligent Systems，2020，35 (4)：83-93.

[175] DENG Z K，WENG D，XIE X，et al. Compass：Towards better causal

analysis of urban time series [J]. IEEE Transactions on Visualization and Computer Graphics, 2022, 28 (1): 1051 - 1061.

[176] FILHO J A W, FREITAS C M D S, NEDEL L. Comfortable immersive analytics with the virtualdesk metaphor [J]. IEEE Computer Graphics and Applications, 2019, 39 (3): 41 - 53.

[177] FILHO J A W, STUERZLINGER W, NEDEL L. Evaluating an immersive space - time cube geovisualization for intuitive trajectory data exploration [J]. IEEE Transactions on Visualization and Computer Graphics, 2020, 26 (1): 514 - 524.

[178] KREKHOV A, KRÜGER J. Deadeye: A novel preattentive visualization technique based on dichoptic presentation [J]. IEEE Transactions on Visualization and Computer Graphics, 2019, 25 (1): 936 - 945.

[179] YANG Y L, DWYER T, MARRIOTT K, et al. Tilt map: Interactive transitions between choropleth map, prism map and bar chart in immersive environments [J]. IEEE Transactions on Visualization and Computer Graphics, 2021, 27 (12): 4507 - 4519.

[180] 杨帆，董正宏，吴忠望. 空间智能技术发展状况分析 [J]. 国际太空，2021 (4): 55 - 59.

[181] 袁利，黄煌. 空间飞行器智能自主控制技术现状与发展思考 [J]. 空间控制技术与应用，2019，45 (4): 7 - 18.

[182] 钟坤. 空间目标位姿的视觉测量技术研究 [D]. 合肥：中国科学技术大学，2020.

[183] 颜坤. 基于双目视觉的空间非合作目标姿态测量技术研究 [D]. 成都：中国科学院大学（中国科学院光电技术研究所），2018.

[184] 邢琰，魏春岭，汤亮，等. 地外巡视探测无人系统自主感知与操控技术发展综述 [J]. 空间控制技术与应用，2021，47 (6): 1 - 8.

[185] 陈萌，肖余之，张涛. 空间服务与操控中的人工智能技术 [J]. 载人航天，2018，24 (3): 285 - 291.

[186] JOHNSON A E, GOLDBERG S B, CHENG Y, et al. Robust and efficient stereo feature tracking for visual odometry [C] //IEEE International Conference on Robotics and Automation, Pasadena, 2008: 39 - 46.

[187] JONES E S, SOATTO S. Visual – inertial navigation, mapping and localization: A scalable real – time causal approach [J]. International Journal of Robotics Research, 2011, 30: 407 – 430.

[188] 王保丰，周建亮，唐歌实，等. 嫦娥三号巡视器视觉定位方法 [J]. 中国科学：信息科学，2014，44 (4)：452 – 460.

[189] 李寰宇，毕笃彦，杨源，等. 基于深度特征表达与学习的视觉跟踪算法研究 [J]. 电子与信息学报，2015，37 (9)：2033 – 2039.

[190] 李卫. 深度学习在图像识别中的研究及应用 [D]. 武汉：武汉理工大学，2014.

[191] 吕红，苏云，陈晓丽，等. 一种基于人工智能技术的卫星遥感载荷系统方案 [J]. 航天返回与遥感，2014，35 (3)：43 – 49.

[192] 尤政，王翀，邢飞，等. 空间遥感智能载荷及其关键技术 [J]. 航天返回与遥感，2013，34 (1)：35 – 43.

[193] 李维，刘勋，张维畅，等. 天基边缘智能光学遥感技术构想 [J]. 航天返回与遥感，2022，43 (4)：1 – 11.

[194] 李维，刘勋，张维畅，等. 深度学习在天基智能光学遥感中的应用 [J]. 航天返回与遥感，2020，41 (6)：56 – 65.

[195] 黄旭星，李爽，杨彬，等. 人工智能在航天器制导与控制中的应用综述 [J]. 航空学报，2021，42 (4)：106 – 121.

[196] REITER J A, SPENCER D B, LINARES R. Spacecraft detection avoidance maneuver optimization using reinforcement learning [C] //The 29th AAS/AIAA Space Flight Mechanics Meeting, 2019: 3055 – 3069.

[197] ZHU Y H, LUO Y Z. Fast evaluation of low – thrust transfers via deep neural networks: 10.48550/arXiv. 1902. 03738 [P]. 2019 – 02 – 11.

[198] SULLIVAN C J, BOSANAC N. Using reinforcement learning to design a low – thrust approach into a periodic orbit in a multi – body system [C]. AIAA Scitech 2020 Forum, Reston: AIAA, 2020.

[199] SONG Y, GONG S. Solar – sail trajectory design for multiple near – earth asteroid exploration based on deep neural networks [J]. Aerospace Science and Technology, 2019, 91: 28 – 40.

[200] WITSBERGER P A, LONGUSKI J M. Interplanetary trajectory design using a recurrent neural network and genetic algorithm: Preliminary

results [C] //AAS/AIAA Astrodynamics Specialist Conference, 2018.

[201] MILLER D, LINARES R. Low – thrust optimal control via reinforcement learning [C] //The 29th AAS/AIAA Space Flight Mechanics Meeting, 2019: 1 – 18.

[202] FURFARO R, BLOISE I, ORLANDELLI M, et al. A recurrent deep architecture for quasi – optimal feedback guidance in planetary landing [C]. AIAA SciTech Forum on Space Flight Mechanics and Space Structures and Materials Forum, Reston: AIAA, 2018: 1 – 24.

[203] CHENG L, WANG Z, JIANG F. Real – time control for fuel – optimal moon landing based on an interactive deep reinforcement learning algorithm [J]. Astrodynamics, 2019, 3 (4): 375 – 386.

[204] FURFARO R, LINARES R. Waypoint – based generalized ZEM/ZEV feedback guidance for planetary landing via a reinforcement learning approach [C]//The 3rd International Academy of Astronautics Conference on Dynamics and Control of Space Systems, 2017: 401 – 406.

[205] GAUDET B, FURFARO R. Adaptive pinpoint and fuel efficient mars landing using reinforcement learning [J]. IEEE/CAA Journal of Automatica Sinica, 2014, 1 (4), 397 – 411.

[206] GAUDET B, LINARES R, FURFARO R. Deep reinforcement learning for six degree – of – freedom planetary powered descent and landing [DB/OL]. 2018. https://arxiv.org/abs/1810.08719.

[207] JIANG X Q, FURFARO R, LI S. Integrated guidance for mars entry and powered descent using reinforcement learning and pseudospectral method [J]. Acta Astronautica, 2019, 163: 114 – 129.

[208] MURUGESAN S. Application of AI to real – time intelligent attitude control of spacecraft [C]. IEEE International Symposium on Intelligent Control, Piscataway: IEEE Press, 1989.

[209] GATES R, CHOI M, BISWAS S K, et al. Stabilization of flexible structures using artificial neural networks [C]. Proceedings of 1993 International Conference on Neural Networks, Piscataway: IEEE Press, 1993, 2: 1817 – 1820.

[210] HU Q, XIAO B. Intelligent proportional – derivative control for flexible

spacecraft attitude stabilization with unknown input saturation [J]. Aerospace Science and Technology, 2012, 23 (1): 63 – 74.

[211] CHENG C H, SHU S L. Application of GA – based neural network for attitude control of a satellite [J]. Aerospace Science and Technology, 2020, 14 (4): 241 – 249.

[212] SCHRAM G, KARSTEN L, KROSE B J, et al. Optimal attitude control of satellites by artificial neural networks: A pilot study [C] //IFAC Symposium on Artificial Intelligence in Real Time Control, 1994: 173 – 178.

[213] BERENJI H R, LEA R N, JANI Y, et al. Space shuttle attitude control by reinforcement learning and fuzzy logic [C]. 1993 Second IEEE International Conference on Fuzzy Systems, Piscataway: IEEE Press, 1993: 1396 – 1401.

[214] VAN BUIJTENEN W M, SCHRAM G, BABUSKA R, et al. Adaptive fuzzy control of satellite attitude by reinforcement learning [J]. IEEE Transactions on Fuzzy Systems, 1998, 6 (2): 185 – 194.

[215] HUANG X Y, WANG Q, DONG G Y. Neural network adaptive robust attitude control of spacecraft [C]. 2009 IEEE International Conference on Intelligent Computing and Intelligent Systems, Piscataway: IEEE Press, 2009, 2: 747 – 751.

[216] LI D Y, MA G F, LI C J, et al. Distributed attitude coordinated control of multiple spacecraft with attitude constraints [J]. IEEE Transactions on Aerospace and Electronic Systems, 2018, 54 (5): 2233 – 2245.

[217] MA Z, WANG Y, YANG Y, et al. Reinforcement learning – based satellite attitude stabilization method for non – cooperative target capturing [J]. Sensors, 2018, 18 (12): 4331.

[218] HAN X F, LEUNG T, JIA Y Q, et al. MatchNet: Unifying feature and metric learning for patch – based matching [C]. Proceedings of 2015 IEEE Conference on Computer Vision and Pattern Recognition, Boston, USA: IEEE, 2015: 3279 – 3286.

[219] ZAGORUYKO S, KOMODAKIS N. Learning to compare image patches via convolutional neural networks [C]. Proceedings of 2015 IEEE

Conference on Computer Vision and Pattern Recognition, Boston, USA: IEEE, 2015: 4353 - 4361.

[220] TIAN Y R, FAN B, WU F C. L2 - Net: Deep learning of discriminative patch descriptor in euclidean space [C]. Proceedings of 2017 IEEE Conference on Computer Vision and Pattern Recognition, Honolulu, USA: IEEE, 2017: 6128 - 6136.

[221] WEI Y K, LI Y C, DING Z G, et al. SAR parametric super - resolution image reconstruction methods based on ADMM and deep neural network [J]. IEEE Transactions on Geoscience and Remote Sensing, 2021, 59 (12): 10197 - 10212.

[222] LUO Z Y, YU J P, LIU Z H. The super - resolution reconstruction of SAR image based on the improved FSRCNN [J]. The Journal of Engineering, 2019 (19): 5975 - 5978.

[223] FENG X B. Research on deep - learning based optical remote sensing image denoising and super - resolution reconstructing algorithm [D]. Xi'an: Xi'an Institute of Optics and Precision Mechanics, Chinese Academy of Sciences, 2020.

[224] XIONG Y F. Super - resolution of remote sensing images based on generative adversarial network across locations and sensors [D]. Shenzhen: Shenzhen Institutes of Advanced Technology, Chinese Academy of Sciences, 2021.

[225] WANG M Y, MENG X C, SHAO F, et al. SAR - assisted optical remote sensing image cloud removal method based on deep learning [J]. Acta Optica Sinica, 2021, 41 (12): 1228002.

[226] 王昊鹏，刘泽乾，方兴，等. Curvelet 域自适应脉冲耦合神经网络的图像融合方法 [J]. 光电子·激光，2016，27 (4)：429 - 436.

[227] 赵学军，雷书彧，滕尚志. 粒子群优化 Contourlet 变换的遥感影像融合方法 [J]. 北京邮电大学学报，2015，38 (2)：118 - 121.

[228] 陈荣元，林立宇，王四春，等. 数据同化框架下基于差分进化的遥感图像融合 [J]. 自动化学报，2010，36 (3)：392 - 398.

[229] TODERICI G, D VINCENT, JOHNSTON N, et al. Full resolution image compression with recurrent neural network [C]//IEEE Conference on

Computer Vision and Pattern Recognition (CVPR). IEEE, 2017: 5306 - 5314.

[230] EIRIKUR A, FABIAN M, MICHAEL T, et al. Soft - to - hard vector quantization for end - to - end learning compressible representations [C] //In Proc. Adv. Neural Inform. Process. Syst, 2017.

[231] LUCAS T, WENZHE S, ANDREW C, et al. Lossy image compression with compressive autoencoders [C] //International Conference on Learning Representations, 2017.

[232] NICK J, DAMIEN V, DAVID M, et al. Improved lossy image compression with priming and spatial adaptive bit rates for recurrent networks [C] //IEEE/CVF Conference on Computer Vision and Pattern Recognition. IEEE, 2018: 4385 -4399.

[233] DING P, ZHANG Y, DENG W J, et al. A light and faster regional convolutional neural network for object detection in optical remote sensing images [J]. ISPRS Journal of Photogrammetry and Remote Sensing, 2018, 141: 208 -218.

[234] QIU H, LI H, WU Q, et al. A2RMNet: Adaptively aspect ratio multi - scale network for object detection in remote sensing images [J]. Remote Sensing, 2019, 11 (13): 1594.

[235] DING J, XUE N, LONG Y, et al. Learning RoI transformer for detecting oriented objects in aerial images [C] //IEEE Conference on Computer Vision and Pattern Recognition (CVPR), 2019.

[236] ZHOU Z, ZHENG Y B, YE H, et al. Satellite image scene classification via convnet with context aggregation [EB/OL]. 2018: arXiv: 1802. 00631 [eess. IV]. http://arxiv. org/abs/1802. 00631

[237] SHAWKY O A, HAGAG A, EL - DAHSHAN E S A, et al. Remote sensing image scene classification using CNN - MLP with data augmentation [J]. Optik, 2020, 221: 165356.

[238] LIN D Y, FU K, WANG Y, et al. MARTA GANs: Unsupervised representation learning for remote sensing image classification [J]. IEEE Geoscience and Remote Sensing Letters, 2017, 14 (11): 2092 -2096.

[239] BRUZZONE L, CHI M, MARCONCINI M. A novel transductive SVM for

semi – supervised classification of remote – sensing images [J]. IEEE Transactions on Geoscience and Remote Sensing, 2006, 44 (11): 3363 – 3373.

[240] HAN W, FENG R Y, WANG L Z, et al. A semi – supervised generative framework with deep learning features for high – resolution remote sensing image scene classification [J]. ISPRS Journal of Photogrammetry and Remote Sensing, 2018, 145: 23 – 43.

[241] ZHENG Z, GUO J, GILL E. Swarm satellite mission scheduling & planning using hybrid dynamic mutation genetic algorithm [J]. Acta Astronautica, 2017, 137: 243 – 253.

[242] ZHIBO E, SHI R, GAN L, et al. Multi – satellites imaging scheduling using individual reconfiguration based integer coding genetic algorithm [J]. Acta Astronautica, 2021, 178: 645 – 657.

[243] 王海蛟, 贺欢, 杨震. 敏捷成像卫星调度的改进量子遗传算法 [J]. 宇航学报, 2018, 39 (11): 1266.

[244] XU J D, FENG G Z, ZHAO T, et al. Remote sensing image classification based on semi – supervised adaptive interval type – 2 fuzzy c – means algorithm [J]. Computers & Geosciences, 2019, 131: 132 – 143.

[245] 孙显, 孟瑜, 刁文辉, 等. 智能遥感: AI 赋能遥感技术 [J]. 中国图象图形学报, 2022. 27 (6): 1799 – 1822.

[246] 李欣瑶, 刘飞阳, 李鹏. 嵌入式智能计算加速技术综述 [C] //2019 年 (第四届) 中国航空科学技术大会论文集. 中航出版传媒有限责任公司 (China Aviation Publishing & Media Co), 2019: 1004 – 1012.

[247] 吴艳霞, 梁楷, 刘颖, 等. 深度学习 FPGA 加速器的进展与趋势 [J]. 计算机学报, 2019, 42 (11): 2461 – 2480.

[248] 王兆魁, 方青云, 韩大鹏. 成像卫星在轨智能处理技术研究进展 [J]. 宇航学报, 2022, 43 (3): 259 – 270.

[249] 谢愚, 师皓, 陈亮. 小卫星在轨智能信息处理技术 [C] //第十四届全国信号和智能信息处理与应用学术会议论文集. 2021: 297 – 300.

[250] 钱园园, 刘进锋. 遥感图像场景分类综述 [J]. 电脑知识与技术, 2021, 17 (15): 187 – 189.

[251] 王子琦. 基于深度学习算法的光学遥感图像目标检测研究 [D]. 南

京：南京信息工程大学，2022.

[252] 赵世慧. 基于生成对抗网络的遥感图像压缩［D］. 西安：西安电子科技大学，2022.

[253] 高新洲. 基于智能优化算法的卫星任务规划问题研究［D］. 哈尔滨：哈尔滨工业大学，2021.

[254] 王密，项韶，肖晶. 面向任务的高分辨率光学卫星遥感影像智能压缩方法［J］. 武汉大学学报（信息科学版），2022，47（8）：1213－1219.

[255] 吴诗婳. 遥感图像预处理与分析方法研究［D］. 南京：南京航空航天大学，2017.

[256] 王志来. 多源遥感图像融合技术研究［D］. 南京：南京航空航天大学，2017.

图 2 - 1　Orbital Insight 公司遥感图像油罐识别

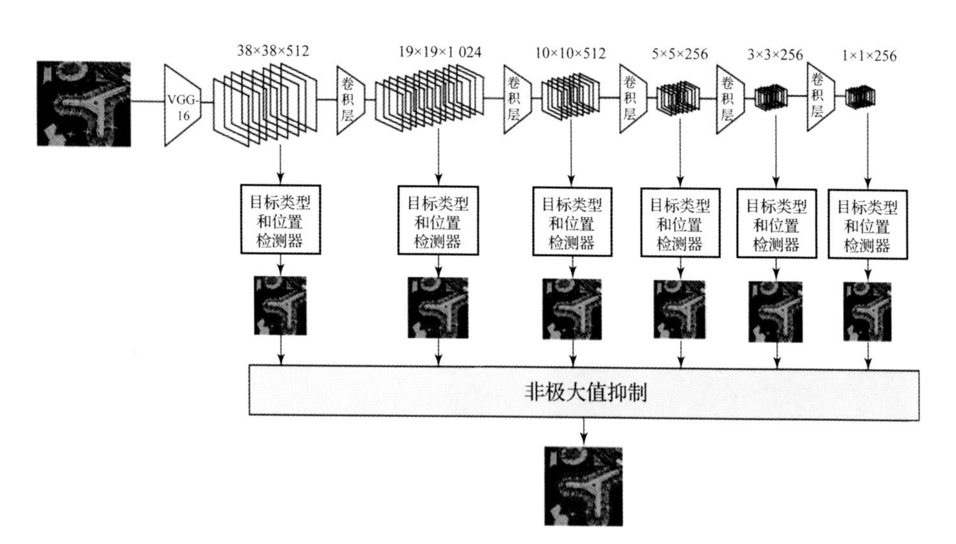

图 12 - 4　典型深度学习处理框架

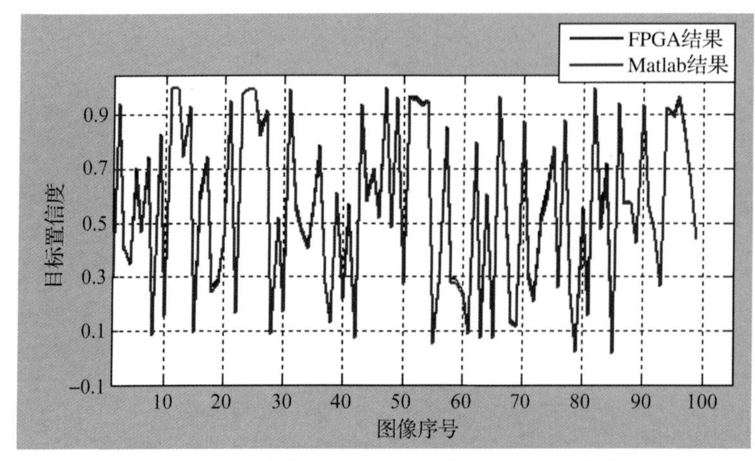

图 12－27　加速器与 Matlab 分类结果置信度分布图

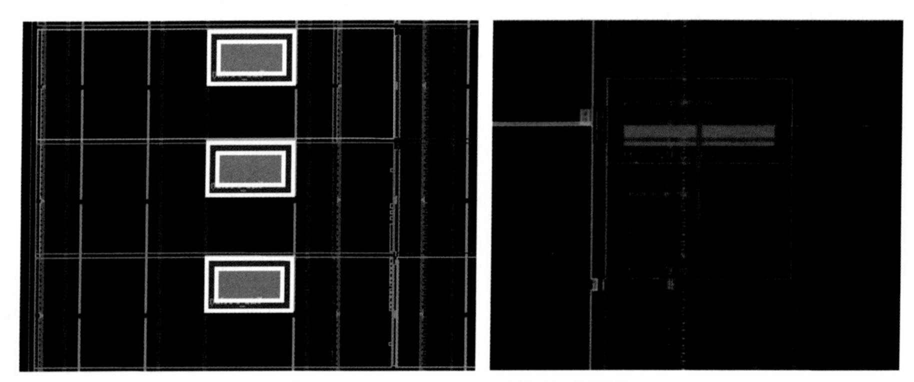

图 12－35　FPGA 可重构区域设计

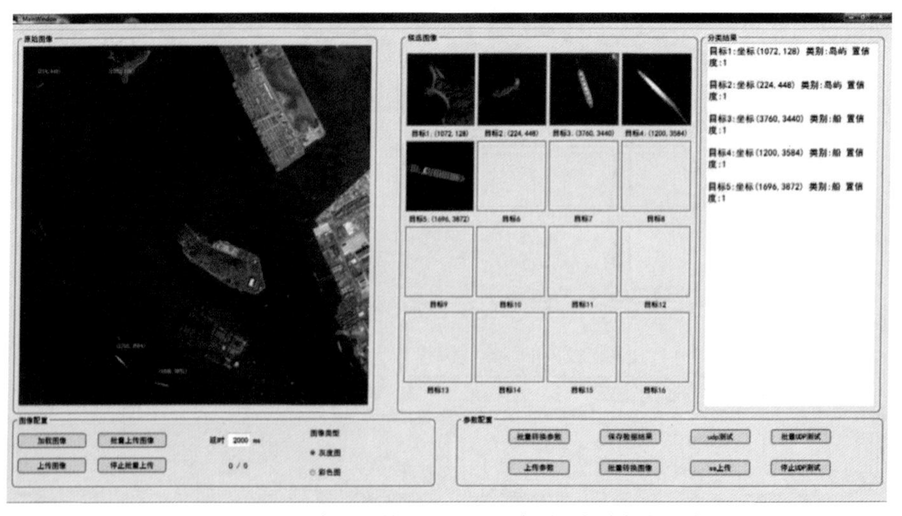

图 13－15　系统处理效果图 1（近岛屿/浅滩舰船目标）

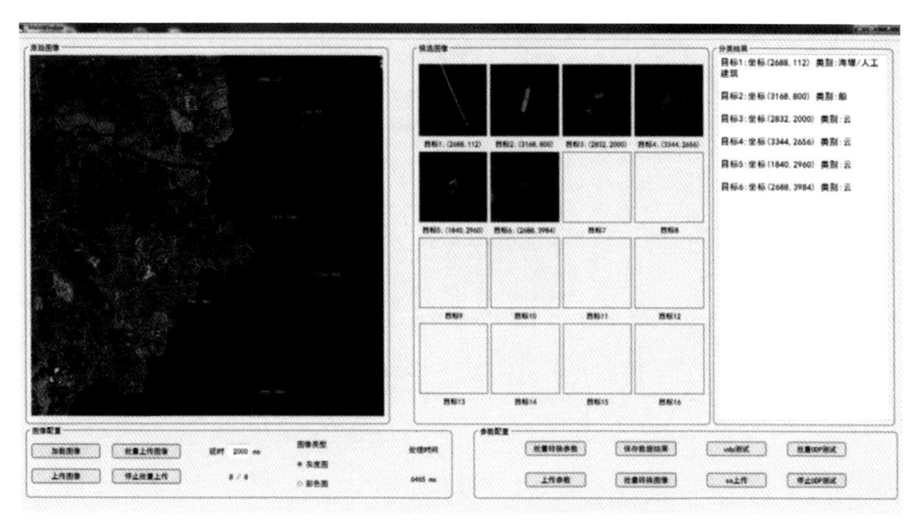

图 13－16　系统处理效果图 2（空阔海域舰船目标）

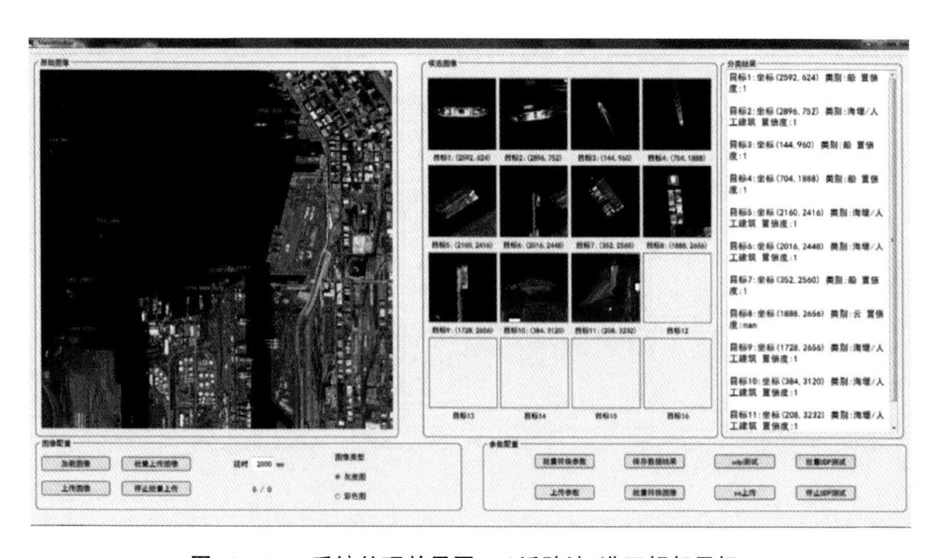

图 13－17　系统处理效果图 3（近陆地/港口舰船目标）

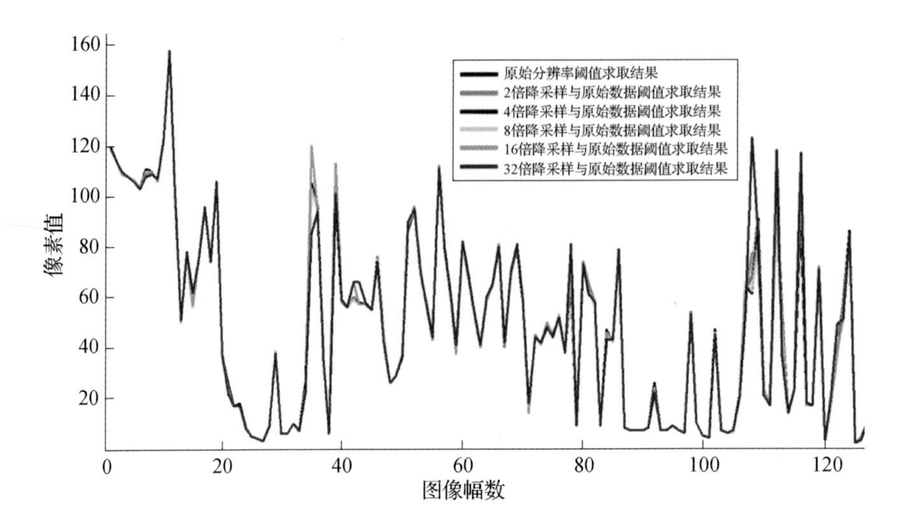

图 13－23　直接降采样求取阈值对比图

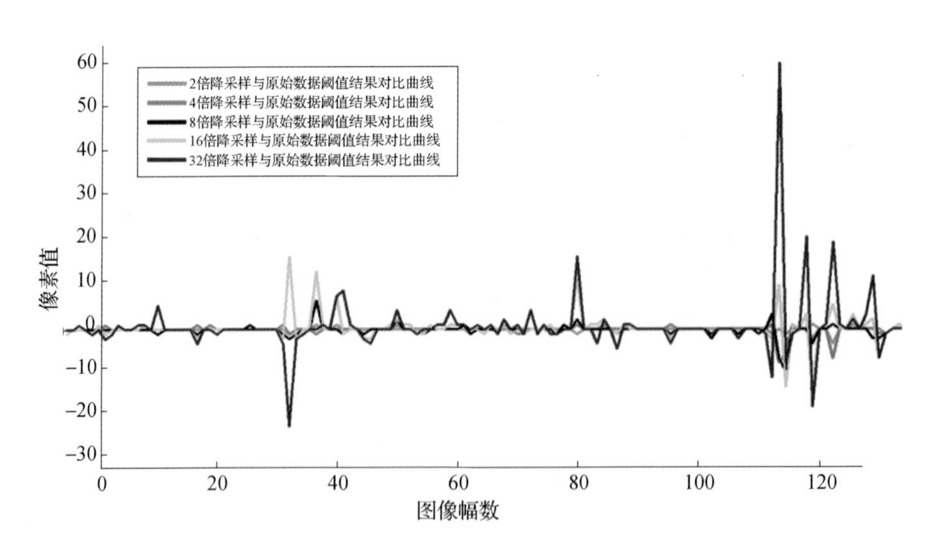

图 13－24　直接降采样求取阈值差值图

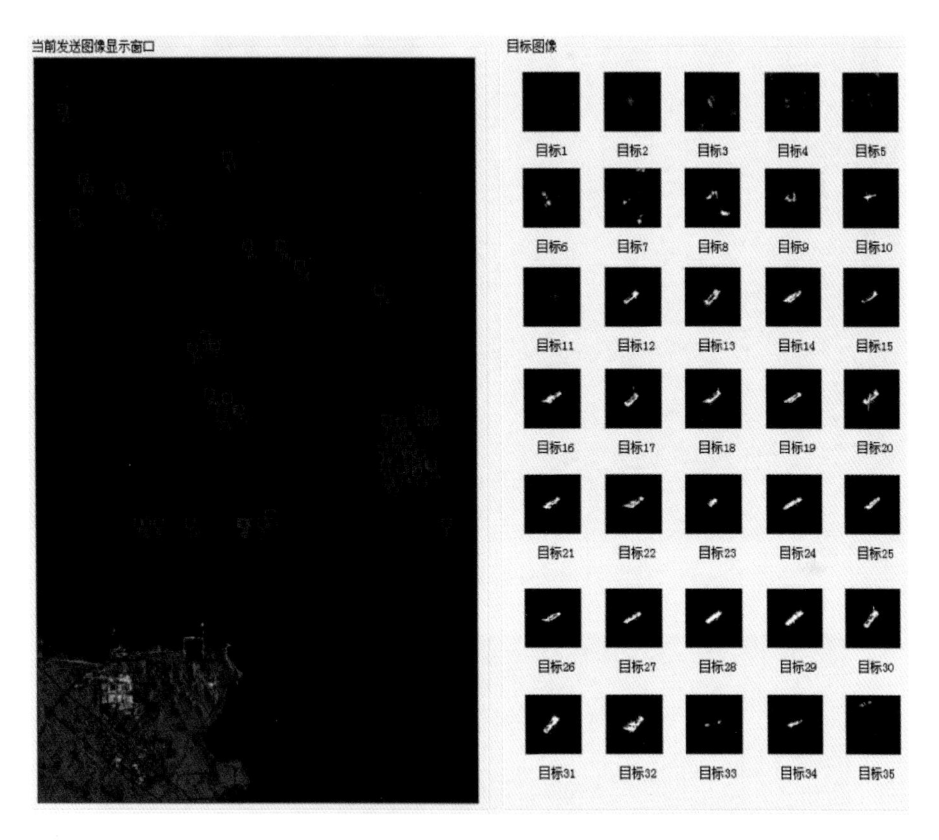

图 13－36　疑似目标检测结果（红框中心为疑似目标坐标）

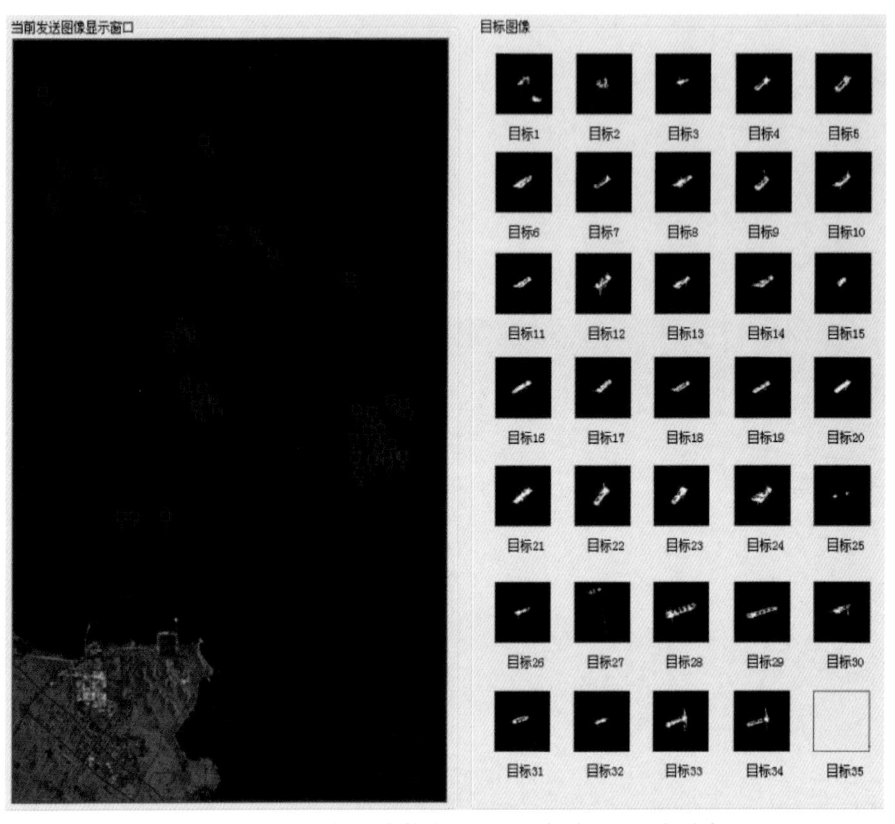

图 13 – 37　疑似目标二次筛查结果（红框中心为目标坐标）

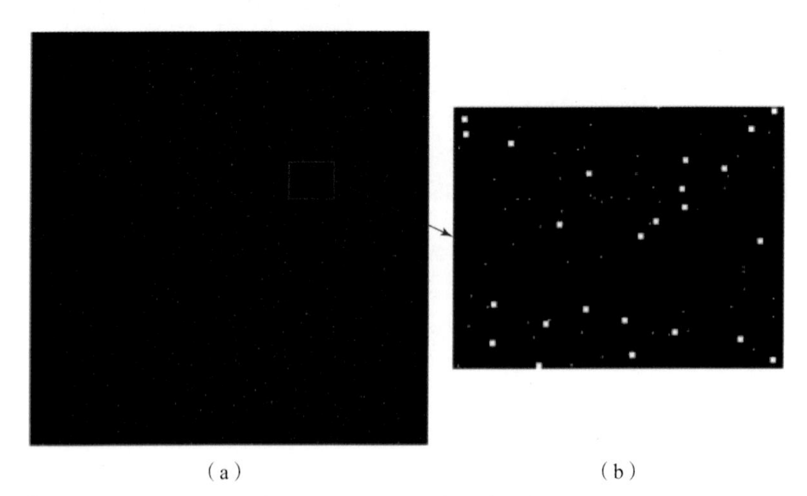

图 13 – 42　匹配后的历史信息图

(a) 历史信息图；(b) 局部放大图

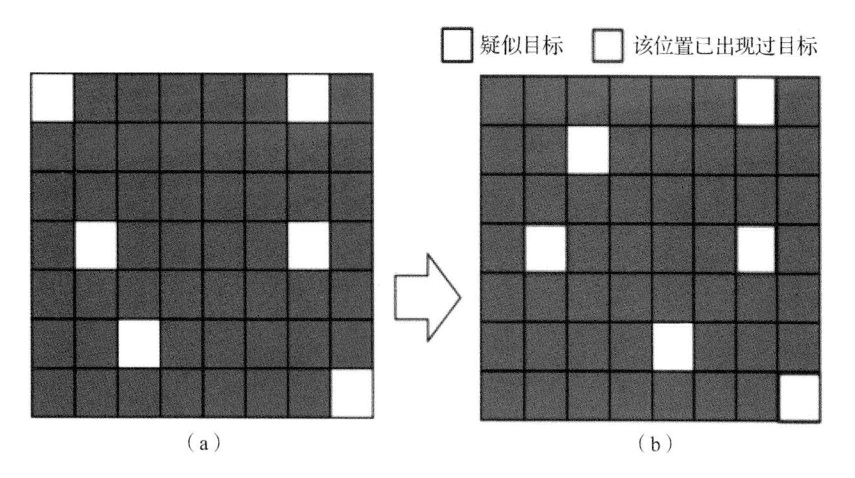

图 13－43　疑似目标筛选

(a) 第 k 帧后更新的 star 图；(b) 第 $(k+1)$ 帧中疑似目标

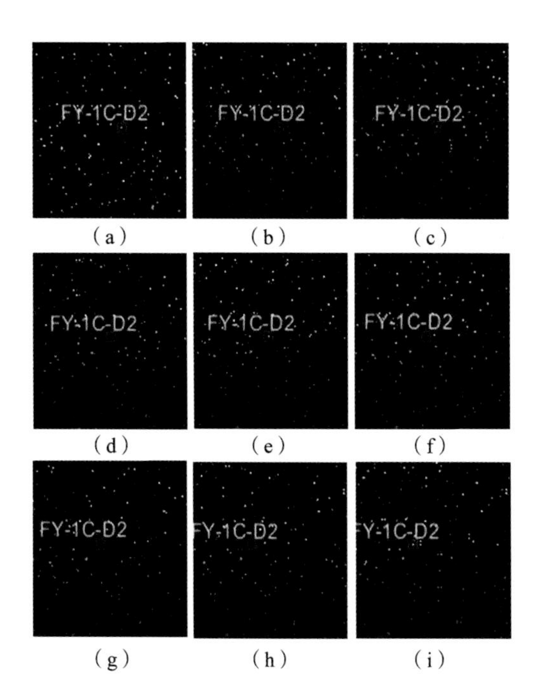

图 13－47　验证结果

(a) 结果 1；(b) 结果 2；(c) 结果 3；(d) 结果 4；(e) 结果 5；
(f) 结果 6；(g) 结果 7；(h) 结果 8；(i) 结果 9

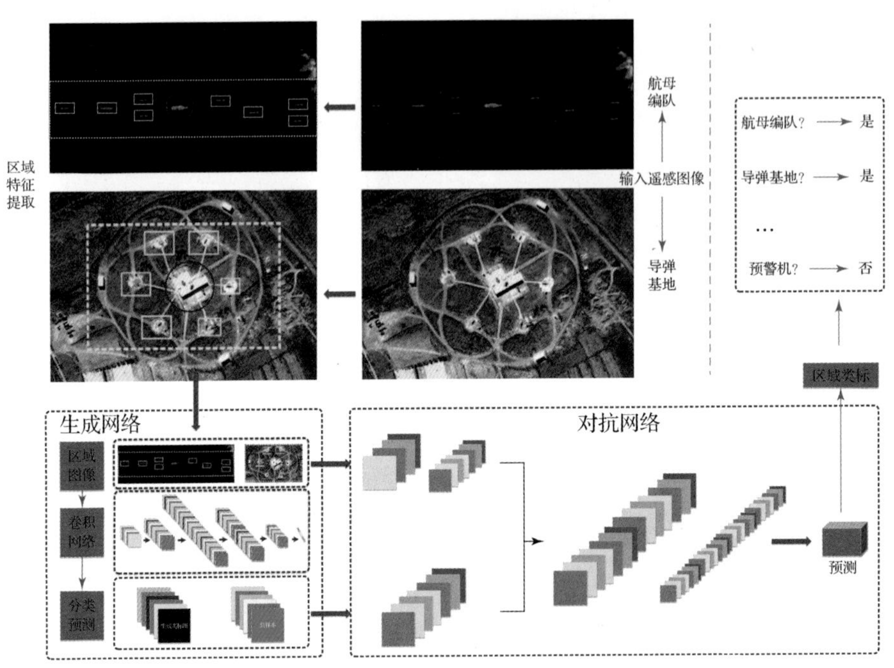

图 13-56　基于语义嵌入的生成对抗网络模型